上海东方投资监理有限公司

上海东方投资监理有限公司成立于 1996 年 6 月，原隶属于上海浦东发展银行。2001 年 4 月公司脱钩改制，成为专业从事建设工程咨询服务的高智力、高技术咨询企业，是目前上海仅有的同时具有工程造价咨询、工程招标代理、工程咨询、中央投资项目招标代理和政府采购代理等五项国家甲级资格的专业咨询企业。据不完全统计，迄今承接的各类工程咨询项目规模已达 4000 多亿元，为国家和建设单位节约了近 450 亿元宝贵的巨额建设资金。

青岛泰山基业（财富中心）

上海世博会世博轴与地下综合体

上海龙华国际航空服务产业聚集区

上海浦江国际金融中心

珠海十字门中央商务区会展商务组团

昆明昆钢科技大厦

郑州绿地中央广场

上海迪士尼乐园

天津大悦城

地址：上海市江宁路 1306 弄 7 号富丽大厦 18、22、23、25、26 楼 邮编：200060 总机：62667333 传真：62276543 网址：www.sois.sh.cn

公司获得"连续三年（2005年-2007年度）入选中国工程造价咨询营业收入前百名企业"第一名、"2009年度中国工程造价咨询企业与中介服务类企业营业收入百名排序"双第一、2010年全国工程招标代理机构前百名排序第59名。被评为第三届全国就业与社会保障先进民营企业、全国守合同重信用企业、2012上海民营服务业50强企业（是其中唯一一家专业咨询企业）。公司注册商标获评2012年上海市著名商标。

珠海横琴口岸及综合交通枢纽功能区

川沙凯悦酒店

大型客机研制保障条件项目

杭州钱江新城

海南博鳌亚洲论坛国际会议中心

上海虹桥交通枢纽快速集散系统

世博中心

上海外滩华尔道夫大酒店

工程管理
PROJECT MANAGEMENT

上海容基工程项目管理有限公司

上海容基工程项目管理有限公司成立于 1996 年，是较早从事工程咨询服务的综合性咨询企业，拥有雄厚的技术力量和丰富的项目投资策划、招标代理、建设监理、造价咨询和项目管理经验，通过 ISO-9001 质量管理体系贯标认证。主要咨询服务包括项目管理、建设监理（甲级）、招标代理（甲级）、政府采购代理（甲级）、造价咨询（甲级）和工程咨询（丙级）等业务。2010 年荣获中国工程监理行业先进企业，2012 年招标代理、造价咨询营业收入迈入行业百强之列，年咨询服务收入过亿元。

贵阳众利商务城

嘉定瑞金医院

交通银行华中金融中心

江夏区机关行政办公楼

嘉定区司法中心

国资大厦

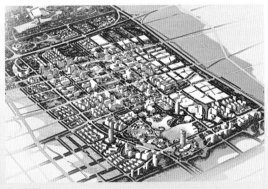

嘉定新城

地址：上海市黄浦区打浦路 443 号荣科大厦 20 楼　　总机：60932001/60767608　　传真：60932722
　　　上海市嘉定区沪宜公路 1158 号 708 室　　　　网址：www.shrjgc.com　　邮编：200023

公司服务典型案例包括：南汇嘴主题公园、宝山体育中心及图书馆改造工程、上海科技馆分馆、闵行仁济医院、嘉定公安局法院检察院迁建工程、南京公共卫生突发事件指挥中心、武汉东湖国际会议中心、轨道交通 11 号线（马路站、新城站、城北路站）、交通银行华中金融中心、嘉定体育中心、上海市委党校体育馆、上海政法学院、复旦大学附属华山医院、通用汽车公司总部研发中心、南京金陵饭店二期、长江国际金融中心、武汉中央文化旅游中心一期，武昌火车站枢纽站改造工程、湖北省疾病预防控制中心、海南农垦商业中心、海南三亚湾龙海风情小镇、成都市中院审判业务综合楼、都江堰防灾减灾应急救援中心等，并荣获多项专业咨询服务奖项。

宝山体育中心及图书馆

武汉新东方外国语学校

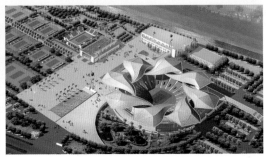

上海旗忠森林体育城网球中心

上海吴泾医院

上海仁济医院

武汉东湖国际会议中心

中国银联园区

江桥万达广场

宝山万达广场

森兰碧翠

上海百通项目管理咨询有限公司

上海百通项目管理咨询有限公司成立于1993年，立足上海，面向全国市场，为客户提供优质的全方位项目咨询服务。目前，公司具有中央投资项目招标代理、工程招标代理、工程造价咨询、工程监理、政府采购、上海市机电设备招标代理、上海市工程设备监理招标代理等七项甲级资质，以及工程咨询（乙级）、人民防空工程建设监理（乙级）、古建筑文物监理（乙级）、工程设备监理（乙级）、上海市司法局建筑工程司法鉴定许可证等多项资质。公司于2000年取得ISO9002标准质量管理体系国际和国内认证证书，年咨询收入过亿元，系上海市建设工程咨询骨干企业之一。

世贸天坑酒店

上海世博会系列项目

浦东金融广场

上海"三线一道"项目（外环线浦东段、中环线浦东段、内环线浦东段、浦东国际机场北通道）

世纪大都会

盛世宝邸

上海纽约大学

渔人码头

公司地址：上海市浦东新区浦明路1229弄5楼（总部）　　上海市浦东新区茂兴路90号三座18层（造价部／监理部）　　邮编：200127

联系电话：+86-21-55356868 转各分机／+86-21-50908719（经营部）　传真：+86-21-50908715 网址：www.shbtpm.com 邮箱：info@shbtpm.com

公司业务包括招标代理、造价咨询、项目管理（代建）、施工监理等四大板块，每年招标数量超过 1800 次，年中标价均超过 200 亿元人民币，"百通招标"已经成为同行业较有影响的知名品牌，根据国家发改委投资司统计，2011 年度招标代理中标金额综合排名位居全国第六；公司造价咨询业务也连续多年进入"全国工程造价咨询企业营业收入百名排序"榜单；项目管理（代建）和施工监理业务同步保持快速增长，为上海乃至全国建设市场的规范操作和有序发展贡献力量。

两港大道一标段

成山路停车场（亚洲最大立体公交停车场）

历史优秀建筑修缮项目陈桂春住宅

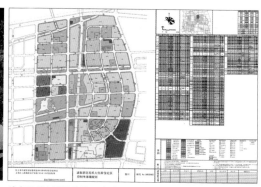

浦东民乐大型居住社区（近 300 万平方米）

上海地铁 2 号线、6 号线、13 号线二期招标代理

世博浦东浦西园区道路桥梁基础设施

三林世博家园

上海银行数据处理中心

上海臻诚建设管理咨询有限公司

　　上海臻诚建设管理咨询有限公司成立于 2003 年，是一家从事工程造价咨询、招标代理、政府采购和前期咨询的专业咨询企业。公司多年来恪守"以臻为重，以诚为本"的理念，拥有工程造价咨询甲级资质、招标代理甲级资质、政府采购甲级代理资格、工程咨询丙级资质、上海市固定资产投资项目节能评估文件编制机构甲级资质和中央投资项目招标代理机构预备级资格。

虹桥枢纽核心区一期项目

陈云故居暨青浦革命历史纪念馆

复旦大学附属中山医院青浦分院扩建

环太湖流域治理工程

绿地吉盛伟邦国际家具村

地址：上海市普陀区梅川路 999 弄 88 号　　电话：021-62647646　　传真：021-62644390　　邮编：200333
分部：上海市青浦区盈港路 1555 弄佳邸别墅 53 号　　电话：021-59203378　　传真：021-59202598　　网址：www.shzhencheng.com

至今已承担过上千项大中型工程的造价咨询和招标代理业务，工程咨询项目覆盖建筑、安装、装饰装修、市政、园林绿化和公用事业等诸多建设工程领域。其典型项目：中国农业银行、新发展亚太万豪国际酒店、奥特莱斯、绿地吉盛伟邦国际家具村、上海长风跨国采购中心、百联油库、滴水湖、真如城市副中心、虹桥枢纽核心区一期、环太湖流域治理、复旦大学附属中山医院青浦分院扩建、陈云故居等，盛富仁大厦项目荣获 2011 年上海优秀工程咨询成果二等奖。

上海长风跨国采购中心

青浦卓越世纪中心

扩建青浦第二水厂三期

大渡河路（金沙江路－桃浦路）

城中北路工程

"十二五"投资项目

建设项目造价费用

张　毅　编　著
印保兴　主　审

中国建筑工业出版社

图书在版编目(CIP)数据

建设项目造价费用/张毅编著. —北京：中国建筑工业出版社，2013.5

ISBN 978-7-112-15402-9

Ⅰ．①建… Ⅱ．①张… Ⅲ．①建筑造价管理 Ⅳ．①TU723.3

中国版本图书馆 CIP 数据核字(2013)第 084659 号

责任编辑：杨　军　李成成
责任设计：李志立
责任校对：姜小莲　刘梦然

"十二五"投资项目
建设项目造价费用

张　毅　编　著

印保兴　主　审

*

中国建筑工业出版社出版、发行（北京西郊百万庄）

各地新华书店、建筑书店经销

北京红光制版公司制版

北京云浩印刷有限责任公司印刷

*

开本：787×1092毫米　1/16　印张：25　插页4　字数：635千字
2013 年 5 月第一版　　2013 年 9 月第二次印刷
定价：**60.00** 元
ISBN 978-7-112-15402-9
(23435)

编委会成员介绍

周禹鹏　原上海市委常委、上海市副市长、上海市人大常委会副主任，
　　　　上海现代服务业联合会会长

许德明　上海市人大常委会委员、上海市人大城市建设环境保护委员会主任委员，
　　　　上海市城乡建设和交通工作党委书记

许解良　上海市人大常委会委员，上海市人大城市建设环境保护委员会副主任委员

严鸿华　上海现代建筑设计（集团）有限公司董事长，上海市建设工程咨询行业协会会长

姚念亮　上海市建设工程咨询行业协会名誉会长

曾　明　上海市建筑业管理办公室主任

杨小明　上海陆家嘴金融贸易区开发股份有限公司董事长

姚天玮　住房和城乡建设部建筑市场监管司处长

王　玮　住房和城乡建设部建筑市场监管司处长

吴佐民　中国建设工程造价管理协会秘书长

李　旭　RICS总会全球管理委员会中国代表、RICS中国分会一、二、三届主席

沈维春　中国电力企业联合会副秘书长（正局级）

汪松贵　上海市建筑建材业市场管理总站副站长

许智勇　上海市建设工程咨询行业协会秘书长

赵立俭　原上海市建设工程定额管理总站副站长，上海市建设工程资质和资格管理办公室副主任

印保兴　上海东方投资监理有限公司董事长

张　毅　教授级高级工程师、注册造价工程师

金　燕　上海市城乡建设和交通委员会业务受理服务中心副主任

顾耀明　上海容基工程项目管理有限公司总经理

王大年　上海百通项目管理咨询有限公司董事长

朱　虹　上海臻诚建设管理咨询有限公司总经理

周培康　上海东方投资监理有限公司副总经理

阎家惠　重庆市建设工程造价管理协会理事长

李　鹏　宁波市建设工程造价管理协会会长

王建忠　上海建经投资咨询有限公司董事长

李兆荣　上海华瑞建设经济咨询有限公司总经理

朱　坚　上海第一测量师事务所有限公司总经理

乐　云　同济大学经济管理学院建设管理与房地产系主任

奚耕读　上海申元工程投资咨询有限公司总经理

徐新华　上海东方投资监理有限公司总经理

王伟庆　利比投资咨询上海有限公司总经理

胡学括　上海建浩工程顾问有限公司总经理

虞建华　上海财瑞建设咨询有限公司董事长

王槐庭　万隆建设工程咨询集团有限公司董事长

夏　敏　上海东方投资监理有限公司副总经理

王舒静　上海市建设工程监理公司副总经理

徐雅芳　上海建科造价咨询有限公司总经理

张建忠　上海市卫生基建管理中心主任

陈　梅　上海市第六人民医院副院长

朱树英　上海市建纬律师事务所主任

赵　丰　香港恒基兆业地产集团成本控制中心总经理

王美蓉　中国建设银行上海市分行

印捷欧　上海东方投资监理有限公司副总经理

本 书 编 委 会

编委会主任： 周禹鹏

编委会成员 （排名不分先后）：

许德明	许解良	严鸿华	姚念亮	曾 明	杨小明
姚天玮	王 玮	吴佐民	李 旭	沈维春	汪松贵
许智勇	赵立俭	印保兴	张 毅	金 燕	顾耀明
王大年	朱 虹	周培康	阎家惠	李 鹏	王建忠
李兆荣	朱 坚	乐 云	奚耕读	徐新华	王伟庆
胡学括	虞建华	王槐庭	夏 敏	王舒静	徐雅芳
张建忠	陈 梅	朱树英	赵 丰	王美蓉	印捷欧

主　　审： 印保兴

主　　编： 张 毅

副 主 编： 金 燕　顾耀明　王大年　朱 虹　周培康

参 编 人 员 （排名不分先后）：

姚 蓁	田洁莹	许敏浩	许建峰	印捷欧	李月华
周 明	赵中相	郭一中	张建荣	梁鸿远	石旅军
陈红峰	黄 彤	万 鹏	姚中增	严雪峰	严伟娟
金 晶	张长赢	张建根	俞永康	刘 轶	刘志文
严素华	李德平	朱玉兰	周 乐	周秀凤	谭再飞
高小燕	谢英英	周 敏	黄 斌	任静娟	黄文俊
钱伟锋	戴 强	张 昭	戴天文	赵 斌	府乐宽

参 编 单 位 （排名不分先后）：

上海东方投资监理有限公司　　上海容基工程项目管理有限公司

上海百通项目管理咨询有限公司　上海臻诚建设管理咨询有限公司

网 站 支 持： 上海易土建设信息科技有限公司

序

　　根据《国务院关于投资体制改革的决定》要求，对基本建设投资管理的全过程各阶段实施控制，落实项目绩效评价，是受控项目投资管理的关键。因此，分阶段落实工程造价费用管控势在必行。同时，按照"谁投资、谁决策、谁承担风险"的原则，无论是国家投资还是民间投资，都面临共同的课题：如何保证建设项目投资的合理性、建设的如期性、回报的有效性？正是这一课题促使作者30年来对我国各类投资项目工程造价费用的管控变革进行深入研究。在建设项目造价全过程专业服务纳入国家《建筑法》、《招投标法》、《合同法》等法律体系，并已在我国社会各界尤其是建设单位（项目法人）形成广泛共识，"十二五"的项目建设和业界的呼声日益变得强烈的今天，《建设项目造价费用》的问世可谓是应运而生、顺势而为了。

　　《建设项目造价费用》一书，覆盖面广，政策性、专业性强，取材丰富，内容翔实，涉及项目投资、资金筹措、风险评估、造价费用、财务税金以及政府各类规费标准，阐述工程项目全生命周期造价控制所涉及的建设项目投资估算、设计概算、招标控制价、工程结算编审和全过程造价咨询和工程造价鉴定规程，以及《建设工程工程量清单计价规范》（GB 50500—2013）等建设工程造价咨询成果文件质量标准要求。从而为建设单位、项目法人以及建设工程造价咨询机构提供了一本集权威性、系统性、实用性为一体的专业书籍。

　　建设项目造价咨询是现代服务业中一个十分重要、且颇具前沿的新兴行业。对建设工程进一步加强科学管理，是贯彻落实科学发展观的现实要求，也是推进现代化进程的内在要求。我很高兴地看到，一批具有颇高造诣的国家注册造价工程师，多年来默默耕耘在建设项目造价咨询专业服务的第一线的同时，对工程项目建设全过程造价管控进行深入的研究分析，为提高我国工程建设项目的科学化管理水平做出了卓越的贡献。我衷心希望有更多的对我国现代化建设第一线具有直接指导作用的书籍问世，并受到更多专业人士的欢迎。

上海现代服务业联合会会长　周禹鹏

2013 年 5 月

前　言

　　《建设项目造价费用》一书是中国建筑工业出版社《工程项目建设程序》2011 年版的姐妹篇，根据中央政府在"十二五"期间的投资建设增长目标，全社会固定资产投资增速估计可达 16% 左右，要重点落实城市基础设施投资 7 万亿元、电网 2.55 万亿元、电信 2.0 万亿元、铁路 2.3 万亿元（快速铁路网 4 万公里）、公路水路 6.2 万亿元、城市轨交 1.27 万亿元、民航投资 14.5 万亿元、水利建设投资 2 万亿元、开工水电工程 1.2 亿千瓦、房地产 30 万亿元、城市保障性住房 3600 万套等建设项目。因此，政府倡导建设单位提高实施项目的全过程投资控制，分阶段落实工程造价费用管控势在必行。

　　作为工程项目建设市场主体之一的建设业主或项目法人，项目管理造价费用控制已成为绩效评价、提高投资效益的关键。如何实施国家和地方政府"十二五"期间投资项目建设的全过程造价管控，有必要厘清和规范执行工程项目投资控制流程，在做出项目投资决策时要做好各项抗风险能力储备，认真评估项目可行性研究阶段投资估算和限额设计概算，控制项目招标投标阶段施工图预算、招标控制价，实现项目实施阶段工程量清单计价、工程结算受控，完成项目竣工阶段竣工决算、绩效评价、造价鉴定、合同费用控制，同时，落实国有建设项目的全过程审计等措施。体现社会效益和经济效益最大化，这是受控项目投资管理的关键。如何为工程项目投资营造一个受控环境，要通过项目的商业论证、投资估算或造价费用管控，确保项目收益，比照境外工程造价业务标准，发挥造价费用项目管理优势，提升项目管理投资效益。因此，全面梳理我国"十二五"工程项目投资费用构成，全过程实现项目建设造价各类费用阶段性控制，这也是促成作者编写出版本书的目的所在。

　　按照国家"十二五"规划纲要，以及住建部、财政部颁布 2013 版《建筑安装工程费用项目组成》要求，实施发改委、财政部对基本建设投资管理各阶段的控制程序，此书涉及项目投资、资金筹措、风险评价、造价费用、财务税金及政府各类规费标准；阐述工程项目全生命周期造价控制，涉及中国建设工程造价管理协会倡导的建设项目投资估算、设计概算、招标控制价和工程结算编审和全过程造价咨询以及工程造价鉴定规程等建设工程造价咨询成果文件质量标准要求。

　　本书全面系统地介绍了工程项目建设程序、建设项目造价费用管理、决策阶段投资控制、设计阶段造价控制、招投标阶段造价控制、施工阶段造价控制、竣工阶段造价控制、合同费用和项目审计要旨、建设项目各类相关费用指标、建设项目工程造价指标分析，共计十章。选取资料丰富翔实，覆盖面广，政策性强，是演绎"十二五"工程投资项目建设全过程造价控制的典范。向项目业主、投资财团、项目评估机构、房地产开发公司、勘察设计单位、承包商、项目管理公司、招标代理机构、造价咨询单位、工程监理公司、境外咨询机构和各级建设管理部门提供一本集权威性、系统性、实用性为一体的查询建设项目造价费用的工具书。也可作为工程咨询师、建造师、造价师、监理师、评估师等专业管理人员以及相关院校培训学员熟悉投资项目工程造价的参考。书中有些内容取自部分行业、省市工程项目建设造价管理做法，请读者根据当地具体情况，参考采用。

　　本书得以问世，得到了住房和城乡建设部建筑市场监管司、标准定额司、中国建设工程造价管理协会和上海市建设交通委领导的关心和提携，上海市现代服务业联合会会长周禹鹏先生特意为本书作序，上海市人大代表、上海东方投资监理有限公司董事长印保兴先生在百忙之中审定全部稿件，谨在此表示深深的敬意和谢意。上海东方投资监理有限公司、上海容基工程项目管理有限公司、上海百通项目管理咨询有限公司、上海臻诚建设管理咨询有限公司参与并精选工程项目建设全过程造价控制实践案例，谨表深深的谢意；同时，中国建筑工业出版社为本书的出版给予了大力的支持。在此，谨向各级领导、同仁以及参考文献的作者表示衷心的感谢。由于时间仓促，加之作者学识水平有限，书中的内容以及文字的提炼、推敲必然存在疏漏、偏差之处，敬请专家、同仁和读者不吝赐教，使之能更好地为广大读者服务。

作　者

2013 年 5 月

目 录

第一章 工程项目建设程序

根据国家投资体制改革的有关规定，改革投资项目审批制度，落实企业投资自主权，彻底改革现行不分投资主体、不分资金来源、不分项目性质，一律按投资规模大小分别由各级政府及有关部门审批的企业投资管理办法。对于企业不使用政府投资建设的项目，一律不再实行审批制，区别不同情况实行核准制和备案制。其中，政府仅对重大项目和限制类项目从维护社会公共利益的角度进行核准，其他项目无论规模大小，均改为备案制，项目的市场前景、经济效益、资金来源和产品技术方案等均由企业自主决策，自担风险，并依法办理环境保护、土地使用、资源利用、安全生产、城市规划等许可手续和减免税确认手续。对于企业使用政府补助、转贷、贴息投资建设的项目，政府只审批资金申请报告。因此，工程项目建设程序通过项目法人责任制、项目投资咨询评估制、资本金制度、工程招投标制、工程建设监理制等内容对工程建设项目全过程进行监督实施。

第一节 工程建设项目

工程项目建设程序是指工程建设项目的投资意向、选择、评估、决策、设计、施工到竣工验收、投产使用的整个建设过程的工作程序。它是工程建设客观规律的反映，体现了工程建设项目发展的内部联系和过程，是不可随意改变的。

一、工程建设项目的概念

（一）工程建设项目的定义

工程建设项目是指需要一定量的投资，按照一定程序，在一定时间内完成符合质量要求的，以形成固定资产为明确目标的一次性任务。工程项目是一种投资行为与建设行为相结合的投资项目，它涵盖了工程建设项目，而工程建设项目特指有建设行为的工程项目，习惯上将工程项目和工程建设项目等同起来。在我国，工程建设项目，也就是固定资产投资项目，它包括基本建设项目（新建、扩建等扩大生产能力的项目）和技术改造项目。

（二）工程建设项目的建设特性

（1）建设周期和资金周转期长，工程建设项目体量庞大，工程量巨大，建设周期长，在较长时间内耗用大量的资金而难出完整的产品。工程建设项目管理上要缩短工期，按期或提前建成投产，形成生产能力。

（2）投资风险大，工程建设项目的单件性生产特性决定了项目投资大，风险也大，同时，在工程建设项目建设期间还可能遇到不可抗力和特殊风险损失。

（3）建设过程的连续性，工程建设项目过程的连续性是由工程建设项目的特点和经济规律所决定的。它要求项目各参与单位有良好的协作，使建设工作有条不紊地进行。

（4）施工的流动性，是由工程建设项目的固定性决定的。它对工程建设项目管理工作、施工成本和职工生活安排产生很大的影响。

（5）受环境的影响大，工程建设项目实施不仅要受到复杂的自然环境影响，如地形、气象等因素，而且还受到社会环境的影响和制约，如项目征地、交通运输等社会条件。

二、工程建设项目分类

（一）按国民经济各行业的性质特点分类

按国民经济各行业的性质和特点，可将工程建设项目划分为：

（1）竞争性项目，主要是指投资收益水平比较高、市场调节比较灵敏、具有市场竞争能力的行业部门的相关项目。

（2）基础性项目，主要是指具有一定自然垄断、建设周期长、投资量大而收益较低的基础产业和基础设施项目。

（3）公益性项目，是指那些非营利性和具有社会效益的项目。

（二）按建设规模分类

按建设规模分类，即按工程建设项目的总投资规模、设计生产能力或工程效益，同时，根据国家规定的标准，可将基本建设项目按工业建设项目和非工业建设项目划分为大型、中型、小型三类，更新改造和技术引进项目划分为限额以上和限额以下两类。

（三）按工程建设项目的组成分类

（1）单项工程即有独立设计文件，建成后能独立发挥效益或生产设计规定产品的车间、独立工程等，如办公楼、工业厂房。它是工程建设项目的组成部分。

（2）单位工程即具有独立施工条件的工程，是单项工程的组成部分。如工业厂房是一个单项工程，其中厂房建筑是一个单位工程，设备安装又是一个单位工程。

（3）分部工程是单位工程的组成部分。它是按建筑安装工程的结构、部位或工序划分的。如厂房建筑是一个单位工程，可分为土方、基础、混凝土、屋面工程等分部工程。

（4）分项工程是按不同的建筑材料、施工方法划分的，是分部工程的组成部分。如厂房的基础工程是一个分部工程，可分为砖基础、混凝土条形基础、钢筋混凝土条形基础工程等。

第二节　工程项目建设程序

一、工程项目建设程序

工程项目建设的各阶段、各环节、各项工作之间存在着固有的规律性，项目建设根据这种规律，按照一定的阶段和步骤依次展开，这就是工程建设项目的建设程序。我国现阶段的建设工程，是根据国家经济体制改革和投资体制改革的要求来实施的。工程项目建设程序主要包括立项决策阶段、设计及准备阶段、实施阶段和竣工验收交付使用阶段，如图1-2-1所示。

工程项目建设各阶段都包括了各地区许多的各异的工作内容和内在环节，各阶段之间又包含了相互之间的联系纽带，并按照一定的规律，有序地形成一个循环渐进的工作过

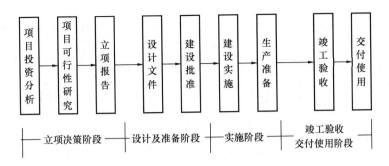

图 1-2-1 国家工程建设程序简图

程，这个符合一定规律的工作过程就演变成了工程建设项目，根据工程项目建设要求和特征，也形成了各地方工程项目建设程序，如图 1-2-2 所示。

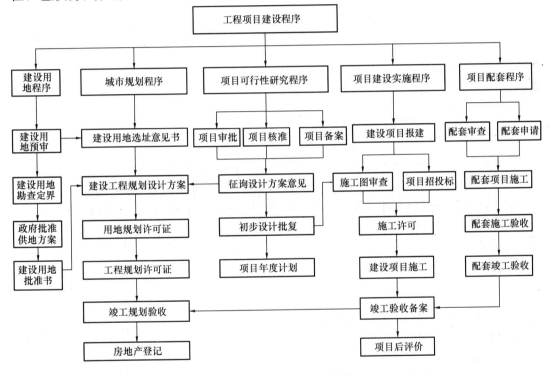

图 1-2-2 地方工程项目建设程序简图

二、房地产项目开发程序

房地产开发是通过土地、资金、技术、劳动力、材料等设施运作，建成社会必需的建筑物、构筑物的一大产业。要通过对产品的出售、出租、抵押等方式，获得预期的投资收益。房地产项目开发程序遵循房地产开发过程的自然经济规律，且与有关政策、市场需求、金融制度、社会变革等因素有着密切的联系。一般房地产项目开发的具体工作程序见图 1-2-3。

三、国外工程项目建设程序

（一）项目阶段的划分

按照项目建设工作展开的时间顺序，项目可划分为若干个阶段或时间。由于项目涉及

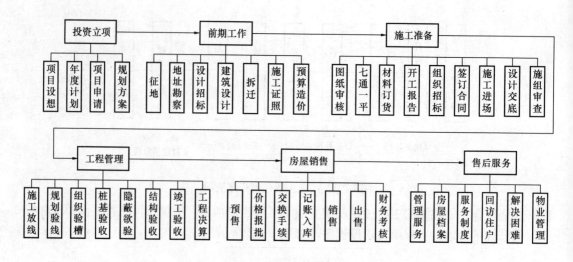

图 1-2-3 房地产项目开发的具体工作程序

单位所处的角度以及各阶段归集的项目工作内容不同，项目阶段分为决策阶段、实施阶段。国外工程项目建设总程序如图 1-2-4 表示。

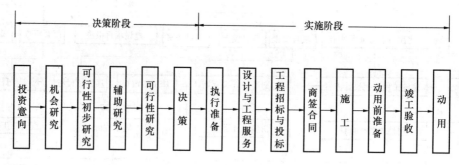

图 1-2-4 国外工程建设总程序

（二）项目建设各阶段资金投入

项目建设各阶段资金投入情况见图 1-2-5。

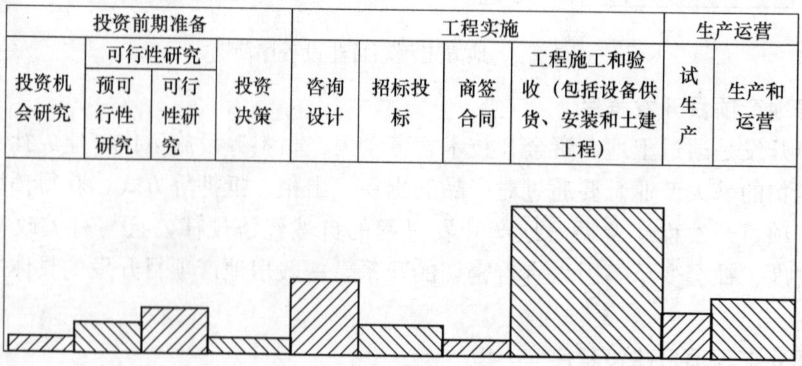

投资前期准备				工程实施				生产运营	
投资机会研究	可行性研究		投资决策	咨询设计	招标投标	商签合同	工程施工和验收（包括设备供货、安装和土建工程）	试生产	生产和运营
	预可行性研究	可行性研究							

图 1-2-5 项目建设各阶段资金投入情况示意图

第三节　项目审批核准备案制

一、政府投资项目的审批

对于政府投资项目，采用直接投资和资本金注入方式的，从投资决策角度，只审批项目建议书和可行性研究报告，除特殊情况外，不再审批开工报告，同时应严格政府投资项目的初步设计、概算审批工作；采用投资补助、转贷和贷款贴息方式的，只审批资金申请报告。

国家发改委核报国务院核准或审批的固定资产投资项目名录，明确以下政府投资项目报请国务院审批：

（1）使用中央预算内投资、中央专项建设基金、中央统还国外贷款 5 亿元及以上项目。

（2）使用中央预算内投资、中央专项建设基金、中央统还国外贷款的总投资额 50 亿元及以上项目。

（3）有国务院专项规定或经国务院批准的专项规定的，按专项规定执行。

国家发改委关于改进和完善报请国务院审批或核准的投资项目管理办法中，对于符合按照国家有关规定批准的行业和专项发展建设规划以及产业政策要求，由国家发改委同有关部门审批或核准，报国务院备案。报国务院备案时应附上国土资源部、环保总局、行业主管部门、其他有关部门、省级人民政府或其投资主管部门、银行等相关单位的意见和咨询机构的评估论证意见以及国家发展改革委关于该项目符合发展建设规划和产业政策等情况的说明。对于属于下列情况之一的项目，由国家发改委同有关部门提出审批或核准的初步意见，报请国务院审批或核准：

（1）发展建设规划以外的项目；

（2）产业政策限制发展的项目；

（3）符合规定的条件，但性质特殊、影响重大的项目；

（4）有关方面意见不尽一致，但从经济和社会发展方面全局考虑仍有必要建设的项目；

（5）国务院明确要求报送国务院审批或核准的项目。

关于城市快速轨道交通规划及项目的审批或核准，分两类情况进行处理：一是对北京、上海、广州、深圳等财力较强、有城市快速轨道交通项目建设和运营管理经验的城市，其城市快速轨道交通规划及项目由国家发改委审批或核准，报国务院备案；二是对其他城市，其城市快速轨道交通规划由国家发改委核报国务院审批，具体项目由国家发改委审批或核准，报国务院备案。

国家发改委关于审批地方政府投资项目的有关规定：

（1）各级地方政府采用直接投资（含通过各类投资机构）或以资本金注入方式安排地方各类财政性资金，建设《政府核准的投资项目目录》范围内应由国务院或国务院投资主管部门管理的固定资产投资项目，需由省级投资主管部门报国家发改委会同有关部门审批或核报国务院审批。省级投资主管部门，是指省级发改委和具有投资管理职能的经委（经贸委）。具有投资管理职能的省级经委（经贸委）应与发改委联合报送有关文件。

（2）需上报审批的地方政府投资项目，只需报批项目建议书。国家发改委主要从发展建设规划、产业政策以及经济安全等方面进行审查。

项目建议书经国家发改委批准后，项目单位应当按照国家法律法规和地方政府的有关规定履行其他报批程序。

（3）地方政府投资项目申请中央政府投资补助、贴息和转贷的，按照国家发改委发布的有关规定报批资金申请报告，也可在向国家发改委报批项目建议书时，一并提出申请。

（4）范围以外的地方政府投资项目，按照地方政府的有关规定审批。

二、投资项目核准制

企业投资建设实行核准制的项目，应按国家有关要求编制项目申请报告，报送项目核准机关。项目核准机关应依法进行核准，并加强监督管理。企业投资建设实行核准制的项目，仅需向政府提交项目申请报告，不再经过批准项目建议书、可行性研究报告和开工报告的程序。政府对企业提交的项目申请报告，主要从维护经济安全、合理开发利用资源、保护生态环境、优化重大布局、保障公共利益、防止出现垄断等方面进行核准。对于外商投资项目，政府还要从市场准入、资本项目管理等方面进行核准。

（一）核准程序

企业投资建设应由地方政府投资主管部门核准的项目，须按照地方政府的有关规定，向相应的项目核准机关提交项目申请报告。国务院有关行业主管部门隶属单位投资建设应由国务院有关行业主管部门核准的项目，可直接向国务院有关行业主管部门提交项目申请报告，并附上项目所在地省级政府投资主管部门的意见。计划单列企业集团和中央管理企业投资建设应由国务院投资主管部门核准的项目，可直接向国务院投资主管部门提交项目申请报告，并附上项目所在地省级政府投资主管部门的意见；其他企业投资建设应由国务院投资主管部门核准的项目，应经项目所在地省级政府投资主管部门初审并提出意见，向国务院投资主管部门报送项目申请报告（省级政府规定具有投资管理职能的经贸委、经委应与发展改革委联合报送）。企业投资建设应由国务院核准的项目，应经国务院投资主管部门提出审核意见，向国务院报送项目申请报告。

（二）核准效力

项目申报单位依据项目核准文件，依法办理土地使用、资源利用、城市规划、安全生产、设备进口和减免税确认等手续。项目核准文件有效期2年，自发布之日起计算。项目在核准文件有效期内未开工建设的，项目单位应在核准文件有效期届满30日前向原项目核准机关申请延期，原项目核准机关应在核准文件有效期届满前作出是否准予延期的决定。项目在核准文件有效期内未开工建设也未向原项目核准机关申请延期的，原项目核准文件自动失效。已经核准的项目，如需对项目核准文件所规定的内容进行调整，项目单位应及时以书面形式向原项目核准机关报告。原项目核准机关应根据项目调整的具体情况，出具书面确认意见或要求其重新办理核准手续。对应报项目核准机关核准而未申报的项目，或者虽然申报但未经核准的项目，国土资源、环境保护、城市规划、质量监督、证券监管、外汇管理、安全生产监管、水资源管理、海关等部门不得办理相关手续，金融机构不得发放贷款。事业单位、社会团体等非企业单位投资建设《政府核准的投资项目目录》内的项目，按照规定进行核准。

（三）外商投资项目的核准

根据《国务院关于投资体制改革的决定》和《外商投资项目核准暂行管理办法》，中外合资、中外合作、外商独资、外商购并境内企业、外商投资企业增资等各类外商投资项目需按要求进行投资核准。按照《外商投资产业指导目录》分类，总投资1亿美元及以上的鼓励类、允许类项目和总投资5000万美元及以上的限制类项目，由国家发展改革委核准项目申请报告，其中总投资5亿美元及以上的鼓励类、允许类项目和总投资1亿美元及以上的限制类项目由国家发展改革委对项目申请报告审核后报国务院核准。国家规定的限额以上、限制投资和涉及配额、许可证管理的外商投资企业的设立及其变更事项，大型外商投资项目的合同、章程及法律特别规定的重大变更（增资减资、转股、合并）事项，由商务部核准。总投资1亿美元以下的鼓励类、允许类项目和总投资5000万美元以下的限制类项目由地方发展改革部门核准，其中限制类项目由省级发展改革部门核准。外商投资项目核准程序如下：

（1）按核准权限属于国家发展改革委和国务院核准的项目，由项目申请人向项目所在地的省级发展改革部门提出项目申请报告，经省级发展改革部门审核后报国家发改委。计划单列企业集团和中央管理企业可直接向国家发改委提交项目申请报告。

（2）国家发改委核准项目申请报告时，需要征求国务院行业主管部门意见的，应向国务院行业主管部门出具征求意见函并附相关材料。国务院行业主管部门应在接到上述材料之日起7个工作日内，向国家发改委提出书面意见。

（3）国家发改委在受理项目申请报告之日起5个工作日内，对需要进行评估论证的重点问题委托有资质的咨询机构进行评估论证。接受委托的咨询机构应在规定的时间内向国家发展改革委提出评估报告。

（4）国家发改委自受理项目申请报告之日起20个工作日内，完成对项目申请报告的核准，或向国务院报送审核意见。如20个工作日内不能做出核准决定或报送审核意见的，由国家发改委负责人批准延长10个工作日，并将延长期限的理由告知项目申请人。前款规定的核准期限，不包括委托咨询机构进行评估的时间。

（5）国家发改委对核准的项目向项目申请人出具书面核准文件；对不予核准的项目，应以书面决定通知项目申请人，说明理由并告知项目申请人享有依法申请行政复议或者提起行政诉讼的权利。

项目申请人凭国家发展改革委的核准文件，依法办理土地使用、城市规划、质量监管、安全生产、资源利用、企业设立（变更）、资本项目管理、设备进口及适用税收政策等方面手续，履行建设项目程序。

（四）境外投资项目的核准

国家对境外投资资源开发类和大额用汇项目实行核准管理。资源开发类项目指在境外投资勘探开发原油、矿山等资源的项目。此类项目，中方投资额3000万美元及以上的，由国家发展改革委核准，中方投资额2亿美元及以上的，由国家发展改革委审核后报国务院核准。大额用汇类项目指在前款所列领域之外中方投资用汇额1000万美元及以上的境外投资项目，此类项目由国家发展改革委核准，其中中方投资用汇额5000万美元及以上的，由国家发展改革委审核后报国务院核准。国内企业对外投资开办企业（金融企业除外）由商务部核准。中方投资额3000万美元以下的资源开发类和中方投资用汇额1000万美元以下的其他项目，由各省、自治区、直辖市及计划单列市和新疆生产建设兵团等省级发展改革部门核准。中央管理企业投资的中方投资额 3000 万美元以下的资源开发类境外投资项目和中方投资用汇额 1000 万美元以下的其他境外投资项目，由其自主决策并在决策后将相关文件报国家发展改革委备案。国家发展改革委在收到上述备案材料之日起 7 个工作日内出具备案证明。前往中国台湾地区投资的项目和前往未建交国家投资的项目，不分限额，由国家发改委核准或经国家发改委审核后报国务院核准。项目的核准程序如下：

（1）按核准权限属于国家发改委或国务院核准的项目，由投资主体向注册所在地的省级发展改革部门提出项目申请报告，经省级发展改革部门审核后报国家发改委。计划单列企业集团和中央管理企业可直接向国家发改委提交项目申请报告。

（2）国家发改委核准前往香港特别行政区、澳门特别行政区、台湾地区投资的项目以及核准前往未建交国家、敏感地区投资的项目前，应征求有关部门的意见。有关部门在接到上述材料之日起 7 个工作日内，向国家发改委提出书面意见。

（3）国家发改委在受理项目申请报告之日起 5 个工作日内，对需要进行评估论证的重点问题委托有资质的咨询机构进行评估。接受委托的咨询机构应在规定的时间内向国家发改委提出评估报告。国家发改委在受理项目申请报告之日起 20 个工作日内，完成对项目申请报告的核准，或向国务院提出审核意见。如 20 个工作日不能做出核准决定或提出审核意见，由国家发改委负责人批准延长 10 个工作日，并将延长期限的理由告知项目申请人。规定的核准期限，不包括委托咨询机构进行评估的时间。国家发改委对核准的项目向项目申请人出具书面核准文件；对不予核准的项目，应以书面决定通知项目申请人，说明理由并告知项目申请人享有依法申请行政复议或者提起行政诉讼的权利。

（4）境外竞标或收购项目，应在投标或对外正式开展商务活动前，向国家发改委报送书面信息报告。国家发改委在收到书面信息报告之日起 7 个工作日内出具有关确认函件。投资主体如需投入必要的项目前期费用涉及用汇数额的（含履约保证金、保函等），应向国家发改委申请核准。经核准的该项前期费用计入项目投资总额。

三、投资项目备案制

对企业投资项目实行备案制，是投资体制改革的重要内容，是真正确立企业投资主体地位、落实企业投资决策自主权的关键所在。省级人民政府应当在备案制办法中对备案内容作出明确规定。除不符合法律法规的规定、产业政策禁止发展、需报政府核准或审批的项目外，应当予以备案；对于不予备案的项目，应当向提交备案的企业说明法规政策依据。环境保护、国土资源、城市规划、建设管理、银行等部门（机构）应按照职能分工，对投资主管部门予以备案的项目依法独立进行审查和办理相关手续，对投资主管部门不予以备案的项目以及应备案而未备案的项目，不应办理相关手续。"备案"是企业为投资项目所履行的"前置"性行政许可手续，备案机关应按前置性审查的要求制定需要备案内容。

第四节　政府投资项目审批程序

一、严格执行基本建设程序

尤其是在建设项目前期工作阶段，必须严格按照现行建设程序执行。现行基本建设前期工作程序包括：项目建议书、可行性研究报告、初步设计、开工报告等工作环节。只有在完成上一环节工作后方可转入下一环节。只有当建设项目的可行性研究报告经有权审批部门批准后，方可对外正式签订贷款协议、设备购买合同、合资合作协议和合同等。在可行性研究报告批准之前，不得擅自对外签约。

二、政府投资项目审批规定

国家发展改革委审批地方政府投资项目的有关要求规定：

（1）各级地方政府采用直接投资（含通过各类投资机构）或以资本金注入方式安排地方各类财政性资金，建设《政府核准的投资项目目录》范围内应由国务院或国务院投资主管部门管理的固定资产投资项目，需由省级投资主管部门报国家发改委同有关部门审批或核报国务院审批。省级投资主管部门，是指省级发改委和具有投资管理职能的经委（经贸委）。具有投资管理职能的省级经委（经贸委）应与发改委联合报送有关文件。

（2）需上报审批的地方政府投资项目，只需报批项目建议书。国家发改委主要从发展建设规划、产业政策以及经济安全等方面进行审查。项目建议书经国家发改委批准后，项目单位应当按照国家法律法规和地方政府的有关规定履行其他报批程序。

（3）地方政府投资项目申请中央政府投资补助、贴息和转贷的，按照国家发改委发布的有关规定报批资金申请报告，也可在向国家发改委报批项目建议书时，一并提出申请。

（4）规定范围以外的地方政府投资项目，按照地方政府的有关规定审批。

三、建设工程并联审批管理程序

并联审批，是指对同一申请人提出的，在一定时段内需由两个以上市行政部门分别实施的两个以上具有关联性的行政审批事项，实行牵头部门统一接收、转送申请材料，各相关并联审批部门同步审批，分别作出审批决定的审批方式。其行政审批，包括行政许可和非行政许可审批。国家主管部门在市机构与市行政部门共同实施并联审批。

并联审批部门应当向牵头部门提供本部门行政审批事项的审批依据、审批条件和申请材料目录等材料以及相关的说明、解释。并联审批部门收到申请材料后，经审核需要申请人补正材料的，应当自收到申请材料之日起3个工作日内，一次告知申请人。并联审批部门需要进行实地核查的，应当事先告知牵头部门。

并联审批实施过程中，对并联审批事项进行联合会审。并联审批实施过程中有需要协调的，由牵头部门进行协调。许可证件可以由并联审批部门分别送达申请人，或者统一由牵头部门送达申请人。其中，由并联审批部门分别送达申请人的，并联审批部门应当及时告知牵头部门。并联审批部门未在具体实施方案规定的期限内作出审批决定的，牵头部门应当告知申请人，并将有关情况向市或者区、县审批改革部门通报。

（一）土地使用权取得和核定规划条件

1. 以划拨方式取得土地使用权

属审批制项目的，在项目建议书批准后，规划土地管理部门可同步受理选址意见书、土地预审和地名审批的申请；在可行性研究报告批准后，规划土地管理部门可同步受理建设用地规划许可证、建设用地审批的申请。

属核准制项目的，规划土地管理部门可同步受理选址意见书、土地预审和地名审批的申请，并征询投资管理部门及其他相关管理部门意见；在项目核准后，规划土地管理部门可同步受理建设用地规划许可证、建设用地审批的申请。

属备案制项目的，在取得投资管理部门的备案意见后，规划土地管理部门可同步受理核定规划条件、土地预审和地名审批的申请；在核定规划条件和土地预审后，规划土地管理部门可同步受理建设用地规划许可证、建设用地审批的申请。

对同步办理事项，建设单位在同时递交不同事项的申请表时，相同的申请材料（如资质证明材料等）可只提交1份。办理结果可依照法定程序分别作出，也可待同步审批通过后，一并送达申请人。

2. 以出让方式取得土地使用权

规划土地管理部门在土地出让前，按照"分部门、分步骤、同级询、格式化"的原则，市、区（县）招拍挂办公室或规划土地管理部门向同级相关管理部门征询出让条件，以及是否参与下一环节设计方案并联审批的意见。各部门在接到征询意见函后的10个工作日内书面反馈，逾期视作同意土地出让且不参加设计方案并联审批。但涉及公共安全、人身健康的特殊项目，可在10个工作日内告知规划土地管理部门延长反馈时间。

取得出让条件后，规划土地管理部门办理建设用地审批、公示等事务。程序完备后，组织土地招拍挂出让或协议出让。签订出让合同后，受让人向投资管理部门办理项目备案。属核准类项目，在环保部门办理环评审批后，办理核准手续。项目核准或备案通过后，向规划土地管理部门领取建设用地规划许可证。

3. 自有土地建设

属审批制和备案制项目的，在取得建设项目建议书或项目备案意见后，向规划土地管理部门申请核定规划条件。办理期间，由规划土地管理部门征询相关管理部门意见。属核准制项目的，先由规划土地管理部门受理核定规划条件的申请，办理期间，征询投资管理部门和其他相关管理部门意见。该环节完成后，项目用地上有拆迁的，向住房保障房屋管理部门办理房屋拆迁许可手续，并开展工程报建、勘察设计招标、组织编制规划方案和项目环评工作。

（二）设计方案审核（该环节在30个工作日内完成）

1. 咨询

建设单位在编制设计方案时，可向市或区（县）相关管理部门进行咨询，相关管理部门应及时提供指导意见。

2. 受理

建设单位应按照住房和城乡建设部《建筑工程设计文件编制深度规定》中"方案设计"的要求，编制建筑设计方案，并按照事先告知须后续审查的有关部门要求，将需相关管理部门审查的材料分袋包装，送规划土地管理部门。规划土地管理部门收到后，在5个工作日内完成征求相关管理部门预审意见工作，向申请人出具正式受理或者材料补正的通知。

3. 审核意见

相关管理部门在正式受理后的10个工作日内，将各自专业审查意见书面反馈规划土地管理部门。规划土地管理部门在汇总各相关管理部门的审查意见后，可在15个工作日内组织建设管理等相关管理部门进行会审，综合协调，并根据协调情况，作出同意或者不同意的审核意见。相关部门的审批文件统一由规划土地管理部门转送建设单位。设计方案审核意见及相关管理部门提出需在设计文件阶段完善落实的意见抄送建设管理部门。

4. 设计方案公示

规划土地管理部门在批准建设工程设计方案前，应按照有关规定将建设工程设计方案的相关内容向公众公开展示，听取公众意见。

5. 简易建设项目免予设计方案审核

对建筑面积 500 平方米以下小型建（构）筑物项目、工业区内标准厂房、普通仓库工程、变动主体承重结构的建筑物或构筑物大修工程（文物保护单位和优秀历史建筑除外）等，规划土地管理部门在土地出让或核发选址意见书、核定规划条件时，应告知建设单位规划条件、后续仍需审查的相关管理部门和其他应尽事项，并注明"本项目在签订告知承诺书后，免于设计方案审核"。建设单位签署承诺遵守的，免于审核设计方案，直接进入后续审批环节。

（三）设计文件审查（该环节在 30 个工作日内完成）

1. 咨询

根据设计方案审批中提出的要在本阶段落实意见的，建设单位在施工图设计文件编制前，可向符合资质条件的专业咨询机构提出专业技术咨询，也可待完成施工图设计文件编制后直接向建设工程设计文件审查管理事务中心提出设计文件审查申请。

2. 申报

项目符合受理范围要求且已通过规划土地管理部门设计方案审批，建设单位按照总体设计文件和施工图设计文件的分类，向审查部门提交设计文件审查申请。同时，建设单位在电子信息平台上从符合条件的审图公司中随机抽取两家，从中选取一家审图公司承担本项目施工图设计文件审查工作。

3. 受理

审查部门一门式受理建设单位的送审资料，在 5 个工作日内完成征求相关管理部门意见的工作，并向建设单位出具受理或者材料补正的通知。

4. 设计文件审查

征询：自正式受理之日起，审查部门组织投资、规划国土、卫生、交通、交警、消防、抗震、水务、民防、绿化市容、气象等相关管理部门在 10 个工作日内完成总体设计文件征询。需要时，可由审查部门召开相关征询协调会。征询意见通知审图公司，在施工图设计文件审查中落实。施工图设计文件审查：审图公司、民防、气象部门接到审查部门审图通知和转送的施工图设计文件后，根据有关规定和相关部门征询意见，对施工图进行审查，在 20 个工作日内完成。审图公司完成施工图审查后，审查通过的，向建设单位出具通过施工图审查合格书，并向建设管理部门备案；审查未获通过，则向建设单位出具不通过施工图审查的意见，并报建设管理部门，同时终止审查。

5. 备案管理

对通过施工图设计文件审查的项目，建设管理部门在 5 个工作日内完成备案管理，并出具备案意见。

6. 领取相关批准文件和办理相关手续

施工图审查备案通过后，建设单位向规划土地管理部门办理建设工程规划许可证手续，向建设管理部门办理施工和监理招投标备案、建设工程安全质量监督申报、使用墙体材料核定和施工许可等手续。

（四）竣工验收（该环节在20个工作日内完成）

1. 服务范围

建设工程中涉及质量、规划国土、环保、消防、交警、交通、水务、卫生、住房保障房屋管理、档案、绿化市容、民防、防雷竣工验收以及其他特定领域验收事项。

2. 验收方式

建设单位依照国家法律法规规定组织竣工验收。建设工程项目具备法定竣工验收条件后，建设管理部门也可接受建设单位委托，组织相关管理部门，实施全部或者部分专业的竣工验收并联服务。

3. 提供指导

建设单位需要征询竣工验收法定条件具体内容的，市或者区（县）相关管理部门应及时提供有针对性的指导意见。

4. 服务流程

建设管理部门建立竣工验收并联服务工作平台，组织相关管理部门并联实施专业竣工验收。相关管理部门应根据建设单位的需求提供咨询服务。竣工验收并联服务采用如下方式进行，自受理之日起20个工作日完成。

（1）网上申请。建设工程具备法定的竣工验收条件后，建设单位根据建设工程验收需要，网上填写《建设工程竣工验收并联服务申请表》（以下简称《申请表》），向安质监总站申请竣工验收并联服务。

（2）现场踏勘。受理机构收到申请后，核对《申请表》内容，3个工作日内确定首次现场踏勘时间，随后组织专业验收部门进行现场踏勘，对竣工验收申请材料和工程实际完成情况进行预审。

（3）一日受理。相关专业验收部门现场踏勘后，1个工作日内，向受理机构反馈同意受理、补正材料或者不予受理的意见。由受理机构根据相关专业验收部门反馈的意见，在1个工作日内，向建设单位出具《建设工程竣工验收并联服务申请受理单》或者补正材料的意见。

（4）现场验收。受理机构向建设单位发出《建设工程竣工验收并联服务申请受理单》后，消防、绿化、环保、卫生、交警部门在13个工作日内完成竣工验收工作，并将验收结论意见反馈受理机构和规划土地管理部门。规划土地管理部门在之后的2个工作日内完成竣工验收结论意见，并将竣工验收结论意见反馈受理机构。其他参与并联验收部门在15个工作日内完成竣工验收工作，并将验收结论意见反馈受理机构。

（5）统一反馈。受理机构汇总相关专业验收部门反馈意见，3个工作日内统一向建设单位出具《建设工程竣工验收意见汇总表》。

对符合相关专业验收部门竣工验收要求的，建设单位凭受理机构的《建设工程竣工验收意见汇总表》领取审批意见以及相应的批准文件。不符合竣工验收标准的，相关专业验收部门在向受理机构反馈验收意见时，同时附上不通过验收的原因及整改要求。建设单位整改完成后，直接向专业竣工验收部门提出申请复验，由专业竣工验收部门直接实施验收。

第五节 使用财政性资金基本建设财务管理

为了适应社会主义市场经济体制和投融资体制改革的需要，根据《预算法》、《会计法》、《政府采购法》和《基本建设财务管理规定》等规章要求，国有建设单位和使用财政性资金的非国有建设单位，包括当年安排基本建设投资、当年虽未安排投资但有在建工程、有停缓建项目和资产已交付使用但未办理竣工决算项目的建设单位，应规范基本建设投资行为，加强基本建设财务管理和监督，提高投资效益。

一、基本建设财务管理的基本要求

基本建设财务管理的基本任务是：贯彻执行国家有关法律、行政法规、方针政策；依法、合理、及时筹集、使用建设资金；做好基本建设资金的预算编制、执行、控制、监督和考核工作，严格控制建设成本，减少资金损失和浪费，提高投资效益。、

（1）使用财政性资金的建设单位，在初步设计和工程概算获得批准后，其主管部门要及时向同级财政部门提交初步设计的批准文件和项目概算，并按照预算管理的要求，及时向同级财政部门报送项目年度预算，待财政部门审核确认后，作为安排项目年度预算的依据。

（2）建设项目停建、缓建、迁移、合并、分立以及其他主要变更事项，应当在确立和办理变更手续之日起 30 日内，向同级财政部门提交有关文件、资料复制件。

（3）建设单位要做好基本建设财务管理的基础工作，按规定设置独立的财务管理机构或指定专人负责基本建设财务工作；严格按照批准的概预算建设内容，做好账务设置和账务管理，建立健全内部财务管理制度；对基本建设的材料、设备采购、存货、各项财产物资做好原始记录；及时掌握工程进度，定期进行财产物资清查；按规定向财政部门报送基建财务报表。

二、经营性项目管理

（1）经营性项目，应按照国家关于项目资本金制度的规定，在项目总投资（以经批准的动态投资计算）中筹集一定比例的非负债资金作为项目资本金。

（2）经营性项目筹集的资本金，须聘请中国注册会计师验资并出具验资报告。投资者以实物、工业产权、非专利技术、土地使用权等非货币资产投入项目的资本金，必须经过有资格的资产评估机构依照法律、行政法规评估作价。经营性项目筹集的资本金，在项目建设期间和生产经营期间，投资者除依法转让外，不得以任何方式抽走。

（3）经营性项目收到投资者投入项目的资本金，要按照投资主体的不同，分别以国家资本金、法人资本金、个人资本金和外商资本金单独反映。项目建成交付使用并办理竣工财务决算后，相应转为生产经营企业的国家资本金、法人资本金、个人资本金、外商资本金。

凡使用国家财政投资的建设项目应当执行财政部有关基本建设资金支付的程序，财政资金按批准的年度基本建设支出预算到位。实行政府采购和国库集中支付的基本建设项目，应当根据政府采购和国库集中支付的有关规定办理资金支付。

（4）经营性项目对投资者实际缴付的出资额超出其资本金的差额（包括发行股票的溢价净收入）、接受捐赠的财产、外币资本折算差额等，在项目建设期间，作为资本公积金，

项目建成交付使用并办理竣工财务决算后，相应转为生产经营企业的资本公积金。建设项目在建设期间的存款利息收入计入待摊投资，冲减工程成本。经营性项目在建设期间的财政贴息资金，作冲减工程成本处理。

（5）建设项目在编制竣工财务决算前要认真清理结余资金。应变价处理的库存设备、材料以及应处理的自用固定资产要公开变价处理，应收、应付款项要及时清理，清理出来的结余资金按下列情况进行财务处理：经营性项目的结余资金，相应转入生产经营企业的有关资产。非经营性项目的结余资金，首先用于归还项目贷款，如有结余，30％作为建设单位留成收入，主要用于项目配套设施建设、职工奖励和工程质量奖，70％按投资来源比例归还投资方。项目建设单位应当将应交财政的竣工结余资金在竣工财务决算批复后 30日内上缴财政。

（6）建设成本包括建筑安装工程投资支出、设备投资支出、待摊投资支出和其他投资支出。建筑安装工程投资支出是指建设单位按项目概算内容发生的建筑工程和安装工程的实际成本，其中不包括被安装设备本身的价值以及按照合同规定支付给施工企业的预付备料款和预付工程款。设备投资支出是指建设单位按照项目概算内容发生的各种设备的实际成本，包括需要安装设备、不需要安装设备和为生产准备的不够固定资产标准的工具、器具的实际成本。需要安装设备是指必须将其整体或几个部位装配起来，安装在基础上或建筑物支架上才能使用的设备；不需要安装设备是指不必固定在一定位置或支架上就可以使用的设备。

（7）待摊投资支出是指建设单位按项目概算内容发生的，按照规定应当分摊计入交付使用资产价值的各项费用支出，包括：建设单位管理费、土地征用及迁移补偿费、土地复垦及补偿费、勘察设计费、研究试验费、可行性研究费、临时设施费、设备检建费、负荷联合试车费、合同公证及工程质量监理费、（贷款）项目评估费、国外借款手续费及承诺费、社会中介机构审计（查）费、招投标费、经济合同仲裁费、诉讼费、律师代理费、土地使用税、耕地占用税、车船使用税、汇兑损益、报废工程损失、坏账损失、借款利息、固定资产损失、器材处理亏损、设备盘亏及毁损、调整器材调拨价格折价、企业债券发行费用、航道维护费、航标设施费、航测费、其他待摊投资等。建设单位要严格按照规定的内容和标准控制待摊投资支出，不得将非法的收费、摊派等计入待摊投资支出。

（8）其他投资支出是指建设单位按项目概算内容发生的构成基本建设实际支出的房屋购置和林木等购置、培育支出以及取得各种无形资产和递延资产发生的支出。

（9）建设单位管理费是指建设单位从项目开工之日起至办理竣工财务决算之日止发生的管理性质的开支。包括：不在原单位发工资的工作人员工资、基本养老保险费、基本医疗保险费、失业保险费、办公费、差旅交通费、劳动保护费、工具用具使用费、固定资产使用费、零星购置费、招募生产工人费、技术图书资料费、印花税、业务招待费、施工现场津贴、竣工验收费和其他管理性质开支。业务招待费支出不得超过建设单位管理费总额的 10％。施工现场津贴标准比照当地财政部门制定的差旅费标准执行。

建设单位管理费实行总额控制，分年度据实列支。建设单位管理费的总额控制数以项目审批部门批准的项目投资总概算为基数，并按投资总概算的不同规模分档计算。具体计算方法如表 1-5-1 所示。

建设单位管理费总额控制数费率表　　　　　　单位：万元　**表 1-5-1**

工程总概算	费率（%）	算　例	
		工程总概算	建设单位管理费
1000 以下	1.5	1000	1000×1.5%＝15
1001～5000	1.2	5000	15＋（5000－1000）×1.2%＝63
5001～10000	1.0	10000	63＋（10000－5000）×1%＝113
10001～50000	0.8	50000	113＋（50000－10000）×0.8%＝443
50001～100000	0.5	100000	433＋（100000－50000）×0.5%＝683
100001～200000	0.2	200000	683＋（200000－100000）×0.2%＝883
200000 以上	0.1	280000	883＋（280000－200000）×0.1%＝963

（10）建设单位发生单项工程报废，必须经有关部门鉴定。报废单项工程的净损失经财政部门批准后，作增加建设成本处理，计入待摊投资。

三、非经营性项目

（1）非经营性项目发生的江河清障、航道清淤、飞播造林、补助群众造林、退耕还林（草）、封山（沙）育林（草）、水土保持、城市绿化、取消项目可行性研究费、项目报废及其他经财政部门认可的不能形成资产部分的投资，作待核销处理。在财政部门批复竣工决算后，冲销相应的资金。形成资产部分的投资，计入交付使用资产价值。

（2）非经营性项目为项目配套的专用设施投资，包括专用道路、专用通信设施、送变电站、地下管道等，产权归属本单位的，计入交付使用资产价值；产权不归属本单位的，作转出投资处理，冲销相应的资金。

经营性项目为项目配套的专用设施投资，包括专用铁路线、专用公路、专用通信设施、送变电站、地下管道、专用码头等，建设单位必须与有关部门明确界定投资来源和产权关系。由本单位负责投资但产权不归属本单位的，作无形资产处理；产权归属本单位的，计入交付使用资产价值。

建设项目隶属关系发生变化时，应及时进行财务关系划转，要认真做好各项资产和债权、债务清理交接工作，主要包括各项投资来源、已交付使用的资产、在建工程、结余资金、各项债权和债务等，由划转双方的主管部门报同级财政部门审批，并办理资产、财务划转手续。

四、基建收入

基建收入是指在基本建设过程中形成的各项工程建设副产品变价净收入、负荷试车和试运行收入以及其他收入。

（1）工程建设副产品变价净收入，包括煤炭建设中的工程煤收入，矿山建设中的矿产品收入等。

（2）经营性项目为检验设备安装质量进行的负荷试车或按合同及国家规定进行试运行所实现的产品收入，包括水利、电力建设移交生产前的水、电、热费收入，铁路、交通临时运营收入等。

（3）其他收入，包括各类建设项目总体建设尚未完成和移交生产，但其中部分工程简易投产而发生的营业性收入等；工程建设期间各项索赔以及违约金等其他收入。各类副产品和负荷试车产品基建收入按实际销售收入扣除销售过程中所发生的费用和税金。负荷试车费用计入建设成本。试运行期间基建收入以产品实际销售收入减去销售费用及其他费用和销售税金后的纯收入确定。

五、试运行期

（1）试运行期按照以下规定确定：引进国外设备项目按建设合同中规定的试运行期执行；国内一般性建设项目试运行期原则上按照批准的设计文件所规定的期限执行。个别行业的建设项目试运行期需要超过规定试运行期的，应报项目设计文件审批机关批准。

（2）建设项目按批准的设计文件所规定的内容建成，工业项目经负荷试车考核（引进国外设备项目合同规定试车考核期满）或试运行期能够正常生产合格产品，非工业项目符合设计要求，能够正常使用时，应及时组织验收，移交生产或使用。凡已超过批准的试运行期，并已符合验收条件但未及时办理竣工验收手续的建设项目，视同项目已正式投产，其费用不得从基建投资中支付，所实现的收入作为生产经营收入，不再作为基建收入。试运行期一经确定，各建设单位应严格按规定执行，不得擅自缩短或延长。

（3）基建收入应依法缴纳企业所得税，税后收入按以下规定处理：经营性项目基建收入的税后收入，相应转为生产经营企业的盈余公积。非经营性项目基建收入的税后收入，相应转入行政事业单位的其他收入。

（4）试生产期间一律不得计提固定资产折旧。各项索赔、违约金等收入，首先用于弥补工程损失，结余部分按规定处理。

六、建设单位工程价款结算和竣工财务决算制度

（1）建设单位应当严格执行工程价款结算的制度规定，坚持按照规范的工程价款结算程序支付资金。建设单位与施工单位签订的施工合同中确定的工程价款结算方式要符合财政支出预算管理的有关规定。工程建设期间，建设单位与施工单位进行工程价款结算，建设单位必须按工程价款结算总额的 5％预留工程质量保证金，待工程竣工验收一年后再清算。

（2）基本建设项目竣工时，应编制基本建设项目竣工财务决算。建设周期长、建设内容多的项目，单项工程竣工，具备交付使用条件的，可编制单项工程竣工财务决算。建设项目全部竣工后应编制竣工财务总决算。

（3）基本建设项目竣工财务决算是正确核定新增固定资产价值，反映竣工项目建设成果的文件，是办理固定资产交付使用手续的依据。各编制单位要认真执行有关的财务核算办法，编制基本建设项目竣工财务决算，做到编报及时，数字准确，内容完整。

（4）建设单位及其主管部门应加强对基本建设项目竣工财务决算的组织，及时编制竣工财务决算。设计、施工、监理等单位应积极配合建设单位做好竣工财务决算编制工作。建设单位应在项目竣工后 3 个月内完成竣工财务决算的编制工作。在竣工财务决算未经批复之前，原机构不得撤销，项目负责人及财务主管人员不得调离。

（5）基本建设项目竣工财务决算的依据，主要包括：可行性研究报告、初步设计、概算调整及其批准文件；招投标文件（书）；历年投资计划；经财政部门审核批准的项目预算；承包合同、工程结算等有关资料；有关的财务核算制度、办法；其他有关资料。

（6）在编制基本建设项目竣工财务决算前，建设单位要认真做好各项清理工作，主要包括基本建设项目档案资料的归集整理、账务处理、财产物资的盘点核实及债权债务的清偿，做到账账、账证、账实、账表相符。各种材料、设备、工具、器具等，要逐项盘点核实，填列清单，妥善保管，或按照国家规定进行处理，不准任意侵占、挪用。

七、基本建设项目竣工财务决算大中小型项目

（1）基本建设项目竣工财务决算大中小型划分标准。经营性项目投资额在5000万元（含5000万元）以上、非经营性项目投资额在3000万元（含3000万元）以上的为大中型项目。其他项目为小型项目。

（2）已具备竣工验收条件的项目，3个月内不办理竣工验收和固定资产移交手续的，视同项目已正式投产，其费用不得从基建投资中支付，所实现的收入作为生产经营收入，不再作为基建收入管理。

第六节　政府投资项目代建制财政财务管理

为做好政府投资项目代建制试点工作，规范财务管理，提高项目投资效益，根据《预算法》和基本建设财务制度有关规定，国家对政府投资项目代建制财政财务管理要求：

一、做好政府投资项目代建制投资计划，基建支出预算申报、编制和下达等衔接工作

（1）建设单位自行确定项目代建单位的，项目投资计划，基建支出预算申报、编制和下达仍按现行规定和渠道办理。

（2）政府设立（或授权）、政府招标产生项目代建单位的，其使用单位发生的项目前期费用由计划、财政部门按原渠道下达给项目使用单位。如前期工作委托代建单位完成，前期费可直接安排给代建单位，并按基建财务制度规定计入建设成本。

（3）政府设立（或授权）、政府招标产生的代建单位，可根据代建协议，负责代为编制年度投资计划和年度基建支出预算，并交由项目使用单位按规定程序上报投资计划主管部门、财政部门。投资计划主管部门将年度投资计划下达给使用单位，并抄送代建单位；财政部门审核后，将项目年度基建支出预算编入使用单位部门预算中项目支出预算，注明项目实行代建制，同时，将项目年度基建支出预算函告项目代建单位。对年度追加安排的基建支出，由财政部门将基建支出预算下达给项目使用单位，同时抄送给项目代建单位。其中政府设立（或授权）产生的代建单位，可视同政府一个部门，直接编制年度投资计划和年度基建支出预算，并上报投资计划主管部门、财政部门。投资计划主管部门和财政部门审核后，将项目投资计划和项目年度基建支出预算直接下达给该代建单位。

（4）实行政府采购的工程，政府采购预算由项目代建单位代为编制，交由使用单位按规定程序上报财政部门，财政部门审核后编入项目使用单位部门预算，同时函告项目代建单位。

二、切实做好建设资金拨付和监督检查

实行政府采购和财政直接支付试点的，建设资金按相关规定支付。建设单位自行确定项目代建单位的，资金由建设单位负责向代建单位拨付，并按规定监督使用。政府设立（或授权）、政府招标产生的代建单位，代建项目财政资金的拨付、管理与现行办法有不一致的，可暂按以下规定处理：

（1）财政部门根据项目代建单位的资金申请，向代建单位拨付资金。

（2）代建单位应严格按国家规定的基建支出预算、基建财务会计制度、建设资金账户管理制度等进行管理和单独建账核算，定期向财政部门报送相关材料，并按工程进度、年

度计划、年度基建支出预算、施工合同、代建单位负责人签署的拨款申请，请领资金。

（3）续建项目年末资金结余可结转下年度使用，竣工项目除预留工程款外，结余资金按基建财务制度规定处理。

（4）财政部门要加强对代建单位资金管理使用的检查监督，通过对资金申请、账户管理、资金使用、财务报表等的审查，加强对代建单位资金管理使用的监督。

三、加强项目会计核算，做好项目竣工财务决算和资产交付管理工作

（1）项目工程管理实行代建制，项目使用单位发生的前期费用会计核算账目，项目使用单位应认真整理，形成书面报告材料，经财政部门审核后，移交项目代建单位统一核算管理。

（2）项目竣工财务决算编报和批复。项目竣工后，由项目代建单位按基建财务制度编报项目竣工财务决算，内容包括项目使用单位发生的项目前期费用。投资评审机构对项目竣工财务决算审核后，向项目代建单位批复项目竣工财务决算，同时抄送项目使用单位。

（3）资产交付。财政部门批复项目竣工财务决算后，项目代建单位将项目所有工程、财务资料按规定归档并移交项目使用单位，并按财政部门批复意见，协助使用单位和产权管理部门办理资产交付和产权登记工作。建设单位自行确定项目代建单位的，项目竣工财务决算由建设单位按现行规定编报。

四、项目代建单位的代建管理费开支标准和核算办法

项目代建单位的代建管理费用由项目主管部门报同级财政部门审核，财政部门根据代建项目实际情况商有关部门核定。

（1）建设单位自行确定项目代建单位和政府设立（或授权）产生的代建单位，其代建管理费由同级财政部门根据代建内容和要求，按不高于基建财务制度规定的项目建设单位管理费标准严格核定，并计入项目建设成本。

（2）政府招标产生的项目代建单位，其代建管理费标底由同级财政部门比照基建财务制度规定的建设单位管理费标准编制，实际发生的代建管理费计入项目建设成本。

（3）代建管理费要与代建单位的代建内容、代建绩效挂钩。财政部门要制定专门的办法加强对项目代建单位建设管理工作的考核，奖励资金可从项目结余资金中开支。代建管理费的拨付要与工程进度、建设质量等结合起来，原则上可预留20％的代建管理费，待项目竣工一年后再支付。

（4）建设项目实行代建制，除使用单位前期工作发生必要的费用经批准可列支外，任何单位不得再列支建设单位管理费。

第七节　建设项目开发流程

根据工程建设项目实施要求，分四个阶段介绍建设项目开发流程，即：第一阶段土地取得和规划设计、第二阶段工程项目开工建设、第三阶段工程项目配套建设、第四阶段工程项目竣工验收办证，具体建设项目可参考实施。

一、土地取得和规划设计

（一）规划、土地审批管理

土地供应和设计要求管理。在此阶段，明确项目建设的基本条件（包括规划、土地、资金、环保、地质等各项参数），并在土地出让合同或规划条件中充分告知，明示相关管理要求。在此阶段，结合建设项目设计的逐步深化，对设计方案、初步设计、施工图进行审核。其中，企业投资核准、备案类项目的初步设计和施工图审查合并为"设计文件审查"。在设计方案阶段，确定建设项目的总体布局和建筑高度，协调建设项目与周边环境、利害相关人的关系，并按照规定组织公众参与；在初步设计阶段，明确工程设计各专业规范的要求，解决配套设施的接入和设计深化；在施工图阶段，落实所有设计规定及相关审核要求，是建筑施工所依据的详细图纸，据此可以进行现场施工。

针对不同的投资审批方式（审批、核准、备案）和土地供应方式（招拍挂出让、协议出让、划拨），建设项目按照流程审批，土地租赁参照土地出让流程办理。其中分为：土地储备审批制；土地招拍挂出让核准和备案制；土地协议出让核准和备案制；划拨项目审批制、核准制和备案制；自有土地项目审批制、核准制和备案制。

土地投标分为商务标和技术标两大部分。其中商务标包括投标报价、开发企业资质、企业简介、从业业绩、银行资信、可行性报告等内容。由于商务标在整个投标评分系统中所占的比重往往达70％。土地投标的技术标部分即为征集规划设计方案，是土地投标书的主要组成部分。也可作为中标后甲方深化设计任务书的基础。

（二）编制可行性研究报告

项目可行性研究按时间和要求的不同分为初步可行性研究和深度可行性研究。项目初步可行性研究是获取开发土地前最重要的技术性工作之一，是投资者进行投资决策的主要依据。在土地使用权正式获取后，项目开发者还需进行更为详尽的深度可行性研究，为随后的项目方案设计提供依据。项目可行性研究报告必须真正体现市场的趋势，遵循市场规律，反映市场现实，为项目的投资寻找到真正的可行之路。初步可行性研究：已进行市场调研和现场调查，已取得相关土地技术指标；深度可行性研究：已获得土地使用权，已有明确的地区控制性详规和相关的经济技术指标。

（三）编制设计任务书

设计任务书都是表达着开发单位针对具体开发项目的开发理念和品牌意识，也是设计单位最主要的设计依据。成功的设计作品往往起始于一份既要求明确又有广阔创作空间的设计任务书。建筑方案招标：为了引进竞争机制，促进技术进步，集思广益地择优选用设计成果，树立公司持久的品牌，缩短设计周期，提高经济效益，凡公司开发地块的规划设计都必须进行方案招投标。规划方案报审、《建设用地规划许可证》申办，使城市和地区的控制性规划设计理念和规划控制目标得以实现，建设项目的设计必须分阶段地得到政府部门的批准。要求事先做好准备，条件成熟立即进入申办程序。

（四）编制建设项目开发流程计划

开发流程计划无论在项目管理的前期论证阶段，还是在实施过程中和后期的评估考核中都有着不可替代的纲领性的地位和作用，使项目中环节有序地、协调地工作，达到预定的目标。当项目完成后，这张网络计划图就是一份宝贵的原始资料。可以对整个项目的进度管理作出评价，以检验原计划编制的科学性和准确性，为今后的计划管理提供依据。

（五）建筑设计优化

设计工作是建设项目开发的前期必要准备工作与重要环节。一是对建设项目设计内容的考虑周到全面；二是项目的定位表达具体详细，以利项目的建造、实施。除格式条款外，甲方如果还有必须明示的意图，应在附加条款中明示。中标方案既已中标，作为建设单位应该尊重设计师的设计成果，优化和细化的可能，要求总建筑师多方听取意见，围绕设计任务书中明确的理念目标，把建筑方案设计到满意。

（六）日照分析报告的编制和报送

日照分析报告是申办建设工程规划许可证必须附送的重要文件，也是决定规划方案能否通过审批的重要条件。如果是因为日照分析的差错而导致开发区域周边的建筑不能满足规定日照的最低要求，将面临承担因法律责任而引起的损失。

（七）扩初设计送审

扩大初步设计审批是建设工程在报建工程中的一个重要的环节，是一项国家规定的政府行政管理制度，其目的是协调各配套部门的资源分配，促进设计进步，提高建筑使用功能和城市环境水平。工程建设项目初步设计审批是一项国家规定的政府行政管理制度，旨在促进设计进步，提高投资效益，提高建筑使用功能和城市环境水平。

（八）现场地质勘探

现场地质勘探是项目开发前期阶段非常重要的作业环节，凭借初勘报告，规划设计单位可以了解哪些不利地质应该合理避让，哪些有利地貌可以充分利用，而详勘报告更是结构工程设计的主要依据，结构的安全性、经济性与合理性，很大程度上取决于勘察数据的准确性。所以委托现场地质勘探是从技术管理着手对项目质量和成本把关。

（九）结构设计优化

结构设计是工程设计中降本潜力最大的环节，要求全面推行限额设计的情况下，开发单位只能依靠限定技术指标，要求多方案比较和专家评审等的办法，促进设计单位精心设计，使结构设计在保证安全和耐久使用的前提下，达到最经济合理的效果。设计优化工作可以推广应用到规划、建筑、环境、设备、施工技术措施等设计管理环节。

（十）七通一平跟踪管理

土地开发阶段通常处于项目开发的关键路线上，是否按时和顺利，对项目的总工期和经济效益有着举足轻重的影响。动拆迁的管理权掌握在土地开发单位的手里，为了能保证按时按质接管土地，采用"七通一平跟踪管理"这个间接管理办法，因为只有及早地跟踪和沟通，才能及时发现问题和处理解决。

二、工程项目开工建设

（一）工程报建申办《建设工程规划许可证》

依法办理工程报建，纳入政府建设工程管理的轨道。为了体现政府对实施城市规划的监督、指导和服务的职能作用，建设项目的设计必须分阶段地得到政府部门的批准。要求事先做好充分准备，一旦条件成熟，立即进入申办程序。

（二）工程安全质量报监申领施工许可证

依法办理工程安全质量报监，纳入政府对建设工程管理的轨道，以明确建设工程参与各方的质量、安全责任，保证工程质量。依法办理工程申领施工许可证，纳入政府建设工程管理的轨道。

（三）投资监理委托

投资监理目前尚局限于工程造价方面的监理，目的在于借助社会的专业力量，在工程实施阶段帮助开发单位掌握和分析造价动态，从而使项目成本得到有效的过程控制。

（四）施工总承包招标

凡全部使用国有资金投资或者国有资金投资占控股或者主导地位的工程建设项目，应当公开招标。无能力实施一系列招标业务工作的建设开发企业，可以把整个招标工作委托给有资质的工程招标代理公司操作。通过招标的方式，选择合格的施工总承包商，有利于保证工程质量，按计划竣工交付使用和降低工程造价。

（五）施工图内审

施工图的内部审核是项目开发不可缺少的一个环节，防止很多应该事先发觉纠正的问题到施工时才暴露出来，引起返工损失，影响工程进度和质量，严重的还会造成无法纠正的功能缺陷。所以把好设计质量关，也就是从源头上保证了质量、进度、成本的有效控制。

（六）施工图设计交底

施工图会审是建设单位、设计单位和施工单位在开工前的一次重要的协调会议，是工程建设中很关键的一个环节，是事先控制的一个重要手段。通过会审，可以使设计中的一些错误或不合理的地方得到纠正，一些表达不清、容易误解的地方得到澄清；一些不合理的或不经济的施工方法得到调整；一些与甲方的开发意图不符的做法得到修正。

（七）临水、临电配套，申办开工复验红线

按照项目建设进度控制节点制订工作计划，保证在项目前期"七通一平"完成时，办全所有的申办和报批的手续，完成施工时的临时用水、用电配套工程。开工复验是政府对城市规划进行监督、指导和服务职能的体现，以确保工程项目严格按批准的修建性详细规划实施。

（八）施工技术方案优化

通过优化，使施工技术方案更为合理和经济，这是建设单位技术管理中的重点，也是施工阶段安全保证、质量保证和成本控制的主要环节。

（九）申办预售许可证

商品房预售是指开发企业将正在建设中的房屋预先出售给承购人，由承购人在尚未看到最终产品时就支付定金或房价款的行为。开发企业必须接受政府的监管，申请办理商品房预售许可证。开发企业进行商品房预售时，应当向承购人出示《商品房预售许可证》。同时，其售楼广告和说明书也必须载明《商品房预售许可证》的批准文号。

（十）编制项目计划书

编制工程预算，预算是公司编制资金计划、工程款拨付等计划的依据，也是成本控制的重点。项目计划书是开发项目的实施大纲，为使项目的经营预算真正发挥指导作用，以达到预期的目标，并为定量地考核项目工作实绩提供重要的依据。审核验工月报，根据合同规定的计价原则以及经工程监理、现场工程师确认的承包商完成的工程量计算月度工作量。根据工程合同的有关约定拨付工程款项，保证工程的顺利进展。

（十一）施工安全管理

从工程开工建设起，到竣工交付为止，始终坚持安全生产第一，预防为主的方针，细化施工承包合同和安全生产协议的管理，与监理单位一起监督检查施工单位，认真遵守安全生产法律、法规的规定，确保安全生产始终处于受控状态。动态地控制施工现场的安全施工和文明施工，使安全事故隐患和不文明施工行为及时得到察觉和纠正。

（十二）施工图修改

尽管在开工前施工图已经过内审和会审，但在工程实施过程中，还会不断发现设计中存在错误或不妥以及不够经济合理之处而需要修改，这是完善和优化设计的日常工作，能及时发现并把设计修改完成在施工作业之前，以避免返工和永久性的工程缺陷。

（十三）工程例会和现场签证

定期召开的工程例会，旨在检查节点进度，协调解决问题，布置下阶段工作任务。现场签证是在工程建设过程中发生的施工图预算以外（包括删减预算工作量）且不在合同包干范围内的工作量，须严控，是工程造价增加的重要因素，也是工程造价容易失控的主要环节。

（十四）工程质量事故处理

质量管理的一个重要目的任务就是要依靠工作制度和责任制度来事先预防，及时发现和妥善处置质量事故，防止类似事故的重演。对于已经发生了的工程质量事故必须立即报告，处理时必须做到安全可靠，切实可行，经济合理，及时整改，责任明确，记录在案。

（十五）索赔

索赔是指在合同履行过程中，合同一方因对方不履行或不适当履行义务而遭受损失时向对方提出的价款和工期赔偿或补偿的要求，是合同双方各自享有的正当权利，是一种不一定意味着对过错方的惩罚，是一种尚未达成协议的行为。索赔预先警示合同双方按质按量按时履行自己的职责，约束和警戒双方必须考虑违约的后果，保证合同的正确实施。

（十六）封样验收

凡是重复循环施工作业的分部分项工程和操作工艺，都必须样板引路，这是保证施工质量的重要管理措施，是开发商和设计单位验证设计意图和效果，明示质量要求和建筑品质的最直观的办法，是施工单位积累施工经验，规范工艺，改进操作，加快进度，避免大批量返工的最有效的技术手段。

（十七）隐蔽工程验收

隐蔽工程验收贯穿项目施工的全过程，不仅是工程质量和长久使用功能的主要保证措施，也是今后追究质量责任的重要依据。监理单位认真处理整改，经复验符合要求，并已确切落实在下道工序施工时保障上道工序质量成果的保证措施后，才能允许进入下道工序施工，使土建安装工程质量始终处于受控状态。

（十八）竣工备案制验收

施工单位按照承建合同规定的承建内容和施工图纸的设计要求已全部建成并自验达到施工质量验收规范标准，经甲方召集的验收部门实地验收通过，这个现场的最后一个施工环节称之为竣工验收。

三、工程项目配套建设

公建配套为使居住区公共服务设施更切合当前实际和将来的发展需要，公建配套的合理规划、设计、建设和管理是必不可少的。

（一）水电气、消防配套

供水、排水、供电、消防、燃气配套的各项步骤穿插于项目开发的全过程，要求从项目规划阶段起，就要熟悉了解项目所在地区供水、排水、供电、消防、燃气部门的办事程序，适时地与办事部门商讨优化和简化的建议，寻找办事捷径，压缩配套开支。按照项目建设各阶段的进度控制节点制订工作计划，保证在项目交付使用之前，办全所有的申办和报批的手续，完成配套工程。

（二）环卫、邮政、绿化配套和卫生防疫、门牌报批

按照项目建设各阶段的进度控制节点制订工作计划，保证在项目交付使用之前，办全所有的申办和报批的手续，完成环卫、绿化配套、邮政配套工程。

（三）通信、有线电视配套

按照项目建设各阶段的进度控制节点制订工作计划，保证在项目交付使用之前，办全所有的申办和报批的手续，完成通信配套工程。项目开发的住宅小区和公共建筑并不直接具备通信、有线电视的功能，仅为客户在入住以后立即申请终端开通提供设施上的便利条件。

（四）安全技术防范配套

从项目规划阶段起，熟悉了解项目特点，适时地与办事部门商讨优化和简化的建议，寻找办事捷径，压缩配套开支；按照项目建设各阶段的进度控制节点制订工作计划，保证在项目交付使用之前，办全所有的申办和报批的手续，完成安全技术防范配套工程。

（五）申办"使用黏土砖"核定

按国家有关节约使用资源的规定，办理在建项目使用黏土砖核定手续。

（六）结建民防工程建设管理

结建民防工程是指按照国家有关规定，对城市新建民用建筑，结合修建战时可以用于防空的地下室，用以提高城市的整体防护能力。

四、工程项目竣工验收办证

（一）工程竣工档案编制验收和报送

真实完整地保存工程建设过程和竣工的档案资料，以备社会、本企业和物业管理单位举证、查阅使用。

（二）申办规划验收

为了体现政府对实施城市规划的监督，确保建设项目的最终开发效果与审批条件的一致性，项目竣工后，在其他各政府职能部门验收后，还必须最后通过规划管理部门的规划验收。同时，规划验收也是开发单位申办大产证，实现按期交付使用的先决条件。

（三）内部验收

一个开发项目从前期策划准备到竣工交付，是否达到预期的目标要求，对项目经理所作出的业绩应该有个客观的评价。同时，和物业管理公司也应该有个责任划分的界线。

（四）申办入户许可证

根据谁开发、谁配套的原则，新建住宅应当按照规划设计要求和住宅建设投资、施工、竣工配套计划，配建满足入住居民基本生活条件的市政、公用和公共建筑设施。新建住宅经审核合格取得《住宅交付使用许可证》后，方可交付使用。

（五）申办大产证

申办大产证是新建房屋所有权初始登记。在商品房建成后，应履行购房合同中的承诺，及时申请办理新建房屋的所有权初始登记，以便为商品房的购买人申请办理单幢或单套的房地产权证（小产证）提供必要的前提条件。

（六）编制工程决算

工程决算由预算和变更决算两部分相加而组成。预算在施工初期已由甲方、投资监理和施工方三方确认而不再重复编制，现场签证又是逐月结清，编制工程决算就是编制现场签证汇总而成的变更决算。

（七）物业移交和接管

物业移交和接管不表示物业产权性质发生变化，仅体现管理和服务职能的移交和接管。在移交和接管的过程中既要保持管理的连续性、系统性和完整性，又要做到双方界限清晰、职责分明。预售商品房的物业交付，建设开发所有环节都能正常运作，至此，才能保证物业交付的顺利进行，达到银货两讫的目的。

（八）代办小产证

商品房小产证（即房地产所有权证）是确认购房客户拥有物业产权的最重要法律凭证。购房客户可自行或委托开发企业办理小产证。

（九）项目经济效益测评

在项目竣工交付后，总结项目产生的经济效益，确保项目投资获得预期回报，为了让建设项目各部门了解项目情况，为了便于积累和查考技术、经济有关的数据、指标等宝贵资料，在项目竣工交付使用后三个月内，由项目公司统稿主审后向业主提交项目总结报告。

第八节　建设项目造价控制程序

一、工程造价的含义

（1）工程造价（价和费的区别：价可交易，由费组成），完成一个建设项目预期开支或实际开支的全部建设费用，即该工程项目从建设前期到竣工投产全过程所花费的费用总和，包括建筑安装工程费用、设备工器具购置费用、工程建设其他费用、预备费、建设期贷款利息和固定资产投资方向调节税等。

（2）工程造价的确定，在工程建设的各个阶段，合理计算和确定投资估算价、设计概算价、施工图预算价、合同价、竣工结算价、竣工决算价的过程。

（3）工程造价的控制，在优化建设方案、设计方案的基础上，在建设程序的各个阶段，采用一定的方法和措施把工程造价控制在合理的范围和核定的造价限额以内的过程。

（4）全过程造价管理，运用工程造价管理的知识和技术，为寻求解决建设项目决策、设计、交易、施工、结算等各个阶段工程造价管理的最佳途径。

（5）可行性研究，通过对项目的主要内容和配套条件，如市场需求、资源供应、建设规模、工艺路线、设备选型、环境影响、盈利能力等，从技术、经济、工程等方面进行调查研究和分析比较，并对项目建成以后可能取得的经济、社会、环境效益进行预测，为项目决策提供依据的一种综合性的系统分析方法。

（6）投资估算，在建设项目决策阶段，依据现有的资料和一定的方法，预先测算和确定建设项目投资数额（包括工程造价和流动资金）的文件。设计概算，在建设项目设计阶段，在投资估算控制下，根据设计要求和设计文件，采用一定的方法计算和确定建设项目从筹建至竣工交付使用所需全部费用的文件。施工图预算，在施工图设计完成后，根据施工图设计文件和相关依据，采用一定方法计算和确定建设项目工程造价的文件。

（7）竣工结算，承包人按照合同约定的内容完成全部工作，经发包人或有关机构验收合格，承、发包双方依据约定的合同价款和价款调整内容以及索赔事项，最终计算和确定实际工程造价的文件。竣工决算，在建设项目全部建成后，由建设单位以实物数量和货币指标为计量单位，编制综合反映建设项目从筹建到竣工投产为止的全部建设费用、建设成果和财务状况的总结性文件。

（8）招标控制价，招标人根据国家或省级、行业建设主管部门颁发的有关计价依据和办法以及招标人发布的工程量清单，对招标工程限定的最高工程造价。投标价是投标人投标时报出的工程造价。合同价是发、承包双方在施工合同中约定的工程造价。竣工结算价是发、承包双方依据国家有关法律、法规和标准规定，按照合同约定确定的最终工程造价。

（9）索赔，在合同履行过程中，对于非己方的过错而应由对方承担责任的情况造成的损失，向对方提出经济补偿的要求。现场签证，发包人现场代表与承包人现场代表就施工过程中涉及合同价款之外的责任事件所作的签认证明。

二、工程造价管控内容

建设项目全过程工程造价管控是依据国家有关法律、法规和建设行政主管部门的有关规定，通过对建设项目各阶段工程的计价，实施以工程造价管理为核心的项目管理，实现整个建设项目工程造价的有效控制与调整，缩小投资偏差，控制投资风险，协助建设单位进行建设投资的合理筹措与投入，确保工程造价的控制目标。

建设项目全过程工程造价管控依据建设项目的建设程序可划分为五个阶段，分别是决策阶段、设计阶段、交易阶段、施工阶段、竣工阶段。其主要工作包括：

（1）建设项目投资估算的编制、审核与调整，建设项目经济评价。

（2）设计概算的编制、审核与调整，施工图预算的编制或审核。

（3）参与工程招标文件的编制，施工合同的相关造价条款的拟定，招标工程工程量清单的编制，招标工程招标控制价的编制或审核，各类招标项目投标价合理性的分析。

（4）建设项目工程造价相关合同履行过程的管理；工程计量支付的确定，审核工程款支付申请，提出资金使用计划建议；施工过程的设计变更、工程签证和工程索赔的处理；提出工程设计、施工方案的优化建议，各方案工程造价的编制与比选；协助建设单位进行投资分析、风险控制，提出融资方案的建议。

（5）各类工程的竣工结算审核；竣工决算的编制与审核；建设项目后评价。

全过程工程造价管控，应关注各阶段工程造价的关系，力求建设项目在实施过程中做到工程造价的有效控制。在相同的口径下，使设计概算不突破投资估算，建设项目的工程决算不突破设计概算。在不能满足上述要求时，应采取必要的工程造价控制措施或进行投资调整。建设单位应编制工程造价管控实施方案，应重点突出，内容全面，方法明确，措施具体，全面反映各阶段项目管理、工程造价确定、工程造价的控制、投资分析方案或措施。

三、工程造价风险、信息和档案管理

（1）建设单位对建设项目的风险管理，应关注建设工程全过程的决策、设计、施工及移交的各个阶段可能发生的风险，正确分析和控制涉及人为、经济、自然灾害等诸多方面的风险因素。重点关注合同文件、建设条件、人工及设备材料价格、质量、进度、施工措施、汇率、自然灾害等风险因素。工程造价咨询企业在项目实施中应进行正确的风险分析与风险评估，风险评估应包括对建设项目工程造价的影响和整个建设项目经济评价指标的影响。

建设项目工程造价管控方案时，应在工作大纲中拟定建设项目风险管理方案，提出或分析主要风险因素。工程造价咨询企业应根据风险分析与风险评估的预测结果，向建设单位提出风险回避、风险分散、风险转移的措施。对于已经发生的风险事件应进行风险的分析与评估，为处理风险事件、工程索赔等问题提出意见，降低风险损失，避免风险带来的损失扩大。

（2）建设单位对建设项目的信息管理，应包括工程造价信息数据库建立、工程造价软件使用及咨询企业管理系统的建设，利用计算机及网络通信技术为工程造价全过程信息化管控。信息管理应贯穿建设工程项目的全过程，包括投资估算、设计概算、施工图预算、合同价确定、工程计量与支付及竣工结（决）算，对所收集的工程造价信息资料应及时处理，并应用于工程造价的确定、审核及成本分析等环节。

建设单位应利用现代化的信息管理手段，自行建立或充分利用市场已有的有关工程造价信息资料和工程项目各阶段积累的工程价格信息，建立并完善工程造价信息数据库，主要包括政策法规、工程计价定额、市场价格、工程造价指标数据库等。建设单位应通过现场和非现场两种渠道，建立可靠的信息来源途径，随时掌握工程计价在不同阶段和不同时期的人工、材料、机械、设备等价格信息的变化，利用编码体系，做好信息获取、分析整理、信息利用、信息更新及信息淘汰。

建设单位应遵循统一化、标准化、网络化的原则，应在工程项目各阶段有效地应用工程项目全过程工程造价软件，主要包括基础数据管理软件，工程项目估算、概算、预（结）算编审软件，招投标管理软件，施工阶段全过程工程造价控制软件等。建设单位应逐步建立项目管理系统和企业管理系统，项目管理系统涉及咨询合同管理、咨询的核心业务管理等。企业管理系统在项目管理系统基础上，考虑自动化办公（OA）、人力资源及财务管理等内容。

（3）建设单位应依照《档案法》的有关规定，建立、健全档案管理的各项规章制度。工程造价技术档案可分为过程文件和成果文件两类。过程文件应按照造价咨询项目的类别各自制订文件目录，主要包括：委托服务合同，工程施工合同或协议书，补充合同或补充协议书，中标通知书，投标文件及其附件，招标文件及招标补遗文件，竣工验收报告及完整的竣工验收资料，工程结算书及完整的结算资料，图纸会审记录，工程的洽商、变更、会议纪要等书面协议或文件，施工过程中甲方确认的材料、设备价款、甲供材料、设备清单，承包人的营业执照及资质等级证书等。成果文件包括：投资估算、工程概算、工程预算、工程量清单、招标控制价、工程计量支付文件、工程索赔处理报告、工程结算等。工程造价技术档案过程文件自归档之日起，保存期应为 5 年；成果文件自归档之日起保存期应为 10 年。

（4）工程预备费管控范围：

建设单位对投资估算、工程概算、工程预算的预备费费率，工程交易阶段的暂定金额的预备费费率应控制在行业或地方工程造价管理机构发布的计价依据的合理范围内。无相应规定者执行表 1-8-1 工程咨询预备费费率参考标准。

工程咨询预备费费率参考标准（%）　　　　表 1-8-1

咨询类别	依据文件	预备费
投资估算	项目建议书	10～20
投资估算	可行性研究报告	8～10
工程概算	初步设计文件	4～6
工程预算	施工图设计文件	3～5
招标控制价	施工图设计文件	3～5

四、建设项目投资估算

（一）投资估算的编制与审查

（1）投资估算的主要工作内容为编制建设项目投资估算，估算建设项目流动资金。

（2）投资估算编制应内容全面、费用构成完整、计算合理，深度应满足建设项目决策的不同阶段对其进行经济评价的要求。

（3）项目建议书阶段投资估算的编制可采用生产能力指数法、系数估算法、比例估算法、混合法、指标估算法。可行性研究阶段投资估算应采用指标估算法。

（4）投资估算的编制与审查应依据有关规定进行。

（5）投资估算审查应审查投资估算编制内容与要求的一致性，审查投资估算的费用项目的准确性、全面性和合理性。

（6）投资估算编制的有关表格宜参照执行。

（二）建设项目经济评价

（1）建设项目经济评价应执行《建设项目经济评价方法和参数》的有关规定。承担全过程工程造价管控建设项目经济评价工作的主要内容为财务评价。

（2）财务评价的内容应包括财务分析与财务评价两个部分，财务分析与评价工作包括项目盈利能力分析、清偿能力分析和不确定性分析。

（3）建设项目财务评价应遵循以下程序：

收集、整理和计算有关财务评价基础数据与参数等资料；估算各期现金流量；编制基本财务报表；进行财务评价指标的计算与分析；进行不确定性分析；项目财务评价的最终结论。

（4）建设项目盈利能力分析应通过编制全部现金流量表、自有资金现金流量表和损益表等基本财务报表，计算财务内部收益率、财务净现值、投资回收期、投资收益率等指标来进行定量判断。

（5）建设项目清偿能力分析应通过编制资金来源与运用表、资产负债表等基本财务报表，计算借款偿还期、资产负债率、流动比率、速动比率等指标来进行定量判断。

（6）建设项目的不确定性分析应通过盈亏平衡分析、敏感性分析等方法来进行定量判断。

五、建设项目设计概算

（一）设计概算的编制与审核

（1）设计概算的主要工作内容为建设项目设计概算的编制、审核和调整概算的编制。

（2）设计概算编制应内容全面、费用构成完整、计算合理，应按编制时建设项目所在地的价格水平编制，应考虑建设项目施工条件等因素对投资的影响，还应按项目合理工期预测建设期价格水平，考虑资产租赁和贷款的时间价值等动态因素对投资的影响。

（3）设计概算的编制应采用单位工程概算、综合概算、总概算三级编制形式。当建设项目为一个单项工程时，可采用单位工程概算、总概算两级概算编制形式。其中建筑单位工程概算可用概算定额法、概算指标法、类似工程预算法等方法编制；设备及安装单位工程概算可按预算单价法、扩大单价法、设备价值百分比法、综合吨位指标法等方法编制。

（4）设计概算的编制与审核应依据有关规定进行。

（5）设计概算的审核应审核设计概算编制内容与要求的一致性，审核设计概算的费用项目的准确性、全面性和合理性。

（6）调整概算编制深度与要求、文件组成及表格形式同原设计概算，调整概算应对工程概算调整的原因作详尽分析说明，所调整的内容在调整概算总说明中要逐项与原批准概算对比，并编制调整前后概算对比表，分析主要变更原因。

（7）设计概算编制的有关表格宜参照执行。

（二）施工图预算的编制与审核

（1）施工图预算的主要工作内容包括单位工程施工图预算、单项工程施工图预算和建设项目施工图总预算。

（2）施工图预算编制应保证编制依据的合法性、有效性和预算报告的完整性、准确性、全面性；应考虑施工现场实际情况，并结合合理的施工组织设计进行编制。施工图预算编制应控制在已批准的设计概算投资范围内。

（3）施工图预算编制依据如下：经过批准的设计概算；经过批准和审定后的全部施工图设计文件以及相关标准图集和规范；合理的施工组织设计或施工方案以及现场勘察等文件；现行预算定额和相应的地区单位估价表；建筑工程费用定额和价差调整的有关规定；工程所在地人工、材料、施工机械台班的预算价格及调价规定；造价工作手册及有关工具书。

（4）施工图预算根据建设项目实际情况，可采用三级预算编制或两级预算编制形式。

（5）单位工程施工图预算应采用单价法和实物量法进行编制；单项工程施工图预算由组成本单项工程的各单位工程施工图预算汇总而成；施工图总预算由单项工程（单位工程）施工图预算汇总而成。

（6）施工图预算的审核可采用全面审查法、标准预算审查法、分组计算审查法、对比审查法、筛选审查法、重点审查法、分解对比审查法等方法；施工图预算审查应重点对工程量，工、料、机要素价格，预算单价的套用，费率及计取等进行审查。

（7）施工图预算编制的有关表格宜参照执行。

六、建设项目招标控制

（一）招标文件与合同相关条款的拟订

（1）招标文件与合同相关条款的拟订。在施工招标策划过程中应明确问题：承发包方式的选择；招标工程范围的界定；标段的划分；合同价方式的选择；总包与分包的合同关系；计价方式的选择；招标控制价的说明；投标报价的约定。

（2）在工程施工招标文件及合同条款拟订过程中，应对下列问题进行约定：预付工程款的数额、支付时限及抵扣方式；工程计量与支付工程进度款的方式、数额及时间；工程价款的调整因素、方法、程序及支付时间；索赔与现场签证的程序、金额确认与支付时间；发生工程价款纠纷的解决方式和时间；承担风险的内容、范围以及超出约定范围和幅度的调整办法；工程竣工价款结算编制与核对、支付及时间；工程质量保证（保修）金的数额、预扣方式及时间；与履行合同、支付款项有关的其他内容等。

（3）招标文件和合同范本的选用应当根据项目特点、项目规模、项目管理模式、承发包方式、合同价方式、工程计价方式等因素综合选用国家发布或允许使用的范本。

（4）招标文件和合同条款的拟订应依据以下内容：法律、法规、高院司法解释等国家现行的法律法规、地方性法规、部门规章、地方政府规章；项目特点、标段划分、招标范围、工作内容、工期要求、合同价款方式、设计图纸、技术要求、地质资料、参考资料、现场条件、管理要求等由委托人提供的文件资料；工程建设标准、标准图集、预算定额、费用定额、价格信息、规范性文件等；市场竞争状况、施工技术能力、施工设备状况等其他因素。

（5）拟订招标文件和合同条款时应当遵循如下程序：准备工作、文本选用、文件编制、文件评审及成果文件提交等。

（二）工程量清单与招标控制价编制

（1）工程量清单与招标控制价编制的内容、依据、要求、表格格式等应执行《建设工程工程量清单计价规范》（GB 50500—2008）的有关规定。

（2）招标控制价的编制未采用工程造价管理机构发布的工程造价信息时，需在招标文件或答疑补充文件中予以说明，采用的市场价格应通过调查、分析确定，有可靠的信息来源。

（3）编制招标控制价时，施工机械设备的选型应根据工程特点和施工条件，本着经济实用、先进高效的原则确定。

（4）编制招标控制价时，应正确、全面地使用行业和地方的计价定额以及相关文件。

（5）编制招标控制价时，应依据国家有关规定计算不可竞争的措施费用和规费、税金。

（6）编制招标控制价时，对于竞争性的措施费用应依据专家论证后的方案进行合理确定。

（7）编制工程量清单应当遵循的程序：了解编制要求与范围；熟悉工程图纸及有关设计文件；熟悉与建设工程项目有关的标准、规范、技术资料；熟悉已经拟订的招标文件及其补充通知、答疑纪要等；了解施工现场情况、工程特点；拟订或参考常规的施工组织设计或施工方案；描述分部分项工程量特征，计算分部分项工程量，编制分部分项工程量清单；编制常规措施项目清单；工程造价成果文件汇总、分析、审核；成果文件签认、盖章；提交成果文件。

（8）编制招标控制价时应当遵循的程序：了解编制要求与范围；熟悉工程图纸及有关设计文件；熟悉与建设工程项目有关的标准、规范、技术资料；熟悉拟订的招标文件及其补充通知、答疑纪要；了解施工现场情况、工程特点；熟悉工程量清单；掌握工程量清单涉及计价要素的信息价格和市场价格，依据招标文件确定其价格；进行分部分项工程量清单计价；论证并拟订常规的施工组织设计或施工方案；进行措施项目工程量清单计价；进行其他项目、规费项目、税金项目清单计价；工程造价汇总、分析、审核；成果文件签认、盖章、提交。

（三）投标报价分析

（1）投标报价的分析应依据招标文件、招标控制价、投标文件及工程计价有关规定。

（2）投标报价分析应包括错漏项分析，算术性错误分析，不平衡报价分析，明显差异单价的合理性分析，措施费用分析，安全文明措施费用、规费、税金等不可竞争费用的审核。

（3）在投标报价分析活动中，应仅对各投标单位的投标文件中有关报价中存在的问题提出书面意见，供评标专家评标时参考，不应对投标文件进行任何修改。

（四）工程合同价款的确定

工程合同价款的约定执行《建设工程工程量清单计价规范》（GB 50500—2008）的有关条款。招标工程量清单未依据设计施工图纸计算的，应在施工图纸发出后按施工图纸核实清单项目并计算工程数量，经合同双方确认后调整合同价款。

七、建设项目工程计量支付

（一）工程预付款

（1）工程预付款拨付的时间和金额应按照发承包双方的合同约定执行，合同中无约定的宜执行《建设工程价款结算办法》（财建（2004）369 号）的相关规定。

（2）按照发承包双方合同约定或有关规定，在工程开工前，计算应支付工程预付款数额。

（3）支付的工程预付款，应按照建设工程施工承发包合同约定在工程进度款中进行抵扣。

（二）工程计量支付

（1）按建设工程施工承发包合同协议条款约定的时间及方法参与工程计量，负责按时审查并确认进度款的支付额度，提交进度款支付建议，并建立相应工程计量支付管理台账。

（2）应按《建设工程工程量清单计价规范》（GB 50500—2008）的有关规定和表式审核工程计量支付的全部内容，审核内容包括：本周期已完成工程价款；累计已完成工程价款；累计已支付工程价款；本周期已完成计日工金额；应增加和扣减的变更金额；应增加和扣减的索赔金额；应抵扣的工程预付款；应扣减的质量保证金；根据合同应增加和扣减的其他金额；本付款周期实际应支付的工程价款。

（3）在审核与确定本期应支付的进度款金额时，应注意按照合同条款的约定，做好工程预付款、计日工、变更和索赔款项的同期支付。

（4）在审核与确定本期应支付的进度款金额时，若发现工程量清单中出现漏项、工程量计算偏差以及工程变更引起工程量的增减，应按承包人在履行合同义务过程中完成的实际工程量计算和确定应支付金额。

（5）建设单位应及时按期支付工程进度款。

（三）工程变更

（1）应根据承发包合同条款的约定，及时完成对工程变更费用的审查及处理。

（2）对工程变更的审查包括工程变更费用的有效性、完整性、合理性和准确性。

（3）对工程变更的估价的处理应遵循以下原则：合同中已有适用的价格，按合同中已有价格确定；合同中有类似的价格，参照类似的价格确定；合同中没有适用或类似的价格，由承包人提出价格，经发包人确认后执行。

（四）工程索赔

（1）应依据建设工程施工发承包合同的约定和国家的相关规定处理工程索赔，注意索赔理由的正当性、证据的有效性和时效性。

（2）在收到索赔申请报告后，应在规定的时间内根据承发包合同约定予以审核，或要求申请人进一步补充索赔理由和证据。

（3）应与各方积极配合，采用合理的索赔计算方法，对于工程索赔加强主动控制，避免索赔费用的扩大。

（4）工程索赔的程序应参照《建设工程工程量清单计价规范》（GB 50500—2008）中第4.6.3条的规定执行。

（5）工程索赔价款的计算应遵循下列方法处理：合同中已有适用的价格，按合同中已有价格确定；合同中有类似的价格，参照类似的价格确定；合同中没有适用或类似的价格，由承包人提出价格，经发包人确认后执行。

（五）偏差调整

（1）应按照施工进度计划，编制工程进度款资金使用计划，并与工程实际完成进度款进行对比分析，分析偏差及产生的原因，为建设单位提供偏差调整和资金筹措建议。

（2）应根据施工过程的随机因素与风险因素产生的已完工程实际投资与已完工程计划投资的差值确定投资偏差。

（3）应根据施工过程的随机因素与风险因素产生的拟完工程计划投资与已完工程计划投资的差值确定进度偏差。

（4）应分析投资偏差和进度偏差产生的原因，并应向建设单位提出合理的组织措施、经济措施和技术措施，为业主调整资金筹措和使用计划、进度计划，为偏差的控制与纠正提供可靠依据。

八、建设项目竣工结算、决算

（一）工程竣工结算

（1）应依据合同的要求，进行建设项目工程竣工结算的审查，出具工程结算审查报告，依据国家有关法律、法规和标准的规定，按照发包、承包双方合同约定确定建设工程的最终工程造价。

（2）应依据合同的要求，在合同约定的时间内完成工程竣工结算的审查，并应满足发包、承包双方合同约定的工程竣工结算时限或国家有关规定的要求。

（3）要充分利用全过程造价管控交易阶段、施工阶段的各项工程造价成果，并应按发包、承包双方合同约定，完整、准确地调整工程造价，反映影响工程价款变化的各项真实内容。

（4）工程竣工结算的审查应采用全面审查法，严禁采用重点审查法、抽样审查法或类比审查法等其他方法。

（5）工程竣工结算的审查文件组成、审查依据、审查要求、审查程序、审查方法、审查内容、审查时效，应执行有关规定。

（6）承担工程竣工结算审查，其成果文件一般应得到审查委托人、结算编制人和结算审查受托人以及建设单位共同认可，并签署"工程结算审定签署表"。确因非常原因不能共同签署时，工程造价咨询单位应单独出具成果文件，并承担相应的法律责任。

（7）工程结算审查成果文件的有关表格宜参照执行。

（二）工程竣工决算

（1）工程竣工决算应综合反映竣工项目从筹建开始到项目竣工交付使用为止的全部建设费用、投资效果，正确核定新增资产价值。

（2）基本建设项目竣工财务决算的依据主要包括：可行性研究报告、初步设计、概算调整及其批准文件、招投标文件（书）、历年投资计划、经财政部门审核批准的项目预算、承包合同、工程结算等有关资料，有关的财务核算制度、办法，其他有关资料。

（3）竣工决算的内容主要包括基本建设项目竣工财务决算报表、竣工财务决算说明书。

（4）基本建设项目竣工财务决算报表主要包括以下内容：封面；基本建设项目概况表；基本建设项目竣工财务决算表；基本建设项目交付使用资产总表；基本建设项目交付使用资产明细表。

（5）竣工决算报告说明书的内容主要包括：基本建设项目概况；会计账务的处理、财产物资清理及债权债务的清偿情况；基建结余资金等分配情况；主要技术经济指标的分析、计算情况；基本建设项目管理及决算中存在的问题、建议；决算与概算的差异和原因分析；需要说明的其他事项。

第九节　建设工程审计的程序

一、政府投资项目审计规定

根据《审计法》、《审计法实施条例》、《国家审计准则》和《政府投资项目审计规定》等有关法律法规要求，审计机关按照确定的审计管辖范围对政府投资和以政府投资为主的项目实施的审计和专项审计调查。审计机关对政府重点投资项目以及涉及公共利益和民生的城市基础设施、保障性住房、学校、医院等工程，应当有重点地对其建设和管理情况实施跟踪审计。审计机关对政府投资项目重点审计内容：履行基本建设程序情况；投资控制和资金管理使用情况；项目建设管理情况；有关政策措施执行和规划实施情况；工程质量情况；设备、物资和材料采购情况；土地利用和征地拆迁情况；环境保护情况；工程造价情况；投资绩效情况；其他需要重点审计的内容。除重点审计上述内容外，还应当关注项目决策程序是否合规，有无因决策失误和重复建设造成重大损失浪费等问题；应当注重揭示投资管理体制、机制和制度方面的问题。

国家对审计机关工作要求：审计机关在真实性、合法性审计的基础上，应当更加注重检查和评价政府投资项目的绩效，逐步做到所有审计的政府重点投资项目都开展绩效审计。对政府投入大、社会关注度高的重点投资项目竣工决算前，审计机关应当先进行审计。审计机关应当提高工程造价审计质量，对审计发现的多计工程价款等问题，应当责令建设单位与设计、施工、监理、供货等单位据实结算。审计机关对列入年度审计计划的竣工决算审计项目，一般应当在审计通知书确定的审计实施日起3个月内出具审计报告。确需延长审计期限时，应当报经审计计划下达机关批准。开展政府投资项目审计，应当确定项目法人单位或其授权委托进行建设管理的单位为被审计单位。在审计通知书中应当明确，实施审计中将对与项目直接有关的设计、施工、监理、供货等单位取得项目资金的真实性、合法性进行调查。采取跟踪审计方式实施审计的，审计通知书应当列明跟踪审计的具体方式和要求。

二、基本建设项目审计

基本建设项目审计，主要包括对在建的固定资产投资项目开展的审计和对已完工的固定资产投资项目开展的竣工决算审计。无论是在建审计，还是竣工决算审计，审计发现的主要问题类型是有共性的，主要包括以下几个方面：

（一）基本建设程序方面

国务院颁发《关于投资体制改革的决定》要求对于企业不使用政府投资的建设项目，一律不再实行审批制，区别不同情况实行核准制和备案制。基本建设程序方面，常见的问题主要是基本建设程序不合规，包括未批先建，重大设计变更未按规定报原初步设计批复部门审批以及搞边勘察、边设计、边施工的"三边"工程等。

（二）征地拆迁方面

项目建设用地通常会涉及到征地拆迁工作。征地拆迁方面，常见的问题包括未经国土部门审批违法征地，未征先用土地，闲置征用土地，超征耕地少缴耕地开垦费，截留、挪用、少付征地补偿资金损害农民利益，编造虚假征地拆迁合同套取补偿资金等。

（三）工程管理方面

基本建设项目的工程管理方面，最容易出现的问题有招投标不规范（包括未经招标直接发包工程、未按规定公开招标而采用邀请招标、评标委员会成员构成不符合规定、发标至截标时间不符合规定、评标结果不公正等），转包或违法分包工程，多结算或少结算工程款，工程超概或实施概算外工程，工程成本核算不真实（包括其他项目支出挤列工程成本、利用虚假发票套取工程建设资金及通过关联交易向有关关系人输送利益从而加大工程成本等），因管理不善导致损失浪费、工程事故频发或工程质量存在隐患等。

（四）财务管理方面

在基本建设项目审计中，财务管理主要还是服从和服务于工程管理审计，予以量化。仅从财务管理方面需要关注的主要问题有项目的资金来源及到位情况，项目前期工作费、建设单位管理费等支出的真实性、合规性，项目贷款建设期利息与经营期利息入账的正确性等。

三、建设项目内部审计

建设项目内部审计，是指组织内部审计机构和人员对建设项目实施全过程的真实、合法、效益性所进行的独立监督和评价活动。其主要内容包括对建设项目投资立项、设计（勘察）管理、招投标、合同管理、设备和材料采购、工程管理、工程造价、竣工验收、财务管理、后评价等过程的审查和评价，进而促进建设项目实现"质量、速度、效益"三项目标。

（一）建设项目内部审计目的

建设项目内部审计的目的是为了促进建设项目实现"质量、速度、效益"三项目标。

（1）质量目标是指工程实体质量和工作质量达到要求；

（2）速度目标是指工程进度和工作效率达到要求；

（3）效益目标是指工程成本及项目效益达到要求。

建设项目内部审计是财务审计与管理审计的融合，应将风险管理、内部控制、效益的审查和评价贯穿于建设项目各个环节，并与项目法人制、招标投标制、合同制、监理制执行情况的检查相结合。内容包括对建设项目投资立项、设计（勘察）管理、招投标、合同管理、设备和材料采购、工程管理、工程造价、竣工验收、财务管理、后评价等过程的审查和评价。

在开展建设项目内部审计时，应考虑成本效益原则，结合本组织内部审计资源和实际情况，既可以进行项目全过程的审计，也可以进行项目部分环节的专项审计。

（二）建设项目内部审计遵循原则及方法

（1）技术经济审查、项目过程管理审查与财务审计相结合。

（2）事前审计、事中审计和事后审计相结合。

（3）注意与项目各专业管理部门密切协调、合作参与。

（4）根据不同的审计对象、审计所需的证据和项目审计各环节的审计目标选择不同的方法，以保证审计工作质量和审计资源的有效配置。

四、工程项目的事前、事中、事后审计

工程项目按审计内容分类有很多称谓，从工程造价管理角度工程项目事前、事中、事后审计的主要内容。工程项目开工前的审计活动称为事前审计，把开工后至竣工验收前的审计活动称为事中审计，竣工验收后的审计活动称为事后审计。

（一）事前审计的主要内容

事前审计范围划定为工程项目批准立项后至工程项目具备开工前。

（1）审查参与工程项目的建设者是否经过招投标，工程项目参与建设者很多，主要指设计、施工、监理、材料设备供销商等。审查参与工程项目的建设者是否经过招投标；审查招投标程序是否正规、完善；审查是否有招标文件、投标预算或工程量清单、中标通知书等。

（2）审查拟签订施工合同的主要条款是否合规、完善，拟签订施工合同的主要条款载入招标文件。招标人应重视拟订条款的起草、拟订工作，并须载入招标文件告知投标人。

（3）审查施工合同条款与招标文件是否一致，施工合同的签订应当以招标文件为依据。为了保障施工合同签订与招标文件相一致，建设单位应制定相应的管理制度，制定合同正式签订前的审查程序、审查部门等。

（4）审查工程项目是否建立内部管理控制制度，工程项目管理工作繁杂，视项目大小成立临时管理机构和建立内控制度可以保障项目建设有序有效进行。

（二）事中审计的主要内容

事中审计重点审查工程项目施工中，常规经济事项发生后的处置结果是否有依有据，突发经济事项处置是否公平合理客观公正，存在争议的经济事项记录是否准确翔实，需要及时完善的内部控制制度是否及时作了相应的修订和补充。主要有以下几个方面：

（1）审查施工组织设计执行情况，施工组织设计是乙方投标时规划施工全过程的全局性技术经济文件，与投标报价有着密切关系，施工中是否执行或是否变化与合同价有密切关联。

（2）审查施工合同履行情况，施工合同是约束双方履行职责和义务的法律性文件，从工程造价管理角度重点审查涉及合同价变化的现场签证或其他经济事项。审查付款申请文件是否按合同约定编制。审查合同价调整范围和内容。

（3）审查工程项目内部管理控制制度执行情况，审查工程材料设备的价格是否经甲方签认后使用。审查变更签证，变更事项超规模、超标准的，是否经有权部门批准。审查建设资金来源、建设资金拨付，是否经过审查和按规定权限审批；工程成本列支、工程核算及账务处理是否符合财务会计制度。

（三）事后审计的主要内容

事后审计的重点是竣工结算，竣工结算应在工程项目竣工验收合格后进行。事后审计这里分为两个方面，一是竣工结算审计，二是竣工结算复核审计。

（1）竣工结算审计，是甲方将乙方编制的竣工结算交由有权审计部门或第三方，直接对竣工结算编制正确与否实施审计（审查、审核）。审查竣工结算编制原则和计价原则是否与招标文件、合同约定一致。审查工程量编制是否与施工图纸一致，变更工程量是否真实。审查定额（清单单价）套用或换算是否与所涵盖的施工内容相一致。审查计入工程结算的材料设备单价是否经甲方事前签认。

（2）竣工结算复核审计，是指已经审计的竣工结算，出于工作或其他需要，对其进行再次审计。复核审计实施前，应与已审结算的审计者、甲方、乙方签订复核审计协议。复核审计实施中，须遵循招标文件、合同约定、施工期间的计价政策和规定。复核审计的结果，须复核审计执行者和已审结算的审计者、甲方、乙方四方签字盖章认可。

五、建设项目跟踪审计程序

跟踪审计是指分别在不同时点对同一建设项目前期工作、建设实施、竣工验收全过程和设计、施工、检测、监理、质量监督、建设管理等全方位进行审计，促进建设项目规范管理，通过发现问题、纠正问题，促使工程建设项目顺利完成，保证政府投资的效益和建设资金的安全。目的是规范项目建设程序，提高财政资金使用效益，维护国家经济秩序。

建设项目跟踪审计是指单位审计部门组织对建设项目实施过程的合法性、真实性、规范性进行审计监督的活动，分为开工前审计（包括设计、招投标等）、施工过程审计（包括合同、隐蔽、工程款、变更、索赔等）、竣工结算审计（包括结算资料、结算审核等）。

建设项目跟踪审计是运用现代审计方法对建设项目决策、设计、施工、竣工结算等全过程的技术经济活动和固定资产形成过程中的真实性、合法性和有效性进行审计监督和评价，维护国家、业主及相关单位的合法权益，有效控制和如实反映工程造价，促进管理和廉政建设，提高投资效益。如何通过审计手段将工程造价控制在设计概算范围内至关重要。

（一）跟踪审计的作用

工程造价控制贯穿于工程建设的全过程，即体现在从工程建设前期可行性研究、投资决策到设计施工再到竣工交付使用前所需全部建设费用的确定、控制、监督和管理的全过程中。建设项目全过程跟踪审计要求合理确定审计跟踪控制点，实现全过程造价管理

（1）重视投资决策阶段工程造价的确定。对建设项目进行投资决策阶段的工程造价研究和论证，作出相对比较准确的工程造价，作出合理地选择，进行工程造价控制。

（2）设计阶段是建设项目工程造价控制的龙头。在投资计划得以合理确定以后，进入

设计阶段，它是把技术与经济有机结合在一起的过程。有效控制工程造价要求在施工图设计中严密、全面。要求设计部门进一步提高图纸设计的质量和深度，建立比较完善的图纸会审制度，避免因设计图纸原因而引发的错、漏、缺现象，为招投标打好基础。

（3）加强施工阶段对工程造价的控制。在施工阶段还要严格控制设计变更。虽然出于建筑工程的复杂性，难免出现施工图在会审中或在施工过程中会有这样那样的问题，但要求设计部门严格把关，避免先干后变的状况，也是避免工程造价突破概算，有效控制工程造价的重要环节。同时加强合同管理，保障发包方与承包方平等互利。

（4）做好工程竣工结算工作。重视工程竣工结算工作，应建立工程量核对备案制度和内部复核制度，定期跟踪检查、监督管理。在进行工程竣工结算时，必须到工地现场核对，严格审查工程量计算是否准确，材料调价是否有依据等，使工程造价结算确切、合理。

（二）建设项目全过程跟踪审计的主要内容

在建设项目开工前阶段，跟踪审计的主要内容包括：

（1）检查建设项目的审批文件，包括项目建议书、可行性研究报告、环境影响评估报告、概算批复、建设用地批准、建设规划及施工许可、环保及消防批准、项目设计及设计图审核等文件是否齐全。

（2）检查招投标程序及其结果是否合法、有效。

（3）检查与各建设项目相关单位签订的合同条款是否合规、公允，与招标文件和投标承诺是否一致。

（4）检查建设项目的资金来源是否落实到位、是否合理、是否专户存储，建设资金能否满足项目建设当年应完成工作量的需要。对使用国债的建设项目，要严格规定其操作程序和使用范围，并作为建设资金审计的重点。

在建设项目施工阶段，跟踪审计的主要内容包括：

（1）检查履行合同情况。检查与建设项目有关的单位是否认真履行合同条款，有无违法分包、转包工程。如有变更、增补、转让或终止情况，应检查其真实性、合法性。

（2）检查项目概算执行情况。检查有无超出批准概算范围投资和不按概算批复的规定购置自用固定资产，挤占或者虚列工程成本等问题。

（3）检查内控制度建立、执行情况。检查建设单位是否建立健全并执行了各项内控制度，如工程签证、验收制度，设备材料采购、价格控制、验收、领用、清点制度，费用支出报销制度等。应督促、指导建立完善的管理制度，保证项目建设规范运行、建设资金合法使用。

（4）检查工程设计变更、施工现场签证手续是否合理、合规、及时、完整、真实。

（5）检查建设资金是否专款专用，是否按照工程进度付款，有无挤占、挪用建设项目资金等问题。防止出现超付工程款现象。

（6）加强设备、材料价格控制，尤其要对建设单位关联企业所供设备、材料的价格进行检查，防止从中加价。对已购设备、材料因故不能使用的，要分析原因，分清责任，并督促建设单位及时处理，避免造成更大的损失。

在建设项目竣工验收后，工程结（决）算的审查：

（1）工程量的审查。工程量是工程造价计算的基础，工程量的准确程度是影响竣工结算的重要因素之一，实际工作中工程量也是施工单位多计工程造价的重要环节，因此审计人员要对工程量进行重点审查。

（2）材料价格合理性的审查。重点审核主要材料的单价是否合理，防止施工单位以劣充好，抬高材料价格。

（3）审查隐蔽验收记录和设计变更及各种经济签证是否真实，防止施工单位事后补办签证或虚假记录的发生。

（三）建设项目审计准备

（1）收集工程相关的文件资料。施工合同、招投标文件、编制标底等工程相关文件资料是工程决算编制的指导性文件。

（2）熟悉竣工图纸。竣工图是审计决算分项数量的重要依据。

（3）了解决算包括的范围。根据决算编制说明，了解决算包括的工程内容。

（4）弄清所采用的单位估价表。

（四）建设项目跟踪审计安排

（1）应在建设项目正式立项时，即将其纳入审计视野，关注其各项前期准备工作。时间可安排在即将正式开工前。

（2）审计组应在项目现场设立办公场所，与被审计单位建立定期例会制度，参加被审计单位的重要例会。

（3）对中标合同价进行控制。所有隐蔽工程除应有甲方施工现场管理人员、监理人员签字外，还必须有跟踪审计人员签字。

（4）审计组应经常深入施工现场，掌握工程进展、变更等的真实情况，对各参建单位（包括建设项目相关单位）实际完成的工作内容、工作数量、工作质量进行核定，开具核定单。

（5）审计组应根据跟踪审计实施方案的要求，要求被审计单位按照审计组规定的时间和方法报送工程结算资料，并及时确定审计结果。

（五）跟踪审计的主要程序

在项目可行性研究、立项、审批、资金来源审计基础上，设计阶段的主要程序：

（1）工程管理部门将签署意见的设计招标文件、设计合同送交审计项目组，审计项目组在3天内提出审计意见。

（2）审计设计概算并参与设计方案会审及后续图纸会审。

对在建设工程交易市场进行招标项目的审计，招投标阶段主要审计程序：

（1）工程管理部门拟定的招标文件、评标办法在招标公告前7天向审计室提供。

（2）审计室在5天内提出审计意见。

（3）工程管理部门根据审计意见，对招标文件进行完善，报建设主管部门核准、备案后，实施招投标工作。

施工阶段的主要程序，施工合同审计：

（1）按照合同审计规定开展合同谈判，工程管理部门起草施工合同后送交审计项目组。

（2）审计项目组在3天内提出审计意见。

（3）工程管理部门根据审计意见，对施工合同进行完善，签订正式合同。

隐蔽工程及工程量签证审计：

（1）工程管理部门，监理、施工单位办理完隐蔽工程及工程量签证后，在工程封闭前2天书面通知审计项目组。

（2）审计项目组审核并查看，提出审计意见。

（3）工程管理部门根据审计意见，落实并实施。

材料设备采购审计：

（1）建设施工过程中需要甲、乙双方确定价格的材料和设备，应编制采购计划书；在采购或招标采购前，应及时向审计项目组提供产品名称、规格、性能指标、暂估价格等资料。

（2）审计项目组对上述资料进行综合评估，审计项目组参与材料设备的考察。

（3）审计项目组经考察和市场询价后，提出该材料设备的建议价格和相关意见。

（4）工程管理部门科学组织相关材料设备招投标，择优选购材料设备，同时进行采购会签，根据会签下发定价确认单，并由施工单位签字认可。审计项目组按规定对对照表工作进行审计。

（5）货物进场并经验收后，审计项目组对货物质量、品牌等与样品的复合性进行审核。

工程进度款审计：

（1）由施工单位提交当月的工程量统计资料和月度工程（或按合同条款的其他付款规定）支付申请。

（2）监理工程师审核后报工程管理部门，在3天内提出审核意见并报审计项目组。

（3）审计项目组在3天内提出审计意见。

（4）工程管理部门根据审计意见，持审核后的工程款支付证书提请财务部门支付工程进度款。

工程变更及其价款的审计：

（1）影响造价的工程变更在变更事项确定前通知审计项目组，审计项目组在3天内提出审计意见。

（2）工程变更及其价款应在变更事项发生后规定时间内提交有关变更价款的书面资料，并附变更价款预算书。

（3）监理公司对变更价款进行审核后报工程管理部门，在3天内提出审核意见并报审计项目组。

（4）审计项目组对变更价款进行审计，在3天内提出审计意见。

（5）工程管理部门根据审核的审计意见，签订正式的变更价款手续，作为结算依据。

工程索赔费用审计：

（1）施工单位在索赔事项发生后28天内提交"索赔申请报告书"和有关损失费用的书面材料。

（2）监理公司对施工单位提交的报告进行审核，报工程管理部门，在3天内提出审核意见并报审计项目组。

（3）审计项目组在3天内提出审计意见。

（4）工程管理部门根据审核的审计意见，与施工方落实索赔金额。

工程分阶段结算及竣工结算阶段的主要审计程序：

（1）工程结算实行分阶段结算的项目。审计项目组对工程阶段结算进行审计，出具初步审计意见。工程管理部门按照审计意见，配合、落实分阶段结算。

（2）工程管理部门在接到施工单位提报的工程结算报告的完整结算资料之日起7天内向审计室提供。审计室在规定期限内出具审计意见。

第二章　建设项目造价费用管理

工程项目建设过程中，对内涉及众多的参建单位，对外与政府监督部门、社会环境等关联，熟悉工程项目建设费用的分类和管理程序对做好工程项目的费用管理至关重要。也是完成项目管理费用控制目标的基本条件。工程项目建设费用在一定程度上等同于建项目总投资（也称建设项目投资），是指投资主体为获取预期收益，在选定的建设项目上所需投入的全部资金。建设项目按用途可分为生产性建设项目和非生产性建设项目。生产性建设项目总投资包括固定资产投资和流动资产投资两部分。而非生产性建设项目总投资只有固定资产投资，不包括流动资产投资。

第一节　工程项目建设各类费用

工程项目建设费用，即建设项目投资。建设项目投资含固定资产投资和流动资产投资两部分，建设项目总投资中的固定资产投资与建设项目的工程造价在量上相等。工程造价的构成按工程项目建设过程中各类费用支出或花费的性质、途径等来确定，是通过费用划分和汇集所形成的工程造价的费用分解和安装施工所需支出的费用，用于委托工程勘察设计应支付的费用，用于购置土地所需的费用，也包括用于建设单位自身进行项目筹建和项目管理所花费的费用等。总之，工程造价是工程项目按照确定的建设内容、建设规模、建设标准、功能要求和使用要求等全部建成并验收合格交付使用所需的全部费用。

一、工程项目建设费用的组成

（一）固定资产投资

1. 固定资产投资，固定资产投资包括：建筑工程费、设备购置费、安装工程费、其他费用等。

其中其他费用：指项目实施费用，如可行性研究费用、其他有关费用；以及项目实施期间发生的费用，如土地征用费、设计费、生产准备、职工培训。

预备费：基本预备费、涨价预备费。

2. 流动资产投资

流动资产投资：指项目投产前预先垫付，在投产后的经营过程中购买原材料、燃料动力、备品备件、支付工资和其他费用以及被在产品、半成品和其存货占用的周转资金。在生产经营活动中流动资产以现金、各种存款、存货、应收及预付款项等流动资产形态出现。

（二）工程项目总投资构成

根据国家发布的《投资项目可行性研究指南》，我国现行建设工程项目总投资构成的具体内容见图 2-1-1。

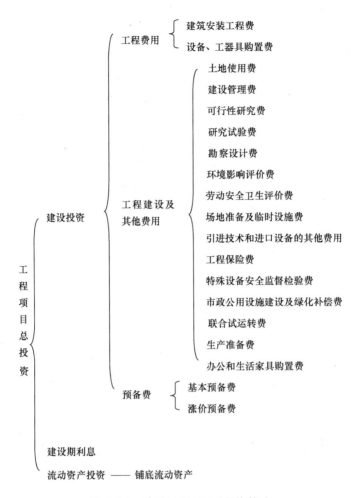

图 2-1-1　建设工程项目总投资构成

二、工程项目建设费用管理工作程序

在项目管理中，费用管理是和质量控制、进度控制、安全控制一起并称为项目的四大目标控制。这种目标控制是动态的，并且贯穿于工程项目实施的始终。

工程建设费用管理的工作程序如图 2-1-2 所示。

三、工程项目建设费用管理

项目建设费用管理是指以建设项目为对象，为在投资费用计划值内实现项目而对工程建设活动中的投资所进行的规划、控制和管理。费用管理的目的，就是在建设项目的实施阶段，通过投资规划与动态控制，将实际发生的投资额控制在投资的计划值以内，以使建设项目的投资目标尽可能地实现。在项目的建设前期，以投资的规划为主；在项目实施的中后期，投资的控制占主导地位。

（一）费用管理原理

"计划是相对的，变化是绝对的；静止是相对的，变化是绝对的"是建设项目管理的哲学，这并非是否定规划和计划的必需性，而是强调了变化的绝对性和目标控制的重要性。项目建设费用管理的成败与否，很大程度上取决于投资规划科学性和目标控制有效性。

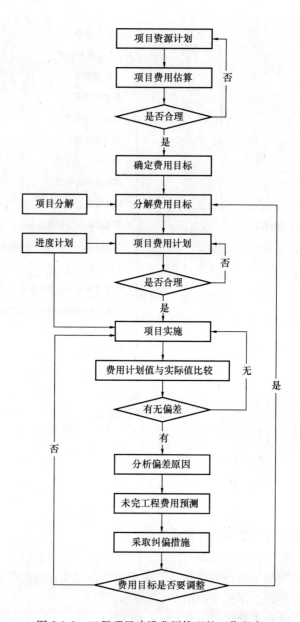

图 2-1-2　工程项目建设费用管理的工作程序

1. 遵循动态控制原理：对计划的投资目标值的分析和论证；投资发生的实际数据的收集；投资目标值与实际值的比较；各类投资控制报告和报表的制定；投资偏差的分析；投资偏差纠正措施的采取。

2. 分阶段设置控制目标

费用的控制目标需按建设阶段分阶段设置，且每一阶段的控制目标值是相对而言的，随着工程项目建设的不断深入，费用控制目标也逐步具体和深化，如图所示 2-1-3 所示。

在经常运用投资被动控制方法的同时，也需要注重投资的主动控制问题，将投资控制立足于事先主动地采取控制措施，以尽可能地减少以至避免投资目标值与实际值的偏离。

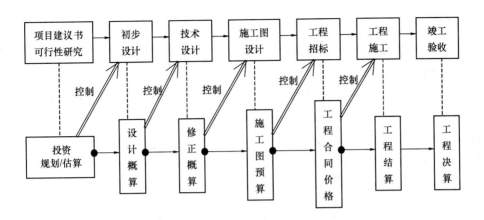

图 2-1-3　分阶段设置的费用控制目标

这是主动、积极的投资控制方法，在进行建设项目投资控制时，不仅需要运用被动的投资控制方法，更需要能动地影响建设项目的进展，时常分析投资发生偏离的可能性，采取积极和主动的控制措施，防止或避免投资发生偏差，主动地控制建设项目投资，将可能的损失降到最小。

3. 采取多种有效控制措施

要有效地控制建设项目的费用，应从组织、技术、经济、合同与信息管理等多个方面采取措施，尤其是将技术措施与经济措施相结合，是控制建设项目投资最有效的手段。

4. 立足全寿命周期的控制

建设项目费用控制，主要是对建设阶段发生的一次性投资进行控制。但是，费用控制不能只是着眼于建设期间产生的费用，更需要从建设项目全寿命周期内产生费用的角度审视费用控制的问题。费用控制，不仅仅是对工程项目建设直接投资的控制，只考虑一次投资的节约，还需要从项目建成以后使用和运行过程中可能发生的相关费用考虑，进行项目全寿命的经济分析，使建设项目在整个寿命周期内的总费用最小。

（二）建设项目费用控制的任务

在工程项目的建设实施中，费用控制的任务是对建设全过程的投资费用负责，是要严格按照批准的建设规模、建设内容、建设标准和相应的工程投资目标值等进行建设，努力把建设项目投资控制在计划的目标值以内。在工程项目的建设过程中，各阶段均有投资的规划与投资的控制等工作。

1. 立项决策阶段的主要任务

在建设项目的立项决策阶段，投资控制主要任务是按项目的构思和要求编制投资规划，深化投资估算，进行投资目标的分析、论证和分解，以作为建设项目实施阶段投资控制的重要依据。

2. 设计及准备阶段的主要任务

在建设项目的设计及准备阶段，投资控制的主要任务和工作是按批准的项目规模、内容、功能、标准和投资规划等指导和控制设计工作的开展，组织设计方案竞赛，进行方案比选和优化，编制及审查设计概算和施工图预算，采用各种技术方法控制各个设计阶段所形成的拟建项目的投资费用。

3. 实施阶段的主要任务

在建设项目的实施阶段，投资控制的任务和工作主要是以施工图预算或工程承包合同价格作为投资控制目标，控制工程实际费用的支出。

4. 竣工验收交付使用阶段的主要任务

在建设项目的竣工验收交付使用阶段，投资控制的任务和工作包括按有关规定编制项目竣工决算，计算确定整个建设项目从筹建到全部建成竣工为止的实际总投资，即归纳计算实际发生的建设项目投资。

（三）建设项目管理费用各阶段的

不同阶段费用控制的工作内容与侧重点各不相同，各个阶段节约投资的可能性随着项目的建设逐渐衰弱。项目前期和设计阶段对建设项目投资具有决定作用，其影响程度也符合经济学中的"二八定律"。该定律认为，在任何一组最重要的只占其中部分约为 20%；其余 80% 尽管是多数，却是次要的。

项目前期和设计阶段投资控制的重要作用，反映在建设项目前期工作和设计对投资费用的巨大影响上，这种影响也可以由两个"二八定理"来说明：建设项目规划和设计阶段已经决定了建设项目生命周期内 80% 的费用；而设计阶段尤其是初步设计阶段已经决定了建设项目 80% 的投资，如图 2-1-4 所示。

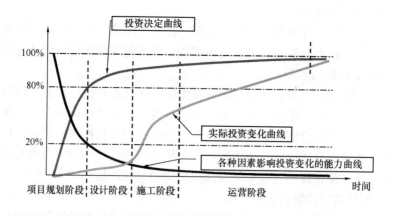

图 2-1-4　建设项目各阶段对费用的影响

第二节　建筑安装工程费用组成

为适应深化工程计价改革的需要，根据国家有关法律、法规及相关政策，住房城乡建设部、财政部颁布《关于印发〈建筑安装工程费用项目组成〉的通知》（建标［2013］44号），自 2013 年 7 月 1 日起施行。

一、《建筑安装工程费用项目组成》调整的主要内容

（一）建筑安装工程费用项目按费用构成要素组成划分为人工费、材料费、施工机具使用费、企业管理费、利润、规费和税金。

（二）为指导工程造价专业人员计算建筑安装工程造价，将建筑安装工程费用按工程造价形成顺序划分为分部分项工程费、措施项目费、其他项目费、规费和税金。

（三）按照国家统计局《关于工资总额组成的规定》，合理调整了人工费构成及内容。

（四）依据国家发展改革委、财政部等9部委发布的《标准施工招标文件》的有关规定，将工程设备费列入材料费；原材料费中的检验试验费列入企业管理费。

（五）将仪器仪表使用费列入施工机具使用费；大型机械进出场及安拆费列入措施项目费。

（六）按照《社会保险法》的规定，将原企业管理费中劳动保险费中的职工死亡丧葬补助费、抚恤费列入规费中的养老保险费；在企业管理费中的财务费和其他中增加担保费用、投标费、保险费。

（七）按照《社会保险法》、《建筑法》的规定，取消原规费中危险作业意外伤害保险费，增加工伤保险费、生育保险费。

（八）按照财政部的有关规定，在税金中增加地方教育附加。

二、按费用构成要素组成划分

建筑安装工程费按照费用构成要素划分：由人工费、材料（包含工程设备，下同）费、施工机具使用费、企业管理费、利润、规费和税金组成。其中人工费、材料费、施工机具使用费、企业管理费和利润包含在分部分项工程费、措施项目费、其他项目费中（见图2-2-1）。

（一）人工费：是指按工资总额构成规定，支付给从事建筑安装工程施工的生产工人和附属生产单位工人的各项费用。内容包括：

1. 计时工资或计件工资：是指按计时工资标准和工作时间或对已做工作按计件单价支付给个人的劳动报酬。

2. 奖金：是指对超额劳动和增收节支支付给个人的劳动报酬。如节约奖、劳动竞赛奖等。

3. 津贴补贴：是指为了补偿职工特殊或额外的劳动消耗和因其他特殊原因支付给个人的津贴，以及为了保证职工工资水平不受物价影响支付给个人的物价补贴。如流动施工津贴、特殊地区施工津贴、高温（寒）作业临时津贴、高空津贴等。

4. 加班加点工资：是指按规定支付的在法定节假日工作的加班工资和在法定日工作时间外延时工作的加点工资。

5. 特殊情况下支付的工资：是指根据国家法律、法规和政策规定，因病、工伤、产假、计划生育假、婚丧假、事假、探亲假、定期休假、停工学习、执行国家或社会义务等原因按计时工资标准或计时工资标准的一定比例支付的工资。

（二）材料费：是指施工过程中耗费的原材料、辅助材料、构配件、零件、半成品或成品、工程设备的费用。内容包括：

1. 材料原价：是指材料、工程设备的出厂价格或商家供应价格。

2. 运杂费：是指材料、工程设备自来源地运至工地仓库或指定堆放地点所发生的全部费用。

3. 运输损耗费：是指材料在运输装卸过程中不可避免的损耗。

4. 采购及保管费：是指为组织采购、供应和保管材料、工程设备的过程中所需要的各项费用。包括采购费、仓储费、工地保管费、仓储损耗。

工程设备是指构成或计划构成永久工程一部分的机电设备、金属结构设备、仪器装置

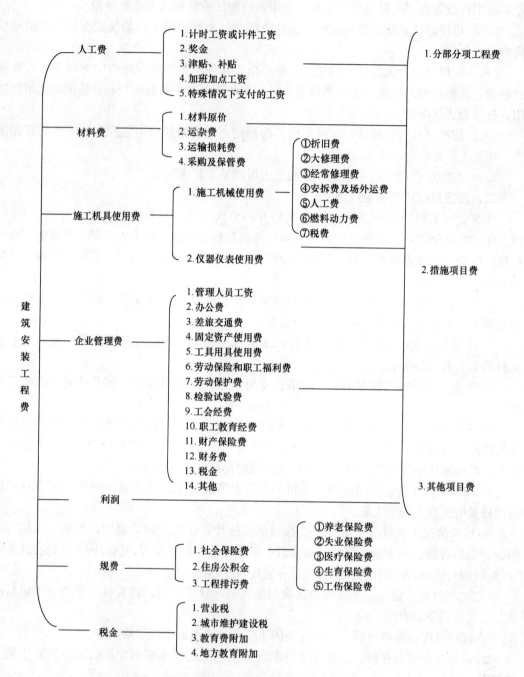

图 2-2-1　建筑安装工程费用组成按费用构成要素组成划分

及其他类似的设备和装置。

（三）施工机具使用费：是指施工作业所发生的施工机械、仪器仪表使用费或其租赁费。

1. 施工机械使用费：以施工机械台班耗用量乘以施工机械台班单价表示，施工机械台班单价应由下列七项费用组成：

（1）折旧费：指施工机械在规定的使用年限内，陆续收回其原值的费用。

（2）大修理费：指施工机械按规定的大修理间隔台班进行必要的大修理，以恢复其正常功能所需的费用。

（3）经常修理费：指施工机械除大修理以外的各级保养和临时故障排除所需的费用。包括为保障机械正常运转所需替换设备与随机配备工具附具的摊销和维护费用，机械运转中日常保养所需润滑与擦拭的材料费用及机械停滞期间的维护和保养费用等。

（4）安拆费及场外运费：安拆费指施工机械（大型机械除外）在现场进行安装与拆卸所需的人工、材料、机械和试运转费用以及机械辅助设施的折旧、搭设、拆除等费用；场外运费指施工机械整体或分体自停放地点运至施工现场或由一施工地点运至另一施工地点的运输、装卸、辅助材料及架线等费用。

（5）人工费：指机上司机（司炉）和其他操作人员的人工费。

（6）燃料动力费：指施工机械在运转作业中所消耗的各种燃料及水、电等。

（7）税费：指施工机械按照国家规定应缴纳的车船使用税、保险费及年检费等。

2. 仪器仪表使用费：是指工程施工所需使用的仪器仪表的摊销及维修费用。

（四）企业管理费：是指建筑安装企业组织施工生产和经营管理所需的费用。内容包括：

1. 管理人员工资：是指按规定支付给管理人员的计时工资、奖金、津贴补贴、加班加点工资及特殊情况下支付的工资等。

2. 办公费：是指企业管理办公用的文具、纸张、账表、印刷、邮电、书报、办公软件、现场监控、会议、水电、烧水和集体取暖降温（包括现场临时宿舍取暖降温）等费用。

3. 差旅交通费：是指职工因公出差、调动工作的差旅费、住勤补助费，市内交通费和误餐补助费，职工探亲路费，劳动力招募费，职工退休、退职一次性路费，工伤人员就医路费，工地转移费以及管理部门使用的交通工具的油料、燃料等费用。

4. 固定资产使用费：是指管理和试验部门及附属生产单位使用的属于固定资产的房屋、设备、仪器等的折旧、大修、维修或租赁费。

5. 工具用具使用费：是指企业施工生产和管理使用的不属于固定资产的工具、器具、家具、交通工具和检验、试验、测绘、消防用具等的购置、维修和摊销费。

6. 劳动保险和职工福利费：是指由企业支付的职工退职金、按规定支付给离休干部的经费，集体福利费、夏季防暑降温、冬季取暖补贴、上下班交通补贴等。

7. 劳动保护费：是企业按规定发放的劳动保护用品的支出。如工作服、手套、防暑降温饮料以及在有碍身体健康的环境中施工的保健费用等。

8. 检验试验费：是指施工企业按照有关标准规定，对建筑以及材料、构件和建筑安装物进行一般鉴定、检查所发生的费用，包括自设试验室进行试验所耗用的材料等费用。不包括新结构、新材料的试验费，对构件做破坏性试验及其他特殊要求检验试验的费用和建设单位委托检测机构进行检测的费用，对此类检测发生的费用，由建设单位在工程建设其他费用中列支。但对施工企业提供的具有合格证明的材料进行检测不合格的，该检测费用由施工企业支付。

9. 工会经费：是指企业按《工会法》规定的全部职工工资总额比例计提的工会经费。

10. 职工教育经费：是指按职工工资总额的规定比例计提，企业为职工进行专业技术和职业技能培训，专业技术人员继续教育、职工职业技能鉴定、职业资格认定以及根据需要对职工进行各类文化教育所发生的费用。

11. 财产保险费：是指施工管理用财产、车辆等的保险费用。

12. 财务费：是指企业为施工生产筹集资金或提供预付款担保、履约担保、职工工资支付担保等所发生的各种费用。

13. 税金：是指企业按规定缴纳的房产税、车船使用税、土地使用税、印花税等。

14. 其他：包括技术转让费、技术开发费、投标费、业务招待费、绿化费、广告费、公证费、法律顾问费、审计费、咨询费、保险费等。

（五）利润：是指施工企业完成所承包工程获得的盈利。

（六）规费：是指按国家法律、法规规定，由省级政府和省级有关权力部门规定必须缴纳或计取的费用。包括：

1. 社会保险费

（1）养老保险费：是指企业按照规定标准为职工缴纳的基本养老保险费。

（2）失业保险费：是指企业按照规定标准为职工缴纳的失业保险费。

（3）医疗保险费：是指企业按照规定标准为职工缴纳的基本医疗保险费。

（4）生育保险费：是指企业按照规定标准为职工缴纳的生育保险费。

（5）工伤保险费：是指企业按照规定标准为职工缴纳的工伤保险费。

2. 住房公积金：是指企业按规定标准为职工缴纳的住房公积金。

3. 工程排污费：是指按规定缴纳的施工现场工程排污费。

其他应列而未列入的规费，按实际发生计取。

（七）税金：是指国家税法规定的应计入建筑安装工程造价内的营业税、城市维护建设税、教育费附加以及地方教育附加。

三、按工程造价形成顺序划分

建筑安装工程费按照工程造价形成由分部分项工程费、措施项目费、其他项目费、规费、税金组成，分部分项工程费、措施项目费、其他项目费包含人工费、材料费、施工机具使用费、企业管理费和利润（见图 2-2-2）。

（一）分部分项工程费：是指各专业工程的分部分项工程应予列支的各项费用。

1. 专业工程：是指按现行国家计量规范划分的房屋建筑与装饰工程、仿古建筑工程、通用安装工程、市政工程、园林绿化工程、矿山工程、构筑物工程、城市轨道交通工程、爆破工程等各类工程。

2. 分部分项工程：指按现行国家计量规范对各专业工程划分的项目。如房屋建筑与装饰工程划分的土石方工程、地基处理与桩基工程、砌筑工程、钢筋及钢筋混凝土工程等。

各类专业工程的分部分项工程划分见现行国家或行业计量规范。

（二）措施项目费：是指为完成建设工程施工，发生于该工程施工前和施工过程中的技术、生活、安全、环境保护等方面的费用。内容包括：

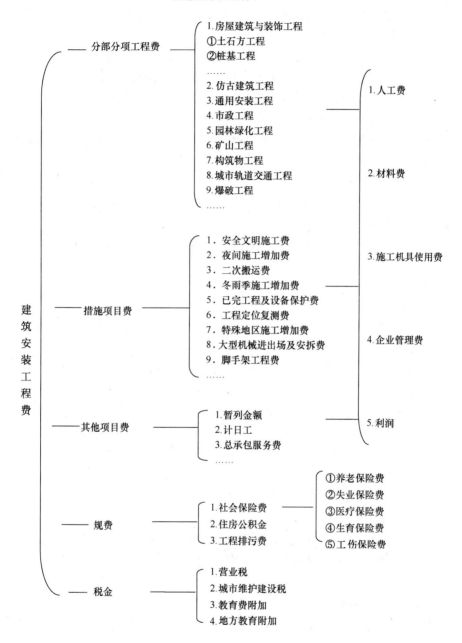

图 2-2-2　建筑安装工程费用按工程造价形成顺序划分

1. 安全文明施工费

（1）环境保护费：是指施工现场为达到环保部门要求所需要的各项费用。

（2）文明施工费：是指施工现场文明施工所需要的各项费用。

（3）安全施工费：是指施工现场安全施工所需要的各项费用。

（4）临时设施费：是指施工企业为进行建设工程施工所必须搭设的生活和生产用的临

时建筑物、构筑物和其他临时设施费用。包括临时设施的搭设、维修、拆除、清理费或摊销费等。

2. 夜间施工增加费：是指因夜间施工所发生的夜班补助费、夜间施工降效、夜间施工照明设备摊销及照明用电等费用。

3. 二次搬运费：是指因施工场地条件限制而发生的材料、构配件、半成品等一次运输不能到达堆放地点，必须进行二次或多次搬运所发生的费用。

4. 冬雨季施工增加费：是指在冬季或雨季施工需增加的临时设施、防滑、排除雨雪，人工及施工机械效率降低等费用。

5. 已完工程及设备保护费：是指竣工验收前，对已完工程及设备采取的必要保护措施所发生的费用。

6. 工程定位复测费：是指工程施工过程中进行全部施工测量放线和复测工作的费用。

7. 特殊地区施工增加费：是指工程在沙漠或其边缘地区、高海拔、高寒、原始森林等特殊地区施工增加的费用。

8. 大型机械设备进出场及安拆费：是指机械整体或分体自停放场地运至施工现场或由一个施工地点运至另一个施工地点，所发生的机械进出场运输及转移费用及机械在施工现场进行安装、拆卸所需的人工费、材料费、机械费、试运转费和安装所需的辅助设施的费用。

9. 脚手架工程费：是指施工需要的各种脚手架搭、拆、运输费用以及脚手架购置费的摊销（或租赁）费用。

措施项目及其包含的内容详见各类专业工程的现行国家或行业计量规范。

（三）其他项目费

1. 暂列金额：是指建设单位在工程量清单中暂定并包括在工程合同价款中的一笔款项。用于施工合同签订时尚未确定或者不可预见的所需材料、工程设备、服务的采购，施工中可能发生的工程变更、合同约定调整因素出现时的工程价款调整以及发生的索赔、现场签证确认等的费用。

2. 计日工：是指在施工过程中，施工企业完成建设单位提出的施工图纸以外的零星项目或工作所需的费用。

3. 总承包服务费：是指总承包人为配合、协调建设单位进行的专业工程发包，对建设单位自行采购的材料、工程设备等进行保管以及施工现场管理、竣工资料汇总整理等服务所需的费用。

（四）规费：定义同前。

（五）税金：定义同前。

第三节　建设工程造价费用计算

为指导各部门、各地区按照本通知开展费用标准测算等工作，住房城乡建设部、财政部颁布《关于印发〈建筑安装工程费用项目组成〉的通知》（建标〔2013〕44号），对建筑安装工程费用参考计算方法、公式和计价程序等进行了相应的修改完善，统一制订了《建筑安装工程费用参考计算方法》和《建筑安装工程计价程序》。

一、建筑安装工程费用参考计算方法

各费用构成要素参考计算方法如下：

（一）人工费

公式1：人工费＝$\sum$（工日消耗量×日工资单价）

$$日工资单价＝\frac{生产工人平均月工资(计时、计件)＋平均月(奖金＋津贴补贴＋特殊情况下支付的工资)}{年平均每月法定工作日}$$

注：公式1主要适用于施工企业投标报价时自主确定人工费，也是工程造价管理机构编制计价定额确定定额人工单价或发布人工成本信息的参考依据。

公式2：人工费＝$\sum$（工程工日消耗量×日工资单价）

日工资单价是指施工企业平均技术熟练程度的生产工人在每工作日（国家法定工作时间内）按规定从事施工作业应得的日工资总额。

工程造价管理机构确定日工资单价应通过市场调查、根据工程项目的技术要求，参考实物工程量人工单价综合分析确定，最低日工资单价不得低于工程所在地人力资源和社会保障部门所发布的最低工资标准的：普工1.3倍、一般技工2倍、高级技工3倍。

工程计价定额不可只列一个综合工日单价，应根据工程项目技术要求和工种差别适当划分多种日人工单价，确保各分部工程人工费的合理构成。

注：公式2适用于工程造价管理机构编制计价定额时确定定额人工费，是施工企业投标报价的参考依据。

（二）材料费

1. 材料费

材料费＝$\sum$（材料消耗量×材料单价）

材料单价＝[（材料原价＋运杂费）×（1＋运输损耗率(%)）]×[1＋采购保管费率(%)]

2. 工程设备费

工程设备费＝$\sum$（工程设备量×工程设备单价）

工程设备单价＝（设备原价＋运杂费）×[1＋采购保管费率(%)]

（三）施工机具使用费

1. 施工机械使用费

施工机械使用费＝$\sum$（施工机械台班消耗量×机械台班单价）

机械台班单价＝台班折旧费＋台班大修费＋台班经常修理费＋台班安拆费及场外运费＋台班人工费＋台班燃料动力费＋台班车船税费

注：工程造价管理机构在确定计价定额中的施工机械使用费时，应根据《建筑施工机械台班费用计算规则》结合市场调查编制施工机械台班单价。施工企业可以参考工程造价管理机构发布的台班单价，自主确定施工机械使用费的报价，如租赁施工机械，公式为：施工机械使用费＝$\sum$（施工机械台班消耗量×机械台班租赁单价）

2. 仪器仪表使用费

仪器仪表使用费＝工程使用的仪器仪表摊销费＋维修费

（四）企业管理费费率

1. 以分部分项工程费为计算基础

$$企业管理费费率（\%）= \frac{生产工人年平均管理费}{年有效施工天数 \times 人工单价} \times 人工费占分部分项工程费比例（\%）$$

2. 以人工费和机械费合计为计算基础

$$企业管理费费率（\%）= \frac{生产工人年平均管理费}{年有效施工天数 \times （人工单价 + 每一工日机械使用费）} \times 100\%$$

3. 以人工费为计算基础

$$企业管理费费率（\%）= \frac{生产工人年平均管理费}{年有效施工天数 \times 人工单价} \times 100\%$$

注：上述公式适用于施工企业投标报价时自主确定管理费，是工程造价管理机构编制计价定额确定企业管理费的参考依据。

工程造价管理机构在确定计价定额中企业管理费时，应以定额人工费或（定额人工费＋定额机械费）作为计算基数，其费率根据历年工程造价积累的资料，辅以调查数据确定，列入分部分项工程和措施项目中。

（五）利润

1. 施工企业根据企业自身需求并结合建筑市场实际自主确定，列入报价中。

2. 工程造价管理机构在确定计价定额中利润时，应以定额人工费或（定额人工费＋定额机械费）作为计算基数，其费率根据历年工程造价积累的资料，并结合建筑市场实际确定，以单位（单项）工程测算，利润在税前建筑安装工程费的比重可按不低于5%且不高于7%的费率计算。利润应列入分部分项工程和措施项目中。

（六）规费

1. 社会保险费和住房公积金

社会保险费和住房公积金应以定额人工费为计算基础，根据工程所在地省、自治区、直辖市或行业建设主管部门规定费率计算。

社会保险费和住房公积金＝∑（工程定额人工费×社会保险费和住房公积金费率）

式中：社会保险费和住房公积金费率可以每万元发承包价的生产工人人工费和管理人员工资含量与工程所在地规定的缴纳标准综合分析取定。

2. 工程排污费

工程排污费等其他应列而未列入的规费应按工程所在地环境保护等部门规定的标准缴纳，按实计取列入。

（七）税金

税金计算公式：

$$税金 = 税前造价 \times 综合税率（\%）$$

综合税率：

1. 纳税地点在市区的企业

$$综合税率（\%）= \frac{1}{1 - 3\% - （3\% \times 7\%） - （3\% \times 3\%） - （3\% \times 2\%）} - 1$$

2. 纳税地点在县城、镇的企业

$$综合税率（\%）＝\frac{1}{1-3\%-(3\%\times5\%)-(3\%\times3\%)-(3\%\times2\%)}-1$$

3. 纳税地点不在市区、县城、镇的企业

$$综合税率（\%）＝\frac{1}{1-3\%-(3\%\times1\%)-(3\%\times3\%)-(3\%\times2\%)}-1$$

4. 实行营业税改增值税的，按纳税地点现行税率计算。

二、建筑安装工程计价参考公式

（一）分部分项工程费

分部分项工程费＝∑（分部分项工程量×综合单价）

式中：综合单价包括人工费、材料费、施工机具使用费、企业管理费和利润以及一定范围的风险费用（下同）。

（二）措施项目费

1. 国家计量规范规定应予计量的措施项目，其计算公式为：

措施项目费＝∑（措施项目工程量×综合单价）

2. 国家计量规范规定不宜计量的措施项目计算方法如下：

（1）安全文明施工费

安全文明施工费＝计算基数×安全文明施工费费率（%）

计算基数应为定额基价（定额分部分项工程费＋定额中可以计量的措施项目费）、定额人工费或（定额人工费＋定额机械费），其费率由工程造价管理机构根据各专业工程的特点综合确定。

（2）夜间施工增加费

夜间施工增加费＝计算基数×夜间施工增加费费率（%）

（3）二次搬运费

二次搬运费＝计算基数×二次搬运费费率（%）

（4）冬雨季施工增加费

冬雨季施工增加费＝计算基数×冬雨季施工增加费费率（%）

（5）已完工程及设备保护费

已完工程及设备保护费＝计算基数×已完工程及设备保护费费率（%）

上述（2）～（5）项措施项目的计费基数应为定额人工费或（定额人工费＋定额机械费），其费率由工程造价管理机构根据各专业工程特点和调查资料综合分析后确定。

（三）其他项目费

1. 暂列金额由建设单位根据工程特点，按有关计价规定估算，施工过程中由建设单位掌握使用、扣除合同价款调整后如有余额，归建设单位。

2. 计日工由建设单位和施工企业按施工过程中的签证计价。

3. 总承包服务费由建设单位在招标控制价中根据总包服务范围和有关计价规定编制，施工企业投标时自主报价，施工过程中按签约合同价执行。

（四）规费和税金

建设单位和施工企业均应按照省、自治区、直辖市或行业建设主管部门发布标准计算规费和税金，不得作为竞争性费用。

三、相关问题的说明

1. 各专业工程计价定额的编制及其计价程序，均按本通知实施。

2. 各专业工程计价定额的使用周期原则上为5年。

3. 工程造价管理机构在定额使用周期内，应及时发布人工、材料、机械台班价格信息，实行工程造价动态管理，如遇国家法律、法规、规章或相关政策变化以及建筑市场物价波动较大时，应适时调整定额人工费、定额机械费以及定额基价或规费费率，使建筑安装工程费能反映建筑市场实际。

4. 建设单位在编制招标控制价时，应按照各专业工程的计量规范和计价定额以及工程造价信息编制。

5. 施工企业在使用计价定额时除不可竞争费用外，其余仅作参考，由施工企业投标时自主报价。

四、建筑安装工程计价程序

建筑安装工程计价程序如表 2-3-1、2-3-2、2-3-3 所示。

建设单位工程招标控制价计价程序　　　　　　　　　表 2-3-1

工程名称：　　　　　　　　　　　标段：

序号	内　　容	计算方法	金额（元）
1	分部分项工程费	按计价规定计算	
1.1			
1.2			
1.3			
1.4			
1.5			
2	措施项目费	按计价规定计算	
2.1	其中：安全文明施工费	按规定标准计算	
3	其他项目费		
3.1	其中：暂列金额	按计价规定估算	
3.2	其中：专业工程暂估价	按计价规定估算	
3.3	其中：计日工	按计价规定估算	
3.4	其中：总承包服务费	按计价规定估算	
4	规费	按规定标准计算	
5	税金(扣除不列入计税范围的工程设备金额)	(1+2+3+4)×规定税率	
招标控制价合计＝1+2+3+4+5			

施工企业工程投标报价计价程序 表 2-3-2

工程名称： 标段：

序号	内 容	计算方法	金额(元)
1	分部分项工程费	自主报价	
1.1			
1.2			
1.3			
1.4			
1.5			
2.1	其中：安全文明施工费	按规定标准计算	
3	其他项目费		
3.1	其中：暂列金额	按招标文件提供金额计列	
3.2	其中：专业工程暂估价	按招标文件提供金额计列	
3.3	其中：计日工	自主报价	
3.4	其中：总承包服务费	自主报价	
4	规费	按规定标准计算	
5	税金(扣除不列入计税范围的工程设备金额)	(1＋2＋3＋4)×规定税率	
投标报价合计＝1＋2＋3＋4＋5			

竣工结算计价程序 表 2-3-3

工程名称： 标段：

序号	汇总内容	计算方法	金额（元）
1	分部分项工程费	按合同约定计算	
1.1			
1.2			
1.3			
1.4			
1.5			
2	措施项目	按合同约定计算	
2.1	其中：安全文明施工费	按规定标准计算	
3	其他项目		
3.1	其中：专业工程结算价	按合同约定计算	
3.2	其中：计日工	按计日工签证计算	
3.3	其中：总承包服务费	按合同约定计算	
3.4	索赔与现场签证	按发承包双方确认数额计算	
4	规费	按规定标准计算	
5	税金(扣除不列入计税范围的工程设备金额)	(1＋2＋3＋4)×规定税率	
竣工结算总价合计＝1＋2＋3＋4＋5			

五、上海市建设工程造价中税金内容及费用

根据国家有关部门规定，建设工程造价费用计算由各行业和省级行政主管部门制定，为具体说明现以上海市执行建设工程造价费用为例，将相关部门发布的规定节录如下：

根据上海市财政局、地方税务局《关于印发〈上海市地方教育附加征收管理办法〉的通知》（沪财教〔2011〕10号）的精神，从2011年1月1日起，除按国家规定缴纳教育费附加外，应当依照该办法规定缴纳地方教育附加。地方教育附加以单位和个人实际缴纳的增值税、消费税、营业税税额为计征依据，征收率为2%。为此，上海市建设工程施工费用中税金亦作相应的调整，调整后的税金内容包括营业税、城市维护建设税、教育费附加和上海市地方教育附加，费率为：市区3.48%；县镇3.41%；其他3.28%。该规定适用于在本市缴纳建筑类营业税的施工企业。凡不在本市缴纳建筑类营业税的施工企业仍按原税率计算。

（一）上海市建筑劳务工计薪规定

新制度工作时间的计算及工资折算办法，根据《全国年节及纪念日放假办法》（国务院令第513号）的规定，全体公民的节日假期由原来的10天增设为11天。据此，职工全年月平均制度工作天数和工资折算办法分别调整如下：

1. 制度工作时间的计算

年工作日：365天－104天（休息日）－11天（法定节假日）＝250天。

季工作日：250天÷4季＝62.5天/季

月工作日：250天÷12月＝20.83天/月

工作小时数的计算：以月、季、年的工作日乘以每日的8小时。

2. 日工资、小时工资的折算

按照《劳动法》第五十一条的规定，法定节假日用人单位应当依法支付工资，即折算日工资、小时工资时不剔除国家规定的11天法定节假日。据此，日工资、小时工资的折算为：日工资：月工资收入÷月计薪天数；小时工资：月工资收入÷（月计薪天数×8小时）；

月计薪天数＝（365天－104天）÷12月＝21.75天

3. 根据劳动保障部《关于职工全年月平均工作时间和工资折算问题的通知》（劳社部发〔2008〕3号）的规定，从2008年1月起，本市建筑劳务工工资成本信息的统计与测算口径也将执行新规定。

（二）调整《上海市建设工程施工费用计算规则（2000）》部分内容及标准

根据调整《上海市建设工程施工费用计算规则（2000）》部分内容及标准（沪建市管〔2010〕29号）的要求，本市人工费、机械使用费、综合费用、安全防护（文明施工）措施费、规费、工程合同价款的约定和调整如下：

1. 人工费：将原人工费内容中的社会保险基金、危险作业意外伤害保险费、住房公积金等归入规费项目内，职工福利费、工会经费和职工教育经费等归入施工管理费项目内，其他内容及计算方法不变。

2. 机械使用费：将原机械使用费内容中养路费调整为道路建设车辆通行费，其他内容及计算方法不变。

3. 综合费用（包括施工管理费和利润）：建筑和装饰、安装、市政和轨道交通、市政

安装和轨道交通安装、民防等专业工程，将原综合费用内容中的临时设施费归入安全防护、文明施工措施费项目内（公用管线、园林和房屋修缮等专业工程除外）。

建筑和装饰、安装、市政和轨道交通、市政安装和轨道交通安装、民防、公用管线、园林和房屋修缮等专业工程，将原综合费用内容中的社会保险基金、住房公积金、河道管理费等归入规费项目内。其他内容及计算方法不变。

4. 安全防护、文明施工措施费：将原施工措施费内容中的现场安全、文明施工措施的内容单独列为安全防护、文明施工措施费项目（且保留原施工措施费项目）。其项目内容按照市建设交通委《关于印发〈上海市建设工程安全防护、文明施工措施费用管理暂行规定〉的通知》（沪建交〔2006〕445 号）的规定执行。计算方法以直接费与综合费用之和为基数，乘以相应的费率计算，公用管线、园林和房屋修缮等专业工程，仍按原施工措施费的方法计算，其内容和计算方法不变。

5. 规费：将原其他费用项目更名为规费项目，规费包括工程排污费、社会保障费（包括养老、失业、医疗、生育和工伤保险费）、住房公积金、外来从业人员综合保险费和河道管理费，取消原定额编制管理费和工程质量监督费两项收费内容。

（1）工程排污费：建筑和装饰、市政和轨道交通、民防、园林和房屋修缮工程，以直接费、综合费用、安全防护、文明施工措施费和施工措施费之和为基数，乘以 0.1% 计算。安装、市政安装和轨道交通安装和公用管线工程在结算时按实核算。

（2）社会保障费：建筑和装饰、市政和轨道交通、民防、公用管线、园林建筑和修缮工程，以直接费、综合费用、安全防护、文明施工措施费和施工措施费之和为基数，乘以 1.72% 计算。安装、市政安装和轨道交通安装、园林绿化以人工费为基数，乘以 8.4% 计算。

（3）住房公积金：建筑和装饰、市政和轨道交通、民防、公用管线、园林建筑和修缮工程，以直接费、综合费用、安全防护、文明施工措施费和施工措施费之和为基数，乘以 0.32% 计算。安装、市政安装和轨道交通安装、园林绿化以人工费为基数，乘以 1.59% 计算。

（4）外来从业人员综合保险费，按本市现行规定计算。

（5）河道管理费：建筑和装饰、安装、市政和轨道交通、市政安装和轨道交通安装、民防、公用管线、园林和修缮工程以直接费、综合费用、安全防护、文明施工措施费、施工措施费、工程排污费、社会保障费、住房公积金和外来从业人员综合保险费之和为基数，乘以 0.03% 计算。

6. 税金（包括营业税、城市维护建设税和教育费附加）：建筑和装饰、安装、市政和轨道交通、市政安装和轨道交通安装、民防、公用管线、园林和修缮工程以直接费、综合费用、安全防护、文明施工措施费、施工措施费和规费（不含河道管理费）之和为基数，乘以相应税率计算，纳税地市区为 3.41%，县镇为 3.35%，其他为 3.22%。

7. 工程合同价款的约定和调整：建筑和装饰、安装、市政和轨道交通、市政安装和轨道交通安装、民防、园林工程，施工期内人工、材料、机械市场价格发生波动，应按合同约定调整工程价款。调整方法按照市建设交通委《关于贯彻执行〈建设工程工程量清单计价规范〉（GB50500—2008）若干意见的通知》（沪建交〔2009〕995 号），以及市市场管理总站《关于建设工程要素价格波动风险条款约定、工程合同价款调整等事宜的指导意见》（沪建市管〔2008〕12 号）等有关规定执行。

公用管线和房屋修缮工程，参照市市场管理总站《关于建设工程要素价格波动风险条款约定、工程合同价款调整等事宜的指导意见》（沪建市管〔2008〕12 号）等有关规定执行。

（三）建筑和装饰工程施工费用计算程序（见表 2-3-4）

建筑和装饰工程施工费用计算程序表

表 2-3-4

序号	项 目		计 算 式	备 注
1	直接费（工、料、机费）		按预算定额子目规定计算	建筑和装饰工程（2000）预算定额、说明
2	综合费用		(1)×3%～8%	
3	安全防护、文明施工措施费		[(1)+(2)]×相应费率	按照（沪建交〔2006〕445号）文件相应费率
4	施工措施费		按规定计算	由双方合同约定
5	小计		(1)+(2)+(3)+(4)	
6	工、料、机价差		结算期信息价－[中标期信息价×（1＋风险系数）]	由双方合同约定
7	规费	工程排污费	(5)×0.1%	
8		社会保障费	(5)×1.72%	
9		住房公积金	(5)×0.32%	
10		河道管理费	[(5)+(6)+(7)+(8)+(9)]×0.03%	
11	税金		[(5)+(6)+(7)+(8)+(9)]×相应税率	市区：3.41% 县镇：3.35% 其他：3.22%
12	费用合计		(5)+(6)+(7)+(8)+(9)+(10)+(11)	

注：1. 结算期信息价：指工程施工期（结算期）工程造价机构发布的市场信息价的平均价（算术平均或加权平均价）。

2. 中标期信息价：指工程中标期对应工程造价机构发布的市场信息价。

（四）安装工程施工费用计算程序（见表 2-3-5）

安装工程施工费用计算程序表

表 2-3-5

序号	项 目		计 算 式	备 注
1	直接费	工、料、机费	按预算定额子目规定计算	安装工程（2000）预算定额、说明
2		其中：人工费	按预算定额子目规定计算	
3	综合费用		(2)×31%～41%	
4	安全防护、文明施工措施费		按规定计算	按照（沪建交〔2006〕445号）文件相应规定执行
5	施工措施费		按规定计算	由双方合同约定
6	小计		(1)+(3)+(4)+(5)	

续表

序号	项 目		计 算 式	备 注
7	工、料、机价差		结算期信息价－[中标期信息价×(1＋风险系数)]	由双方合同约定
8	规费	工程排污费	按实核算	
9		社会保障费	(2)×8.4%	
10		住房公积金	(2)×1.59%	
11		河道管理费	[(6)＋(7)＋(8)＋(9)＋(10)]×0.03%	
12	税金		[(6)＋(7)＋(8)＋(9)＋(10)]×相应税率	市区：3.41% 县镇：3.35% 其他：3.22%
13	费用合计		(6)＋(7)＋(8)＋(9)＋(10)＋(11)＋(12)	

注：1. 结算期信息价：指工程施工期（结算期）工程造价机构发布的市场信息价的平均价（算术平均或加权平均价）。

　　2. 中标期信息价：指工程中标期对应工程造价机构发布的市场信息价。

（五）市政和轨道交通工程施工费用计算程序（见表2-3-6）

市政和轨道交通工程施工费用计算程序表　　　　表2-3-6

序号	项 目		计 算 式	备 注
1	直接费		按市政、轨道交通工程预算定额子目规定计算（包括说明）	直接费包括：人工费、材料费、机械费和土方泥浆外运费
2	综合费用		(1)×综合费用费率	详见附注(1、2)
3	安全防护、文明施工措施费		[(1)＋(2)]×相应费率	按照(沪建交[2006]445号)文件相应费率
4	施工措施费		按规定计算	由双方合同约定
5	小计		(1)＋(2)＋(3)＋(4)	
6	工、料、机价差		结算期信息价－[中标期信息价×(1＋风险系数)]	由双方合同约定
7	规费	工程排污费	(5)×0.1%	
8		社会保障费	(5)×1.72%	
9		住房公积金	(5)×0.32%	
10		河道管理费	[(5)＋(6)＋(7)＋(8)＋(9)]×0.03%	
11	税金		[(5)＋(6)＋(7)＋(8)＋(9)]×相应税率	市区：3.41% 县镇：3.35% 其他：3.22%
12	费用合计		(5)＋(6)＋(7)＋(8)＋(9)＋(10)＋(11)	

注：1. 市政工程各专业综合费用费率：(1) 道路工程5%～8%；(2) 排水管道工程5%～8%；(3) 桥梁及护岸工程8%～11%；(4) 排水构筑工程（土建）7%～10%；(5) 隧道工程7%～10%。

　　2. 轨道交通工程，土建、轨道工程综合费用费率为7%～10%。

　　3. 结算期信息价：指工程施工期（结算期）工程造价机构发布的市场信息价的平均价（算术平均或加权平均价）。

　　4. 中标期信息价：指工程中标期对应工程造价机构发布的市场信息价。

（六）市政安装和轨道交通安装工程施工费用计算程序（见表2-3-7）

市政安装和轨道交通工程施工费用计算程序表　　　　表 2-3-7

序号	项目		计算式	备注
1	直接费	工、料、机费	按市政、轨道交通工程预算定额子目规定计算	市政、轨道交通预算定额、说明
2		其中：人工费	按市政、轨道交通工程预算定额子目规定计算	
3	综合费用		(2)×31%～41%	
4	安全防护、文明施工措施费		按规定计算	按照(沪建交[2006]445号)文件相应规定执行
5	施工措施费		按规定计算	由双方合同约定
6	小计		(1)+(3)+(4)+(5)	
7	工、料、机价差		结算期信息价－[中标期信息价×(1+风险系数)]	由双方合同约定
8	规费	工程排污费	按实核算	
9		社会保障费	(2)×8.4%	
10		住房公积金	(2)×1.59%	
11		河道管理费	[(6)+(7)+(8)+(9)+(10)]×0.03%	
12	税金		[(6)+(7)+(8)+(9)+(10)]×相应税率	市区：3.41% 县镇：3.35% 其他：3.22%
13	费用合计		(6)+(7)+(8)+(9)+(10)+(11)+(12)	

注：1. 市政安装工程包括：道路交通管理设施工程中的交通标志、信号设施、值勤亭、交通隔离设施、排水构筑物设备安装工程。

2. 轨道交通安装工程包括：电力牵引、通信、信号、电气安装、环控及给排水、消防及自动控制、其他运营设备安装工程。

3. 结算期信息价：指工程施工期（结算期）工程造价机构发布的市场信息价的平均价（算术平均或加权平均价）。

4. 中标期信息价：指工程中标期对应工程造价机构发布的市场信息价。

（七）民防工程施工费用计算程序（见表2-3-8）

民防工程施工费用计算程序表　　　　表 2-3-8

序号	项目	计算式	备注
1	直接费(工、料、机费)	按预算定额子目规定计算	民防工程(2000)预算定额、说明
2	综合费用	(1)×4%～8%	
3	安全防护、文明施工措施费	[(1)+(2)]×相应费率	按照(沪建交[2006]445号)文件相应费率

续表

序号	项　目		计　算　式	备　注
4	施工措施费		按规定计算	由双方合同约定
5	小计		(1)+(2)+(3)+(4)	
6	工、料、机价差		结算期信息价-[中标期信息价×(1+风险系数)]	由双方合同约定
7	规费	工程排污费	(5)×0.1%	
8		社会保障费	(5)×1.72%	
9		住房公积金	(5)×0.32%	
10		河道管理费	[(5)+(6)+(7)+(8)+(9)]×0.03%	
11	税金		[(5)+(6)+(7)+(8)+(9)]×相应税率	市区：3.41% 县镇：3.35% 其他：3.22%
12	费用合计		(5)+(6)+(7)+(8)+(9)+(10)+(11)	

注：1. 结算期信息价：指工程施工期（结算期）工程造价机构发布的市场信息价的平均价（算术平均或加权平均价）。

　　2. 中标期信息价：指工程中标期对应工程造价机构发布的市场信息价。

（八）公用管线工程施工费用计算程序（见表 2-3-9）

公用管线工程施工费用计算程序表　　　　表 2-3-9

序号	项　目		计　算　式	备　注
1	直接费		按预算定额子目规定计算	公用管线工程(2000)预算定额、说明
2	综合费用		(1)×5%~10%	
3	施工措施费		按规定计算	由双方合同约定
4	小计		(1)+(2)+(3)	
5	工、料、机价差		结算期信息价-[中标期信息价×(1+风险系数)]	由双方合同约定
6	规费	工程排污费	按实核算	
7		社会保障费	(4)×1.72%	
8		住房公积金	(4)×0.32%	
9		河道管理费	[(4)+(5)+(6)+(7)+(8)]×0.03%	
10	税金		[(4)+(5)+(6)+(7)+(8)]×相应税率	市区：3.41% 县镇：3.35% 其他：3.22%
11	费用合计		(4)+(5)+(6)+(7)+(8)+(9)+(10)	

注：1. 结算期信息价：指工程施工期（结算期）工程造价机构发布的市场信息价的平均价（算术平均或加权平均价）。

　　2. 中标期信息价：指工程中标期对应工程造价机构发布的市场信息价。

（九）绿化（种植、养护）工程施工费用计算程序（见表 2-3-10）

绿化（种植、养护）工程施工费用计算程序表　　表 2-3-10

序号	项　目		计　算　式	备　注
1	直接费		按预算定额子目规定计算	园林工程(2000)预算定额、说明
2	其中：人工费		按预算定额子目规定计算	
3	综合费用		(2)×费率	种植：40%～60% 养护：30%～50%
4	施工措施费		按规定计算	由双方合同约定
5	小计		(1)+(3)+(4)	
6	工、料、机价差		结算期信息价－[中标期信息价×(1+风险系数)]	由双方合同约定
7	规费	工程排污费	(5)×0.1%	
8		社会保障费	(2)×8.4%	
9		住房公积金	(2)×1.59%	
10		河道管理费	[(5)+(6)+(7)+(8)+(9)]×0.03%	
11	税金		[(5)+(6)+(7)+(8)+(9)]×相应税率	市区：3.41% 县镇：3.35% 其他：3.22%
12	费用合计		(5)+(6)+(7)+(8)+(9)+(10)+(11)	

注：1. 结算期信息价：指工程施工期（结算期）工程造价机构发布的市场信息价的平均价（算术平均或加权平均价）。

2. 中标期信息价：指工程中标期对应工程造价机构发布的市场信息价。

（十）园林建筑（仿古、小品）工程施工费用计算程序（见表 2-3-11）

园林建筑（仿古、小品）工程施工费用计算程序表　　表 2-3-11

序号	项　目		计　算　式	备　注
1	直接费		按预算定额子目规定计算	园林工程(2000)预算定额、说明
2	综合费用		(1)×5%～9.5%	
3	施工措施费		按规定计算	由双方合同约定
4	小计		(1)+(2)+(3)	
5	工、料、机价差		结算期信息价－[中标期信息价×(1+风险系数)]	由双方合同约定
6	规费	工程排污费	(4)×0.1%	
7		社会保障费	(4)×1.72%	
8		住房公积金	(4)×0.32%	
9		河道管理费	[(4)+(5)+(6)+(7)+(8)]×0.03%	
10	税金		[(4)+(5)+(6)+(7)+(8)]×相应税	市区：3.41% 县镇：3.35% 其他：3.22%
11	费用合计		(4)+(5)+(6)+(7)+(8)]+(9)+(10)	

注：1. 结算期信息价：指工程施工期（结算期）工程造价机构发布的市场信息价的平均价（算术平均或加权平均价）。

2. 中标期信息价：指工程中标期对应工程造价机构发布的市场信息价。

（十一）房屋修缮工程施工费用计算程序（见表 2-3-12）

房屋修缮工程施工费用计算程序表　　　　　　　　表 2-3-12

序号	项　　目		计　算　式	备　注
1	直接费		按预算定额子目规定计算	房屋修缮工程（2000）预算定额、说明
2	综合费用		(1)×5%～13%	
3	施工措施费		按规定计算	由双方合同约定
4	小计		(1)+(2)+(3)	
5	工、料、机价差		结算期信息价－[中标期信息价×(1＋风险系数)]	由双方合同约定
6	规费	工程排污费	(4)×0.1%	
7		社会保障费	(4)×1.72%	
8		住房公积金	(4)×0.32%	
9		河道管理费	[(4)+(5)+(6)+(7)+(8)]×0.03%	
10	税金		[(4)+(5)+(6)+(7)+(8)]×相应税率	市区：3.41% 县镇：3.35% 其他：3.22%
11	费用合计		(4)+(5)+(6)+(7)+(8)+(9)+(10)	

注：1. 结算期信息价：指工程施工期（结算期）工程造价机构发布的市场信息价的平均价（算术平均或加权平均价）。

　　2. 中标期信息价：指工程中标期对应工程造价机构发布的市场信息价。

第四节　国家调整建设项目收费

根据贯彻落实《国家发展改革委关于降低部分建设项目收费标准规范收费行为等有关问题的通知》的（沪价费〔2011〕007 号）要求，近期各省市发布降低部分建设项目收费通知，现将上海市调整建设项目收费内容表述如下：

一、减免部分住房交易（转让）手续费

经批准设立的房屋交易登记机构在办理房屋交易手续时，经济适用住房、动迁安置房等保障性住房交易（转让）手续费应在市物价局、市财政局、原市房地资源局《关于本市贯彻国家计委、建设部<关于规范住房交易手续费有关问题的通知>的通知》（沪价商〔2002〕012 号）规定收费标准的基础上减半收取，其中：新建住房由转让方承担，存量住房由转让双方各承担 50%；因继承、遗赠、婚姻关系共有发生的住房转让免收住房交易（转让）手续费；住房租赁不得收取租赁手续费；住房抵押不得收取抵押手续费。

二、降低施工图设计文件审查费

施工图设计文件审查费基准价按《关于本市建设工程施工图设计文件审查收费有关事项的通知》（沪价费〔2011〕002 号，以下简称《通知》规定计算，且收费上限不得高于工程概（预）算投资额的 2‰；对保障性住房的施工图设计文件审查收费按基准价的 70% 收取；取消《通知》附件 2 中"当收费基准价总金额小于 5000 元时，按 5000 元计收"的规定。

三、降低部分行业建设项目环境影响咨询收费标准

各环境影响评价机构对估算投资额 100 亿元以下的农业、林业、渔业、水利、建材、市政（不含垃圾及危险废物集中处置）、房地产、仓储（涉及有毒、有害及危险品的除外）、烟草、邮电、广播电视、电子配件组装、社会事业与服务建设项目的环境影响评价（编制环境影响报告书、报告表）收费，应在原国家计委、国家环保总局《关于规范环境影响咨询收费有关问题的通知》（计价格〔2002〕125 号）规定的收费标准基础上下调 20% 收取；上述行业以外的化工、冶金、有色等其他建设项目的环境影响评价收费维持现行标准不变。环境影响评价收费标准中不包括获取相关经济、社会、水文、气象、环境现状等基础数据的费用。

四、降低招标代理服务收费标准并设置收费上限

降低中标金额在 5 亿元以上的勘察、设计、施工监理、施工招标等 4 项建设工程招标代理服务费收费标准。中标金额在 5 亿元以上的货物、服务、工程招标代理服务（除上述 4 项建设工程招标代理服务外）收费差额费率调整为：中标金额在 5 亿～10 亿元的为 0.035%；10 亿～50 亿元的为 0.008%；50 亿～100 亿元为 0.006%；100 亿元以上为 0.004%。货物、服务、工程一次招标（完成一次招标全流程）代理服务费最高限额分别为 350 万元、300 万元和 450 万元，并按各标段中标金额比例计算各标段招标代理服务费。勘察、设计、施工监理、施工招标等 4 项建设工程招标代理服务中标金额在 5 亿元以下的，基准价仍按市建设交通委、市物价局《关于发布＜上海市建设工程造价服务和工程招标代理服务收费标准＞的通知》（沪价费〔2005〕056 号）规定执行。货物、服务、工程招标代理服务（除上述 4 项建设工程招标代理服务外）中标金额在 5 亿元以下的，基准价仍按原国家计委《招标代理服务收费管理暂行办法》（〔2002〕1980 号，以下简称《办法》）附件规定执行。按《办法》附件规定计算的收费额为招标代理服务全过程的收费基准价格，但不含工程量清单、工程标底或工程招标控制价的编制费用。

五、适当扩大工程勘察设计的市场调节价范围

工程勘察和工程设计收费，总投资估算额在 1000 万元以下的建设项目实行市场调节价；1000 万元及以上的建设项目实行政府指导价，收费标准仍按市物价局、原市建委《关于转发国家发展计划委员会、建设部关于发布〈工程勘察设计收费管理规定〉的通知的通知》（沪价费〔2003〕001 号）规定执行。

六、造价服务和招标代理服务收费标准（增补部分），见表 2-4-1

上海市建设工程造价服务和招标代理服务收费标准表（增补部分）　　　　表 2-4-1

收费项目	划分标准（万元）				
	10000～50000	50000～100000	100000～500000	500000～1000000	1000000 以上
勘察招标代理	0.02%	0.02%	0.008%	0.006%	0.004%
设计招标代理	0.05%	0.035%	0.008%	0.006%	0.004%
施工监理招标代理	0.06%	0.035%	0.008%	0.006%	0.004%
施工招标代理	0.18%	0.035%	0.008%	0.006%	0.004%

第五节　工程项目建设费用控制

工程项目建设费用控制是指以建设项目为对象，在投资计划范围内为实现项目投资目标而对工程建设活动中的费用所进行的规划、控制和管理。费用控制的目的，就是在建设项目实施的各个阶段，通过投资计划与动态控制，将实际发生的投资额控制在投资的计划值以内，以使建设项目的投资目标尽可能地实现。

一、工程项目建设费用控制的主要内容

建设项目费用控制主要由两个并行且各有侧重又相互联系和相互重叠的工作过程所构成，即建设项目投资的计划过程与建设项目投资的控制过程。在建设项目的建设前期，以投资计划为主；在建设项目实施的中后期，投资控制占主导地位。

（一）投资计划

投资计划，主要就是指确定或计算建设项目的投资费用以及制定建设项目实施期间投资控制工作方案的工程管理活动，主要包括进行投资目标论证分析、投资目标分解、制定投资控制工作流程、投资目标风险分析、制定投资控制工作制度及有关报表数据的采集、审核与处理等一系列控制工作和措施。依据建设程序，建设项目投资费用的确定与工程建设阶段工作深度相适应。在建设项目管理的不同阶段，投资计划工作内容也不相同，如图2-5-1所示。

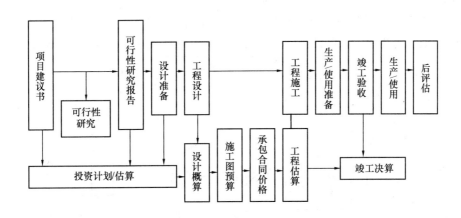

图 2-5-1　不同阶段投资计划工作及主要内容

（二）投资控制

对投资的控制，指在建设项目的设计准备阶段、设计阶段、施工阶段、动用前准备阶段和保修阶段，以规划的计划投资为目标，通过相应的控制措施将建设项目投资的实际发生值控制在计划值范围以内的工程管理活动。投资的控制目标需按建设阶段分阶段设置，每一阶段的控制目标值是相对的，随着工程项目建设的不断深入，投资控制目标也逐步具体和深化。

二、建筑安装工程、设备工器具购置和其他费用比重分析

全社会投资中建筑安装工程、设备工器具购置和其他费用比重分析详见表2-5-1。

全社会投资中建筑安装工程、设备工器具购置和其他费用比重　　表 2-5-1

年　　份	全社会投资额	建筑安装工程	设备工器具购置	其他费用
1981～1985	100	67.9	26.3	5.9
1986～1990	100	66.2	26.6	7.2
1991～1995	100	64.2	24.3	11.5
1996～2000	100	63.2	23.3	13.5
2001	100	61.7	23.7	14.6
2002	100	61.1	22.7	16.2
2003	100	60.2	22.8	17.0
2004	100	60.7	23.5	15.8
2005	100	60.1	24.1	15.7
2006	100	60.7	23.2	16.1
2007	100	60.8	23.0	16.2
2008	100	60.7	23.5	15.8
2009	100	61.8	22.6	15.6
2010	100	61.6	22.2	16.2

三、工程项目建设费用管理的原理和流程

（一）工程项目建设费用管理的原理

在项目管理中，费用管理和质量控制、进度控制、安全控制一起并称为项目的四大目标控制。如图 2-5-2 所示，这种目标控制是动态的，并且贯穿于工程项目实施的始终。

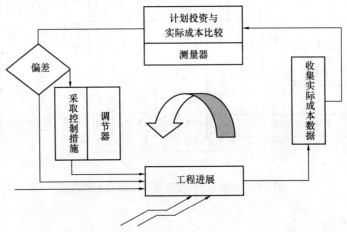

图 2-5-2　动态控制原理图

（二）工程项目建设费用管理的流程

图 2-5-3 表示项目费用控制工作流程。

四、工程项目建设费用管理的任务和措施

投资随着工程建设阶段的进行不断累加（施工阶段迅速累加），而节约投资的可能性随着工程建设阶段的进行而不断降低（设计方案完成即迅速降低），所以投资控制要及早介入（最迟要从设计阶段开始），越早介入，节约投资的可能性就越大、效果越好。建设

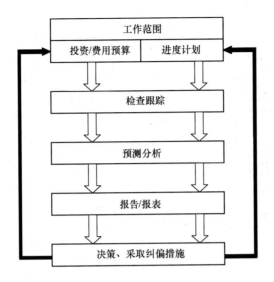

图 2-5-3　项目费用控制工作流程

工程各个阶段节约投资的可能性如表 2-5-2 所示，可以看出，在项目做出投资决策之后，投资控制的重点就在设计阶段，也就是说设计对工程投资的影响最大。

各个阶段节约投资的可能性　　　　　　　　　　　表 2-5-2

建设阶段	可研阶段	初步设计阶段	技术设计阶段	施工图设计阶段	施工阶段
可能节约投资的比例	95%～100%	75%～95%	35%～75%	10%～35%	10%

（一）可研阶段

在可行性研究阶段进行费用控制，主要应围绕对投资估算的审查和投资方案的分析、比选进行。

1. 对投资估算的审查

审查投资估算基础资料的正确性；审查投资估算所采用方法的合理性。建设项目投资估算工作流程如图 2-5-4 所示。

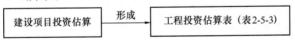

图 2-5-4　项目费用控制工作流程

工程投资估算表　　　　　　　　　　　表 2-5-3

工程名称：　　　　　　　　　　　　　　　　　　　金额单位：元

序号	费用名称	基　数	单价/元	应计金额/元	备　注
一	土地征用及补偿费				
1	土地款				
2	耕地占用税				
二	前期工程费				
1	可行性研究				
2	地质勘探费				
3	文物勘探费				

序号	费用名称	基　数	单价/元	应计金额/元	备　注
4	规划设计费				
5	临建费用				
6	多通一平费				
7	其他费用				
三	报批报建费				
1	工程监理费				
2	配套费				
3	人防费				
4	绿化费				
5	墙改基金				
6	放验线费				
7	农民工保证金				
8	招标代理费				
9	设计审查费				
10	四金				
11	质检费				
12	其他费用				
四	配套设施费				
1	上下水市政配套				
2	供电				
3	道路				
4	绿化及景观				
5	其他配套设施				
五	建安工程费				
	建筑安装成本				
六	贷款利息				
七	管理、销售费				
八	交付使用办证费				
1	房产交易费				
2	权属登记费				
3	测绘费				
	合计				

2. 对项目投资方案的审查

主要是通过对拟建项目方案进行重新评价,看原可行性研究报告编制部门所确定的方案是否为最优方案。

（二）设计阶段

1. 设计阶段费用控制的任务

（1）设计方案优化阶段：编制设计方案优化要求文件中有关投资控制的内容；对设计单位方案优化提出投资评价建议；根据优化设计方案编制项目总投资修正估算；编制设计方案优化阶段资金使用计划并控制其执行；比较修正投资估算与投资估算，编制各种投资控制报表和报告。

（2）初步设计阶段：编制、审核初步设计要求文件中有关投资控制的内容；审核项目设计总概算，并控制在总投资计划范围内；采用价值工程方法，挖掘节约投资的可能性；编制本阶段资金使用计划并控制其执行；比较设计概算与修正投资估算，编制各种投资控制报表和报告。

（3）施工图设计阶段：根据批准的总投资概算，修正总投资规划，提出施工图设计的投资控制目标；编制施工图设计阶段资金使用计划并控制其执行，必要时对上述计划提出调整建议；跟踪审核施工图设计成果，对设计从施工、材料、设备等多方面作必要的市场调查和计划经济论证，并提出咨询报告，如发现设计可能会突破投资目标，则协助设计人员提出解决方法；审核施工图预算，如有必要调整总投资计划，采用价值工程的方法，在充分考虑满足项目功能的条件下进一步挖掘节约投资的可能性；比较施工图预算与投资概算，提交各种投资控制报表和报告；比价各种特殊专业设计的概算和预算，提交投资控制报表和报告；控制设计变更，注意审核设计变更的结构安全性、经济性等；编制施工图设计阶段投资控制总结报告；审核、分析各投标单位的投标报价；审核和处理设计过程中出现的索赔和与资金有关的事宜；审核招标文件和合同文件中有关投资控制的条款。

2. 设计阶段费用控制的方法

设计阶段的费用控制是建设全过程投资控制的重点。一般来说，设计阶段投资控制主要有以下四种方法：

（1）工程设计招标和方案优选：设计招标有利于设计方案的选择和竞争。

（2）限额设计：在工程项目建设过程中采用投资限额设计，是我国工程建设领域控制投资支出、有效使用建设资金、保证投资一直处于监控中的有力措施。

（3）标准设计：优秀的设计标准和规范会带来经济效益是众所周知的，一个好的设计必须符合国情，符合设计和施工规范。

（4）价值工程：以提高价值为目标，以建设单位要求为重点，以功能分析为核心，以集体智慧为依托，以创造精神为支柱，以系统观点为指针，实现技术分析与经济分析的结合。

3. 设计阶段费用控制的措施

（1）组织措施：从投资控制角度落实进行设计跟踪的人员、具体任务及管理职能分工，具体包括：设计挖潜、设计审核，概、预算审核，付款复核（设计费复核），计划值与实际值比较及投资控制报表数据处理等。聘请专家作技术经济比较、设计挖潜。

（2）管理（合同）措施：向设计单位说明在给定的投资范围内进行设计的要求，参与设计合同谈判。以合同措施鼓励设计单位在广泛调研和科学论证的基础上优化设计。

（3）经济措施：对设计的进展进行投资跟踪（动态控制）。编制设计阶段详细的费用支出计划，并控制其执行。定期提供投资控制报表，以反映投资计划值和实际值的比较结果、投资计划值和已发生的资金支出值的比较结果。

（4）技术措施：进行技术经济比较，通过比较寻求设计挖潜的可能。必要时组织专家论证，进行科学试验。

（三）施工阶段

1. 施工阶段费用控制的任务

（1）编制资金使用计划，合理确定实际投资费用的支出。

（2）严格控制工程变更，合理确定工程变更价款。

（3）以施工图预算或工程合同价格为目标，通过工程计量，合理确定工程结算价款，控制工程进度款的支付。

（4）利用投资控制软件每月进行投资计划值与实际值的比较，并提供各种报表。

（5）工程付款审核。对于建设单位内部而言，工程款支付申请报告如表2-5-4所示。

（6）对施工方案进行技术经济比较论证。

（7）审核及处理各项施工索赔中与资金有关的事宜。

工程款支付申请表 表 2-5-4

工程名称：　　　　　　　　　　　　　　　　　　　　　　　　　　编号：_____

致：　　　（工程造价主管）
施工单位已完成了_____ 施工的工作，经我验收，结果如下：
1. 合格工程项目：
2. 经返工后合格的工程项目：
3. 不合格工程项目：
现上报施工单位工程支付申请，请工程造价主管予以审查。
附件：1. 工程量清单
2. 施工单位工程款支付申请表
工地代表：　　　　　　　　日期：
工程造价主管回复意见：
同意/不同意审查施工单位报送的工程款支付申请资料。
理由：（此处应说明同意或不同意审查工程款支付申请资料的理由）
工程造价主管：　　　　　　　日期：

说明：本表由工地代表填写，一式两份，工地代表、工程造价主管各存一份。

2. 施工阶段费用控制的措施

（1）组织措施

在项目管理班子中落实从投资控制角度进行施工跟踪的人员、具体任务（包括工程计量、付款复核、设计挖潜、索赔管理、计划值与实际值比较及投资控制报表数据处理、资金使用计划的编制及执行管理等）及管理职能分工。

（2）管理（合同）措施：进行索赔管理。视需要，及时进行合同修改和补充工作，着重考虑它对投资控制的影响。

（3）经济措施：进行工程计量（已完成的实物工程量）复核。复核工程付款账单。编制施工阶段详细的费用支出计划，并控制其执行。

（4）技术措施：对设计变更进行技术经济比较。继续寻求通过设计挖潜节约投资的可能。

（四）项目竣工验收阶段

（1）编制本阶段资金使用计划，并控制其执行，必要时调整计划。

（2）进行投资计划值与实际值的比较，提交各种投资控制报告。

（3）审核本阶段各类付款。

（4）审核及处理施工综合索赔事宜。

（5）严格控制竣工决算，使得实际投资不超过设计概算。竣工决算是指在竣工验收、交付使用阶段，由建设单位编制的从建设项目筹建到竣工投产或使用全过程实际成本的经济文件。其内容组成：竣工财务决算报表、决算说明、竣工工程平面示意图、工程造价比较分析。

第六节　工程项目建设税收管理

根据国家有关规定，工程项目建设税收主要包括增值税、营业税、城市维护建设税、资源税、土地增值税、城镇土地使用税、房产税、所得税、印花税等，具体征收范围和要求按照各地政府税务部门文件执行。

一、增值税

（一）增值税的基本规定

增值税是以商品生产和流通中各环节的新增价值或商品附加值为征税对象的一种流转税。我国实行的增值税基本属于生产型增值税，不允许扣除固定资产中所含税金。

（1）征税对象：纳税人在国内销售的货物，提供加工、修理修配的劳务，进口的有关货物。

（2）征税范围：征税范围包括在生产环节销售的货物；在商业批发和零售环节销售的货物；在进口环节进口的货物等。另外，基本建设单位，从事建筑安装业务的企业附设工厂、车间生产的预制构件及其他构件等。

（二）增值税的计算公式：应纳税额＝当期销售额×税率－当期进项税额

（三）增值税专用发票

增值税专用发票与普通发票的区别在于，前者作为企业及有关单位专用，将销售货物或提供劳务价格与应承担的增值税款分开，克服重叠征税现象。

二、营业税

（一）营业税的基本规定

营业税是对商品流通环节的流转额和服务性收入征收的一种税。

营业税的纳税人。凡是在我国境内提供应税劳务，转让无形资产或者销售不动产的单位和个人，都是营业税的纳税人，如从事商业、物资经销、交通运输、建筑安装、金融保险、邮政电信、公用服务的单位和个人。为了便于征收征管，还规定了营业税的扣缴义务人。

（二）营业税的税率

（1）差别比例税率。营业税按行业实行差别比例税率，设有 3％、5％、5％～20％三档税率。

（2）税目税率表。税目、税率见表 2-6-1。

营业税目、税率表

表 2-6-1

项　目	税率（%）	项　目	税率（%）
（1）交通运输业	3	（6）娱乐业	5～20
（2）建筑业	3	（7）服务业	5
（3）金融保险业	5	（8）转让无形资产业	5
（4）邮电通信业	3	（9）销售不动产	5
（5）文化体育业	3		

（三）营业税的计算及申报

（1）营业税的计算基本公式如下：应纳税款＝营业额×适用税率

（2）营业税纳税申报表，见表 2-6-2。

营业税纳税申报表

表 2-6-2

税务登记证字号　开户银行＿＿＿＿＿＿国税字号　　　　　　　　账号＿＿＿＿＿＿

税款所属日期：

纳税申报日期：　　年　　月　　日　　　　　　　　　　　　金额单位：元

纳税人名称：						地址：			
产品名称	适用税目	计税单位	计税数量	计税金额	税率（额）	应纳税款	预缴税款	应补（退）税款	备注
应纳税项目									
合计									
减免税项目									

纳税人（盖章或签字）　　　　代理人（签章）　　　　　　税务机关（签章）

财务负责人：　　　　　　　　　　　　　　　　　　　　接收人：

　　　　　年　月　日　　　　　　　年　月　日　　　　　　　　年　月　日

注：（1）本表适用于我国境内提供应税劳务，转让无形资产或销售不动产的单位和个人申报缴纳营业税。

（2）纳税人应按规定如实填写适用税种、应税项目、适用税率、计税依据、应纳税款或代扣代缴税款、税款所属期限以及按照税务机关的规定，应当申报的其他有关项目。

（3）纳税人应按规定填写纳税申报表或代扣代缴、代收代缴税款报告表。

三、城市维护建设税

（一）城市维护建设税的基本规定

城市维护建设税是向缴纳产品税、增值税、营业税的单位和个人，就其实际缴纳的产品税、增值税、营业税的税额为计税依据征收的一种税。城市维护建设税的纳税人为缴纳产品税、增值税、营业税的国有企业、集体企业、个体经营者、机关、团体、学校、部队等单位和个人。中外合资经营企业和外国企业不是城市维护建设税的纳税人。

（二）城市维护建设税的税率和税额的计算

（1）城市维护建设税采用地区差别比例税率。城市维护建筑税税率表见表 2-6-3、城市维护建设税纳税申请见表 2-6-4。

（2）城市维护建设税税额的计算公式如下：

应纳税额＝（实缴产品税税额＋实缴增值税税额＋实缴营业税税额）×税率

城市维护建设税税率表　　　　　　　　　　　　　　　表 2-6-3

纳税人所在地	税率（%）	纳税人所在地	税率（%）
在市区的	7	不在市区、县城镇的	1
在县城、镇的	5		

城市维护建设税纳税申请表　　　　　　　　　　　　表 2-6-4

申报单位名称：　　　经济性质：　　　税款所属日期：　　年　　月　　日　　　单位：元

计税税种名称	计税税额	税　率	本期应纳税额	备　注
营业税				
增值税				
消费税				

申报单位章：　　　　　　负责人（签章）：　　　　　　经办人员（签章）：

税务机关受理日期　　　年　　月　　日　　　　　　审核人（签章）：

注：（1）纳税义务人缴纳增值税、营业税、消费税后申报城市维护建设税时填用此表。

（2）"计税税额"是指交纳的增值税、营业税、消费税税额。

（3）"税率"是指申报单位所在地适用的城市维护建设税税率（税率：7%、5%、1%）。

（4）纳税义务人随增值税、营业税、消费税规定的申报时间向当地税务机关报送此表。

（5）此表一式二份，送当地地方税务机关一份，申报单位留存一份。

四、资源税

（一）资源税的基本规定

资源税是对我国境内从事资源开发或生产应征资源税产品的单位和个人征收的一种税。

（1）纳税人：凡是在我国从事开采或生产应征资源税产品的单位和个人，都是资源税的纳税人，都应依法缴纳资源税。

（2）征税范围主要有：原油、天然气、煤炭、其他非金属原矿、黑色金属原矿、有色金属原矿和盐等。

（3）税率：由各省区市自行制定，税目和税额幅度的调整，由国务院决定。

（二）资源税的计算

资源税的应纳税额，按照应征资源税产品的课税的量和规定的单位税额计算。计算公式为：应纳税额＝课税数量×单位税额

资源税税表，见表2-6-5。

资 源 税 表

表 2-6-5

税　目	税额幅度	税　目	税额幅度
（1）石油	8～30 元/t	（5）黑色金属矿原矿	20～30 元/t
（2）天然气	2～15 元/km³	（6）有色金属矿原矿	0.4～30 元/t
（3）煤炭	0.3～5 元/t	（7）盐固体盐	10～60 元/t
（4）其他非金属矿原矿	0.5～20 元/t	（8）盐液体盐	2～10 元/t

五、土地增值税

（一）土地增值税的基本规定

按照《国家土地增值税暂行条例》规定，土地增值税是国家对转让国有土地使用权、地上的建筑物及其附着物并取得收入的单位和个人征收的一种税。

1. 征税范围

土地增值税的征收范围包括国有土地使用权、地上的建筑物及其附着物。

2. 计税依据

土地增值税计算依据是转让国有土地使用权、地上的建筑物及附着物所取得增值额，即指转让房地产所取得收入，减除下列扣除项目后的余额：

（1）取得土地使用权所支付金额。

（2）开发土地成本、费用。

（3）新建筑物及配套设施的成本、费用，旧房及建筑物评估价格。

（4）财政部规定的其他扣除项目。

3. 税率

土地增值税实行四级超率累进税率。

（1）增值额未超过扣除项目金额50%的部分，税率为30%。

（2）增值额超过扣除项目金额50%，未超过扣除项目金额100%的部分，税率为40%。

（3）增值额超过扣除项目金额100%，未超过扣除项目金额200%的部分，税率为50%。

（4）增值额超过扣除项目金额200%的部分，税率为60%。

4. 优惠规定

有下列情形之一，免征土地增值税。

（1）纳税人建筑普通标准住宅出售，增值额未超过扣除项目金额20%的。

（2）因国家建设需要依法征用、收回的房地产。

（二）土地增值税的计算及土地增值税申报表

计算公式如下：应纳税额＝（土地增值税－扣除项目总额）×适用税率

土地增值税申报表见表2-6-6、表2-6-7。

土地增值税纳税申报表（一）

表 2-6-6

（从事房地产开发的纳税人适用）

税款所属时间：　　年　　月　　日　　　　填表日期：　　年　　月　　日

纳税人编码：　　　　金额单位：人民币元　　　　　　　面积单位：平方米

纳税人名称		项目名称		项目地址	
业别		经济性质		纳税人地址		邮政编码	
开户银行		银行账号		主管部门		电话	

项　　目	行次	金　　额
一、转让房地产收入总额　　1＝2＋3	1	
其中　货币收入	2	
实物收入及其他收入	3	
二、扣除项目金额合计 4＝5＋6＋13＋16＋20	4	
1. 取得土地使用权所支付的金额	5	
2. 房地产开发成本 6＝7＋8＋9＋10＋11＋12	6	
其中　土地征用及拆迁补偿费	7	
前期工程费	8	
建筑安装工程费	9	
基础设施费	10	
公共配套设施费	11	
开发间接费用	12	
3. 房地产开发费用　　13＝14＋15	13	
其中　利息支出　　interest	14	
其他房地产开发费用	15	
4. 与转让房地产有关的税金等 16＝17＋18＋19	16	
其中　营业税	17	
城市维护建设税	18	
教育费附加	19	
5. 财政部规定的其他扣除项目	20	
三、增值额 21＝1－4	21	
四、增值额与扣除项目金额之比（％）22＝21÷4	22	
五、适用税率（％）	23	
六、速算扣除系数（％）	24	
七、应缴土地增值税税额 25＝21×23－4×24	25	
八、已缴土地增值税税额	26	
九、应补（退）土地增值税税额 27＝25－26	27	

授权代理人	（如果你已委托代理申报人，请填写下列资料）为代理一切税务事宜，现授权＿＿＿＿＿＿（地址）＿＿＿＿＿＿为本纳税人的代理申报人，任何与本报表有关的来往文件都可寄与此人。授权人签字：＿＿＿＿＿＿	声明	我声明：此纳税申报表是根据《中华人民共和国土地增值税暂行条例》及其《实施细则》的规定填报的。我确信它是真实的、可靠的、完整的。声明人签字：＿＿＿＿＿＿	
纳税人签章		法人代表签章	经办人员（代理申报人）签章	备注

（以下部分由主管税务机关负责填写）

主管税务机关收到日期		接收人		审核日期		税务审核人员签章	
审核记录						主管税务机关盖章	

土地增值税纳税申报表（二）

表 2-6-7

（非从事房地产开发的纳税人适用）

税款所属时间： 年 月 日　　　　　填表日期： 年 月 日

纳税人编码：　　　　　　　金额单位：人民币元　　　　　面积单位：平方米

纳税人名称			项目名称			项目地址		
业别		经济性质			纳税人地址		邮政编码	
开户银行		银行账号			主管部门		电话	

项　　目		行次	金　　额
一、转让房地产收入总额 1＝2＋3		1	
其中	货币收入	2	
	实物收入及其他收入	3	
二、扣除项目金额合计 4＝5＋6＋9		4	
1. 取得土地使用权所支付的金额		5	
2. 旧房及建筑物的评估价格 6＝7×8		6	
其中	旧房及建筑物的重置成本价	7	
	成新度折扣率	8	
3. 与转让房地产有关的税金等 9＝10＋11＋12＋13		9	
其中	营业税	10	
	城市维护建设税	11	
	印花税	12	
	教育费附加	13	
三、增值额 14＝1－4		14	
四、增值额与扣除项目金额之比（%）15＝14÷4		15	
五、适用税率（%）		16	
六、速算扣除系数（%）		17	
七、应缴土地增值税税额 18＝14×16－4×17		18	

授权代理人	（如果你已委托代理申报人，请填写下列资料） 为代理一切税务事宜，现授权＿＿＿＿＿＿（地址）＿＿＿＿＿＿为本纳税人的代理申报人，任何与本报表有关的来往文件都可寄与此人。 授权人签字：＿＿＿＿＿＿	声明	我声明：此纳税申报表是根据《中华人民共和国土地增值税暂行条例》及其《实施细则》的规定填报的。我确信它是真实的、可靠的、完整的。 声明人签字：＿＿＿＿＿＿
纳税人签章	法人代表签章	经办人员（代理申报人）签章	备注

（以下部分由主管税务机关负责填写）

主管税务机关收到日期		接收人		审核日期		税务审核人员签章	
审核记录						主管税务机关盖章	

六、城镇土地使用税

（一）城镇土地使用税基本规定

城镇土地使用税是国家在城市、县城、建制镇和工矿区范围内，以拥有土地使用权的单位和个人实际占用的土地面积为计算依据，按照税法规定的税额计算征收的一种税。

（1）纳税人：土地使用税由拥有土地使用权的单位或个人缴纳。拥有土地使用权的纳税人不在土地所在地的，由代管人或实际使用人缴纳。土地使用权未确定或权属纠纷未解决的，由实际使用人纳税，土地使用权共有的由共有各方分别纳税。

（2）征收对象：城镇土地使用税的征税对象是税法规定的纳税区域范围内的土地，按条件规定，凡在城市、县城、建制镇、工矿区范围内的土地，不论是属于国家所有的土地，还是集体所有的土地，都是土地使用税的征税对象。

（3）征税范围：为城市、县城、建制镇、工矿区。具体征税范围由各省、自治区、直辖市人民政府划定。

（4）税额：城镇土地使用税按照市政建设状况，经济繁荣程度，采用分类分级的幅度定额，按城市大小来分档次，每平方米年幅度税额为：①大城市为 0.5～10 元。②中等城市为 0.4～8 元。③小城市为 0.3～6 元。④县城、建制镇、工矿区为 0.2～4 元。

（二）城镇土地使月税计算法

计算公式：年应纳税额＝计税土地面积（m^2）×适应税额

城镇土地使用税纳税申报表见表 2-6-8。

城镇土地使用税纳税申报表　　　　　表 2-6-8

税款所属期：　　　年　月　日　至　　　年　月　日

纳税人识别号：纳税人名称：面积单位：平方米金额单位：元（列至角分）

序号	土地使用证号	坐落地点	本期实际占地面积	法定免税面积	应税面积	土地等级	适用税额	今年应缴税额	缴纳次数	本 期		
										应纳税额	已纳税额	应补退税额
	1	2	3	4	(5)＝(3)－(4)	6	7	8	9	(10)＝(8)×(9)÷12	11	(12)＝(10)－(11)
1												
合计				—		—	—			—	—	

七、房产税

（一）房产税的基本规定

房产税是以房产为征税对象，按照房屋的价值或出租房屋的收入，向产权所有人征收的一种税。

（1）纳税人：产权所有人，产权属于全民所有的，由经营管理的单位交纳，产权出典的，由承典人交纳。产权所有人、承典人不在房产所在地的，产权未定或租典纠纷未解决的，由房产代管人或者使用人交纳。

（2）房产税征收范围：征房产税的城市、县城、建制镇和工矿区。该税只限定在城市征收，不涉及农村。

（3）房产税税率：房产税是依照房屋原值缴纳的，年率为1.2%；已出租房产，依照房屋租金收入计算交纳，年税率12%。

（4）优惠规定：①国家机关、人民团体、军队自用的房产免征房产税。②由国家财政部门拨付事业经费的单位自用房产免征房产税。③宗教寺庙、公园、名胜古迹用房免征房产税。④个人所有非营业用的房产免征房产税。⑤经由财政部门批准免税的其他房产。

（二）房产税的计算

（1）从价计征的计算，是依房产原值减除一定比例后的余值计征。房产原值是"固定资产"科目中记载的房屋原价，减除一定比例，适用税率为1.2%。其计算公式为：

$$年应纳税额＝房产原值×[1－(10\%～30\%)]×1.2\%$$

（2）从租计征的计算。其计算公式为：应纳税额＝租金收入×12%

八、所得税

（一）企业所得税

（1）纳税人：实行独立经营核算的企业或者组织，有生产、经营所得和其他所得者，皆为企业所得税的纳税人。

（2）征税范围：一切生产经营所得和其他所得，包括来源于中国境内外的所得。

（3）企业所得税税率，见表2-6-9。

企业所得税税率　　　　　　　　　　　　　　　　　　　　　　　　　表 2-6-9

档次	税率	适 用 企 业	备　　注
1	25%	居民企业，在中国境内设立机构场所的非居民企业	
2	20%	1. 符合条件的小型微利企业	财税〔2011〕117号：自2012年1月1日至2015年12月31日，对年应纳税所得额低于6万元（含6万元）的小型微利企业，其所得减按50%计入应纳税所得额，按20%的税率缴纳企业所得税
		2. 在中国境内未设立机构、场所的，或者虽设立机构、场所但取得的所得与其所设机构、场所没有实际联系的非居民企业	条例91条：非居民企业取得税法第三条第三款规定的所得，税率10%
3	15%	国家需要重点扶持的高新技术企业	

（二）个人所得税

个人所得税的规定：向个人经营者的生产经营所得和其他所得征收的一种税，属于收益税类。

（1）纳税人：凡是在中国境内有住所或者在境内居住满一年的个人，境内无住所或者居住不满一年且从中国境内取得所得的个人，均为纳税人。

（2）征税范围：工资、薪金所得，劳务报酬所得，稿酬所得，特许权使用费所得，利息、股息、红利所得，财务转让所得，偶然所得及生产经营所得，还有从事物质生产、交通运输、商品经营、劳动服务和其他营利事业所取得的纯收益。

（3）财政部规定对科研单位从事技术转让、技术咨询、技术服务、技术培训、技术承包和技术出口所得的利润，经过鉴定，填报免税申请报表，报地税局批准，可暂免所得税。

九、印花税

（一）印花税的规定

印花税是对经济活动和经济交往中书立领受的凭证所征收的一种税。

（二）纳税人

凡在中国境内书立，领受本条例凭证的单位和个人，都是印花税的纳税义务人。根据书立、领受应纳税凭证的不同，其纳税人分别称为合同人、立账簿人、立据人和领受人。

（三）征税范围

征税包括以下合同和数据：

（1）有十类合同，如建筑工程、勘察设计、建筑安装工程承包、财产租赁、货物运输、借款、财产保险、技术等合同。

（2）产权转移数据，包括产权、版权、商标专用权、专利权、技术使用权及营业账簿等。

（四）印花税税率

（1）税率设计是本着税负从轻、公平负担原则进行。

（2）对各类技术合同按所载价款、报酬、使用费等的金额依率计税。

（3）比例税率：最高为 1‰，最低为 0.3‰，定额税率每件 5 元。税目、税率见表 2-6-10。

印花税目、税率表　　　　　　　　　　　　表 2-6-10

级　　数	项　目　名　称	印　花　税　率
1	购销合同	0.3‰
2	加工承揽合同	0.5‰
3	建设工程勘察设计合同	0.5‰
4	建筑安装工程承包合同	0.3‰
5	财产租赁合同	0.5‰
6	货物运输合同	0.5‰
7	仓储保管合同	0.5‰
8	借款合同	0.05‰
9	财产保险合同	0.03‰
10	技术咨询合同	0.5‰
11	产权转移数据	0.5‰
12	营业账簿	0.5‰（5 元/件）
13	权利许可证照	5 元/件

（五）印花税的计算公式：应纳税额＝计税金额×适用税率

$$应纳税额＝凭证件数×5 元/件$$

印花税纳税申请报表，见表 2-6-11。

印花税年度纳税申报表 表 2-6-11

税款所属日期： 年 月 日— 月 日 单位：元（列至角分）

税务计算机代码		单位名称（公章）		联系电话	
税目	份数		计税金额	税率	已纳税额
购销合同				0.3‰	
加工承揽合同				0.5‰	
建设工程勘察设计合同				0.5‰	
建筑安装工程承包合同				0.3‰	
财产租赁合同				1‰	
货物运输合同				0.5‰	
仓储保管合同				1‰	
借款合同				0.05‰	
财产保险合同				1‰	
技术合同				0.3‰	
产权转移书据				0.5‰	
账簿 资金账簿				0.5‰	
账簿 其他账簿	件			5 元	
权利许可证照	件			5 元	
其他					
合计					

注：表中应填写已完税的各印花税应税凭证份数、所载计税的金额、已完税的税额。大额缴款、贴花完税均应填写本表

填表日期： 年 月 日 办税人员（签章）：

财务负责人（签章）：

第七节 工程项目建设资金筹措

城乡建设与社会经济发展密切相关。多年以来，工程项目建设资金来源一直主要依靠政府财政资金，但随着经济建设的发展，各地对市政设施和公用事业的需求增长迅速，仅靠政府财政资金已无法满足城乡建设的需要。建设资金的筹措已成为工程项目决策阶段必然着重考虑的事项，解决资金筹措的问题，一方面为工程项目的建设和投产提供保证，另一方面为社会经济的持续发展注入源源不断的动力。

一、资金筹措的种类

在工程项目经济分析中，融资是为项目投资而进行的资金筹措行为或资金来源方式。资金筹措的种类一般有以下几种：

（一）按照融资的期限，可分为长期融资和短期融资。

长期融资，是指企业因购建固定资产、无形资产或进行长期投资等资金需求而筹集的、使用期限在 1 年以上的融资。长期融资通常采用吸收直接投资、发行长期债券或进行

长期借款等方式进行融资。短期融资是指企业因季节性或临时性资金需求而筹集的、使用年限在1年以内的融资。短期融资一般通过商业信用、短期借款和商业票据等方式进行融资。

（二）按照融资的性质，可分为权益融资和负债融资。

权益融资，是指以所有者身份投入非负债性资金的方式进行融资。权益融资形成企业的"所有者权益"和项目的"资本金"。权益融资在我国项目资金筹措中具有强制性。

权益融资的特点：

（1）权益融资筹措的资金具有永久性特点，无到期日，不需归还。项目资本金是保证项目法人对资本的最低需求，是维持项目法人长期稳定发展的基本前提。

（2）没有固定的按期还本付息压力。股利的支付与否和支付多少，视项目投产运营后的实际运营效果而定，因此，项目法人财务负担相对较小，融资风险较小。

（3）权益融资是负债融资的基础。权益融资是项目法人最基本的资金来源，它体现着项目法人的实力，是其他融资方式的基础，尤其可为债权人提供保障，增强公司的举债能力。

负债融资，是指通过负债方式筹集各种债务资金的融资形式。负债融资是工程项目资金筹措的重要形式。负债融资的特点主要体现在：

（1）筹集的资金在使用上具有时间限制，必须按期偿还。

（2）无论项目法人今后经营效果好坏，均需要固定支付债务利息，从而形成项目法人今后固定的财务负担。

（3）资金成本一般比权益融资低，且不会分散对项目未来权益的控制权。根据工程项目负债融资所依托的信用基础的不同，负债融资可分为国家主权信用融资、企业信用融资和项目融资3种。

（三）按照风险承担的程度，可分为冒险型筹资类型、适中型筹资类型、保守型筹资类型。

（1）冒险型筹资类型：在冒险型筹资类型中，一部分长期资产由短期资金融通。

（2）适中型筹资类型：在适中型筹资类型中，固定资产及长期流动资产所需的资金均由长期资金安排。短期资金只投入短期流动资产。

（3）保守型筹资类型：在保守型筹资类型中，长期资产和短期流动资产的一部分采用长期资金来融通。

（四）按照不同的融资结构安排，可分为传统融资方式和项目融资方式。

（1）传统融资方式，是指投资项目的业主利用其自身的资信能力为主体安排的融资。

（2）项目融资方式，特指某种资金需求量巨大的投资项目的筹资活动，而且以负债作为资金的主要来源。

项目融资主要是以项目业主的信用，或者项目有形资产的价值作为担保来获得贷款，而且依赖于项目本身良好的经营状况和项目建成、投入后的现金流量作为偿还债务的资金来源，同时将项目的资产，而不是项目业主的其他资产作为借入资金的抵押。项目融资将归还贷款资金来源限定在特定项目的收益和资产范围之内的融资方式。

二、项目筹资的基本要求

（1）合理确定资金需要量，力求提高筹资效果；

（2）认真选择资金来源，力求降低资金成本；

（3）适时取得资金，保证资金投放需要；

（4）适当维持自有资金比例，正确安排举债经营。

三、项目资本金制度

所谓投资项目资本金，是指在投资项目总投资中，由投资者认缴的出资额。对投资项目来说，属于非债务性资金，项目法人不承担这部分资金的任何利息和债务。投资者可按其出资的比例享有所有者权益，也可转让其出资，但不得以任何方式抽回。

（一）投资项目实行资本金制度的目的和作用

（1）适应建立现代企业制度的要求；

（2）适应改革投资体制，建立投资风险约束机制的需要；

（3）实行投资项目资本金制度，有利于宏观调控，控制投资规模膨胀；

（4）有利于减轻企业债务负担，提高经济效益。

（二）投资项目资本金管理的主要内容

（1）实施的范围：全社会各种经营性固定资产投资项目，包括国有单位的基本建设、技术改造、房地产项目和集体、个体投资项目，试行资本金制度。所有项目要首先落实资本金，然后才能进行建设。主要用财政预算内拨款投资建设的公益性项目不实行资本金制度。外商投资项目按现行有关法规执行。

（2）资本金的合法来源：国家出资、企业法人出资和个人出资的资金来源可以作为资本金的筹集渠道，而银行贷款、法人间拆借资金、非法向企业或个人集资、企业发行债券等不能充当资本金。这一规定不落实的，不得批准可行性研究报告。

四、项目资金筹措的渠道与方式

从总体上看，项目的资金来源可分为投入资金和借入资金，前者形成项目的资本金，后者形成项目的负债，见表 2-7-1。

（一）项目资本金

根据出资方的不同，项目资本金分为国家出资、法人出资和个人出资。根据国家法律、法规规定，建设项目可通过争取国家财政预算内投资、发行股票、自筹投资和利用外资直接投资等多种方式来筹集资本金。

1. 国家预算内投资

简称"国家投资"，是指以国家预算资金为来源并列入国家计划的固定资产投资。目前包括：国家预算、地方财政、主管部门和国家专业投资拨给或委托银行贷给建设单位的基本建设拨款及中央基本建设基金，拨给企业单位的更新改造拨款以及中央财政安排的专项拨款中用于基本建设的资金。国家预算内投资的资金一般来源于国家税收，也有一部分来自于国债收入。

2. 自筹投资

建设单位报告期收到的用于进行固定资产投资的上级主管部门、地方和单位、城乡个人的自筹资金。目前，自筹投资占全社会固定资产投资总额的一半以上，已成为筹集建设项目资金的主要渠道。建设项目自筹资金来源必须正当，应上缴财政的各项资金和国家有指定用途的专款以及银行贷款、信托投资、流动资金不可用于自筹投资。

3. 发行股票

股份有限公司发放给股东作为已投资入股的证书和索取股息的凭证，是可作为买卖对象或质押品的有价证券。

（1）股票的种类。按股东承担风险和享有权益的大小，股票可分为普通股和优先股。

（2）发行股票筹资的优点：以股票筹资是一种有弹性的融资方式。股票无到期日。发行股票筹集资金可降低公司负债比率，提高公司财务信用，增加公司今后的融资能力。

（3）发行股票筹资的缺点：资金成本高。债券利息可在税前扣除，而股息和红利需在税后利润中支付，这样就使股票筹资的资金成本大大高于债券筹资的资金成本。增发普通股需给新股东投票权和控制权，从而降低原有股东的控制权。

4. 吸收国外资本直接投资

主要包括与外商合资经营、合作经营、合作开发及外商独资经营等形式。国外资本直接投资方式的特点是：不发生债权债务关系，但要让出一部分管理权，并且要支付一部分利润。

（二）负债筹资

项目的负债是指项目承担的能够以货币计量且需要以资产或者劳务偿还的债务。它是项目筹资的重要方式，一般包括银行贷款、发行债券、设备租赁和借入国外资金等筹资渠道。

1. 银行贷款

项目银行贷款是银行利用信贷资金所发放的投资性贷款。银行资金的发放和使用应当遵循效益性、安全性和流动性的原则。

2. 发行债券

我国发行的债券又可分为国家债券、地方政府债券、企业债券和金融债券等。

（1）债券筹资的优点：支出固定；企业控制权不变；少纳所得税；可以提高自有资金利润率。

（2）债券筹资的缺点：固定利息支出会使企业承受一定的风险；发行债券会提高企业负债比率，增加企业风险，降低企业的财务信誉；债券合约的条款，常常对企业的经营管理有较多的限制，企业发行债券在一定程度上约束了企业从外部筹资的扩展能力。

一般来说，当企业预测未来市场销售情况良好、盈利稳定、预计未来物价上涨较快、企业负债比率不高时，可以考虑以发行债券的方式进行筹资。

3. 设备租赁

设备租赁的方式可分为：①融资租赁；②经营租赁；③服务出租。

4. 借用国外资金

借用国外资金大致可分为以下几种途径：①外国政府贷款。②国际金融组织贷款。③国外商业银行贷款。④在国外金融市场上发行债券。⑤吸收外国银行、企业和私人存款。⑥利用出口信贷。

项目资金筹措的渠道与方式　　　　　　　　　　　　　表 2-7-1

资金筹措类别		筹　措　渠　道
项目资本金	国家预算内投资	包括：国家预算、地方财政、主管部门和国家专业投资拨给建设单位的基本建设拨款及中央基本建设基金，拨给企业单位的更新改造拨款以及中央财政安排的专项拨款中用于基本建设的资金

资金筹措类别		筹 措 渠 道	
项目资本金	自筹投资	建设项目自筹资金必须正当，应上缴财政的各项资金和国家有指定用途的专款，以及银行贷款、信托投资、流动资金不可用于自筹投资；自筹投资必须纳入国家计划，并控制在国家确定的投资总规模以内；自筹投资要和一定时期国家确定的投资使用方向	
	发行股票	种类	优先股和普通股
		特点	是一种有弹性的融资方式；股票无到期日；可降低公司负债比率；资金成本高（股息和红利须在税后利润中支付）；增发普通股须给新股东投票权和控制权
	吸收国外资本直接投资	主要包括与外商合资经营、合作经营、合作开发及外商独资经营等形式。其特点是：不发生债权债务关系，但要让出一部分管理权，并且要支付一部分利润	
负债筹资	银行贷款	定义	项目银行贷款是银行利用信贷资金所发放的投资性贷款
		特别注意	银行资金的发放和使用应当遵循效益性、安全性和流动性的原则。效益性、安全性、流动性，既相互联系、相互依存，又相互制约、相互矛盾。一般来说，流动性越高，安全性越高，贷款的效益性就越低；相反，效益性越高，流动性和安全性就越低，这就是所谓的风险与收益的对称原则
	发行债券	定义与种类	债券是借款单位为筹集资金而发行的一种信用凭证，它证明持券人有权按期取得固定利息并到期收回本金。我国发行的债券又可分为国家债券、地方政府债券、企业债券和金融债券等
		特点	支出固定；企业控制权不变；少纳所得税（合理的债券利息可计入成本，实际上等于政府为企业负担了部分债券利息）；固定利息支出会使企业承受一定的风险；发行债券会提高企业负债比率；债券合约的条款，常常对企业的经营管理有较多的限制
	设备租赁（方式）	融资租赁	融资租赁是设备租赁的重要形式，它将贷款、贸易与出租三者有机地结合在一起
		经营租赁	即出租人将自己经营的出租设备进行反复出租，直至设备报废或淘汰为止的租赁业务
		服务出租	主要用于车辆的租赁
	借用国外资金（途径）	外国政府贷款；国际金融组织贷款；国外商业银行贷款；在国外金融市场上发行债券；吸收外国银行、企业和私人存款；利用出口信贷	

五、资金成本与资本结构

（一）资金成本的概念及意义

1. 资金成本的一般含义

资金成本是指企业为筹集和使用资金而付出的代价。资金成本一般包括资金筹集成本和资金使用成本两部分。

（1）资金筹集成本。资金筹集成本是指在资金筹集过程中所支付的各项费用。资金筹集成本一般属于一次性费用，筹资次数越多，资金筹集成本也就越大。

（2）资金使用成本。资金使用成本具有经常性、定期性的特征，是资金成本主要内容。

2. 资金成本的性质

（1）资金成本是资金使用者向资金所有者和中介机构支付的占用费和筹资费。

（2）资金成本与资金的时间价值既有联系，又有区别。

（3）资金成本具有一般产品成本的基本属性。资金成本只有一部分具有产品成本的性质，即这一部分耗费计入产品成本，而另一部分则作为利润的分配，不能列入产品成本。

3. 决定资金成本高低的因素

在市场经济环境中，多方面因素的综合作用决定着企业资金成本的高低，其中主要因素有总体经济环境、证券市场条件、企业内部的经营和融资状况、项目融资规模。

4. 资金成本的作用

（1）资金成本是选择资金来源、筹资方式的重要依据。

（2）资金成本是企业进行资金结构决策的基本依据。

（3）资金成本是比较追加筹资方案的重要依据。

（4）资金成本是评价各种投资项目是否可行的一个重要尺度。

（5）资金成本也是衡量企业整个经营业绩的一项重要标准。

（二）筹资决策

1. 经营风险

企业因经营上的原因而导致利润变动的风险。影响企业经营风险的因素很多，主要有：产品需求；产品售价；产品成本；调整价格的能力；固定成本的比重；财务风险。

2. 财务风险

全部资本中债务资本比率的变化带来的风险。当债务资本比率较高时，投资者将负担较多的债务成本，并经受较多的负债作用所引起的收益变动的冲击，从而加大财务风险；反之，当债务资本比率较低时，财务风险就小。

3. 资本结构

资本结构是指企业各种长期资金筹集来源的构成和比例关系。在通常情况下，企业的资本结构由长期债务资本和权益资本构成。资本结构指的就是长期债务资本和权益资本各占多大比例。

六、项目融资方式

（一）项目融资的概念

项目融资，可以理解为为项目投资而进行的资金筹措行为。从狭义上理解，项目融资就是通过项目来融资，也可以说是以项目的资产、收益作抵押来融资。项目融资的框架结构由四个基本模块组成，即项目投资结构、项目融资结构、项目资金结构和项目的信用保证结构。

（二）项目融资的阶段

从项目的投资决策起，到选择项目融资方式为项目建设筹集资金，最后到完成该项目融资为止，大致上可以分为五个阶段，即投资决策分析、融资决策分析、融资结构分析、融资谈判和项目融资的执行阶段。

（三）项目融资的方式

1. BOT方式

BOT项目，代表着一个完整的项目融资的概念。

（1）BOT方式的特点。在BOT方式中，通常由项目东道国政府或其所属机构与项目公司签署协议，把项目建设及经营的特许权授予项目公司。项目公司在项目经营特许期内，利用项目收益偿还投资及营运支出，并获得利润。特许期满后，项目移交给东道国政府或其下属机构。其主要优点有：扩大资金来源；提高项目管理的效率，增加国有企业人员对外交往的经验及提高管理水平；发展中国家可吸收外国投资，引进国外先进技术。

（2）BOT的具体形式。BOT融资方式有时也被称为"公共工程特许权"。通常所说的BOT至少包括以下三种具体形式：标准BOT，即建设—经营—移交；BOOT，即建设—拥有—经营—移交；BOO，即建设—拥有—经营。

2. ABS方式

ABS是一种以资产为支持发行债券的融资方式。

（1）ABS方式的含义，是以资产支持的证券化之意。具体讲，它是以目标项目所拥有的资产为基础，以该项目资产的未来收益为保证，通过在国际资本市场上发行债券筹集资金的一种项目融资方式。ABS方式的目的在于，通过其特有的提高信用等级方式，使原本信用等级较低的项目照样可以进入高等级证券市场，利用该市场信用等级高、债券安全性和流动性高、债券利率低的特点大幅度降低发行债券筹集资金的成本。ABS方式特别适合大规模筹集资金。

（2）BOT与ABS的区别：运作繁简程度与融资成本的差异；项目所有权、运营权的差异；投资风险的差异；适用范围的差异。

3. TOT方式

TOT，即移交—经营—移交，是项目融资的一种新兴方式。它是指通过出售现有投产项目在一定期限内的现金流量，从而获得资金来建设新项目的一种融资方式。

TOT方式具有适应目前我国基础设施建设现状的特点：有利于引进先进的管理方式；项目引资成功的可能性增加；使建设项目的建设和营运时间提前；融资对象更为广泛；具有很强的可操作性。

4. PFI方式

PFI即"私人主动融资"，是指由私营企业进行项目的建设与运营，从政府方或接受服务方收取费用以回收成本。PFI模式最早出现在英国，通常有三种典型的类型：在经济上自立的项目；向公共部门出售服务的项目；合资经营。

七、资金筹措方式评估内容

评估内容：分析资金来源是否正当、合理，是否符合国家政策规定；分析资金数额的落实情况；分析筹资结构是否合理；分析筹资成本是否低廉；分析判断项目筹资风险。利用外资项目，还需复核外汇来源和外汇额度是否落实和可靠，外汇数额是否满足项目的基本要求。

第八节 工程项目建设风险评价

工程项目风险管理是指通过风险识别、风险分析、风险评价去认识工程项目的风险，并以此为基础合理地使用各种风险应对措施、管理方法、技术和手段对项目的风险实行有效地控制，妥善处理风险事件造成的不利后果，以最少的成本保证项目总体目标实现的管理工作。随着我国国民经济的高速增长和现代化建设的日益加快，工程项目的数量越来越多，规模越来越大。同时，瞬息万变的社会环境又给工程项目带来了更多的不确定因素，由此产生的项目风险与日俱增，风险损失也越来越严重。因此，对工程项目的风险管理问题进行深入研究，努力探索规避和化解项目风险、降低风险损失的有效途径非常具有现实指导意义。

一、工程项目风险的分类

（一）常见风险分类

为方便研究和风险管理，人们经常对社会生产和生活中遇见的风险进行分类。从不同角度或根据不同标准，可将风险分成不同的类型。表 2-8-1 是常见一般风险分类表。

一般风险分类 表 2-8-1

分类方法或依据	风险类型	特 点
按风险性质分类	纯粹风险	只会造成损失，而不会带来机会或收益
	投机风险	可能带来机会，获得利益；但又可能隐含威胁，造成损失
按风险来源分类	自然风险	由于自然力的作用，造成财产毁损或人员伤亡
	人为风险	由于人的活动而带来的风险是人为风险。人为风险又可以分为行为风险、经济风险、技术风险、政治风险和组织风险等
按风险事件主体的承受能力分类	可接受风险	低于一定限度的风险
	不可接受风险	超过所能承担的最大损失或和目标偏差巨大的风险
按风险对象分类	财产风险	财产所遭受的损害、破坏或贬值的风险
	人身风险	疾病、伤残、死亡所引起的风险
	责任风险	法人或自然人的行为违背了法律、合同或道义上的规定，给他人造成财产损失或人身伤害
按技术因素对风险的影响分类	技术风险	由于技术原因形成的风险，属人为风险
	非技术风险	非技术原因而引起的风险

（二）工程项目风险分类

从工程项目风险管理需要出发，可将工程项目风险分为项目外风险和项目内风险。

1. 工程项目外风险

由工程项目建设环境（或条件）的不确定性而引起的风险，包括政治风险、自然风险、经济风险等。

2. 工程项目内风险

根据技术因素的影响和项目目标的实现程度又可对其进行分类。

（1）按技术因素对工程项目风险的影响，可将项目风险分为技术风险和非技术风险。

工程项目技术风险是指技术条件的不确定而引起可能的损失或工程项目目标不能实现的可能性，如表 2-8-2 所示。工程项目非技术风险是指计划、组织、管理、协调等非技术条件的不确定而引起项目目标不能实现的可能性。表 2-8-3 给出了非技术风险事件示例。

（2）根据工程项目目标的实现程度，可将工程项目风险分为进度、技术性能或质量以及费用风险。

技术风险事件示例表 表 2-8-2

风险因素	典型风险事件
可行性研究	基础数据不完整、不可靠；分析模型不合理；预测结果不准等
设计	设计内容不全；设计存在缺陷、错误和遗漏；规范、标准选择不当；安全系数选择不合理；有关地质的数据不足或不可靠；未考虑施工的可能性
施工	施工工艺落后；不合理的施工技术和方案，施工安全措施不当；应用新技术、新方法失败；未考虑施工现场的实际情况
其他	工艺设计未达到先进指标、工艺流程不合理、工程质量检验和工程验收未达到规定要求等

非技术风险事件示例表 表 2-8-3

风险因素	典型风险事件
项目组织管理	缺乏项目管理能力；组织不适当，关键岗位人员经常更换；项目目标不适当，加之控制不力；不适当的项目规划或安排；缺乏项目管理协调
进度计划	管理不力造成工期滞后；进度调整规则不适当；劳动力缺乏或劳动生产率低下，材料供应跟不上；设计图纸供应滞后；不可预见的现场条件；施工场地太小或交通线路不满足要求
成本控制	工期的延误；不适当的工程变更；不适当的工程支付；承包人的索赔；预算偏低；管理缺乏经验；不适当的采购策略；项目外部条件发生变化
其他因素	施工干扰；资金短缺；无偿债能力

二、风险的特征

（1）客观实在性和普遍性。作为损失发生的不确定性，风险是不以人们的意志为转移并超越人们主观意识的客观实在，而且在项目的整个寿命周期内，风险无处不在、无时没有。

（2）偶然性和规律性的辩证统一。任何具体风险的发生都是诸多风险因素和其他因素共同作用的结果，是一种随机现象。个别风险事故的发生是偶然的、杂乱无章的，但对大量风险事故资料进行观察和统计分析后，就会发现其呈现出明显的运动规律性。

（3）可变性。这是指在工程项目的整个寿命周期内各种风险在质和量上的变化。随着工程项目的实施，有些风险会得到控制，有些风险会发生并得到处理，同时在工程项目实施的每一阶段又都可能产生新的风险。

（4）多样性和多层次性。工程项目周期长、规模大、涉及范围广、风险因素数量多且种类繁杂，致使工程项目在整个寿命周期内面临的风险多种多样，而且大量风险因素之间的内在关系错综复杂，各风险因素与外界因素交叉影响又使风险显示出多层次性的特征。

三、工程项目风险管理程序

风险管理是指对可能遇到的风险进行预测、识别、分析，并在此基础上有效地处置风险，以最低成本实现最大安全保障的科学管理方法。工程项目的风险管理就是对工程项目中的风险进行管理，以降低工程项目中风险发生的可能性，减轻或消除风险的影响，用最低成本取得对工程项目保障的满意结果。

工程项目风险管理程序一般包括：工程项目风险的识别与预测、风险源排列分析、确定风险管理策略、制定风险管理计划、风险的测定与评估以及工程项目风险的防范与处置。在工程项目风险管理中依据工程项目的特点及其总体目标，通过程序化的决策，全面识别和衡量工程项目潜在的损失，从而制定一个与工程项目总体目标相一致的风险管理防范措施体系，是最大限度降低工程项目风险的最佳对策，如图 2-8-1 所示。

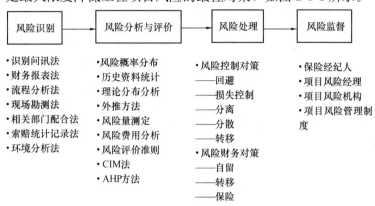

图 2-8-1 工程项目风险管理工作程序

四、加强工程项目风险管理的途径

（一）注重工程合同的风险管理

工程合同是工程项目全面风险管理的主要法律文件依据。工程项目的管理者必须具有强烈的风险意识，学会从风险分析与风险管理的角度研究合同的每一个条款，对工程项目可能遇到的风险因素有全面深刻的了解。否则，风险将给工程项目带来巨大的损失。合同是合同主体各方应承担风险的一种界定，风险分配通常在合同与招标文件中定义。在FIDIC 合同条件中，明确规定了业主与承包商之间的风险分配。如果合同条件与 FIDIC 合同条件不同，应进行逐条的对比研究，分析其中隐含的风险。

根据工程项目的特点和实际，适当选择计价式合同的形式，以降低工程的合同风险。举例来说，作为承包单位，对于水文地质条件稳定且承包单位有类似施工经验的中小型工程项目，实际造价突破计划造价的可能性不大，其风险较小，可以采用自留加风险控制策略，用总价合同的报价方式；对于工程量变化的可能性及变化幅度均较大的工程项目，其风险较大，应采用风险转移策略，用单价合同报价方式，将工程量变化的风险全部转移给甲方；对于无法测算成本状况的工程，贸然估价将导致极大的风险，只能用成本加酬金合同，将工程风险全部转移给建设方。

（二）利用工程索赔降低风险损失

工程索赔是一种权利要求，其根本原因在于合同条件的变化和外界的干扰，这正是影响工程项目实施的众多变化因素的动态反映。没有索赔，合同就不能体现其公正性，因为索赔是合同主体对工程风险的重新界定。工程索赔贯穿工程项目实施的全过程，重点在施工阶段，涉及范围相当广泛。比如工程量变化、设计有误、加速施工、施工图变化、不利自然条件或非己方原因引起的施工条件的变化和工期延误等，这些都属于可计量风险的范畴。FIDIC红皮书关于工程索赔的条款已由第三版的1个分条款增加为5个分条款，形成独立的主题。我国《建设工程施工合同示范文本》关于工程索赔也作了相应的明确规定。这些索赔条款可以作为处理工程索赔的原则和法律依据。利用工程合同条款或推断条款成功地进行工程索赔不仅是减少工程风险的基本手段，也反映了工程项目合同管理的水平。

（三）加强非计量型风险的防范与控制

非计量型风险指政治、经济及不可抗力风险。政治风险包括战争、动乱、政变、法律制度的变化等；经济风险包括外汇风险、通货膨胀、保护主义及税收歧视等。这些风险在国际工程项目中经常遇到。政治风险发生的概率较小，但一旦发生将导致灾害性后果。经济风险一般不可避免，应进行定性与定量相结合的分析研究。不可抗力引起的风险主要包括超过合同规定等级的地震、风暴、雨、雪及海啸和特殊的未预测到的地质条件和泥石流、泉眼、流砂等。按照一般合同条件，这类风险应由合同主体共同承担。

（四）建立完善的工程风险管理机制，培育工程保险和工程担保市场，建立起工程风险管理制度，推行工程担保与工程保险为核心的工程风险管理

1. 工程保险

业主和承包商为了工程项目的顺利实施，向保险公司支付保险费，保险公司根据合同约定对在工程项目建设中可能产生的财产和人身伤害承担赔偿保险金责任。工程保险一般分为强制性保险和自愿保险两类。

强制性的工程保险主要有以下几种：建筑工程一切险（附加第三者责任险）、安装工程一切险（附加第三者责任险）、社会保险（如人身意外险、雇主责任险和其他国家法令规定的强制保险）、机动车辆险、10年责任险和5年责任险、专业责任险等。其中，建筑工程一切险和安装工程一切险是对工程项目在实施期间的所有风险提供全面的保险，即对施工期间工程本身、工程设备和施工机具以及其他物质所遭受的损失予以赔偿，也对因施工而给第三者造的人身伤亡和物质损失承担赔偿责任。在工业发达国家和地区，建筑师、结构工程师等设计、咨询专业人员均要购买专业责任险，对由于他们的设计失误或工作疏忽给业主或承包商造成的损失，将由保险公司赔偿。

2. 工程担保

担保人（一般为银行、担保公司、保险公司、其他金融机构、商业团体或个人）应工程合同一方（申请人）的要求向另一方（债权人）作出的书面承诺。工程担保是工程风险转移措施的又一重要手段，它能有效地保障工程项目的顺利进行。许多国家政府都在法规中规定要求进行工程担保，在标准合同中也含有关于工程担保的条款。常见的工程担保种类如下：①投标担保，指投标人在投标报价之前或同时，向业主提交投标保证金（俗称抵押金）或投标保函，保证一旦中标，则履行受标签约承包工程。一般投标保证金额为标价的0.5%～5%。②履约担保，是为保障承包商履行承包合同所作的一种承诺。一旦承包商没能履行合同义务，担保人给予赔付，或者接收工程实施义务，而另觅经业主同意的其他承包商负责继续履行承包合同义务。这是工程担保中最重要的，也是担保金额最大的一种工程担保。③预付款担保，是要求承包商提供的，为保证工程预付款用于该工程项目，不准承包商挪作他用及卷款潜逃。④维修担保，是为保障维修期内出现质量缺陷时，承包商负责维修而提供的担保，维修担保可以单列，也可以包含在履约担保内，有些工程采取

扣留合同价款的 5% 作为维修保证金。

五、工程项目合同类型及其风险分配

工程项目的主体是业主/项目法人，但在工程项目实行施工承包一级委托设计和监理的情况下，工程项目实施中的风险并不全由业主/项目法人承担，而是借助于设计、施工或工程监理合同，对可能出现的风险在合同当事人之间进行分配。在施工承包中，选择什么类型合同，对项目风险的分配有影响；对各种风险，有合同哪一方承担，承担什么责任，是各类工程建设合同条款的核心内容。

不同类型的工程合同，如工程设计合同、工程监理合同、工程咨询合同、工程承包合同等。对工程承包合同，按合同范围又分为总包合同、分包合同等；按计价方式，可分为单价合同、总价合同等。不同类型合同，业主/项目法人与工程承包方或工程咨询方对合同风险的分担是有差别的。图 2-8-2 定性地描述了工程建设中常见合同中各方承担风险的情况。

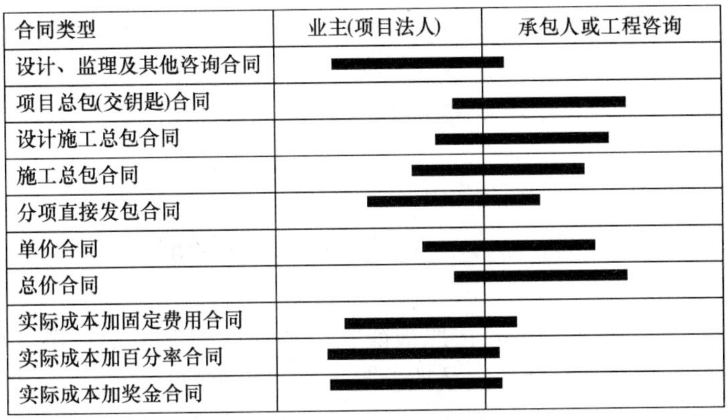

合同类型	业主(项目法人)	承包人或工程咨询
设计、监理及其他咨询合同		
项目总包(交钥匙)合同		
设计施工总包合同		
施工总包合同		
分项直接发包合同		
单价合同		
总价合同		
实际成本加固定费用合同		
实际成本加百分率合同		
实际成本加奖金合同		

图 2-8-2　不同类型合同风险承担情况

综上所述，由于工程项目在实施过程中存在着越来越多的不确定性因素，风险管理正成为工程项目管理日益重要的一个组成部分。风险管理有利于资源分配达到最佳组合，减少风险带来的损失及其不良后果，这不仅会对整个经济、社会的正常运转和不断发展起到重要作用，也对提高我国工程项目的管理水平和投资效益具有十分重要的意义。

第三章 建设项目各类相关费用指标

根据国家、行业和地方的有关规定，我国工程项目建设各阶段造价费用主要包括建设项目用地取得费用指标、征地配套补助费、建设项目前期工作咨询收费、建设单位管理费、环境影响咨询收费、资产评估收费、国家房地产和土地评估收费、建设工程地震安全性评价收费、建设工程施工图设计文件审查收费、工程勘察设计收费、建设工程监理与相关服务收费、建筑安装工程费、建设工程造价服务和招标代理服务收费、新建住宅街坊内燃气管道排管施工收费、普通住宅供电配套收费标准、核定住宅建设中街坊内自来水管道施工收费、街坊内住宅电话通信工程收费、调整本市利用档案收费、竣工档案编制费、编制基本建设工程竣工图取费、居住房屋买卖中介经纪收费，以及建设项目行政事业性收费目录等规费，有关建设项目各类相关费用调整可查询相关政府网站。

第一节 土地收费项目标准

《土地管理法》对征收土地的，按照被征收土地的原用途给予补偿。征收耕地的补偿费用包括土地补偿费、安置补助费以及地上附着物和青苗的补偿费。征收耕地的土地补偿费，为该耕地被征收前三年平均年产值的 6～10 倍。征收耕地的安置补助费，按照需要安置的农业人口数计算。需要安置的农业人口数，按照被征收的耕地数量除以征地前被征收单位平均每人占有耕地的数量计算。每一个需要安置的农业人口的安置补助费标准，为该耕地被征收前三年平均年产值的 4～6 倍。但是，每公顷被征收耕地的安置补助费，最高不得超过被征收前三年平均年产值的 15 倍。征收城市郊区的菜地，用地单位应当按照国家有关规定缴纳新菜地开发建设基金。征收其他土地的土地补偿费和安置补助费标准，由省、自治区、直辖市参照征收耕地的土地补偿费和安置补助费的标准规定。现以上海市为例，土地收费项目、标准和依据见表 3-1-1。

上海市土地收费项目、标准和依据 表 3-1-1

序号	收费项目名称		收费标准	设立依据	文件依据
	一级项目	二级项目		批准文号	
1	土地使用权出让金		招标，拍卖挂牌或协议确定	2001 年市政府第 101 号令	《土地管理法》
2	外商投资企业土地使用费		每亩 0.50～170 元	沪府发〔95〕38 号	沪府发〔95〕38 号
3	土地收益金		见文件	沪房地资金〔2003〕339 号	沪府发〔1999〕44 号

续表

序号	收费项目名称		收费标准	设立依据	文件依据
	一级项目	二级项目		批准文号	
4	耕地开垦费		37.5 元/m²	沪价商 [2001] 53 号 沪财预 [2001] 122 号	《土地管理法》
5	土地复垦费		破坏耕地的，15 元/m²；破坏非耕农用地的，7.5 元/m²	沪价商 [2001] 53 号 沪财预 [2001] 122 号	《土地管理法》
6	土地闲置费		见文件	沪价商 [2001] 53 号 沪财预 [2001] 122 号	《土地管理法》
7	土地、青苗补偿费	1. 土地补偿费	见文件	沪发改价商 [2008] 11 号	《土地管理法》
8		2. 青苗补偿费	见文件	沪价商 [2006] 9 号	《土地管理法》
9	城镇个人使用国有土地地租		0.015～0.06 元/m²	沪价涉 [92] 188 号	

第二节 城 镇 基 准 地 价

在城镇规划区范围内，对不同级别的土地或者土地条件相当的匀质地域，按照商业、居住、工业等用途分别评估的，并由市、县以上人民政府公布的国有土地使用权的平均价格。基准地价不是具体的收费标准。土地使用权出让、转让、出租、抵押等宗地价格，是以基地价为基础，根据土地使用年限、地块大小、形状、容积率、微观区位等因素，通过系统修正进行综合评估而确定的。现以上海市为例，基准地价见表 3-2-1。

上海市基准地价表（基准日 2003 年 6 月 30 日）　　　　表 3-2-1

用途级别	商业	设定容积率	办公	设定容积率	住宅	设定容积率	工业	设定容积率
1	12260	3.5	8200	3.5				
2	9920		6200		6200	2.5		
3	7500	3.0	4550	3.0	4550	2.0	4200	2.0
4	5280		3300		3300		2100	
5	3960	2.3	2400	2.3	2400	1.8	1100	1.5
6	2175		1500		1500	1.5	530	
7	1269	1.2	940	1.2	940	1.0	295	1.0
8	910		700		700		250	
9	600	1.0	510	1.0	510	0.8	195	
10	370		370		370		150	
11	滩涂待定							

一、基准地价表说明

（1）本基准地价为正常市场条件下，各级别分用途法定出让最高年限下的国有土地使用权的平均价格，基准日为 2003 年 6 月 30 日。

（2）表中商业、办公、住宅价格均为对应级别平均容积率下的楼面地价；工业用途 3、4、5 级为对应级别平均容积率下的楼面地价，其余级别为地面价。

（3）表中 1～5 级为"七通一平"，即完成动拆迁，具备"道路、供水、供电、通信、煤气（天然气）、排雨水、排污水"市政条件的熟地价；其余为"五通一平"，即完成土地征用和动拆迁，具备"道路、供水、供电、通信、排水"条件的熟地价。但"七通"、"五通"不包括项目建设向有关部门缴纳的住宅建设配套费及市政管线的接入工程费用。

（4）表中各用途内涵如下：

1）商业，包括商业、金融、保险业用地，既包括独立的商业设施用地，也包括商住、商办、住宅等建筑内部用作商业经营的裙房分摊的土地（不含大卖场等用地）。

2）办公，主要指经营性写字楼、办公场所用地。

3）居住，包括多、高层和低层（别墅）等各类住宅用地。

4）工业，包括工业、仓储、交通运输用地及其相应附属设施用地，其中 3、4 级特指都市型工业用地。都市型工业指知识、信息、技术和手工技能密集，又低能耗物耗、少污染、少占地的工业。

二、上海市基准地价应用说明

（1）本基准地价供土地使用权出让测算出让金使用，并为确定土地出让底价和土地市场交易提供价格参考。

（2）土地级别以道路（不含铁路、架空道路和外环线）为分界线的，低级别一侧 80 米深度内级别土地与高级别一侧相同。

（3）开发区和独立工矿区等的成片开发土地不适用本基准地价。

（4）存量房补地价可按土地协议出让价水平补缴土地出让金，但协议出让地价不得低于相应等级基准地价水平的 70%。

（5）3、4 级非都市型工业用地可按相应基准地价标准的 70%～100% 确定价格水平。

（6）金山区九级范围内的土地可在基准地价基础上向下调整 10%。

第三节　工业用地出让最低价标准

一、工业用地出让最低价标准

国土资源部下发《全国工业用地出让最低价标准》（表 3-3-1）要求，工业用地必须采用招标拍卖挂牌方式出让，其出让底价和成交价格均不得低于所在地土地等别相对应的最低价标准。工业项目必须依法申请使用土地利用总体规划确定的城市建设用地范围内的国有建设用地。对少数地区确需使用土地利用总体规划确定的城市建设用地范围外的土地，且土地前期开发由土地使用者自行完成的工业项目用地，在确定土地出让价格时可按不低于所在地土地等别相对应最低价标准的 60% 执行。其中，对使用未列入耕地后备资源且尚未确定土地使用权人（或承包经营权人）的国有沙地、裸土地、裸岩石砾地的工业项目用地，在确定土地出让价格时可按不低于所在地土地等别相对应最低价标准的 30% 执行。

对实行这类地价政策的工业项目用地，由省级国土资源管理部门报部备案。对低于法定最高出让年期（50年）出让工业用地，或采取租赁方式供应工业用地的，所确定的出让价格和年租金按照一定的还原利率修正到法定最高出让年期的价格，均不得低于本《标准》。年期修正必须符合《城镇土地估价规程》（GB/T 18508—2001）的规定，还原利率不得低于同期中国人民银行公布的人民币五年期存款利率。

二、调整工业用地出让最低价标准

国土资源部下发《关于就调整工业用地出让最低价标准实施政策的通知》，各省区市确定的优先发展产业且用地集约的工业项目，在确定土地出让底价时可以按不低于所在地土地等别相对应《标准》的70％执行。优先发展产业是指各省区市依据国家《产业结构调整指导目录》制定的本地产业发展规划中优先发展的产业。以农、林、牧、渔业产品初加工为主的工业项目，在确定土地出让底价时可以按不低于所在地土地等别相对应《标准》的70％执行。对中西部地区确需使用土地利用总体规划确定的城镇建设用地范围外的国有未利用地，而且土地前期开发由土地使用者自行完成的工业项目用地，在确定土地出让价格时可按不低于所在地土地等别相对应《标准》的15％执行。使用土地利用总体规划确定的城镇建设用地范围内的国有未利用地，可按不低于所在地土地等别相对应《标准》的50％执行。省级国土资源管理部门根据本地实际，尽快制定公布本省区市的工业用地出让最低价标准。

全国工业用地出让最低价标准（单位：元/m²）（土地）　　　表 3-3-1

土地等别	一等	二等	三等	四等	五等	六等	七等	八等
最低价标准	840	720	600	480	384	336	288	252

土地等别	九等	十等	十一等	十二等	十三等	十四等	十五等	
最低价标准	204	168	144	120	96	84	60	

三、上海市浦东新区工业用地地价

根据国土资源部统一标准，浦东新区范围内工业用地价格标准原则上不低于全国工业用地出让最低价标准及2003年上海市基准地价更新成果标准。

（1）对于应招拍挂的新增工业用地项目，采取评估法。

根据国土资源部《协议出让国有土地使用权规范》、《招标拍卖挂牌出让国有土地使用权规范》有关规定，市、县国土资源管理部门应当根据拟出让地块的条件和土地市场情况，依据《城镇土地估价规程》，组织对拟出让地块的正常土地市场价格进行评估。底价标准不得低于国土资源部规定的全国工业用地出让最低价标准和2003年上海市基准地价更新成果标准。

（2）对于存量工业用地补地价和超建面积补地价项目，采取基准地价法。

按照上海市基准地价更新成果以及国土资源部规定的工业用地出让最低价标准，按照"就高不就低"的原则执行：凡基准地价高于国家规定的工业用地出让最低价标准，按基准地价执行4200、2100、1100元/m²（3～5级地区）；凡基准地价低于国家规定的工业用地出让最低价标准，按工业用地出让最低价标准720元/m²执行（6～8级地区）。

（3）地价缴纳。

根据国办发〔2006〕100号文件明确："国有土地使用权出让收入，是政府以出让等方式配置国有土地使用权取得的全部土地价款，包括受让人支付的征地和拆迁补偿费用、土地前期费用和土地出让收益等。"除原划拨工业用地上建成项目或虽未建但不适合公开招拍挂地块补办出让手续（保持土地用途工业不变、项目主体不变），出让金可按照地价的30%上缴外，原则上全部土地价款均应上缴国库。

第四节　建设项目用地取得补偿费用

根据《土地管理法》的规定，征收集体土地的补偿包括土地补偿费、安置补助费以及地上附着物和青苗补偿费。征地财物补偿标准，分为非居住房屋及附属设施、农田水利设施、农村桥梁等九大类别。现以上海市为例，按新标准执行，详见表3-4-1。

上海市征地土地补偿费标准　　　　　　　　　　　　表3-4-1

区、县	（原常年蔬菜乡镇）	建设用地、未利用地		农用地	
		元/亩	元/m²	元/亩	元/m²
长宁区	新泾镇	26400	39.6	43200	64.8
徐汇区	华泾镇	26400	39.6	43200	64.8
普陀区	长征镇	26400	39.6	37200	55.8
	桃浦镇	26400	39.6	37200	55.8
闸北区	彭浦镇	26400	39.6	37200	55.8
闵行区	（乡、镇）	农用地、建设用地和未利用地			
		元/亩		元/m²	
	莘庄镇	26400		39.6	
	颛桥镇	23840		35.8	
	吴泾镇				
	浦江镇				
	马桥镇				
	（原常年蔬菜乡镇）	建设用地、未利用地		农用地	
		元/亩	元/m²	元/亩	元/m²
	虹桥镇	26400	39.6	43200	64.8
	梅陇镇	26400	39.6	43200	64.8
	七宝镇	26400	39.6	43200	64.8
	华漕镇（含龙柏街道）	26400	39.6	40800	61.2
松江区	（乡、镇）	农用地、建设用地和未利用地			
		元/亩		元/m²	
	东部工业区	24640		37.0	
	方松街道				
	中山街道	23200		34.8	
	永丰街道				
	佘山度假区				
	西部工业区				
	洞泾镇				
	车墩镇				

区、县	（原常年蔬菜乡镇）	建设用地、未利用地		农用地	
		元/亩	元/m²	元/亩	元/m²
松江区	（乡、镇）	农用地、建设用地和未利用地			
		元/亩		元/m²	
	石湖荡镇	20880		31.3	
	佘山镇				
	科技园区				
	叶榭镇	18480		27.7	
	新浜镇				
	五库园区				
	泖港镇				
	（原常年蔬菜乡镇）	建设用地、未利用地		农用地	
		元/亩	元/m²	元/亩	元/m²
	九亭镇	24640	37.0	33600	50.4
	泗泾镇	23200	34.8	30000	45.0
	新桥镇	24640	37.0	30000	45.0
奉贤区	（乡、镇）	农用地、建设用地和未利用地			
		元/亩		元/m²	
	南桥镇	20880		31.3	
	庄行镇	19200		28.8	
	青村镇				
	金汇镇				
	柘林镇				
	四团镇				
	奉城镇				
	（原常年蔬菜乡镇）	建设用地、未利用地		农用地	
		元/亩	元/m²	元/亩	元/m²
	原青村镇（已合并）	19200	28.8	33600	50.4
青浦区	（乡、镇）	农用地、建设用地和未利用地			
		元/亩		元/m²	
	徐泾镇	24640		37.0	
	夏阳、盈浦				
	重固镇	22480		33.7	
	赵巷镇				
	香花桥街道	20160		30.2	
	朱家角镇				
	金泽镇	17440		26.2	
	练塘镇				

区、县	（原常年蔬菜乡镇）	建设用地、未利用地		农用地	
		元/亩	元/m²	元/亩	元/m²
青浦区	华新镇	22480	33.7	37200	55.8
	白鹤镇	22480	33.7	37200	55.8
	赵屯镇（已合并）	22480	33.7	33600	50.4
崇明县	（乡、镇）	农用地、建设用地和未利用地			
		元/亩		元/m²	
	横沙乡	16880		25.3	
	城桥镇				
	陈家镇				
	长兴乡				
	中兴镇	16000		24.0	
	新河镇				
	新村乡				
	向化镇				
	竖新镇				
	三星镇				
	庙镇				
	绿华镇				
	建设镇				
	港沿镇				
	港西镇				
	堡镇				
	（原常年蔬菜乡镇）	建设用地、未利用地		农用地	
		元/亩	元/m²	元/亩	元/m²
	合兴镇（已合并）	16000	24.0	30000	45.0
宝山区	（乡、镇）	农用地、建设用地和未利用地			
		元/亩		元/m²	
	淞南镇	26400		39.6	
	友谊街道				
	高境镇（原常年蔬菜乡镇地区参照江湾镇）				
	杨行镇	23200		34.8	
	宝山城市工业园区				
	顾村镇				
	罗店镇	21760		32.6	
	月浦镇				
	罗泾镇	20880		31.3	

续表

区、县	（原常年蔬菜乡镇）	建设用地、未利用地		农用地	
		元/亩	元/m²	元/亩	元/m²
宝山区	庙行镇	26400	39.6	37200	55.8
	大场镇	26400	39.6	37200	55.8
	祁连镇（已合并）	26400	39.6	33600	50.4
	江湾镇（已合并）	26400	39.6	37200	55.8

区、县	（乡、镇）	农用地、建设用地和未利用地	
		元/亩	元/m²
嘉定区	新成路街道	23200	34.8
	南翔镇		
	马陆镇		
	菊园新区		
	工业区		
	徐行镇	20880	31.3
	外冈镇		
	华亭镇		

区、县	（原常年蔬菜乡镇）	建设用地、未利用地		农用地	
		元/亩	元/m²	元/亩	元/m²
嘉定区	江桥镇（含真新街道）	26400	39.6	37200	55.8
	黄渡镇	26400	39.6	37200	55.8
	安亭镇	26400	39.6	33600	50.4
	封浜镇（已合并）	26400	39.6	37200	55.8

区、县	（乡、镇）	农用地、建设用地和未利用地	
		元/亩	元/m²
金山区	枫泾镇	17440	26.2
	亭林镇		
	金山工业区		
	漕泾镇		
	山阳镇		
	朱泾镇		
	金山卫镇（原金山卫镇）		
	金山卫镇（原钱圩镇）	16880	25.3
	张堰镇		
	吕巷镇		
	廊下镇		

区、县	（原常年蔬菜乡镇）	建设用地、未利用地		农用地	
		元/亩	元/m²	元/亩	元/m²
金山区	原金山卫镇（已合并）	17440	26.2	33600	50.4
	原亭林镇（已合并）	17440	26.2	33600	50.4

99

区、县	（原常年蔬菜乡镇）	建设用地、未利用地		农用地	
		元/亩	元/m²	元/亩	元/m²
浦东新区	（乡、镇）	农用地、建设用地和未利用地			
		元/亩		元/m²	
	高桥镇	25520		38.3	
	高东镇				
	高行镇				
	金桥镇				
	张江镇				
	曹路镇	23200		34.8	
	唐镇				
	川沙新镇				
	合庆镇				
	（原常年蔬菜乡镇）	建设用地、未利用地		农用地	
		元/亩	元/m²	元/亩	元/m²
	花木镇	26400	39.6	37200	55.8
	北蔡镇	25520	38.3	33600	50.4
	不含临江村、红旗村、懿德村、南阜村、天花庵村五个村的三林镇区域	25520	38.3	33600	50.4
	含临江村、红旗村、懿德村、南阜村、天花庵村五个村的三林镇区域	23840	35.8	33600	50.4
	洋泾镇（已合并）	26400	39.6	37200	55.8
	严桥镇（已合并）	26400	39.6	37200	55.8
	六里镇（已合并）	26400	39.6	37200	55.8
	杨思镇（已合并）	26400	39.6	37200	55.8
南汇区	（乡、镇）	农用地、建设用地和未利用地			
		元/亩		元/m²	
	康桥镇	23200		34.8	
	周浦镇	21760		32.6	
	新场镇	20160		30.2	
	万祥镇				
	书院镇				
	泥城镇				
	芦潮港镇				
	惠南镇				
	航头镇				
	祝桥镇				
	宣桥镇				
	六灶镇				
	老港镇				
	大团镇				
	（原常年蔬菜乡镇）	建设用地、未利用地		农用地	
		元/亩	元/m²	元/亩	元/m²
	周西乡（已合并）	23200	34.8	37200	55.8

第五节 建设项目前期工作咨询收费

一、建设项目前期工作咨询收费（表3-5-1～表3-5-3）

建设项目前期工作咨询收费暂行规定

计价格〔1999〕1283号

按建设项目估算投资额分档收费标准（单位：万元） 表3-5-1

估算投资额咨询评估项目	3000万～1亿元	1亿～5亿元	5亿～10亿元	10亿～50亿元	50亿元以上
一、编制项目建议书	6～14	14～37	37～55	55～100	100～125
二、编制可行性研究报告	12～28	28～75	75～110	110～200	200～250
三、评估项目建议书	4～8	8～12	12～15	15～17	17～20
四、评估可行性研究报告	5～10	10～15	15～20	20～25	25～35

注：1. 建设项目估算投资额是指项目建议书或者可行性研究报告的估算投资额。

2. 建设项目的具体收费标准，根据估算投资额，在相对应的区间内用插入法计算。

3. 根据行业特点和各行业内部不同类别工程的复杂程序，计算咨询费时可分别乘以行业调整系数和工程复杂程度调整系数（表3-5-2）。

按建设项目估算投资额分档收费的调整系数 表3-5-2

行　　　　业	调　整　系　数
一、行业调整系数	
1. 石化、化工、钢铁	1.3
2. 石油、天然气、水利、水电、交通（水运）、化纤	1.2
3. 有色、黄金、纺织、轻工、邮电、广播电视、医药、煤炭、火电（含核电）、机械（含船舶、航空、航天、兵器）	1.0
4. 林业、商业、粮食、建筑	0.8
5. 建材、交通（公路）、铁道、市政公用工程	0.7
二、工程复杂程度调整系数	0.8～1.2

注：工程复杂程度具体调整系数由工程咨询机构与委托单位根据各类工程情况协商确定。

工程咨询人员工日费用标准（单位：元） 表3-5-3

咨询人员职级	工日费用标准
一、高级专家	1000～1200
二、高级专业技术职称的咨询人员	800～1000
三、中级专业技术职称的咨询人员	600～800

二、北京市政府投资建设项目投资咨询评估等工作付费（表3-5-4）

北京市政府投资建设项目投资咨询评估等工作付费规定（试行）

京发改〔2006〕171号

政府投资建设项目投资咨询评估等工作费用标准

表 3-5-4

序号	工作内容名称	项目投资额						
		1000 万元以下	1000 万元～3000 万元	3000 万元～1亿元	1亿元～5亿元	5亿元～10亿元	10亿元～50亿元	50 亿元以上
1	项目建议书编制	按照原北京市物价局京价（房）〔1999〕第487号文件规定执行。行业调整系数根据上述文件规定选取，工程复杂程度调整系数统一取值为0.8		按照原国家计委计价格〔1999〕1283号文件规定执行。行业调整系数根据上述文件规定选取，工程复杂程度调整系数统一取值为0.8				
2	可行性研究报告编制							
3	项目建议书评估							
4	可行性研究报告评估							
5	资金申请报告评估	参照项目建议书评估费用标准计算						
6	项目申请报告评估	参照项目建议书评估费用标准计算						
7	概算审核	按照财政部财建〔2001〕512号文件规定的单项委托概算评审的基本付费额标准执行						
8	预算审核	按照财政部财建〔2001〕512号文件规定的单项委托预算评审的基本付费额标准执行						
9	代建单位、项目法人及贷款银行招标代理	参照原国家计委计价格〔2002〕1980号文件规定的服务招标（以招标范围内资金额为计费基数）收费标准的40%计算						
10	资产评估	按照原国家物价局价费字〔1992〕625号文件及其他国家有关文件规定执行						
11	项目实施及资金使用情况检查	参照财政部财建〔2001〕512号文件及市发展改革委稽查费用标准计算						
12	产业项目公开征集费用	参照财政部财建〔2001〕512号文件及市发展改革委稽查费用标准计算						

三、北京市投资额在3000万元以下的建设项目的前期工作咨询服务收费（表3-5-5）

投资额在3000万元以下的建设项目的前期工作咨询服务收费标准（单位：万元）

表 3-5-5

（京价（房）字〔1999〕第487号）

估算投资额 咨询评估项目	1000 万元以下（含1000 万元）	1000 万元～3000 万元（含3000 万元）
编制项目建议书	1.5～2.5	2.5～6.0
编制可行性研究报告	3.0～5.0	5.0～12.0
评估项目建议书	0.8～1.7	1.7～4.0
评估可行性研究报告	1.4～2.4	2.4～5.0

四、浙江省建设项目投资额在 3000 万元以下咨询收费（表 3-5-6）

浙江省建设项目投资额在 3000 万元以下分档收费标准（单位：万元）　　表 3-5-6

（浙价房〔1999〕411 号）

咨询评估项目 ＼ 投资估算额	1000 万元以下	1000 万元～3000 万元
一、编制项目建议书	1～2.5	2.5～6
二、编制可行性研究报告	2～5	5～12
三、评估项目建议书	0.6～1.5	1.5～4
四、评估可行性研究报告	1～2.5	2.5～5

五、江苏省建设项目投资额在 3000 万元以下咨询收费（表 3-5-7）

建设项目 3000 万元以下估算投资额分档收费标准（单位：万元）　　表 3-5-7

（苏价房〔1999〕417 号）

咨询评估项目 ＼ 投资估算额	1000 万以下	1000 万～3000 万
1. 编制项目建议书	1.5～2.5	2.5～6
2. 编制可行性研究报告	3～5	5～12
3. 评估项目建议书	1～1.6	1.6～4
4. 评估可行性研究报告	1.5～2.5	2.5～5

六、环境影响咨询收费（表 3-5-8～表 3-5-11）

国家计委、国家环境保护总局关于规范
环境影响咨询收费有关问题的通知

计价格〔2002〕125 号

建设项目环境影响咨询收费标准（单位：万元）　　表 3-5-8

	0.3 亿以下	0.3～2 亿	2～10 亿	10～50 亿	50～100 亿	100 亿以上
编制环境影响报告（含大纲）	5～6	6～15	15～35	35～75	75～110	110
编制环境影响报告表	1～2	2～4	4～7	7 以上		
评估环境影响报告书（含大纲）	0.8～1.5	1.5～3	3～7	7～9		
评估环境影响报告表	0.5～0.8	0.8～1.5	1.5～2	2 以上		

环境影响评价大纲、报告书编制收费行业调整系数　　表 3-5-9

行　业	调整系数
化工、冶金、有色、黄金、煤炭、矿产、纺织、化纤、轻工、医药	1.2
石化、石油天然气、水利、水电、旅游	1.1
林业、畜牧、渔业、农业、交通、铁道、民航、管线运输、建材、市政、烟草、兵器	1.0
邮电、广播电视、航空、机械、船舶、航天、电子、勘探、社会服务、火电	0.8
粮食、建筑、信息产业、仓储	0.6

环境影响评价大纲、报告书编制收费环境敏感程度调整系数　表 3-5-10

环境敏感程度	调整系数
敏感	1.2
一般	0.8

按咨询服务人员工日计算建设项目环境影响咨询收费标准　表 3-5-11

咨询人员职级	人工收费标准（单位：元）
高级咨询专家	1000～1200
高级专业技术人员	800～1000
一般专业技术人员	600～800

七、资产评估收费（表 3-5-12）

（一）计件收费

计件收费平均标准分为六档，各档差额计费率如表 3-5-12 所示。

差额定率累进收费表　表 3-5-12

档　次	计费额度（万元）	差额计费率‰
1	100 以下（含 100）	9～15
2	100 以上～1000（含 1000）	3.75～6.25
3	1000 以上～5000（含 5000）	1.2～2
4	5000 以上～10000（含 10000）	0.75～1.25
5	10000 以上～100000（含 100000）	0.15～0.25
6	100000 以上	0.1～0.2

（二）计时收费

计时收费平均标准分为四档，各档计时收费标准如下：

法人代表（首席合伙人）、首席评估师（总评估师）：300～3000 元/人·小时；

合伙人、部门经理：260～2600 元/人·小时；

注册评估师：200～2000 元/人·小时；

助理人员：100～1000 元/人·小时。

八、国家房地产和土地评估收费（表 3-5-13）

房地产评估收费标准按国家计委建设部计价格［1995］971 号文件执行，土地评估收费标准按国家计委国土资源部计价格［1994］2017 号文件执行。

房地产和土地评估收费标准　表 3-5-13

房地产评估收费标准			土地评估收费标准		
档次	计费额度（万元）	差额计费率（%）	档次	计费额度（万元）	差额计费率（%）
1	100 以下（含 100）	5	1	100 以下（含 100）	4
2	101 以上至 1000	2.5	2	101 以上至 200	3
3	1001 以上至 2000	1.5	3	201 以上至 1000	2
4	2001 以上至 5000	0.8	4	1001 以上至 2000	1.5
5	5001 以上至 8000	0.4	5	2001 以上至 5000	0.8
6	8001 以上至 10000	0.2	6	5001 以上至 8000	0.4
7	10000 以上	0.1	7	8001 以上至 10000	0.2
			8	10000 以上	0.1
房地产评估收费标准按国家计委建设部计价格［1995］971 号文件执行，土地评估收费标准按国家计委国土资源部计价格［1994］2017 号文件执行。					

九、上海市房地产和土地评估收费（表 3-5-14～表 3-5-16）

关于本市房地产中介服务收费的通知

（沪价房［1996］第 88 号）

一、房地产中介服务收费是房地产交易市场重要的经营性服务收费。中介服务机构应本着合理、公开、诚实、信用的原则，接受自愿委托，双方签订合同，依据本通知规定的收费办法和收费标准，由中介服务机构与委托方协商确定中介服务费。

二、以房产为主的房地产价格评估和一般宗地价格评估，都应采取差额定率累进计费，即按房地产或宗地价格总额大小划分费率档次，分档计算各档的收费，各档收费额累计之和为收费总额。

三、城镇基准地价评估收费，由评估机构与委托人参照《基准地价评估收费标准》协商确定。

四、上述规定的房地产及土地价格评估收费标准为上限标准。

为房地产或土地使用权抵押而作的价格评估，评估机构按上述标准的 50％ 计收评估费。如委托单位付费确有困难的，通过双方协商，评估缓构可酌情减收，但每宗地评估费不足 300 元的，按 300 元收取。每件房地产评估费不足 100 元的，按 100 元收取。

五、浦东新区的评估收费可在上述标准的基础上适当提高，但最高不得超过上述收费标准的 30％。其中，上浮幅度在 10％～20％ 之间的，应向新区物价部门备案，上浮幅度超过 20％ 的，应向市物价局备案。本市其他地区的评估收费确需上浮的，也按此办法，向所在地区的物价部门备案，但上浮幅度限于 20％。

六、房地产中介服务机构可应委托人要求，提供有关房地产政策、法规、技术等咨询服务，收取房地产咨询费。

口头咨询费，按照咨询服务所需时间结合咨询人员专业技术等级，由双方协商议定收费标准。

书面咨询费，按照咨询报告的技术难度、工作繁简结合标的额大小计收。普通咨询报告，每份收费 300～1000 元；技术难度大，情况复杂，耗用人员和时间较多的咨询报告，可适当提高收费标准，收费标准一般不超过咨询标的额的 0.5％ 以上收费标准，属指导性参考价。实际成交收费，由委托方与中介机构协商议定。

七、房地产经纪收费是房地产专业经纪人接受委托，进行居间代理所收取佣金。房屋租赁代理收费，无论成交的租赁期限长短，均按半月至一月成交租金额标准，由双方协商议定一次性计收。房屋买卖代理收费，按成交价格总额的 0.5％～2.5％ 计收。实行独家代理的，收费标准由委托方与房地产中介机构协商，可适当提高，但最高不超过成交价格的 3％。房地产经纪费由房地产经纪机构向委托人收取。

房地产价格评估收费标准　　　　　　　　　　表 3-5-14

档　次	房地产价格总额（万元）	累进计费率‰
1	100 以下（含 100）	5
2	101 以上至 1000 部分	2.5

档　　次	房地产价格总额（万元）	累进计费率‰
3	1001 以上至 2000 部分	1.5
4	2001 以上至 5000 部分	0.8
5	5001 以上至 8000 部分	0.4
6	8001 以上至 10000 部分	0.2
7	10000 以上部分	0.1

宗地地价评估收费标准　　　　　　　　　　　表 3-5-15

档　　次	土地价格总额（万元）	累进计费率‰
1	100 以下（含 100）	4
2	101 以上至 200 部分	3
3	201 以上至 1000 部分	2
4	1001 以上至 2000 部分	1.5
5	2001 以上至 5000 部分	0.8
6	5001 以上至 10000 部分	0.4
7	10000 以上部分	0.1

基准地价评估收费标准　　　　　　　　　　　表 3-5-16

档　　次	城镇面积（平方公里）	收费标准（万元）
1	5 以下（含 5）	4～8
2	5～20（含 20）	8～12
3	20～50（含 50）	12～20
4	50 以上	20～40

十、上海市建设工程地震安全性评价收费（表 3-5-17～表 3-5-20）

上海市建设工程地震安全性评价收费标准
（一）区域地震活动性和地震构造分析　　　　　　　表 3-5-17

序号	名　称	主要作业方法	收费标准（元）			上下浮动幅度
			一级工作	二级工作	三、四级工作	
1-1	区域地震活动性分析	收集资料、编目编图、计算分析	10000	4500	2000	15%
1-2	区域地震构造调查与综合分析	收集资料、编图、野外调查、分析	40000	12000	8000	15%
1-3	地震区、带划分	综合分析、边界确定、分析编图	10000	3500	2000	15%

备注：不含地震构造调查所需进行的勘察和样品分析费用，区域范围超过 300×300（平方公里）时比照增加收费。

（二）近场场区地震活动性与地震构造分析　　　　　　　　表 3-5-18

序号	名　称	主要作业方法	收费标准（元）			上下浮动幅度
			一级工作	二级工作	三、四级工作	
2-1	近场区地震活动性分析	编目、分析	6000＊	2500＊	1200＊	15％
2-2	近场和场区地震构造综合分析	搜集资料、野外勘察、编图、综合分析	30000	15000	9000	15％

备注：1. ＊不含重要地震参数复核费用。

　　　2. 近场区面积超过 50×50（平方公里）、场区面积超过 2 平方公里时比照增加收费。

　　　3. 场区断层位置确定及活动性鉴定按有关工程收费标准。

（三）场地工程地震条件评价　　　　　　　　表 3-5-19

序号	名　称	主要作业方法	收费标准（元）			上下浮动幅度
			一级工作	二级工作	三、四级工作	
3	场地工程地震条件评价	分析计算、综合研究	11000＊	5500＊	3500＊	10％

备注：1. ＊场区面积超过 2 平方公里时比照增加收费。

　　　2. 场地勘察、场地土动力性质测定按有关工程勘察收费标准。

（四）地震烈度与地震动衰减关系分析　　　　　　　　表 3-5-20

序号	名　称	主要作业方法	收费标准（元）			上下浮动幅度
			一级工作	二级工作	三、四级工作	
4-1	地震烈度衰减关系确定	搜集资料、分析计算	17000	5000	2000	10％
4-2	基岩地震动衰减关系确定	分析资料、分析计算	22000	5500	2000	10％

十一、上海市建设工程施工图设计文件审查收费（表 3-5-21）

关于本市建设工程施工图设计文件审查收费有关事项的通知

沪价费〔2011〕002 号

（一）本通知适用于本市行政区域内建设工程施工图设计文件审查收费行为。

（二）经本市建设行政主管部门认定的审查机构方可承担施工图设计文件审查任务。审查机构应当按照有关规定完成主要工作内容（详见附件1）。

（三）建设工程施工图设计文件审查收费实行政府指导价管理，遵循"谁委托谁付费"的有偿服务原则。其基准价根据《上海市建设工程施工图设计文件审查收费基准价表》计算（详见附件2），浮动幅度为上下10％。审查机构可以根据业主委托的工作量大小、服务难易程度等，在规定的浮动幅度内与业主协商确定收费额。

附件1:

上海市建设工程施工图设计文件审查主要工作内容

一、需审查的建设工程项目

1. 企业投资核准、备案类建设工程项目由相关管理部门对总体设计文件提出征询意见,审查机构对施工图设计文件进行独立审查,落实征询意见;

2. 政府投资和企业投资审批类建设工程项目在初步设计审批后,审查机构对施工图设计文件进行独立审查。

二、施工图设计文件审查的文件

1. 工程勘察报告(详勘);

2. 工程设计说明及图纸;

3. 工程各专业设计计算书。

三、审查的主要内容

施工图审查是指按照有关法律、法规,对施工图涉及公共利益、公众安全和工程建设强制性标准的内容进行的审查。施工图审查设计文件应当符合编制深度要求。审查主要工作内容如下:

1. 是否符合工程建设强制性标准;

2. 建筑物的稳定性、安全性审查,包括地质勘察、地基基础和主体结构的安全性;

3. 管理部门根据法律、法规和规章的相关规定提出的控制性管理要求;

4. 核查设计单位对管理部门初步设计批复的落实情况,核查设计单位对管理部门总体设计文件征询意见的落实情况;

5. 勘察设计企业和注册执业人员以及相关人员是否按规定在施工图上加盖相应图章和签字;

6. 法律、法律和规章规定必须审查的其他内容。

附件2:

上海市建设工程施工图设计文件审查基准价表　　　　　　表 3-5-21

序　号	计费额(万元)	收费标准(万元)
1	200	0.72
2	500	1.67
3	1000	3.10
4	3000	8.31
5	5000	13.10
6	8000	20.00
7	10000	24.40
8	20000	45.20
9	40000	84.40

序　号	计费额（万元）	收费标准（万元）
10	60000	121.20
11	80000	157
12	100000	191
13	200000	334
14	400000	620
15	600000	834
16	800000	1000
17	1000000	1130
18	2000000	1760

注：1. 计费额为建安费。建安费由建筑工程费和安装工程费组成。

2. 计费额＜200 万元的，以计费额乘以 0.36％的收费率计算收费基准价，当收费基准价总金额小于 5000 元时，按 5000 元计收；计费额＞2000000 万元的，以计费额乘以 0.088％的收费率计算收费基准价。

3. 当计费额在上述分档之间时，可按直线内插法确定收费基准价。

4. 幕墙、钢结构等后续工程事项，若建安费用不包括在总建安费内，则根据其单列建安费，收费基准价按照上表计算。

十二、工程勘察设计收费（表 3-5-22～表 3-5-27）

工程勘察设计收费管理规定

计价格［2002］10 号

工程勘察和工程设计收费根据建设项目投资额的不同情况，分别实行政府指导价和市场调节价。建设项目总投资估算额 500 万元及以上的工程勘察和工程设计收费实行政府指导价；建设项目总投资估算额 500 万元以下的工程勘察和工程设计收费实行市场调节价。

实行政府指导价的工程勘察和工程设计收费，其基准价根据《工程勘察收费标准》或者《工程设计收费标准》计算，除本规定第七条另有规定者外，浮动幅度为上下 20％，发包人和勘察人、设计人应当根据建设项目的实际情况在规定的浮动幅度内协商确定收费额。实行市场调节价的工程勘察和工程设计收费，由发包人和勘察人、设计人协商确定收费额。

工程勘察费和工程设计费，应当体现优质优价的原则。工程勘察和工程设计收费实行政府指导价的，凡在工程勘察设计中采用新技术、新工艺、新设备、新材料，有利于提高建设项目经济效益、环境效益和社会效益的，发包人和勘察人、设计人可以在上浮 25％的幅度内协商确定收费额。

1　总则

1.0.1　工程设计收费是指设计人根据发包人的委托，提供编制建设项目初步设计文件、施工图设计文件、非标准设备设计文件、施工图预算文件、竣工图文件等服务所收取的费用。

1.0.2 工程设计收费采取按照建设项目单项工程概算投资额分档定额计费方法计算收费。铁道工程设计收费计算方法，在交通运输工程一章中规定。

1.0.3 工程设计收费按照下列公式计算

1 工程设计收费＝工程设计收费基准价×（1±浮动幅度值）

2 工程设计收费基准价＝基本设计收费＋其他设计收费

3 基本设计收费＝工程设计收费基价×专业调整系数×工程复杂程度调整系数×附加调整系数。

1.0.4 工程设计收费基准价

工程设计收费基准价是按照本收费标准计算出的工程设计基准收费额。发包人和设计人根据实际情况，在规定的浮动幅度内协商确定工程设计收费合同额。

1.0.5 基本设计收费

基本设计收费是指在工程设计中提供编制初步设计文件、施工图设计文件收取的费用，并相应提供设计技术交底、解决施工中的设计技术问题、参加试车考核和竣工验收等服务。

1.0.6 其他设计收费

其他设计收费是指根据工程设计实际需要或者发包人要求提供相关服务收取的费用，包括总体设计费、主体设计协调费、采用标准设计和复用设计费、非标准设备设计文件编制费、施工图预算编制费、竣工图编制费等。

1.0.7 工程设计收费基价

工程设计收费基价是完成基本服务的价格。工程设计收费基价在《工程设计收费基价表》中查找确定，计费额处于两个数值区间的，采用直线内插法确定工程设计收费基价。

1.0.8 工程设计收费计费额

工程设计收费计费额，为经过批准的建设项目初步设计概算中的建筑安装工程费、设备与工器具购置费和联合试运转费之和。

工程中有利用原有设备的，以签订工程设计合同时同类设备的当期价格作为工程设计收费的计费额；工程中有缓配设备，但按照合同要求以既配设备进行工程设计并达到设备安装和工艺条件的，以既配设备的当期价格作为工程设计收费的计费额；工程中有引进设备的，按照购进设备的离岸价折换成人民币作为工程设计收费的计费额。

1.0.9 工程设计收费调整系数

工程设计收费标准的调整系数包括：专业调整系数、工程复杂程度调整系数和附加调整系数。

1 专业调整系数是对不同专业建设项目的工程设计复杂程度和工作量差异进行调整的系数。计算工程设计收费时，专业调整系数在《工程设计收费专业调整系数表》（附表二）中查找确定。

2 工程复杂程度调整系数是对同一专业不同建设项目的工程设计复杂程度和工作量差异进行调整的系数。工程复杂程度分为一般、较复杂和复杂三个等级，其调整系数分别为：一般（Ⅰ级）0.85；较复杂（Ⅱ级）1.0；复杂（Ⅲ级）1.15。计算工程设计收费时，工程复杂程度在相应章节的《工程复杂程度表》中查找确定。

3 附加调整系数是对专业调整系数和工程复杂程度调整系数尚不能调整的因素进行

补充调整的系数。附加调整系数分别列于总则和有关章节中。附加调整系数为两个或两个以上的，附加调整系数不能连乘。将各附加调整系数相加，减去附加调整系数的个数，加上定值1，作为附加调整系数值。

1.0.10　非标准设备设计收费按照下列公式计算

　　　　非标准设备设计费＝非标准设备计费额×非标准设备设计费率

　　　　非标准设备计费额为非标准设备的初步设计概算。非标准设备设计费率在《非标准设备设计费率表》中查找确定。

1.0.11　单独委托工艺设计、土建以及公用工程设计、初步设计、施工图设计的，按照其占基本服务设计工作量的比例计算工程设计收费。

1.0.12　改扩建和技术改造建设项目，附加调整系数为1.1-1.4。根据工程设计复杂程度确定适当的附加调整系数，计算工程设计收费。

1.0.13　初步设计之前，根据技术标准的规定或者发包人的要求，需要编制总体设计的，按照该建设项目基本设计收费的5％加收总体设计费。

1.0.14　建设项目工程设计由两个或者两个以上设计人承担的，其中对建设项目工程设计合理性和整体性负责的设计人，按照该建设项目基本设计收费的5％加收主体设计协调费。

1.0.15　工程设计中采用标准设计或者复用设计的，按照同类新建项目基本设计收费的30％计算收费；需要重新进行基础设计的，按照同类新建项目基本设计收费的40％计算收费；需要对原设计作局部修改的，由发包人和设计人根据设计工作量协商确定工程设计收费。

1.0.16　编制工程施工图预算的，按照该建设项目基本设计收费的10％收取施工图预算编制费；编制工程竣工图的，按照该建设项目基本设计收费的8％收取竣工图编制费。

1.0.17　工程设计中采用设计人自有专利或者专有技术的，其专利和专有技术收费由发包人与设计人协商确定。

1.0.18　工程设计中的引进技术需要境内设计人配合设计的，或者需要按照境外设计程序和技术质量要求由境内设计人进行设计的，工程设计收费由发包人与设计人根据实际发生的设计工作量，参照本标准协商确定。

1.0.19　由境外设计人提供设计文件，需要境内设计人按照国家标准规范审核并签署确认意见的，按照国际对等原则或者实际发生的工作量，协商确定审核确认费。

1.0.20　设计人提供设计文件的标准份数，初步设计、总体设计分别为10份，施工图设计、非标准设备设计、施工图预算、竣工图分别为8份。发包人要求增加设计文件份数的，由发包人另行支付印制设计文件工本费。工程设计中需要购买标准设计图的，由发包人支付购图费。

1.0.21　本收费标准不包括本总则1.0.1以外的其他服务收费。其他服务收费，国家有收费规定的，按照规定执行；国家没有收费规定的，由发包人与设计人协商确定。

7.1　建筑市政工程范围

　　适用于建筑、人防、市政公用、园林绿化、电信、广播电视、邮政工程

7.2　建筑市政工程各阶段工作量比例

工程类型		方案设计（%）	初步设计（%）	施工图设计（%）
建筑及室外工程	Ⅰ级	10	30	60
	Ⅱ级	15	30	55
	Ⅲ级	20	30	50
住宅小区（组团）工程		25	30	45
住宅工程		25		75
古建筑保护性建筑工程		30	20	50
智能建筑弱电系统工程			40	60
室内装修工程		50		50
园林绿化工程	Ⅰ级、Ⅱ级	30		70
	Ⅲ级	30	20	50
人防工程		10	40	50
市政公用工程	Ⅰ级、Ⅱ级		40	60
	Ⅲ级		50	50
广播电视、邮政工程工艺部分			40	60
电信工程			60	40
建筑工程专业	建筑	35～43		
	结构	24～30		
	设备	28～38		

建筑市政工程各阶段工作量比例表　　　表 3-5-22

注：提供两个以上建筑设计方案，且达到规定内容和深度的要求的，从第二个设计方案起，每个方案按照方案设计费的 50％另收方案设计费。

7.3 建筑市政工程复杂程度

7.3.1 建筑、人防工程

建筑、人防工程复杂程度表　　　表 3-5-23

等 级	工 程 设 计 条 件
Ⅰ级	1. 功能单一技术要求简单的小型公共建筑工程； 2. 高度<24m 的一般公共建筑工程； 3. 小型仓储建筑工程； 4. 简单的设备用房及其他配套用房工程； 5. 简单的建筑环境设计及室外工程； 6. 相当于一星级饭店及以下标准的室内装修工程； 7. 人防疏散干道、支干道及人防连接通道等人防配套工程
Ⅱ级	1. 大中型公共建筑工程； 2. 技术要求较复杂或有地区性意义的小型公共建筑工程； 3. 高度为 24～50m 的一般公共建筑工程； 4. 20 层及以下的一般标准的居住建筑工程； 5. 仿古建筑、一般标准的古建筑、保护性建筑以及地下建筑工程； 6. 大中型仓储建筑工程； 7. 一般标准的建筑环境设计和室外工程； 8. 相当于二、三星级饭店标准的室内装修工程； 9. 防护级别为四级及以下，同时建筑面积<10000m² 的人防工程

等　级	工　程　设　计　条　件
Ⅲ级	1. 高级大型公共建筑工程； 2. 技术要求复杂或具有经济、文化、历史等意义的省（市）级中小型公共建筑工程； 3. 高度>50m 的公共建筑工程； 4. 20层以上居住建筑和20层及以下高标准居住建筑工程； 5. 高标准的古建筑、保护性建筑和地下建筑工程； 6. 高标准的建筑环境设计和室外工程； 7. 相当于四、五星级饭店标准的室内装修，特殊声学装修工程； 8. 防护级别为三级以上或者建筑面积≥10000m² 的人防工程

注：1. 大型建筑工程指 20001m² 以上的建筑，中型指 5001~20000m² 的建筑，小型指 5000m² 以下的建筑。

　　2. 古建筑、仿古建筑、保护性建筑等，根据具体情况，附加调整系数为 1.3~1.6。

　　3. 智能建筑弱电系统设计，以弱电系统的设计概算为计费额，附加调整系数为 1.3。

　　4. 室内装修设计，以室内装修的设计概算为计费额，附加调整系数为 1.5。

　　5. 特殊声学装修设计，以声学装修的设计概算为计费额，附加调整系数为 2.0。

　　6. 建筑总平面布置或者小区规划设计，根据工程的复杂程度，按照每 10000~20000 元/hm² 计算收费。

7.3.2　园林绿化工程

园林绿化工程复杂程度表　　　　　　　　　　表 3-5-24

等　级	工　程　设　计　条　件
Ⅰ级	1. 一般标准的道路绿化工程； 2. 片林、风景林等工程
Ⅱ级	1. 标准较高的道路绿化工程； 2. 一般标准的风景区、公共建筑环境、企事业单位与居住区的绿化工程
Ⅲ级	1. 高标准的城市重点道路绿化工程； 2. 高标准的风景区、公共建筑环境、企事业单位与居住区的绿化工程； 3. 公园、度假高尔夫球场、广场、街心花园、园林小品、屋顶花园、室内花园等绿化工程

7.3.3　市政公用工程

市政公用工程复杂程度表　　　　　　　　　　表 3-5-25

等　级	工　程　特　征
Ⅰ级	1. 庭院户内燃气管道工程； 2. 一般给水排水地下管线（DN<1.0m，无管线交叉）工程； 3. 小型垃圾中转站，简易堆肥工程； 4. 供热小区管网（二级网）工程
Ⅱ级	1. 城市调压站，瓶组站，<5000 户的气化站、混气站，<500m³ 的储配站工程； 2. 城区给水排水管线，一般地下管线（DN<1.0m，有管线交叉），<1m³/s 的加压泵站，简单构筑物工程； 3. >100t/天的大型垃圾中转站，垃圾填埋场，机械化快速堆肥工程； 4. ≤2MW 的小型换热站工程

等　级	工　程　特　征
Ⅲ级	1. 城市超高压调压站，市内管线及加压站，穿、跨越管网，≥5000 户的气化站、混气站，≥500m³ 的储配站、门站、气源厂、加气站工程； 2. 大型复杂给水排水管线，市政管网，大型泵站、水闸等构筑物，净水厂，污水处理厂工程； 3. 垃圾系统工程及综合处理与利用，焚烧工程； 4. 锅炉房，穿、跨越供热管网，>2MW 换热站工程； 5. 海底排污管线，海水取排水、淡化及处理工程

7.3.4　广播电视、邮政、电信工程

广播电视、邮政、电信工程复杂程度表　　　　　表 3-5-26

等　级	工　程　特　征
Ⅰ级	1. 广播电视中心设备（广播 1 套，电视 1～2 套）工程； 2. 中波发射台设备（单机功率 $P\leqslant1$kW）工程； 3. 短波发射台设备（单机功率 $P\leqslant50$kW）工程； 4. 电视、调频发射塔（台）设备（单机功率 $P\leqslant1$kW）工程； 5. 广播电视收测台设备工程； 6. 三级邮件处理中心工艺工程
Ⅱ级	1. 广播电视中心设备（广播 2～3 套，电视 3～5 套）工程； 2. 中波发射台设备（单机功率 1kW$<P\leqslant20$kW）工程； 3. 短波发射台设备（单机功率 50kW$<P\leqslant150$kW）工程； 4. 电视、调频发射塔（台）设备（单机功率 1kW$<P\leqslant10$kW，塔高<200m）工程； 5. 广播电视传输网络工程； 6. 二级邮件处理中心及各类转运站工艺工程； 7. 电信工程
Ⅲ级	1. 广播电视中心设备（广播 4 套以上，电视 6 套以上）工程； 2. 中波发射台设备（单机功率 $P>20$kW）工程； 3. 短波发射台设备（单机功率 $P>150$kW）工程； 4. 电视、调频发射塔（台）设备（单机功率 $P>10$kW，塔高$\geqslant200$m）工程； 5. 电声设备、演播厅、录（播）音馆、摄影棚设备工程； 6. 广播电视卫星地球站、微波站设备工程； 7. 广播电视光缆、电缆节目传输工程； 8. 一级邮件处理中心工艺工程

附表一：工程设计收费基价表（单位：万元）　　　　　表 3-5-27

序　号	计费额	收费基价	序　号	计费额	收费基价
1	200	9.0	10	60000	1515.2
2	500	20.9	11	80000	1960.1
3	1000	38.8	12	100000	2393.4
4	3000	103.8	13	200000	4450.8
5	5000	163.9	14	400000	8276.7
6	8000	249.6	15	600000	11897.5
7	10000	304.8	16	800000	15391.4
8	20000	566.8	17	1000000	18793.26
9	40000	1054.0	18	2000000	34948.9

注：计费额＞2000000 万元的，以计费额乘以 1.6％的收费率计算收费基价。

十三、建设工程监理与相关服务收费（表 3-5-28～表 3-5-31）

建设工程监理与相关服务收费管理规定

发改价格［2007］670 号

建设工程监理与相关服务收费根据建设项目投资额的不同情况，分别实行政府指导价和市场调节价。建设项目总投资额 3000 万元及以上的建设工程施工阶段的监理收费实行政府指导价；建设项目总投资额 3000 万元以下的建设工程施工阶段的监理收费和其他阶段的监理与相关服务收费实行市场调节价。

实行政府指导价的建设工程施工阶段监理收费，其基准价根据《建设工程监理与相关服务收费标准》计算，浮动幅度为上下 20％。发包人和监理人应当根据建设项目的实际情况在规定的浮动幅度内协商确定收费额。实行市场调节价的建设工程监理与相关服务收费，由发包人和监理人协商确定收费额。

附件：

建设工程监理与相关服务收费标准

1　总则

1.0.1　建设工程监理与相关服务是指监理人接受发包人的委托，提供建设工程项目施工阶段的质量、进度、费用控制管理和安全、合同、信息等方面的协调管理服务以及勘察、设计、设备监造、保修等阶段的相关工程服务。各阶段的工作内容见《建设工程监理与相关服务的主要内容》（表 3-5-28）。

1.0.2　建设工程监理与相关服务收费为建设工程施工阶段的工程监理（以下简称"施工监理"）服务收费与勘察、设计、设备监造、保修等阶段的监理与相关服务（以下简称"其他阶段的相关服务"）收费之和。

1.0.3　施工监理收费一般按照建设项目工程概算投资额分档定额计费方法收费。

铁路、水运、公路、水利、水电工程的施工监理收费按建筑安装工程费分档计费方式计算收费，对机电设备与工器具购置费、联合试运转费之和占工程概算投资额 30％以上的工程项目，双方可协商确定计费方式和收费额。

1.0.4　其他阶段的相关服务收费一般按相关服务工作所需工日和《建设工程监理与相关服务人员人工日费用标准》（表 3-5-31）的规定收费。

1.0.5　施工监理收费按照下列公式计算：

（1）施工监理收费＝施工监理收费基准价×（1＋浮动幅度值）

（2）施工监理收费基准价＝施工监理收费基价×专业调整系数×工程复杂程度调整系数×附加调整系数

1.0.6　施工监理收费基准价

施工监理收费基准价是按照本收费标准计算出的施工监理基准收费额，发包人与监理人根据项目的实际情况，在规定的浮动幅度范围内协商确定施工监理收费合同额。

1.0.7 施工监理收费基价

施工监理收费基价是完成国家法律法规、行业规范规定的施工阶段基本监理服务内容的酬金。施工监理收费基价在《施工监理收费基价表》（表 3-5-29）中查找确定，计费额处于两个数值区间的，采用直线内插法确定施工监理收费基价。

1.0.8 施工监理计费额

施工监理收费以建设项目工程概算投资额为计费额的，计费额为经过批准的建设项目初步设计概算中的建筑安装工程费、设备与工器具购置费和联合试运转费之和。

工程中有利用原有设备并进行安装调试服务的，以签订工程监理合同时同类设备的当期价格作为施工监理收费的计费额；工程中有缓配设备的，应扣除签订监理合同时同类设备的当期价格作为施工监理收费的计费额；工程中有引进设备的，按照购进设备的离岸价格折换成人民币作为施工监理收费的计费额。

施工监理收费以建筑安装工程费为计费额的，计费额为经过批准的建设项目初步设计概算中的建筑安装工程费。

作为施工监理收费计费额的建设项目工程概算投资额或建筑安装工程费均指每个监理合同中约定的工程项目范围的投资额。

1.0.9 施工监理收费调整系数

施工监理收费标准的调整系数包括：专业调整系数、工程复杂程度调整系数和附加调整系数。

（1）专业调整系数是对不同专业建设工程项目的施工监理工作复杂程度和工作量差异进行调整的系数。计算施工监理收费时，专业调整系数在《施工监理收费专业调整系数表》（表 3-5-30）中查找确定。

（2）工程复杂程度调整系数是对同一专业不同建设工程项目的施工监理复杂程度和工作量差异进行调整的系数。工程复杂程度分为一般、较复杂和复杂三个等级，其调整系数分别为：一般（Ⅰ级）0.85；较复杂（Ⅱ级）1.0；复杂（Ⅲ级）1.15。计算施工监理收费时，工程复杂程度在相应章节的《工程复杂程度表》中查找确定。

（3）附加调整系数是对施工监理的自然条件、作业内容以及专业调整系数和工程复杂程度调整系数尚不能调整的因素进行补充调整的系数。附加调整系数分别列于总则和有关章节中。附加调整系数为两个或两个以上的，附加调整系数不能连乘。将各附加调整系数相加，减去附加调整系数的个数，加上定值1，作为附加调整系数值。

1.0.10 在海拔高程超过 2000m 地区进行施工监理工作时，高程附加调整系数如下：海拔高程 2000～3000m 为 1.1；海拔高程 3001～3500m 为 1.2；海拔高程 3500～4000m 为 1.3。

海拔高程 4001m 以上的，高程附加调整系数在以上基础上由发包人和监理人协商确定。

1.0.11 改扩建和技术改造建设工程项目，附加调整系数为 1.1～1.2。

1.0.12 发包人将施工监理基本服务中的某一部分工作单独发包给监理人，则按照其占施工监理基本服务工作量的比例计算施工监理收费，具体比例由双方协商确定。

1.0.13 建设工程项目施工监理由两个或者两个以上监理人承担的，各监理人按照其占施工监理基本服务工作量的比例计算施工监理收费。发包人委托其中一个监理人对建设工程项目施工监理总负责的，该监理人按照各监理人合计监理费的 5％～7％加收总体协调费。

1.0.14 本收费标准不包括本总则 1.0.1 以外的其他服务收费。其他服务收费，国家有规定的，从其规定；国家没有收费规定的，由发包人与监理人协商确定。

2　矿山采选工程

2.1　矿山采选工程范围

适用于有色金属、黑色冶金、化学、非金属、黄金、铀、煤炭以及其他矿种采选工程。

3　加工冶炼工程

3.1　加工冶炼工程范围

适用于机械、船舶、兵器、航空、航天、电子、核加工、轻工、纺织、林产、农业、（粮食）、内贸、建材、钢铁、有色等各类加工工程，钢铁、有色等冶炼工程。

4　石油化工工程

4.1　石油化工工程范围

适用于石油、天然气、石油化工、化工、火化工、核化工、化纤、医药工程。

5　水利电力工程

5.1　水利电力工程范围

适用于水利、发电、送电、变电、核能工程。

6　交通运输工程

6.1　交通运输工程范围

适用于铁路、公路、水运、城市交通、民用机场、索道工程。

7　建筑市政工程

7.1　建筑市政工程范围

适用于建筑、人防、市政公路、园林绿化、电信、广播电视、邮电工程。

7.2　建筑市政工程复杂程度（见上述十二、工程勘察设计收费 7.3）

7.2.1　建筑、人防工程

7.2.2　园林绿化工程

7.2.3　市政公用工程

8　农业林业工程

8.1　农业林业工程范围

适用于农业、林业工程。

建设工程监理与相关服务的主要工作内容　　　　　　　　　　　　　表 3-5-28

服务阶段	具体服务范围构成	备　注
勘察阶段	协助业主编制勘察要求，选择勘察单位，核查勘察方案并监督实施和进行相应的控制，参与验收勘察成果	勘察阶段监理与相关服务工作的具体内容按照国家或行业有关规范、规定执行
设计阶段	协助业主编制设计要求，选择设计单位，组织评选设计方案，对各设计单位进行协调管理，监督合同履行，审查设计进度计划并监督实施，核查设计大纲和设计深度、使用技术规范合理性，提出设计评估报告（包括各阶段设计的核查意见和优化建议），协助审核设计概算	设计阶段监理与相关服务工作的具体内容按照国家或行业有关规范、规定执行

服务阶段	具体服务范围构成	备 注
施工阶段	施工过程中的质量、进度、投资的目标控制,安全、合同、信息管理及现场协调	施工阶段监理工作的具体内容按照国家有关法律法规、行业规范和规定执行
设备采购监造阶段	协助业主编制设备采购方案和计划,参与设备采购的招标活动,协助业主签订设备制造合同,对设备的设计、零部件采购与生产、安装、调试、保修期运行等过程实施监督、管理、控制和协调	
保修阶段	检查和记录工程质量缺陷,对缺陷原因进行调查分析并确定责任归属,审核修复方案,监督修复过程并验收,审核修复费用	

施工监理收费基价表(单位:万元)   表 3-5-29

序 号	计费额	收费基价	序 号	计费额	收费基价
1	500	19.0	9	60000	1258.5
2	1000	36.1	10	80000	1585.7
3	3000	101.1	11	100000	1886.9
4	5000	158.4	12	200000	3321.0
5	8000	239.1	13	400000	5778.6
6	10000	285.8	14	600000	7916.7
7	20000	508.6	15	800000	9869.4
8	40000	905.4	16	1000000	11695.3

施工监理收费专业调整系数表   表 3-5-30

工程类型	专业调整系数
1. 矿山采选工程	
黑色、有色、黄金、化学、非金属及其他矿采选工程	0.9
矿井工程,选煤及其他煤炭工程	1.0
铀矿采选工程	1.1
2. 加工冶炼工程	
船舶水工工程	1.0
各类加工、冶炼工程	1.0
核加工工程	1.2
3. 石油化工工程	
石油工程	0.9
化工、石化、化纤、医药工程	1.0
核化工工程	1.3

续表

工程类型	专业调整系数
4. 水利电力工程	
风力发电、其他水利工程	0.9
火电工程、送变电工程	1.0
核电常规岛、水电、水库工程	1.2
核能工程	1.3
5. 交通运输工程	
机场场道、机场空管和助航灯光工程	0.9
铁路、公路、城市道路、轻轨工程	1.0
水运、地铁、桥梁、隧道、索道工程	1.1
6. 建筑市政工程	
邮电、电信、广电工艺工程	0.9
建筑、人防、市政工程	1.0
园林绿化工程	0.8
7. 农业林业工程	
农业工程	0.9
林业工程	0.9

建设工程监理与相关服务人员人工日费用标准 表 3-5-31

建设工程监理与相关服务人员职级	工日费用标准（元）
一、高级专家	1500～2000
二、高级专业技术职称的监理与相关服务人员	1000～1500
三、中级专业技术职称的监理与相关服务人员	600～1000
四、初级及以下专业技术职称监理与相关服务人员	300～600

十四、上海市建设工程造价服务和招标代理服务收费（表 3-5-32）

上海市建设工程造价服务和招标代理服务收费标准

沪建计联〔2005〕834 号、沪价费〔2005〕056 号

工程造价服务和招标代理服务单位收费标准分计件、计时两类，并必须完成相应的主要工作内容。对承接具体工程项目工程造价和招标代理咨询业务的，按计件标准执行；对承接一般工程造价和招标代理咨询业务的，按计时标准执行；对承接超出附件一服务内容范围的工程合同专项策划（编审）等工程咨询业务活动的，可与业主协商另行收费。

计时收费按承办人员的不同资格，执行不同的收费标准：

（一）高级专业技术职称人员、注册造价工程师、招标工程师，每人每小时 300 元；

（二）中级专业技术职称、工程造价、工程招标代理人员，每人每小时 200 元；

（三）其他一般专业人员，每人每小时 100 元；

（四）特殊专业技术人员的计时收费标准由双方协议商定。

如需提供有关资料，另酌情收取工本费。

上海市建设工程造价服务和招标代理服务收费标准表（单位：%） 　　　表 3-5-32

（差额定率累进收费）

序号	收费项目	收费基数	划分标准（万元）						
			100 以下 （含 100）	100～500 （含 500）	500～ 1000 （含 1000）	1000～ 3000 （含 3000）	3000～ 5000 （含 5000）	5000～ 10000 （含 10000）	10000 以上
一	编制项目投资估算	总投资	0.08	0.07	0.06	0.05	0.045	0.03	0.015
二	编制设计概算	总投资	0.17	0.15	0.13	0.11	0.085	0.07	0.04
三	a. 编制施工图预算	建安工程造价	0.37	0.35	0.33	0.29	0.27	0.22	0.18
	b. 编制工程量清单		0.37	0.35	0.33	0.29	0.27	0.22	0.18
	c. 编制标底		0.37	0.35	0.33	0.29	0.27	0.22	0.18
四	勘察招标代理	估算投资	0.04	0.04	0.04	0.036	0.032	0.024	0.02
五	设计招标代理	估算投资	0.10	0.10	0.10	0.09	0.08	0.06	0.05
六	施工监理招标代理	建安工程造价	0.11	0.11	0.11	0.10	0.085	0.07	0.06
七	施工招标代理	建安工程造价	0.31	0.31	0.31	0.285	0.26	0.22	0.18
八	施工阶段全过程造价控制	建安工程造价	1.1	1.0	0.85	0.80	0.75	0.70	0.65
九	工程造价审核	核增、减额 5% 以下（含），按送审价收取　建筑类	0.36	0.28	0.22	0.18	0.15	0.12	0.09
		安装类	0.36	0.31	0.22	0.19	0.16	0.12	0.09
		核增、减额 5% 以上，按核增、减额分别收取　建筑类	6.3	5.7	5.1	4.0	3.8	3.6	3.2
		安装类	7.3	6.7	6.1	5.0	4.5	3.7	3.2
十	钢筋及预埋件计算	吨	12.00（元）						

备注：

1. 收费基数：

（1）估算投资：建设项目可行性研究批复总投资扣除土地批租、动拆迁费及国内外成套设备生产流水线费用。

（2）建安工程造价：建筑安装工程费用作为建筑安装工程价值的货币表现，由建筑工程费用和安装工程费用两部分组成。

（3）送审价：承发包合同中各专业工程报送审核金额。

（4）吨：钢筋及各种型号预埋件的重量计算单位。

2. 出售招标文件，可收取编制成本费。收费中不含专家评审费、会务费、差旅费。

3. 施工阶段全过程造价控制按单项承发包合同的建安工程造价收费。

4. 承接编制施工图预算或工程量清单或标底，施工阶段全过程工程造价控制及工程造价审核收费的项目，不包括钢筋及预埋件重量的计算。

5. 工程造价审核收费：

（1）项目送审价核减率在 5% 以内的（含 5%），由委托单位负担审核费用。

（2）核减率在 5% 以上的，5% 以内的审核费用由委托单位负担，超过部分由原编制单位负担。

（3）项目核减、核增部分分别计算审核费用，核增部分由原编制单位负担审核费用。

（4）房修、园林、装饰工程按"安装类"收费，其他工程按"建筑类"收费。

十五、调整新建住宅街坊内燃气管道排管施工收费

关于同意调整新建住宅街坊内燃气管道排管施工收费标准的函

（沪价经〔1998〕第 115 号）

（一）施工范围：街坊内燃气管道施工以道路红线至建筑物进口为界，不包括道路规划红线内的道路排管及建筑物室内排管。

（二）收费标准：街坊内燃气管道施工收费以新建住宅建筑面积为计价单位。天然气管道施工收费标准为每平方米 24.50 元；煤气管道施工收费标准为每平方米 21 元。施工单位实行定额包干，不得再向用户收取室内审图验收费等其他费用。

十六、普通住宅供电配套收费标准

《关于核定市区普通新建住宅供电配套工程费标准的通知》

沪价经〔2000〕第 152 号

（一）供电配套容量

根据市物价局批准的容量配置标准，市电力公司进行适当放宽。每户建筑面积在 80平方米及以下的住宅，配套基本容量为 4 千瓦；81 到 120 平方米的住宅，配套基本容量为 6 千瓦；121 到 150 平方米的住宅，配套基本容量为 8 千瓦；住宅面积超过 150 平方米的，按每平方米 60 瓦配置；公建设施按每平方米 50 瓦配置。

（二）收费标准

1. 供电配套工程费按每平方米面积收取，按照市规划局批准的《建设工程规划许可证》的建筑面积（包括住宅小区内公建设施）为计费面积。

2. 外环线以内收费标准：全电缆入地工程每平方米 145 元；小区外架空线、小区内电缆入地工程为每平方米 130 元。

3. 浦东、徐汇、闵行、长宁、普陀、杨浦、虹口等区外环线以外的地区，嘉定、宝山、青浦、松江、金山、南汇、奉贤等区外环线以外的集中城市化地区（详见附表）的收费标准：全电缆入地工程每平方米 115 元；小区外架空线、小区内电缆入地工程每平方米100 元；外环线以外其余地区的住宅供电配套工程费，由电力部门和开发公司根据实际情况协议确定，一般不高于每平方米 85 元。

4. 自行车棚和垃圾房的面积不收费，并在公建设施的总面积中扣除；住宅小区的汽车库收费标准为每平方米 50 元。

5. 为住宅配套的幼托、中小学、少年宫、敬老院、医疗卫生等公建，按标准的 50%收取。

6. 建筑面积在 6 万平方米以上并一次付清工程款的项目，按标准的 90% 执行。

7. 如果要求提高配置容量，每户每提高 1 千瓦，收费标准提高 10%；公建设施每平方米超过 1 瓦，收费标准提高 1%。

8. 如因场地狭小，开发商要求采用小型化设备，配置成本又较高的，收费标准上浮20%；有特殊配置要求的其他住宅仍按项目规划建设，个别核算。

十七、核定住宅建设中街坊内自来水管道施工收费（表 3-5-33）

关于核定住宅建设中街坊内自来水管道施工收费的复函

（沪价经〔1998〕第 240 号）

（一）自来水管道拆除施工收费

旧房拆迁前，自来水管道拆除工程由自来水公司负责安装街坊内临时总水表，并按总水表计量和居民用水价格向动迁单位收取水费。自来水公司安装临时总水表按进价收取直接材料费（阀门、水表、路面修复费等），不能收取辅助材料和人工等费用。

动迁单位按居民用户水表计量和水价向用户收取水费，不得擅自加价和分摊水量。动迁单位负责拆除地上、地下自来水管道及用户水表，并将水表如数交还自来水公司。

（二）街坊内的自来水排管和住宅小区接水工程

街坊内的自来水排管指从道路干管至建筑物进口的自来水进水管网敷设。住宅小区接水工程指自来水干管与住宅的用水总管连接、室内水表安装和连接。街坊内的自来水排管工程和住宅小区接水工程的计价单位为新建住宅建筑面积，收费标准核定为每平方米17.50 元。

自来水管道施工收费　　　　　　　　　　　　　表 3-5-33

序号	收费项目名称	收费依据	收费标准
1	自来水水费	上海市物价局	水价×用水量（按用户分类）
2	道路排管费	上海市建设委员会沪建建〔94〕805 号	上海市公用局管线工程预算定额（1993 版）
3	街坊排管费	上海市物价局沪价经〔98〕240 号	关于核定住宅建设中街坊内自来水管道施工收费的复函
4	接水工程费	原公用事业管理局沪用基〔95〕1388 号	上海市自来水公司小型管道工程和带水操作工程预算定额（1995 版）
5	上水管网补偿费	原公用事业管理局沪用财〔97〕474 号	破损管网口径及年平均净值
6	用户水表遗失赔偿费、水表拆除费	原公用事业管理局沪用财〔97〕474 号	水表遗失赔偿：按水表零售价；水表拆除：人工费参照上海市公用管线工程预算定额（1993 版）
7	损坏上水管网漏失水量费	原公用事业管理局沪用财〔97〕474 号	按漏失水量及现行水价计
8	新建工房漏失水量费	原公用事业管理局沪用财〔97〕474 号	水价×1.83×建筑面积
9	地下管线监护费	上海市道路管线监察办公室规定（1989 年 1 月 28 日）	人工单价×监护天数×监护人数＋地下管线资料成本费
10	用户委托代办工程费	上海市建设委员会沪建〔94〕805 号原公用事业管理局沪用基〔95〕1388 号	排管管道长度＞50 米；同序号 2 排管管道长度＜50 米；同序号 4 泵房安装按全国统一安装工程预算定额（1993）
11	消防进水设备养护月费	上海市物价局沪价经〔2000〕第 037 号	以消防进水管直径大小或消火栓和洒水灭火器数量核定养护月费

十八、街坊内住宅电话通信工程收费

关于规范街坊内住宅电话通信工程收费的复函

（沪价经〔1998〕第 132 号）

（一）施工范围：街坊内住宅电话通信工程以道路红线至建筑物进口为界。

（二）收费标准：以新建住宅建筑面积为计价单位，具体标准如下：

1. 挂空式通信线缆工程每平方米 6.50 元。

2. 暗埋式通信线缆工程，高层每平方米 12.5 元，多层每平方米 20 元，别墅每平方米 40 元。

3. 经市计委批准，按成本价出售的平价房，街坊内住宅电话通信工程费按上述收费标准的 80% 收取。

（三）道路红线接口至电话交换局的电话通信工程建设费用，主要由"电话初装费"列支，不得再向用户收取邮电通信配套费。

十九、调整本市利用档案收费（表 3-34、表 3-35）

关于调整本市利用档案收费的复函

沪财预〔2005〕97 号、沪价费〔2005〕57 号

上海市、区县综合档案馆行政事业性收费目录（单位：元）　　表 3-5-34

序号	收费项目	计量单位	收费标准	备　注
三	档案证明费			
2	出具房产、土地、财务、债权、债务等证明	份	50～200	

上海市城建档案馆行政事业性收费目录（单位：元）　　表 3-5-35

序号	收费项目	计量单位	收费标准	备　注
三	档案证明费			
1	出具房产、土地等证明	份	50～200	

二十、竣工档案编制费（表 3-5-36）

关于取消和调整本市部分涉及企业收费的通知

（沪财预〔2003〕7 号，沪价费〔2003〕6 号）

转作经营服务性的涉企收费项目　　表 3-5-36

序号	部门	项目名称	收费标准	批准文号	初审意见	备　注
1	规划	竣工档案编制费	造价 0.06%	沪价涉〔92〕230 号	转经营	

二十一、编制基本建设工程竣工图取费

关于编制基本建设工程竣工图取费标准的批复

（［86］京建规字第 097 号）

一、凡在北京地区的基本建设工程，要按照国家规定和北京市人民政府一九八三年颁布的《北京市城市建设档案管理规定》等要求编制竣工图。编制竣工图的费用由建设单位列入建设工程概算，专款专用。

二、编制竣工图取费暂行标准。

Ⅰ类工程：国家、省市重点建设项目，具有国际和全国性高级大型工程、大型工业建筑等，收取设计费的 8%～10%；

Ⅱ类工程：高级大型技术要求复杂的项目，如民用建筑1级工程，中型工业建筑工程等收取设计费的 7%～8%；

Ⅲ类工程：中高级、大中型工程，高层住宅及综合管线工程，民用建筑2级、3级工程，工业建筑小型工程，收取设计费的 6%～7%。

一般中小型民用建筑，如多层住宅，办公楼等，可不另编竣工图，由施工单位将施工图、洽商记录、说明等材料整理好，交建设单位保管，不另取费用。

上述收费标准是编制一套竣工图的收费标准，如需增加竣工图的份数，每增加一套竣工图其费用按第一套费用的 10%收取。

三、各建设单位与施工单位签订施工合同时，要按照国家和市有关规定，明确竣工图的编制事宜及相应的经济保证措施。

四、因特殊情况，施工单位不能承担编制竣工图时，施工单位与建设单位必须在签订施工合同时写明由施工单位向建设单位无代价地提供完整、准确的竣工原始技术资料（包括施工图、竣工草图、文字说明等）。由建设单位委托有做竣工图资格的其他单位（正式设计或施工单位）承担编制竣工图。

五、本收费标准适用于北京地区的民用建筑、工业建筑和市政公用设施（含建筑及管线）。中外合资工程，按国内相应工程设计收费标准计取。

二十二、政府投资项目代建服务费指导标准（表 3-5-37）

湖南省政府投资项目代建服务费指导标准

湘价函［2009］153 号

（一）从事政府投资项目代建服务应具备与代建项目相适应的资质，严格遵循省政府241号令的规定，本着公正、诚实守信和服务有偿的原则，与项目管理或使用单位签订代建协议，依协议提供规定的服务并收取代建服务费。

（二）代建服务费包括代建单位在项目前期、实施、验收阶段所发生的管理成本、应缴税费和合理利润，不包括勘察、设计和监理等中介服务费用。按概算总投资的不同规模超额累进计算，计入项目初步设计概算。实行全过程代建的收费标准为：

总概算投资 5000 万元及以下部分，按总概算的 3%。

5000 万元以上至 1 亿元部分，按总概算的 2.5％。

1 亿元以上至 2 亿元部分，按总概算的 2％。

2 亿元以上至 5 亿元部分，按总概算的 1.5％。

5 亿元以上部分，按总概算的 0.5％。

仅实施项目前期工作代建服务的，按上述标准的 20％ 计费；仅实施项目施工建设和竣工验收阶段代建服务的，按上述标准的 80％ 计费。

（三）本文规定的代建服务费标准为上限指导标准，具体标准可通过招标确定。

附：代建服务费总额控制数费率表

代建服务费总额控制数费率表（单位：万元）　　　　表 3-5-37

总概算投资	费率（%）	算　　例	总概算投资	费率（%）	算　　例
5000	3	5000×3％＝150	20000～50000	1.5	475＋（B－20000）×1.5％＝A
5000～10000	2.5	150＋（B－5000）×2.5％＝A	50000 以上	0.5	925＋（B－50000）×0.5％＝A
10000～20000	2	275＋（B－10000）×2％＝A			

注：A 为代建服务费控制总额，B 为不含代建服务费的概算总投资。

二十三、上海市居住房屋买卖中介经纪收费（表 3-5-38～表 3-5-40）

居住房屋买卖中介经纪服务项目及收费标准　　　　表 3-5-38

序号	基本服务项目	基本服务内容	最高收费标准	
			买方	卖方
1	权籍调查	1. 向房地产交易中心调查、征询所交易房屋权利的来源、现状、有无抵押、有无权利限制等，做好书面记录 2. 调查、征询涉及权利人的处分要求和条件；核实处分资格、权利人和相关人的身份及权利等	房产交易中心登记成交价的 1％	房产交易中心登记成交价的 1％
	使用状况调查	1. 收集、调查、征询房屋的坐落环境，使用年限，有否隐瞒缺陷，房屋内的顶、墙、地、门、窗及设备等是否需要检测或修复，设备转让价格及有关费用的结清情况等 2. 向物业管理单位查询有无租赁、违章搭建、相邻关系侵权以及维修基金的缴纳和使用情况等		
	行情调查	1. 收集、调查、征询买卖价格的行情比较，税费结算，房屋户型比较，买卖双方的心理价格比较，有关政策变动的影响等 2. 进行各种形式的信息发布活动等		
	确定成交意向，订立交易合同	1. 陪同双方当事人实地踏勘房屋、设备、环境 2. 约定洽谈时间，沟通买卖双方的成交意向，出示和认定权籍资料，确定当事人身份等 3. 为成交双方选择合同文本，进行签约指导、见证，如实告知成交双方买卖合同的约定条款和注意事项、履行方式、支付房款的方式等		
	办理产权过户	双方当事人过户手续资料收集、报告、确认、确权时间约定，代收代付应由客户支付的税、费，完成所有交易过户、户口迁移、房屋入住手续		
2	办理房屋入住有关手续	水、电、煤、电话、有线电视等的过户和结算手续等	200 元	200 元
3	代办贷款	提供阶段性贷款担保，办理房地产抵押贷款及登记手续	400 元	—

续表

序号	基本服务项目	基本服务内容	最高收费标准	
			买方	卖方
4	单独办理产权过户	双方当事人过户手续资料收集、报告、确认、确权时间约定，代收代付应由客户支付的税、费，完成所有交易过户、户口迁移、房屋入住手续	300元	—

居住房屋租赁中介经纪服务项目及收费标准　　　表 3-5-39

基本服务项目	基本服务内容	最高收费标准	
		承租方	出租方
租赁中介经纪服务	1. 向房地产交易中心调查、征询所交易房屋权利的来源、现状，并做好书面记录 2. 收集、调查、征询房屋坐落环境，使用年限，有否隐瞒缺陷，房屋内的顶、墙、地、门、窗及设备等是否需要检测或修复等 3. 向物业管理单位查询有无租赁、违章搭建、相邻关系侵权、套内使用面积等情况 4. 收集、调查、征询租赁价格的行情比较、租赁双方的心理价位比较，有关政策规定等 5. 进行各种形式的信息发布活动等 6. 约定洽谈时间，沟通租赁双方的成交意向 7. 陪同双方当事人实地踏勘房屋、设备、环境 8. 出示和认定权籍资料，确定当事人身份等 9. 为成交双方选择合同文本，进行签约指导、见证，如实告知成交双方租赁合同的约定条款和注意事项、履行方式、支付租金的方式等	1个月租金的35%	1个月租金的35%

房屋登记费收费标准　　　表 3-5-40

登记项目	收费标准	计费方式
住房的权属登记	每件80元	
经济适用住房、配套商品房、公有住房出售的房屋权属登记	每件40元	
非住房的权属登记	每件550元	
因权利人名称变更而申请的房屋变更登记	住房每件40元；非住房每件275元	
房屋权属的查封登记、注销登记，因房地产登记机构错误造成的更正登记以及廉租住房租赁合同文件登记	不收取房屋登记费	按件收取（住房登记一套为一件；非住房登记的房屋权利人按规定申请并完成一次登记的为一件）
农民利用宅基地建设的住房登记	不收取房屋登记费，只收取房屋权属证书工本费，每证10元	
房屋权利人因丢失、损坏等原因申请补领证书	只收取房屋权属证书工本费，每证10元	
按规定对房屋坐落的街道或门牌号码变更，房屋权利人不需要重新申请房屋权属变更登记，因特殊情况确需申请的变更登记	不收取房屋登记费，只收取房屋权属证书工本费，每证10元	

二十四、司法鉴定收费标准

上海市贯彻执行《发改委、司法部关于印发〈司法鉴定收费管理办法〉的通知》的通知

沪发改价费〔2009〕010号

依照国务院司法行政部门有关规定，在本市行政区域内登记设立的司法鉴定机构和获

准执业的司法鉴定人，向委托人提供司法鉴定服务的收费行为都应该严格按照《司法鉴定收费管理办法》的规定执行。法医、物证、声像资料类司法鉴定收费项目严格按照《司法鉴定收费项目和收费标准基准价（试行）》执行，收费标准在国家规定的基准价的基础上适当上浮，上浮幅度最高不超过50％，下浮不限。实行协商收费的司法鉴定服务，司法鉴定机构应当向委托人提供鉴定费用的概算，经协商一致，由双方签字确认。司法鉴定机构与委托人协商收费时应当考虑以下主要因素：消耗的人、材、物等；司法鉴定的难易程度；委托人的承受能力；司法鉴定机构和鉴定人可能承担的风险和责任；司法鉴定机构和鉴定人的社会信誉和工作水平等。

附：司法鉴定收费管理办法

司法鉴定收费管理办法

发改价格［2009］2264 号

涉及财产案件的司法鉴定收费，根据诉讼标的和鉴定标的两者中的较小值，按照标的额比例分段累计收取。具体比例如下：

（一）不超过 10 万元的，按照办法所列收费标准执行；

（二）超过 10 万元至 50 万元的部分，按照 1％收取；

（三）超过 50 万元至 100 万元的部分，按照 0.8％收取；

（四）超过 100 万元至 200 万元的部分，按照 0.6％收取；

（五）超过 200 万元至 500 万元的部分，按照 0.4％收取；

（六）超过 500 万元至 1000 万元的部分，按照 0.2％收取；

（七）超过 1000 万元的部分，按照 0.1％收取。

二十五、税务师事务所服务收费

上海市税务师事务所服务收费（表 3-5-41）

关于规范本市税务师事务所服务收费促进
注册税务师行业发展的通知

沪发改价费［2010］003 号

本市依法设立的税务师事务所服务收费（包括涉税鉴证和涉税服务收费等）试行市场调节价。由税务师事务所根据业务耗费的工作时间、业务的难易程度、委托人的承受能力、注册税务师承担的风险和责任、注册税务师的社会信誉和工作水平等因素，制定具体收费标准。

税务师事务所接受委托，应当与委托人签订涉税鉴证业务或者涉税服务业务收费合同（协议），或者在委托合同（协议）中载明收费条款。税务师事务所可以向委托人预收全部或部分服务费用，预收费用应当在收费合同（协议）或收费条款中明确约定。除约定的预收费用外，税务师事务所和承办人不得在提供服务前收取其他各种费用。收费合同（协议）或收费条款应包括：收费项目、收费标准、收费方式、收费金额、预收费用、付款和结算方式、争议解决方式等内容。

关于上海市注册税务师业务收费标准（试行）的通知

沪税协〔2006〕9号　　　　　　　　　　　　　　　　　　　表 3-5-41

项目	服务项目	收费标准
咨询类	1. 单项税务咨询	(1) 所长及税务顾问 800～2000 元/小时 (2) 执业注册税务师 300～800 元/小时 (3) 其他咨询人员 300 元以下/小时
	2. 常年税务咨询	5000 元/年 以下
	3. 常年税务顾问	(1) 上年销售（营业）额 1 亿元以下，收费标准为 3000～30000 元/年 (2) 上年销售（营业）额 1 亿～5 亿元，收费标准为 3 万～10 万元/年 (3) 上年销售（营业）额 5 亿～10 亿元，收费标准为 10 万～15 万元/年
代理类	1. 代理企业税务开业登记、变更、年检、换证	200 元/次起（不含工本费）
	2. 代理企业增值税一般纳税人申请	100 元/次起（不含工本费）
	3. 代理企业纳税申报	(1) 代理企业流转税申报 50 元/次起 (2) 代理企业所得税申报 200 元/次起 (3) 代理个人所得税申报 50 元/次起
	4. 代理增加发票供应量申请，十万元、百万元或临时开具大票面发票申请	2000 元/次起
	5. 代理非贸易付汇的税务出证	5000 元/次起
	6. 代理企业办理免、抵、退手续等	基本价格 3000 元/年，并按退税金额 3‰～1％收取费用
	7. 民福企业退税手续	按退税金额 2％收取费用
	8. "一机多卡"共享开票	基本价格 100 元/月起，超过 20 张，每张 5 元
	9. 代理其他涉税事宜	协商收费
	10. 代理税务行政复议事项	协商收费
鉴证类	1. 企业注销税务登记税收清理鉴证 2. 企业所得税汇算清缴纳税申报鉴证 3. 企业税前弥补亏损鉴证	资产总额 100 万元以下　　　　　　　收费标准 6000 元 资产总额 100 万～500 万元以下　　　收费标准 10000 元 资产总额 500 万～1000 万元以下　　收费标准 15000 元 资产总额 1000 万～5000 万元以下　　收费标准 20000 元 资产总额 5000 万～1 亿元以下　　　收费标准 30000 元 资产总额 1 亿元以上（含 1 亿元）　　收费标准万分之三
	4. 企业财产损失鉴证	报损金额 5 万元以下　　　　　　　　　每笔 2000 元 报损金额 5 万～10 万元以下部分　　　收费费率 4％ 报损金额 10 万～100 万元以下部分　　收费费率 3％ 报损金额 100 万～500 万元以下部分　　收费费率 1％ 报损金额 500 万元以上部分（含 500 万元）收费费率 0.5％
	5. 房地产企业销售毛利额差异鉴证	营业收入 1000 万元以下　　　　　　　每户 5000 元 营业收入 1000 万～5000 万元以下部分　收费费率万分之五 营业收入 5000 万～1 亿元以下部分　　收费费率万分之三 营业收入 1 亿元以上部分（含 1 亿元）　收费费率万分之一
	6. 土地增值税清算鉴证	营业收入 1000 万元以下　　　　　　　每户 5000 元 营业收入 1000 万～5000 万元以下部分　收费费率万分之三 营业收入 5000 万～1 亿元以下部分　　收费费率万分之二 营业收入 1 亿元以上部分（含 1 亿元）　收费费率万分之一

项目	服务项目	收费标准	
鉴证类	7. 研发费加计扣除鉴证	研发费金额 25 万元以下	每笔 2500 元
		研发费金额 25 万～50 万元以下部分	收费费率 1%
		研发费金额 50 万～100 万元以下部分	收费费率 0.8%
		研发费金额 100 万～500 万元以下部分	收费费率 0.6%
		500 万元以上部分	收费费率 0.4%
	8. 高新技术认定	5000 元/项/年起	
	9. 其他鉴证	每户 5000 元起	
筹划	税收筹划	协商收费	
培训类	1. 高端税务专项培训	500～2000 元/小时/人，场地费用、教材费用另收	
	2. 基础税务培训	(1) 办税员培训	100 元/人/天 起
		(2) 发票管理员培训	100 元/人/天 起
		(3) 企业所得税汇算清缴培训	100 元/人/天 起
		(4) 企业财税知识单项培训（申报、会计报表、税法等）	100 元/人/天 起
		(5) 涉及政府补贴的项目，不收培训费用	
其他	1. 代理记账	300 元/月起	
	2. 制作涉税文书	协商收费	

二十六、会计师事务所服务收费

上海市会计师事务所服务收费（表 5-42）

上海市会计师事务所服务收费管理办法（试行）

沪价费〔2003〕051 号

本市会计师事务所服务收费方式可分为计件收费和计时收费。计件收费标准由会计师事务所按业务规程根据本事务所的平均工作时间、工作复杂程度、可能承担的风险和责任等实际情况自行制订和调整。

采用计时收费的，收费金额按照会计师计时收费标准和按计算规则规定的办理审计、验资、年检和其他专项服务的计费工作时间确定。个人的计时收费标准按不同岗位、不同职务确定。

计费工作时间是会计师事务所办理会计师业务的有效工作时间，包括企业内控制度的调查，向委托人了解情况，查阅账册、报表，起草报告和法律文书等其他有关专业服务的时间。各会计师事务所应根据中国注册会计师协会制定的独立审计准则规定的业务规程，制定本所的计费工作时间计算规则。

会计服务收费实行自愿有偿、委托人付费的原则，具体采取协议形式。会计师事务所与委托人在明码标价的范围内可以在委托合同或业务约定书中订明收费条款，也可以单独订立收费协议。收费条款或收费协议应当对收费方式、收费标准或收费总额、付款方式等收费内容予以明确。

会计报表审计(按资产总额)	指标口径	50万以下(含50万)	50~100万(含100万)	100~500万(含500万)	500~1000万(含1000万)	1001~2000万(含2000万)	2001~5000万(含5000万)	5001~1亿(含1亿)
	收费标准	2000	2500	4000	5000	7000	10000	15000
验资(按本次验证资本额)	指标口径	50万以下(含50万)	50~100万(含100万)	100~500万(含500万)	500~1000万(含1000万)	1001~2000万(含2000万)	2001~5000万(含5000万)	5001~1亿(含1亿)
	收费标准	1000	1500	2500	3500	4500	6000	8000

二十七、律师服务收费标准

上海市律师服务收费标准

上海市律师服务收费政府指导价标准

沪价费〔2009〕004 号

（一）计件收费

1. 代理刑事案件

（1）在侦查阶段提供法律咨询、代理申诉、控告、申请取保候审：1500~10000 元/件；

（2）审查起诉阶段：2000~10000 元/件；

（3）一审阶段：3000~30000 元/件。

代理刑事自诉案件或担任被害人代理人的，按照上述标准酌减收费。

2. 代理不涉及财产关系的民事、行政诉讼和国家赔偿案件：3000~12000 元/件。

（二）按标的额比例收费

代理涉及财产关系的民事、行政诉讼和国家赔偿案件可以根据诉讼标的额，按照下列比例分段累计收费：

10 万元以下（含 10 万元）部分收费比例为 8%~12%，收费不足 3000 元的，可按 3000 元收取；

10 万元以上至 100 万元（含 100 万元）部分收费比例为 5%~7%；

100 万元以上至 1000 万元（含 1000 万元）部分收费比例为 3%~5%；

1000 万元以上至 1 亿元（含 1 亿元）部分收费比例为 1%~3%；

1 亿元以上部分收费比例为 0.5%~1%。

（三）计时收费

代理刑事、民事、行政诉讼案件和国家赔偿案件，以及代理各类诉讼案件的申诉的计时收费标准为 200~3000 元/小时。

（四）收费说明

1. 刑事案件的犯罪嫌疑人、被告人同时涉及数个罪名或数起犯罪事实，可按照所涉罪名或犯罪事实分别计件收费。

刑事附带民事诉讼案件的民事诉讼部分，按照民事诉讼案件标准收费。

2. 民事、行政诉讼案件同时涉及财产和非财产关系的，可按较高者计算。反诉案件，可在本诉案件收费的基础上与委托人协商确定。

3. 代理各类诉讼案件的申诉，按照一审阶段收费标准执行。

4. 重大、疑难、复杂诉讼案件经律师事务所与委托人协商一致，可以在不高于规定标准 5 倍之内协商确定收费。重大、疑难、复杂案件的认定标准及相关办法由市律师协会另行制定，报市价格主管部门和市司法行政部门备案。

5. 前述收费标准，除另有指明外，是指诉讼案件一审阶段的收费标准。单独代理二审、死刑复核、再审、执行案件的，按照一审阶段收费标准执行。曾代理前一阶段的，后一阶段起减半收取。

二十八、降低部分建设项目收费标准规范收费

关于降低部分建设项目收费标准规范收费行为等有关问题的通知

发改价格〔2011〕534 号

住房城乡建设部、环境保护部，各省、自治区、直辖市发展改革委、物价局：

为贯彻落实国务院领导重要批示和全国纠风工作会议精神，进一步优化企业发展环境，减轻企业和群众负担，决定适当降低部分建设项目收费标准，规范收费行为。现将有关事项通知如下：

（一）降低保障性住房转让手续费，减免保障性住房租赁手续费。经批准设立的各房屋交易登记机构在办理房屋交易手续时，限价商品住房、棚户区改造安置住房等保障性住房转让手续费应在原国家计委、建设部《关于规范住房交易手续费有关问题的通知》（计价格〔2002〕121 号）规定收费标准的基础上减半收取，即执行与经济适用住房相同的收费标准；因继承、遗赠、婚姻关系共有发生的住房转让免收住房转让手续费；依法进行的廉租住房、公共租赁住房等保障性住房租赁行为免收租赁手续费；住房抵押不得收取抵押手续费。

（二）规范并降低施工图设计文件审查费。各地应加强施工图设计审查收费管理，经认定设立的施工图审查机构，承接房屋建筑、市政基础设施工程施工图审查业务收取施工图设计文件审查费，以工程勘察设计收费为基准计费的，其收费标准应不高于工程勘察设计收费标准的 6.5%；以工程概（预）算投资额比率计费的，其收费标准应不高于工程概（预）算投资额的 2‰；按照建筑面积计费的，其收费标准应不高于 2 元/平方米。具体收费标准由各省、自治区、直辖市价格主管部门结合当地实际情况，在不高于上述上限的范围内确定。各地现行收费标准低于收费上限的，一律不得提高标准。

（三）降低部分行业建设项目环境影响咨询收费标准。各环境影响评价机构对估算投资额 100 亿元以下的农业、林业、渔业、水利、建材、市政（不含垃圾及危险废物集中处置）、房地产、仓储（涉及有毒、有害及危险品的除外）、烟草、邮电、广播电视、电子配件组装、社会事业与服务建设项目的环境影响评价（编制环境影响报告书、报告表）收费，应在原国家计委、国家环保总局《关于规范环境影响咨询收费有关问题的通知》（计价格〔2002〕125 号）规定的收费标准基础上下调 20% 收取；上述行业以外的化工、冶金、有色等其他建设项目的环境影响评价收费维持现行标准不变。环境影响评价收费标准中不包括获取相关经济、社会、水文、气象、环境现状等基础数据的费用。

（四）降低中标金额在 5 亿元以上招标代理服务收费标准，并设置收费上限。货物、服务、工程招标代理服务收费差额费率：中标金额在 5 亿～10 亿元的为 0.035％；10 亿～50 亿元的为 0.008％；50 亿～100 亿元为 0.006％；100 亿元以上为 0.004％。货物、服务、工程一次招标（完成一次招标投标全流程）代理服务费最高限额分别为 350 万元、300 万元和 450 万元，并按各标段中标金额比例计算各标段招标代理服务费。

中标金额在 5 亿元以下的招标代理服务收费基准价仍按原国家计委《招标代理服务收费管理暂行办法》（［2002］1980 号，以下简称《办法》）附件规定执行。按《办法》附件规定计算的收费额为招标代理服务全过程的收费基准价格，但不含工程量清单、工程标底或工程招标控制价的编制费用。

（五）适当扩大工程勘察设计和工程监理收费的市场调节价范围。工程勘察和工程设计收费，总投资估算额在 1000 万元以下的建设项目实行市场调节价；1000 万元及以上的建设项目实行政府指导价，收费标准仍按原国家计委、建设部《关于发布〈工程勘察设计收费管理规定〉的通知》（计价格［2002］10 号）规定执行。

工程监理收费，对依法必须实行监理的计费额在 1000 万元及以上的建设工程施工阶段的收费实行政府指导价，收费标准按国家发展改革委、建设部《关于印发〈建设工程监理与相关服务收费管理规定〉的通知》（发改价格［2007］670 号）规定执行；其他工程施工阶段的监理收费和其他阶段的监理与相关服务收费实行市场调节价。

（六）各地应进一步加大对建设项目及各类涉房收费项目的清理规范力度。要严禁行政机关在履行行政职责过程中，擅自或变相收取相关审查费、服务费，对自愿或依法必须进行的技术服务，应由项目开发经营单位自主选择服务机构，相关机构不得利用行政权力强制或变相强制项目开发经营单位接受指定服务并强制收取费用。

本通知自 2011 年 5 月 1 日起执行。现行有关规定与本通知不符的，按本通知规定执行。

第六节　建设项目行政事业性收费

上海市建设项目行政事业性收费目录（表 3-6-1）

上海市建设项目行政事业性收费目录（2011 版）　　　　　表 3-6-1

部门	序号	收费项目名称		收费标准	批准文号	批准依据	备注
		一级项目	二级项目				
建交委	13	城市道路挖掘修复费		见文件(上海市城市掘路修复工程结算标准)	沪价涉［92］232 号	财预［2003］470 号	▲
	14	临时占道费		市区甲等 2 元/m²·天；乙等 1 元/m²·天；郊区一级 1 元/m²·天；二级 0.5 元/m²·天	沪价费［95］195 号	财预［2003］470 号	▲

部门	序号	收费项目名称		收费标准	批准文号	批准依据	备注
		一级项目	二级项目				
	15	公路路产损坏赔(补)偿费		见文件	沪价费[2005]27号 沪财预联[2005]9号	《公路法》	▲
	16	市政设施损坏赔偿费		见文件(按市政工程养护维修定额)	沪价涉[92]232号	市人大[94]11号公告	▲
	29	河道修建维护管理费		按增、营、消税额的1%，2007年底前外商企业减半征收。	沪府办发[2006]9号	沪府办发[2006]9号 价费字[1992]181号	▲
气象	31	避雷装置安全检测费		每根座套60元；高度每增加1米增收1元；环路外交通费每公里0.60元	沪价涉[92]336号	沪府发[2000]18号	▲
住房保障	32	房地产登记费	房屋登记费	见文件	沪价商(2008)3号	价费字[92]179号	▲
	33		土地登记费	见文件	沪财预联[2005]4号 沪价商[2005]7号 沪价商[2008]3号	价费字[92]179号	▲
	34	房地产交易手续费		见文件	沪价房[1997]314号 沪价商[2002]12号 沪财预[2002]15号	计价格[2002]121号	▲
	35	房地产资料查阅费	(1)房地产登记资料查阅费	5元/件，每次每套不超过20元，一次查阅20套以上部分，每次每套10元，复印费A3纸0.4元/页，A4纸0.2元/页	沪价商[2007]7号 沪价商[2005]7号 沪财预[2011]11号	沪府发[98]26号	▲
	36		(2)房屋土地调查成果资料查阅费	查阅勘丈资料每套25元，复制勘丈资料每套150元，地籍图复制费减半征收，即30～60元/幅(个人住房产权证所附地籍图25元)	沪价商[2007]7号 沪价商[2005]7号 沪财预[2011]11号	沪府发[98]26号	▲
	37	产权证工本费		见文件	沪价商[2008]3号	财综[2004]5号	

部门	序号	收费项目名称		收费标准	批准文号	批准依据	备注
		一级项目	二级项目				
规土	42	外商投资企业场地使用费		每亩 0.50~170 元	沪府发[95]38 号	沪府发[95]38 号 财企[2008]293 号	▲
	43	土地收益金		见文件	沪房地资金[2003]339 号	沪府发[1999]44 号	
	44	耕地开垦费		37.5 元/m²	沪价商[2001]53 号 沪财预[2001]122 号	《土地管理法》	▲
	45	土地复垦费		破坏耕地的，15 元/m²；破坏非耕农用地的，7.5 元/m²	沪价商[2001]53 号 沪财预[2001]122 号	《土地管理法》	▲
	46	土地闲置费		见文件	沪价商[2001]53 号 沪财预[2001]122 号	《土地管理法》	▲
	47	土地、青苗补偿费	(1) 土地补偿费	见文件	沪发改价督[2009]13 号	《土地管理法》	▲
	48		(2) 青苗补偿费	见文件	沪价商[2006]9 号	《土地管理法》	▲
	49	城镇个人使用国有土地地租		0.015~0.06 元/m²	沪价涉[92]188 号		
环保	51	排污费		见文件	沪财预[2003]89 号 沪价费[2003]77 号 沪发改价费[2008]7 号 沪价费[2008]8 号	国务院令第 369 号	▲
	52	环境监测服务费		见文件	沪价费[2005]51 号 沪财预联[2005]28 号	价费字[92]178 号	▲
绿化市容	54	户外广告公共阵地使用费		见文件	沪财预[2007]55 号	市府[2004]43 号令	▲
	56	义务植树费		6 元/人·年	沪价涉[92]320 号	价费字[92]196 号	▲
	57	绿化补建费		见文件	沪价费[2007]13 号	上海市绿化条例	▲
	58	绿地易地补偿费		见文件	沪价费[2007]13 号	上海市绿化条例	▲
	59	绿化补偿费		见文件	沪价费[2006]27 号	上海市绿化条例	▲
	60	临时使用绿地补偿费		1~3 元/日·m²	沪价费[2006]27 号	上海市绿化条例	▲
	61	林地补偿费		见文件		价费字[92]196 号	▲

部门	序号	收费项目名称		收费标准	批准文号	批准依据	备注
		一级项目	二级项目				
民防	63	民防工程使用费		1～10 元/月·m²	沪价费[95]118 号 沪价房[99]305 号	人防委字[85]9 号	▲
	64	民防工程建设费		60 元/m²	沪价房[96]179 号 沪财综[96]46 号	中发(01)9 号	▲
	65	民防工程拆除补偿费		1150～3500 元/m²	沪价房[99]305 号 沪财综[99]50 号	市府[93]36 号令	▲
公安	132	治安管理其他收费	(1)城市建设费	老市区 4 万元、新市区 2 万元、郊县 1 万元	沪价涉[92]191 号	沪府办[87]26 号	
工商	167	企业注册登记费	(1)开业注册登记费	见文件	沪财预[2003]26 号	价费字[92]414 号	▲
	168		(2)变更登记费	见文件	价费字[92]414 号	价费字[92]414 号 计价格[98]1077 号	▲
	169		(3)年度检验费	见文件	同上	价费字[92]414 号	▲
	176	企业登记资料查阅费	(1)档案资料查阅费	机读材料 10 元/户 书式材料 50 元/户	沪财综[2000]136 号 沪价费[2001]7 号 沪财预[2011]11 号	沪府办发[88]2 号	▲
	177		(2)档案证明费	见文件	沪财综[2000]136 号 沪价费[2001]7 号	同上	▲
	178		(3)档案保护费	0.10 元/页	同上	同上	▲
人力社保	179	代单位保管人事档案		100～200 元/人·年，单纯存档、代个人保管档案不收费（100 元/人·年收费对象为私营企业、个体工商户）	沪价行[1997]241 号 沪财综[1997]43 号 沪财预[2011]11 号	价费字[92]253 号	▲
质量技监	231	产品质量监督检验收费	(1)产品质量监督检验收费	见文件	价费字[92]496 号	价费字[92]496 号	▲
	240	特种设备检验检测费	(1)电梯检测	见文件	沪价涉[92]177 号	财综[2009]1 号	▲
	241		(2)起重机设备检测	见文件	沪价涉[92]177 号	同上	▲
档案	252	档案保护费		见文件	沪财预[2005]97 号 沪价费[2005]57 号	价费字[92]130 号	▲

续表

部门	序号	收费项目名称		收费标准	批准文号	批准依据	备注
		一级项目	二级项目				
	254	档案证明费		见文件	同上	价费字[92]130号	▲
仲裁	259	仲裁案件收费		见文件	沪财预[2005]80号 沪价费[2005]55号	国办发[95]44号	▲

凡标注"▲"的项目，为涉企收费。

第七节　房地产行政事业性收费标准（表3-7-1）

上海市房地产行政事业性收费标准　　　　　　　表 3-7-1

项　目　名　称		收费标准
一级项目	二级项目	
房地产登记费	1. 土地登记费	初始登记费：按登记项目价格总额和差额定率分档累进收取，100万元以下（含100万元）费率0.2%；100万~2000万元（含2000万元）费率0.08%；2000万~5000万元（含5000万元）费率0.06%；5000万~10000万元（含10000万元）费率0.04%；10000万元以上费率0.02%. 抵押登记费：按前述收费标准减半
	2. 房屋登记费	住房每件80元，非住房每件550元
矿产资源勘查登记费		每次50~100元
采矿登记费		每次100~500元
地质成果资料有偿使用费		目录电脑检索及开据证明费每次3元；文字报告及表每25页3元；图件（全开或超全开）每次3元
地质成果资料复制工本费		抄录测量水准点费每个3元，复制工程测量、工程地质、水文地质报告每册按（材料费＋人工费）×1.5收取，复制单孔地质资料每套按勘探成本费的5%~10%收取
矿产资源补偿费		矿泉水费率4%、每吨7元；建筑石材费率2%、每吨0.70元；砖瓦黏土费率2%
探矿权、采矿权使用费		100元/次；1000元/次
房地产交易手续费		新建住房每平方米3元，转让方承担，存量房每平方米5元，转让双方各承担50%，新建非住房按房价0.08%，转让双方承担，存量非住房按房价0.5%，受让方承担，差价换房按差额0.5%，支付差额方承担

续表

项 目 名 称		收费标准
一级项目	二级项目	
非城镇地区国有土地统筹费		0.25～1元/m²
外商投资企业土地使用费		每亩 0.50～170 元
房地产资料查阅费	1. 房地产登记资料查阅费	每件（每大类信息）5 元，每次每套最高不超过 30 元，一次查阅超过 20 套以上部分，每次每套最高不超过 10 元
	2. 房屋土地调查成果资料查阅费	查阅每套 50 元，复制每套 300 元，地籍图每幅 65～120 元
耕地开垦费		37.5 元/m²
土地复垦费		破坏耕地的，15 元/m²；破坏非耕农用地的，7.5 元/m²
土地闲置费		内环线以内每年每平方米 12 元，内外环线之间每年每平方米 8 元，外环线以外每年每平方米 4 元，
土地、青苗补偿费	1. 土地补偿费	每亩 16000～26400 元
	2. 青苗补偿费	粮棉地每亩 1570 元，蔬菜地每亩 2750～3260 元
产权证工本费		每证 10 元
城镇个人使用国有土地地租		0.015～0.06 元/m²
住宅建设配套费		320 元/m²
民防工程使用费		1～10 元/月·m²
民防工程建设费		60 元/m²
民防工程拆除补偿费		1150～3500 元/m²

第八节　住房建设收费项目汇总（表3-8-1）

上海市住房建设收费项目汇总 表 3-8-1

序号	单位	收费项目名称	收费依据（法律、法规的条款和内容）	收费标准	收费标准依据	收费的起始时间	备注
1	建交委	▲建设工程招投标交易服务费	市物价局《关于本市建设工程勘察、设计、施工及建材、专业等招投标交易服务费有关事项的复函》[沪价费(2004)065号]	中标价的 0.036%～0.048%	沪价费[2004]065 号	2005 年 1 月	差额定率累进收费
2		▲勘察交易服务费		100～10000 元/件	沪价费[2004]065 号		
3		▲设计交易服务费		250～28000 元/件	沪价费[2004]065 号		
4		▲监理交易服务费		监理费用的 0.28%。	沪价费[2004]065 号		低于 50 元时收 50 元，高于 4000 元时收 4000 元

序号	单位	收费项目名称	收费依据（法律、法规的条款和内容）	收费标准	收费标准依据	收费的起始时间	备注
5	建交委	★黏土砖专项资金	《上海市禁止和限制使用黏土砖管理暂行办法》[市府(2000)90号令]	实心砖0.10元/块空心砖0.005元/块	沪财预[2001]9号、沪价费(2001)	2001年1月	违规使用加倍征收
6		建设工程使用袋装水泥	市财政局、市建设和管理委员会《关于印发〈上海市散装水泥专项资金征收和使用管理实施办法〉的通知》[沪财建(2002)111号]	3元/吨	沪财建[2002]111号	2002年7月	
7		生产企业销售袋装水泥	《上海市散装水泥专项资金征收和使用管理实施办法》	1元/吨	沪财建[2002]111号	2002年7月	
8		▲黏土砖交易服务费	市物价局《关于本市建设工程勘察、设计、施工及建材、专业等招投标交易服务费有关事项的复函》沪价费(2004)065号	4元/1万标块	沪价费[2004]065号	2005年1月	代收
9		▲混凝土小型空心砌块交易服务费		0.4元/m³	沪价费[2004]065号	2005年1月	代收
10		▲水泥交易服务费		0.20元/吨	沪价费[2004]065号	2005年1月	代收
11		▲住宅小区内供水管道工程费	市物价局《关于核定住宅建设中街坊内自来水管道施工收费的复函》[沪价经(1998)第240号]	17.5元/m²	沪价经[1998]第240号	2005年9月	按总建筑面积计量
12		▲新建住宅校验用水费	市水务局《关于自来水收费中有关问题的批复》(沪水务[2001]878号)	1.58元/m²	沪水务[2001]878号	2005年9月	
13		▲自来水管道拆除施工费、用水费	市物价局《关于核定住宅建设中街坊内自来水管道施工收费的复函》(沪价经[1998]第240号)	安装总水表收取直接材料费；水费按实际使用量和价格收取	沪价经[1998]第240号	2005年9月	直接材料费指进价
14		建房综合保险	沪府办[2005]54号、南府办[2005]104号、南府办公[97]1号、南府办公[99]233号	0.2%～0.4%(南汇0.3%)	中国保监会对上海安信农业保险公司的备案表	2006年5月	代收

续表

序号	单位	收费项目名称	收费依据 （法律、法规的 条款和内容）	收费标准	收费标准 依据	收费的起始 时间	备注
15		★土地使用金	沪府发〔1996〕59号《上海市土地使用权出让办法》、市政府101号令	每年每平方米1元	沪府发〔1996〕59号、沪价涉〔92〕188号	1996年10月	
16		★非城镇地区国有土地统筹费	非城镇地区国有土地征收土地使用统筹费的通知	每年每平方米0.3～0.7元	沪府办〔92〕5号、沪价涉〔92〕188号	1992年1月	
17		★耕地开垦费	《土地管理法》	37.5元/m²	沪价商〔2001〕53号、沪财预〔2001〕12号	2002年1月1日	
18		★房屋拆迁管理费	价费字〔93〕13号国家物价局、财政部《关于发布城市房屋拆迁管理费的通知》	非市政工程建设项目0.50%，市府重大工程建设项目0.2%等，详见文件	沪建研〔95〕426号		拆迁安置费用
19		★住宅建设配套费	沪府〔99〕78号	320元/m²	沪府〔95〕66号		
20	房地局	★房地产登记费（房地产权属登记费、房地产他项权利登记费、预告登记费、异议登记、文件备案登记费）	价费字〔92〕179号	初始登记费是登记项目总额的0.02%～0.2%，详见文件	沪财预联〔2005〕4号、沪价商〔2005〕7号		累进计费率
21		★房地产交易手续费	计价格〔2002〕121号	商品房：新建3元/m²，存量5元/m²	沪价商〔2002〕12号、沪财预〔2002〕15号		
22		★房地产资料查阅费（房地产登记资料查阅、房屋土地调查成果资料查阅）	沪府发〔98〕26号	查阅登记资料5元/件，详见文件	沪财预联〔2005〕4号、沪价商〔2005〕7号		
23		★产权证工本费	财综〔2004〕5号	25元/证、农民建房15元/证	沪财预〔2004〕20号、沪财综〔98〕61号		
24		★地籍图复制费	《关于核准本市房地产登记、资料查阅收费项目及标准的函》	1:500的每幅65元，1:1000的每幅92元，1:2000的每幅120元	沪财预联〔2005〕4号、沪价商〔2005〕7号	2005年	

序号	单位	收费项目名称	收费依据 （法律、法规的 条款和内容）	收费标准	收费标准 依据	收费的起始 时间	备注
25	房地局	★征地包干管理费	《上海市国家建设征用土地费包干使用办法》第8条：征地管理费按土地补偿、青苗补偿、地上地下附着物补偿、安置补助、新菜地开发建设基金及本市规定的其他有关费用总额计算提取。其标准一般为百分之二；对征地数量较大，动迁工作量相对较小的，取费标准应低于百分之二；对征地数量较少，动迁工作量转大的，可适当提高取费比例，但最高不超过3%	土地补偿、青苗补偿、地上地下附着物补偿、安置补助、新菜地开发建设基金及本市规定的其他有关费用总额的1.4%	沪府发〔1987〕58号；沪价商〔2002〕009号、沪财预〔2002〕024号	2005年5月	
26		▲拨地钉桩费	《关于核准本市房地产登记、勘丈和资料查阅收费项目及标准的函》	每件1304元，每增加一个桩为326元	沪价商〔2001〕42号	2001年	
27		▲房地产勘丈费	《关于核准本市房地产登记、勘丈和资料查阅收费项目及标准的函》		沪价商〔2001〕42号	1997年7月	
28		▲用地面积分摊勘丈费		0.3元/m²			
29		▲房屋建筑面积预测勘丈费		0.2元/m²	沪价商〔2001〕42号		
30		▲房屋建筑面积实测勘丈费		0.3元/m²			
31	公安局	★门弄(楼)号牌制作工本费	《上海市门弄号管理办法》（沪府〔1998〕56号） 关于印发《关于贯彻执行〈上海市门弄号管理办法〉的实施意见》的通知（沪公发〔99〕79号）	门牌 20元/块 弄牌 40元/块 楼牌 120元/块 1号式铜牌 140元/块 2号式铜牌 160元/块 3号式铜牌 180元/块	上海市物价局沪价费〔2004〕第57号和上海市财政局沪财预〔2004〕第71号文	1999年	

续表

序号	单位	收费项目名称	收费依据 (法律、法规的 条款和内容)	收费标准	收费标准 依据	收费的起始 时间	备注
32	发改委	▲IC 卡智能费		按实结算	南价[2006] 31 号文	2006 年 11 月	
33		▲燃气设施费	《上海市燃气管理条例》第二十七条："燃气价格及服务收费项目和收费标准,应当按照价格法律、法规的有关规定执行。"	730 元/户	沪价公[2002] 025 号	2002 年 1 月	
34		▲安装费		165 元/户	沪价经[1998] 232 号	2002 年 1 月	
35		▲住宅小区燃气管道工程费		24.5 元/m²	沪价经[1998] 115 号		
36	司法局	▲公证费(非经营性开奖抽号)	《中华人民共和国公证法》第 34 条"当事人应当按照规定支付公证费。"	500 元/件	沪价行[1999] 第 229 号、沪司发计则[1999] 24 号	1999 年 8 月 1 日	
37	民防办	★民防工程建设费	中发(01)9 号	60 元/m²	沪价房[96] 179 号 沪财综[96] 46 号	1996 年	
38		★民防工程拆除补偿费	市府[93]36 号令	1150~3500 元/m²	沪价房[96] 305 号 沪财综[99] 50 号		
39	规划局	▲规划设计费		居住详规基价 5 万元,详见 文件	沪价费[2004] 058 号	2004 年	
40		▲晒图费		1:1000 92 元/张 1:2000 120 元/张		1997 年 8 月	代市测 绘院收
41		▲测量费		见文件	国测财字 [2002]003 号	1998 年 3 月	
42	文广局	▲住宅小区有线电视网络工程费	上海市南汇区物价局[2006]017 号文同意收取住宅小区有线电视网络工程费	多层每平方米 20 元 高层每平方米 18 元 连体别墅每平方米 30 元 独立别墅每平方米 35 元	南价[2006] 017 号	2006 年 4 月 14 日	

续表

序号	单位	收费项目名称	收费依据 （法律、法规的 条款和内容）	收费标准		收费标准 依据	收费的起始 时间	备注
43	文广局	▲有线电视安装费	上海市南汇区物价局（南价〔2006〕017号）关于规范南汇区有线电视收费标准的复函	城镇居民用户每终端330元		南价〔2006〕017号	2006年4月14日	
				农村居民用户每终端480元				
				若需安装二端或二端以上的，每增加一个终端加收100元				
				机关、事业单位、工厂、商业、宾馆最高不超过600元/端				
44		▲有线电视移机费	南汇县物价委员会（南价〔1997〕064号）关于调整本县有线电视安装费标准的通知	移装终端100元/端		南价〔1997〕064号	1997年7月25日	
45	环保局	★噪声超标排污费	国务院第369号令《排污费征收使用管理条例》第十二条依照环境噪声污染防治法的规定，产生环境噪声污染超过国家环境噪声标准的，按照排放噪声的超标声级缴纳排污费。2003年2月28日国家发展计划委员会、财政部、国家环境保护总局、国家经济贸易委员会第31号令《排污费征收标准管理办法》。	超标分贝数	1	沪财预〔2003〕89号	2003年7月	
				收费标准元/月	350			
				超标分贝数	9	沪价费〔2003〕77号		
				收费标准元/月	2200			
46		★验收监测服务费	《建设项目竣工环境保护验收管理办法》（国环发〔2001〕13号令）《关于建设项目环境保护设施竣工验收监测管理有关问题的通知》（环发〔2000〕38号）	根据方案确定		沪价费〔2005〕051号、沪财预联〔2005〕28号	2006年2月1日	

序号	单位	收费项目名称	收费依据 （法律、法规的 条款和内容）	收费标准	收费标准 依据	收费的起始 时间	备注
47	环保局	★环境现状监测费	《中华人民共和国环境影响评价法》	根据方案确定	沪价费〔2005〕051号、沪财预联〔2005〕28号	2006年2月1日	
48		▲排水设施使用费	《上海市排水设施使用费征收管理办法》	一般排水户1.04元/m³ 重点监测户口1.26元/m³	南价〔2005〕028	2005年7月	
49		▲检测井委托养护	依据检测井委托养护协议	φ300管径每座一年870元	《上海市排水管道设施养护维修年度经费定额》、《上海市政设施养护维修定额》	2002年4月	

注：带▲为经营服务性收费，带★为行政事业性收费。

第四章 建设项目决策阶段投资控制

投资是现代社会最常见、最重要的经济活动之一，一般把为建造厂房、住宅、矿山、道路等土木工程，购置机械设备以及增加存货等投入的资金作为投资。投资的范围是相当广泛的。工程项目建设使用的投资概念，在无特别声明的情况下，一般是作为固定资产投资的简称。投资建设是实现社会扩大再生产的根本途径，是保持经济和社会长期稳定发展的重要手段。我国的投资项目周期划分为立项决策阶段、设计及准备阶段、实施阶段和竣工验收交付使用阶段四个阶段。投资估算过程中的方案比选、优化设计和限额设计能控制工程项目全过程建设80％的工程造价费用。

第一节 建设项目投资决策

一、固定资产投资

固定资产投资是指用于建设和形成固定资产的投资，即用于建立新的固定资产或更新改造原有固定资产的投资行为。

（一）固定资产投资额

固定资产投资额是指在一定时期内以货币形式表现的建造和购置固定资产的工作量。它反映的是固定资产投资规模、速度和投资比例关系的综合性指标，又是观察工程进度、检查投资计划和考核投资效果的重要依据。

固定资产投资额是根据工程的实际进度按预算价格计算的工作量，不包括没有用到工程实体上的建筑材料、工程预付款和没有进行安装的需要安装的设备价值。固定资产投资额由三种不同性质的内容构成，即：建筑安装工程，设备、工具、器具购置和其他费用。

（二）投资价格指数

投资价格指数是反映固定资产投资额价格变动趋势和程度的相对数。固定资产投资额是由建筑安装工程投资完成额，设备、工器具购置投资完成额和其他费用投资完成额三部分构成的。编制固定资产投资价格指数应先编制上述三部分投资的价格指数，然后采用加权算数平均法求出固定资产投资价格总指数。

二、全社会固定资产投资

投资活动的经济主体，简称为投资主体或投资者。投资主体可以是有权代表国家投资的政府部门、机构，也可以是企业、事业或个人。投资活动是为了获得一定的投资效益。投资效益可以体现在经济效益上，如经营性投资项目，也可以体现在社会效益和环境效益上，如公益性投资项目。

固定资产投资是社会固定资产再生产的主要手段。通过建造和购置固定资产的活动，国民经济不断采用先进的技术装备，建立新兴部门，进一步调整经济结构和生产力的地区分布，增强经济实力，为改善人民物质文化生活创造物质条件。这对我国的社会主义现代化建设具有重要意义。

（1）国家预算内资金：中央财政和地方财政中由国家统筹安排的基本建设拨款和更新改造拨款以及中央财政安排的专项拨款中用于基本建设的资金和基本建设拨款改贷款的资金等。

（2）国内贷款：报告期内企、事业单位向银行及非银行金融机构借入的用于固定资产投资的各种国内借款，包括银行利用自有资金及吸收的存款发放的贷款、上级主管部门拨入的国内贷款、国家专项贷款、地方财政专项资金安排的贷款、国内储备贷款、周转贷款等。

（3）利用外资：报告期内收到的用于固定资产投资的国外资金，包括统借统还、自借自还的国外贷款，合资项目中的外资以及对外发行债券和股票等。国家统借统还的外资指由我国政府出面同外国政府、团体或金融组织签订贷款协议，并负责偿还本息的国外贷款。

（4）自筹资金：建设单位在报告期内收到的，用于进行固定资产投资的上级主管部门、地方和企、事业单位自筹资金

（5）其他资金来源：报告期内收到的除以上各种拨款、固定资产投资按国民经济行业分建设项目归哪个行业，按其建成投产后的主要产品或主要用途及社会经济活动性质来确定。基本建设按建设项目划分国民经济行业，更新改造、国有单位其他固定资产投资及城镇集体投资根据整个企业、事业单位所属的行业来划分。一般情况下，一个建设项目或一个企业、事业单位只能属于一种国民经济行业。为了更准确地反映国民经济各行业之间的比例关系，联合企业（总厂）所属分厂属于不同行业的，原则上按分厂划分行业。

三、基本建设投资

基本建设指企业、事业、行政单位以扩大生产能力或工程效益为主要目的的新建、扩建工程及有关工作。其综合范围为总投资 50 万元以上（含 50 万元）的基本建设项目。包括：

（1）列入中央和各级地方本年基本建设计划的建设项目以及虽未列入本年基本建设计划，但使用以前年度基建计划内结转投资（包括利用基建库存设备材料）在本年继续施工的建设项目。

（2）本年基本建设计划内投资与更新改造计划内投资结合安排的新建项目和新增生产能力（或工程效益）达到大中型项目标准的扩建项目以及为改变生产力布局而进行的全厂性迁建项目。

（3）国有单位既未列入基建计划，也未列入更新改造计划的总投资在 50 万元以上的新建、扩建、恢复项目和为改变生产力布局而进行的全厂性迁建项目以及行政、事业单位增建业务用房和行政单位增建生活福利设施的项目。

基本建设投资的资金来源主要是国家预算内基建拨款及专项拨款，部门、地方和企业自筹资金以及国内基本建设贷款等。

四、更新改造投资

更新改造指企业、事业单位对原有设施进行固定资产更新和技术改造以及相应配套的工程和有关工作（不包括大修理和维护工程）。其综合范围为总投资 50 万元以上的更新改造项目。包括：

（1）列入中央和各级地方本年更新改造计划的投资单位（项目）和虽未列入本年更新改造计划，但使用上年更新改造计划内结转的投资在本年继续施工的项目；

（2）本年更新改造计划内投资与基本建设计划内投资结合安排的对企、事业单位原有设施进行技术改造或更新的项目和增建主要生产车间、分厂等其新增生产能力（或工程效益）未达到大中型项目标准的项目以及为城市环境保护和安全生产的需要进行的迁建工程。

（3）国有企、事业单位既未列入基建计划也未列入更新改造计划，总投资在 50 万元以上的属于改建或更新改造性质的项目以及为城市环境保护和安全生产的需要进行的迁建工程。

五、房地产开发投资

房地产开发公司、商品房建设公司及其他房地产开发法人单位和附属于其他法人单位但实际从事房地产开发或经营的活动单位统一开发的包括统代建、拆迁还建的住宅、厂房、仓库、饭店、宾馆、度假村、写字楼、办公楼等房屋建筑物和配套的服务设施，土地开发工程（如道路、给水、排水、供电、供热、通信、平整场地等基础设施工程）的投资，不包括单纯的土地交易活动。

六、其他固定资产投资

全社会固定资产投资中未列入基本建设、更新改造和房地产开发投资的建造和购置固定资产的活动。具体包括：

（1）国有单位按规定不纳入基本建设计划和更新改造计划管理的，计划总投资（或实际需要总投资）在 50 万元以上的以下工程：用油田维护费和石油开发基金进行的油田维护和开发工程；煤炭、铁矿、森工等采掘采伐业用维简费进行的开拓延伸工程；交通部门用公路养路费对原有公路、桥梁进行改建的工程；商业部门用简易建筑费建造的仓库工程。

（2）城镇集体固定资产投资，指所有隶属城市、县城和经国务院及省、自治区、直辖市批准建制的镇领导的集体单位（乡镇企业局管理的除外）建造和购置固定资产计划总投资（或实际需要总投资）在 50 万元以上的项目。

（3）除上述以外的其他各种企、事业单位或个体建造和购置固定资产总投资在 50 万元以上的、未列入基本建设计划和更新改造计划的项目。

七、固定资产投资项目

新建、扩建、改建或更新改造项目固定资产投资按照建设项目的建设性质不同，可分为新建、扩建、改建或更新改造、迁建、恢复建设等项目的投资。近年来，固定资产投资项目新建、扩建、改建的投资资金详见表 4-1-1。

基本建设新建、扩建、改建项目投资分析（单位：亿元）　　　　表 4-1-1

年　份	新建	扩建	改建	年　份	新建	扩建	改建
1981～1985	1591.87	1074.94	547.75	2006	41514.17	16761.29	11075.51
1986～1990	3418.15	2670	809.23	2007	51963.05	19705.4	14136
1991～1995	12363.6	7500.82	2578.56	2008	65727.35	24371.04	19138.31
1996～2000	30971.35	15643.18	6443.72	2009	89993.2	30303.8	27171.9
2001～2005	48344.97	26888.94	10379.26	2010	113860.0	33694.9	33375.8

八、投资项目周期

每个投资项目从开始到结束都经历一个活动过程，这个过程又划分为若干时期或阶段。通常将这个发展过程称为项目周期。在国际上，由于各个国际组织、金融机构和一些国家的投资体制、投资运行模式和工作程序不同，对项目周期的阶段划分也不尽相同。

（一）联合国工业发展组织投资项目周期划分

联合国工业发展组织从资金投入—产出循环的角度，将项目周期划分为三个时期，见图 4-1-1。

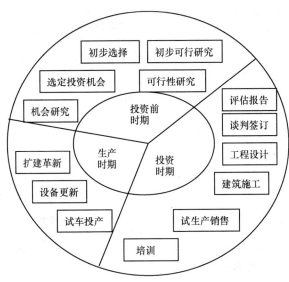

图 4-1-1　联合国工业发展组织投资项目周期划分

（二）我国投资项目周期划分

我国的投资项目周期划分为立项决策阶段、设计及准备阶段、实施阶段和竣工验收交付使用阶段四个阶段，如表 4-1-2 所示。

我国投资项目周期　　　　　　　　　　　　　　　表 4-1-2

周期阶段划分	工作类型与程序	阶段或工作间联系
立项决策阶段	• 投资意向 • 市场研究与投资机会分析 • 项目建议及可行性研究 • 决策立项	一、前后阶段、前后工作一般应顺序进行 二、各阶段任务的性质和特点有较大的区别，但相互补充 三、同一阶段内各工作性质相似，但可能有一定的交叉关系 四、前一阶段或前一项工作都是下一阶段或下一项工作的基础和依据，下一阶段或下一项工作是前面的具体化或落实
设计及准备阶段	• 设计任务书 • 方案设计 • 初步设计 • 建设准备 • 施工图设计	
实施阶段	• 施工组织设计 • 施工准备施工过程 • 生产准备 • 竣工验收	
竣工验收交付使用阶段	• 投产使用与投资回收 • 项目后评估	

九、投资项目分析

(一) 投资项目立项决策阶段

投资项目立项决策阶段投资影响因素分析如表 4-1-3 所示。

投资项目决策阶段投资影响因素分析　　　　　　　　　表 4-1-3

影响角度	类 型	主要影响工作范围	影响幅度
投入影响	工作费用（Ⅰ）	投资机会分析费 市场调查分析费 可行性研究费 决策费用	Ⅰ≤X%
	项目要素费用（Ⅱ）	一般没有要素投入	Ⅱ＝0
产出影响	产出对总投资影响（Ⅲ）	建设用地费 建设项目资金成本 项目材料费 预备金 法定税费等	Ⅲ≈60%～70%
	产出对项目使用功能影响（Ⅳ）	市场销售额度和产品价格 技术水平、生产能力和规模 （项目运营成本和流动资金需求）	Ⅳ≈70%～80%

(二) 投资项目设计及准备阶段

投资项目设计及准备阶段投资影响因素分析如表 4-1-4 所示。

投资项目设计及准备阶段投资影响因素分析表　　　　　　表 4-1-4

影响角度	类 型	主要影响工作范围	影响幅度
投入影响	工作费用（Ⅰ）	方案设计费用 初步设计费用 施工图设计费用 （市场价格调查费用、技术考察费用）	Ⅰ≈2%～10%
	项目要素费用（Ⅱ）	建设用地费用 特殊材料准备预订费	Ⅱ≈10%～20%
产出影响	产出对投资费用影响（Ⅲ）	项目材料设备费用与机械使用费 项目施工人工费 项目施工管理费 预备费	Ⅲ≈20%～30%
	产出对项目使用功能影响（Ⅳ）	技术水平、生产能力和规模 （项目运营成本和流动资金需求）	Ⅳ≈10%～20%

（三）投资项目实施阶段

投资项目实施阶段投资影响因素分析如表 4-1-5 所示。

投资项目实施阶段投资影响因素分析表　　　　表 4-1-5

影响角度	类型	主要影响工作范围	影响幅度
投入影响	工作费用（Ⅰ）	施工组织设计与施工准备费 投标费用 综合管理费用 现场管理费	Ⅰ≈10%～20%
	项目要素费用（Ⅱ）	项目施工管理费 项目施工材料费 项目施工机械使用费	Ⅱ≈50%～60%
产出影响	产出对投资费用影响（Ⅲ）	建筑施工管理费 小部分材料费 小部分人工费 小部分机械使用费	Ⅲ≈10%～15%
	产出对项目使用功能影响（Ⅳ）	生产质量与产品质量（项目运营成本和流动资金需求）	Ⅳ≈5%～10%

十、建设项目周期变化

建设项目周期投资影响因素如图 4-1-2 所示。

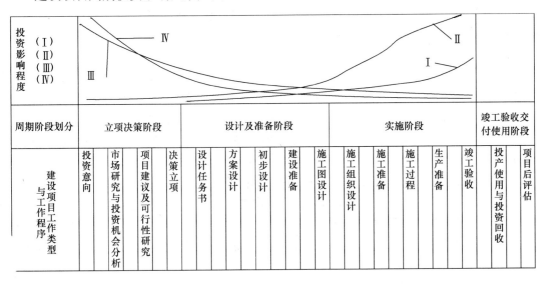

图 4-1-2　建设项目周期投资影响因素示意图

第二节　项目可行性研究

项目建议书、可行性研究报告都是建设项目前期投资决策阶段所形成的成果。根据

《国务院关于投资体制改革的决定》，涉及政府投资的项目需编制项目建议书及工程可行性研究报告并报主管部门审批，企业投资不使用政府资金的项目适用于核准或备案制。因此，文中如提及项目建议书及工程可行性研究报告的审批，均针对于政府投资项目。建设项目前期投资决策实际上是可行性研究的过程，它包括投资机会可行性研究、预（初步）可行性研究和可行性研究三个阶段。项目可行性研究最终形成项目建议书和可行性研究报告，可行性研究报告经有关部门批准，就标志着建设项目的确立，俗称立项，其过程如图 4-2-1 所示。

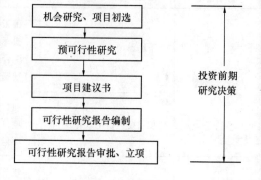

图 4-2-1   建设项目决策程序

可行性研究是一种包括机会研究、预可行性研究和可行性研究三个阶段的系统的投资决策分析，是在项目决策前，对与项目有关的工程、技术、经济等各方面条件和情况进行调查、研究、分析，对各种可能的建设方案进行比较论证，并对项目建成后的经济效益进行预测和评价的一种科学分析，它着重评价项目技术上的先进性和适用性，经济上的营利性和合理性以及建设上的可能性和可行性。

一、投资项目机会研究

建设项目实施的第一步是选择投资机会。机会研究是在一定的范围内，寻求有价值的投资机会，对项目的投资方向提出设想的活动。投资机会研究应对若干个投资机会或项目意向进行选定。它包括一般性投资机会研究和特定项目的投资机会研究。投资机会研究比较粗略，对基础数据的估算精度较低，误差允许达±30％。

二、初步可行性研究

初步可行性研究也称为预可行性研究。项目预可行性研究应对项目投资意向进行初步的估计，其主要目的：确定投资机会是否可行；确定项目范围是否值得通过可行性研究，作进一步详尽分析；确定项目中某些关键部分，是否有必要通过职能研究部门或辅助研究活动作进一步调查；确定机会研究资料是否对投资者有充分的吸引力，同时还应做哪些工作。

一旦预可行性研究的纲要制定完毕，业主单位即完成了预可行性研究报告，经过审核决定投资意向后，就应着手向上级主管部门提出书面建议——项目建议书。

三、项目建议书编制和审批

从定性的角度来看，项目建议书是十分重要的，便于从总体上、宏观上对项目作出选择。

（一）项目建议书的作用

选择建设项目的依据，项目建议书批准后可进行可行性研究；利用外资的项目，只有在批准项目建议书后方可对外开展工作。

项目建议书的编制一般由业主或业主委托咨询机构负责完成，通过考察和分析提出项目的设想和对投资机会研究的评估。项目建议书的最终结论，可以是项目投资机会研究有前途的肯定性推荐意见，也可以是项目投资机会研究不成立的否定性意见。

（二）项目建议书的报批

除属于核准或备案范围外，项目建议书审查完毕后，要按照国家颁布的有关文件规定、审批权限申请立项报批。审批权限按拟建项目的级别划分如下：

1. 大、中型及限额以上的工程项目

大、中型及限额以上的工程项目的项目建议书的审批见表 4-2-1。

大、中型及限额以上项目建议书的审批　　　　　表 4-2-1

审批程序	审批单位	审批内容	备注
初审	行业归口主管部门	资金来源 建设布局；资源合理利用；经济合理性；技术政策	
终审	国家发改委	建设总规模；生产力总布局；资源优化配置；资金供应可能性；外部协作条件	投资超过 2 亿元的项目，还需报国务院审批

2. 小型或限额以下的工程项目

小型或限额以下的工程项目的项目建议书，按隶属关系，由各行业归口主管部门或省、自治区、直辖市的发改委审批。

四、项目可行性研究

项目可行性研究是保证建设项目以最少的投资耗费取得最佳经济效果的科学手段，也是实现建设项目在技术上先进、经济上合理和建设上可行的科学分析方法。可行性研究阶段投资估算等误差一般在 $\pm 10\%$ 左右。

可行性研究报告是可行性研究成果的真实反映，是客观的总结，是认真的分析和科学的推理，进而得出尽可能正确的结论，以作为投资活动的依据和要实现的目标。

五、投资估算的评价

咨询机构完成可行性研究工作后提出的可行性研究报告，是业主作出投资决策的依据，因此，要对该报告进行详细的评价。其投资估算的评价：

建设项目总投资由固定资产投资（项目建设投资）和项目建成投产后所需的流动资金两部分组成。固定资产投资应是动态的，包括项目建设的估算投资和动态投资。建设项目估算投资是指项目的建筑安装工程费、设备机具购置费、其他费用等；动态投资是指建设期贷款利息、汇率变动部分以及建设项目需要缴纳的固定资产投资方向调节税、国家规定的其他税费和建设期价格变动引起的投资增加额。项目建成后运行期间的流动资金额，一般应根据资金周转天数和周转次数，按照行业惯例用评估或扩大指标估算法计算。各类费用的组成内容如表 4-2-2 所示。

投资估算的费用组成　　　　　表 4-2-2

费用组成		费用内容	备注
固定资产投资	建设项目投资	建筑工程费	
		设备购置费	
		安装工程费	
		其他费用	建设单位管理费；职工培训费；土地征用费；办公、生活设施购置费；技术服务费；进口设备检验费；工程保险费；大件运输措施费；大型吊装机具费；项目前期工程费；设计费；其他等

费用组成		费用内容	备　注
固定资产投资	动态投资	税费	固定资产投资方向调节税；国家规定的各种税费
		建设期贷款利息	单利或复利计算
		建设期涨价预备费	
流动资金	生产前占用资金	储备资金	储备原材料、备件等占用资金
	生产中占用资金	生产资金	生产过程中占用的资金
	生产后占用资金	成品资金	产出品完成至销售前时间内占用的资金

对投资估算进行评价时，应侧重以下几方面：投资估算的费用组成是否完整，有无漏项少算。计算依据是否正确、合理，包括投资估算采用的方法是否正确，使用的标准、定额和费率是否恰当，有无高估冒算或压低工程造价等不正常现象。计算数据是否可靠，包括计算时所依据的工程量或设备数量是否准确，是否用动态方法进行的估算等。

六、项目可行性研究报告审批

可行性研究报告的审批权限按拟建项目级别划分：大、中型及限额以上的工程项目的可行性研究报告，需经过行业归口主管部门和国家发改委审批。小型或限额以下的工程项目的可行性研究报告，按隶属关系，由各行业归口主管部门或省、自治区、直辖市的发改委审批。

第三节　建设项目财务评价

建设项目经济评价主要涉及资金筹措计划、财务效益评价、国民经济效益评价、社会效益评价、不确定性分析等。

一、资金筹措计划

该计划应包括资金筹措方案和投资使用计划两部分内容。资金筹措方案应对可利用的各种资金来源所组成的不同方案，进行筹资成本、资金使用条件、利率和汇率风险等方面的比较，经过综合研究后提出最适宜的筹资方案。可能的筹资渠道包括：国家开发银行贷款（或国家预算内拨款）；国内各商业银行贷款；国外资金（国际金融组织贷款、国外政府贷款、赠款、商业贷款、外商投资等）；自筹资金；其他资金来源（发行股票、债券等）。投资使用计划既要包括按项目实施进度的资金计划，还应包括借款偿还计划。评价应侧重以下方面：资金的筹措方法是否正确，能否落实。资金的筹措和使用计划是否与项目的实施进度计划一致，有无脱节现象。利用外资来源是否可靠；利率是否优惠；有无其他附加条件或是否条件合理；偿还方式和条件是否有利；与其配套的国内资金筹措有无保障等。对各种筹资方案是否进行过经济论证和比较，所推荐的方案是否是最优选择。

二、财务效益评价

项目的财务效益评价是根据实际的市场环境和国家财税制度，在项目投入、产出估算的基础上，对项目的效益和费用作出测算。从财务效益的角度判断项目的可行性和合理性，避免投资决策失误。可行性研究报告对财务效益的评价应采用动态分析与静态分析相结合，以动态分析为主的方法进行。作出的评价指标主要应包括：财务内部收益率、投资回收期、贷款偿还期、财务净现值、投资利润率等。审查的重点如下：建设期、投产期和达产期的确定是否合理。主要产出品的产量、生产成本、销售收入等基本数据的选项是否可靠。主要指标的计算是否正确，是否符合有关行业的规定和要求。所推荐的方案是否为最佳方案。各种财务效益指标计算中，采用的贴现率、汇率、税率、利率等参数选用是否合理。对改、扩建项目，原有企业效益与新增企业效益的划分和界限是否清楚，算法是否正确，有无夸大或缩小原有企业效益的不合理情况。

三、国民经济效益评价

对建设项目国民经济效益的评价应采用费用与效益分析的方法，运用影子价格、影子汇率、影子工资和社会折现率等经济参数，计算项目对国民经济的净贡献，评价项目的经济上的合理性。所谓影子价格是指当社会经济处于某种最优状态时，能够反映社会劳动消耗、资金稀缺程度和对产出品需求的价格。也就是说，影子价格是认为确定的、比交换价格（市场价格）更为合理的价格。从定价原则来看，影子价格能更好地反映产品的价值、市场供求情况和资金稀缺程度；从价格产出的效果来看，可以使资源配置向优化方向发展。根据国家规定，国民经济效益评价的主要指标有经济内部收益率和经济净现值或经济净现值率。可行性研究报告也可以采用投资净效益率等静态指标。评价的重点如下：对属于转移支付的国内税金、利息、各种贴补等是否已经剔除。与项目相关的外币费用和效益的确定是否合理，有无高估或遗漏。外币的换算是否用影子汇率代替财务评价中所用的现行汇率进行调整。在项目费用和效益中占比重较大或价格明显不合理的收支，是否用影子价格调整。所采用的影子价格或经济参数是否科学合理。

四、社会效益评价

我国现行的建设项目经济评价指标体系中还规定了社会效益评价指标。社会效益评价以定性为主，主要分析项目建成投产后，对环境保护和生态平衡的影响，对提高地区和部门科学技术水平的影响，对提供就业机会的影响，对提高人民物质文化生活及社会福利的影响，对城市整体改造的影响，对提高资源综合利用率的影响等。此外，还应计算相关工程发生费用以及项目建设后产生的负效益。

五、不确定性分析

可行性研究对项目评价所采用的数据，大部分来自预测和估算，由于未来情况是不断变化的，预测和估算的数据总会存在一些不确定因素，不可能与实际情况完全相同。为了解除不确定因素对经济效益评价指标的影响，还需要进行不确定性分析。不确定性分析是通过主要经济因素变化对经济效益造成的影响，预测项目抗风险能力的大小，分析项目在财务和经济上的可靠性。

不确定性分析包括盈亏平衡分析、敏感性分析和概率分析等。盈亏平衡分析只用于财务效益评价；敏感性分析和概率分析可同时用于财务评价和国民经济评价。在可行性研究中，一般都要进行盈亏平衡分析、敏感性分析和概率分析，具体进行可视项目不同情况而定。评价重点应是以下内容：所考虑的不确定影响因素是否全面。一般包括市场价格变动影响，产量与销售情况变化影响，工艺技术政策的改革影响，成本、投资估算不准确影响，建设进度迟于达产进度的影响，经济政策变化的影响等。具体考虑哪些因素，应根据项目的具体特点来决定。项目盈亏平衡点的计算内容、方向和结果是否正确。

第四节　建设项目投资估算

建设项目投资估算是进行建设项目技术经济评价和投资决策的基础，在项目倡议书、预可行性研究、可行性研究、方案设计阶段（包括概念方案设计和报批方案设计）应编制投资估算。投资估算是指在项目决策进程中，对建设项目投资数额（包括工程造价和流动资金）进行的估量。

一、投资估算指标

（1）建设项目总投资，指项目建设期用于项目的建设投资、建设期贷款利息、固定资产投资方向调节税和流动资金的总和。建设项目总投资的各项费用按资产属性分别构成固定资产、无形资产和其他资产（递延资产）。项目可行性研究阶段可按资产种别简化归并后进行经济评价。

（2）建设投资，是指用于建设项目的全部工程费用、工程建设其他费用及准备费用之和。

（3）建设期贷款利息，指在项目建设期发生的支付银行贷款、出口信贷、债券等的借款利息和融资费用。

（4）固定资产投资方向调节税，指国家为贯彻工业政策、领导投资方向、调整投资结构而征收的投资方向调整税金。

（5）投资估算指标，指用于确定和节制建设投资估算各项费用的技术经济标准，包括建设项目综合指标、单项工程指标和单位工程指标。

（6）建设项目综合指标，是指以建设项目为对象而编制的建设投资费用的综合技术经济指标。

（7）单位工程指标，是指以单项工程中主要单位工程为对象而编制的单位工程建设投资费用的技术经济指标。

（8）铺底流动资金，是指生产经营性建设项目为保证投产后正常的生产营运所需，并在项目资本金中筹措的自有流动资金。

二、估算编制审核

（1）估算编制一般应依据建设项目的特点、设计文件和相应的工程造价计价依据或资料对建设项目总投资及其构成进行编制，并对主要技术经济指标进行分析。建设项目的设计方案、资金筹措方式、建设时间等进行调整时，应进行投资估算的调整。

（2）对建设项目进行评估时应进行投资估算的审核，政府投资项目的投资估算审核除依据设计文件外，还应依据政府有关部门发布的有关规定、建设项目投资估算指标和工程造价信息等计价依据。

（3）设计方案进行方案比选时应主要依据各个单位或分全体项工程的主要技术经济指标确定最优方案，对不同技术方案进行技术经济分析，确定合理的设计计划。对于已经确定的设计方案，可依据有关技术经济资料对设计方案提出优化设计的建议与看法，通过优化设计和深入设计使技术方案更加经济合理。

（4）对采取限额设计的建设项目、单位工程或分局部项工程，业主代表应配合设计人员确定合理的建设标准，进行投资分解和投资分析，确保限额的合理可行。

（5）业主代表还应主动地配合设计人员通过方案比选、优化设计和限额设计等手段进行工程造价控制与分析，确保建设项目在经济合理的前提下做到技术先进。

三、投资估算文件

投资估算文件一般由封点、签署页、编制解释、投资估算分析、总投资估算表、单项工程估算表、主要技术经济指标等内容组成。投资估算编制说明一般论述以下内容：工程概况；编制范畴；编制方式；编制依据；主要技术经济指标；有关参数、率值选定的说明；特殊问题的说明（包括采用新技术、新材料、新设备、新工艺）；必须说明的价格的确定；入口材料、设备、技术费用的构成与计算参数；采用巨形结构、异形结构的费用估算方法；环保（不限于）投资占总投资的比重；未包括项目或费用的必要说明等。

采用限额设计的工程还应对投资限额和投资分解作进一步说明。采用方案比选的工程还应对方案比选的估算和经济指标作进一步说明。投资分析应包括以下内容：

（1）工程投资比例分析。一般建筑工程要分析土建、装潢、给水排水、电气、暖通、空调、能源等主体工程和道路、广场、围墙、大门、室外管线、绿化等室外附属工程总投资的比例；一般工业项目要分析主要生产项目（列出各生产装置）、帮助生产项目、公用工程项目（给水排水、供电和电信、供气、总图运输及外管）、服务性工程、生活福利设施、厂外工程占建设总投资的比例。

（2）分析设备购置费、建筑工程费、安装工程费、工程建设其他费用、预备费占建设总投资的比例；分析引进设备费用占全部设备费用的比例等。

（3）分析影响投资的主要因素。

（4）与国内类似工程项目的比较，分析说明投资高低的原因。

总投资估算包括汇总单项工程估算，工程建设其他费用，估算基本预备费、价差预备费，计算建设期利息等。单项工程投资估算，应按建设项目划分的各个单项工程分别计算组成工程费用的建筑工程费、设备购置费、安装工程费。工程建设其他费用估算应按预期将要发生的工程建设其他费用种类逐项具体估算其费用金额。估算还应根据项目特点、计算并分析整个建设项目、各单项工程和主要单位工程的主要技术经济指标。

四、估算编制要求

建设项目投资估算要根据主体专业设计的阶段和深度，结合各自行业的特点，所采用的生产工艺流程成熟性，编制者所掌握的国家及地区、行业或部门相关投资估算基础资料和数据的合理、可靠、完整程度进行。建设项目投资估算无论采用上述何种措施，应将所采用的估算系数和估算指标价格、费用水平调整到项目建设所在地及投资估算编制年的理论水平。对于建设项目的边界条件，如建设用地费，交通、水、电、通信条件，或市政基本设施配套条件等差异所产生的与主要生产内容投资无必然关联的费用，应结合建设项目实际情况修改。

（1）项目建议书阶段投资估算。

项目建议书阶段的投资估算一般要求编制总投资估算，总投资估算表中工程费用的内容，纵向应分结到主要单项工程，工程建设其他费用可在总投资估算表中分项计算。项目建议书阶段建设项目投资估算可采用生产能力指数法、系数估算法、比例估算法、混合法（生产能力指数法与比例估算法、系数估算法与比例估算法等综合使用）、指标估算法等。

（2）可行性研究阶段投资估算。

可行性研究阶段投资估算原则上应采用指标估算法。指标估算法，是把拟建建设项目以单项工程或单位工程，按建设内容纵向划分为各个主要生产设施、辅助及公用设施、行政及福利设施、各项其他基本建设费用，按费用性质横向划分为建筑工程、设备购置、安装工程等，根据各种具体的投资估算指标，进行各单位工程或单项工程投资的估算，在此基础上汇集编制成拟建建设项目的各个单项工程费用和拟建建设项目的工程费用投资估算。再按相关规定估算工程建设其他费用、预备费、建设期贷款利息等，形成拟建建设项目总投资。此方法同样适用于预可行性研究阶段、方案设计阶段项目建设投资估算。对于子项单一的大型民用公共建筑，主要单项工程估算应细化到单位工程估算书。可行性研究投资估算深度应满足项目的可行性研究与评估，并最终满足国家和地方相关部门批复或备案的要求。

五、投资估算过程中的方案比选、优化设计和限额设计

（1）建设项目设计方案比选应遵循以下原则：建设项目设计方案比选要协调好技术先进性和经济合理性的关系。建设项目设计方案比选除考虑一次性建设投资的比选外，还应考虑项目运营过程中的费用比选。建设项目设计方案比选要兼顾近期与远期的要求。当出现多个设计方案时，各设计方案的投资估算均应根据设计深度，按内容进行编制。

（2）建设项目设计方案的比选应包括以下内容：建设规模、建设场址、产品方案等；建设项目本身有厂区（或居住小区）总平面布置、主体工艺流程选择、主要设备选型等；工程设计标准、工业与民用建筑的结构形式、建筑安装材料的选择等。

（3）建设项目设计方案比选的方法应在建设项目多方案整体宏观方面进行比选，可采用投资回收期法、计算费用法、净现值法、净年值法、内部收益率法以及几种方法同时用等。

（4）优化设计的投资估算编制应根据方案比选后确定的设计方案，对投资估算进行调整。

（5）限额设计的投资估算编制应按照基本建设程序，前期设计的投资估算应准确和合理，进一步细化建设项目投资估算，按项目实施内容和标准合理分解投资额度和预留调节金。

六、流动资金的估算

流动资金的估算：可研阶段可采用分项详细估算法，建议书阶段可采用扩大指标法。

（1）分项详细估算法是根据周转额与周转速度之间的关系，对构成流动资金的各项流动资产和流动负债分别进行估算。计算公式：流动资金＝流动资产－流动负债

（2）扩大指标估算法是根据销售收入、经营成本、总成本费用等与流动资金的关系和比例来估算流动资金。计算公式：年流动资金额＝年费用基数×各类流动资金率

对铺底流动资金有要求的建设项目，应按国家或行业的有关规定计算铺底流动资金，一般宜按流动资金总额的30％计算。非生产性建设项目不列铺底流动资金。

七、投资估算表式

（一）建设项目总投资组成表（表4-4-1）

建设项目总投资组成表 表 4-4-1

费用项目名称				资产类别归并（限项目经济评价用）
建设项目总投资	建设投资	第一部分工程费用	建筑工程费	固定资产费用
			设备购置费	
			安装工程费	
		第二部分工程建设其他费用	建设管理费	
			建设用地费	
			可行性研究费	
			研究试验费	
			勘察设计费	
			环境影响评价费	
			劳动安全卫生评价费	
			场地准备及临时设施费	
			引进技术和引进设备其他费	
			工程保险费	
			联合试运转费	
			特殊设备安全监督检验费	
			市政公用设施费	
			……	
			专利及专有技术使用费	无形资产费用
			……	
			生产准备及开办费	其他资产费用（递延资产）
			……	
		第三部分预备费用	基本预备费	固定资产费用
			价差预备费	
		建设期利息		固定资产费用
		固定资产投资方向调节税（暂停征收）		
	流动资金			流动资产

（二）投资估算汇总表（表 4-4-2）

投资估算汇总表 表 4-4-2

工程名称：

序号	工程和费用名称	估算价值（万元）					技术经济指标			
		建筑工程费	设备及工器具购置费	安装工程费	其他费用	合计	单位	数量	单位价值	%
一	工程费用									
（一）	主要生产系统									
1										
2										
3										
（二）	辅助生产系统									
1										
2										

序号	工程和费用名称	估算价值（万元）					技术经济指标			
		建筑工程费	设备及工器具购置费	安装工程费	其他费用	合计	单位	数量	单位价值	%
3										
（三）	公用及福利设施									
1										
2										
3										
（四）	外部工程									
1										
2										
3										
	小计									
二	工程建设其他费用									
1										
2										
3										
	小计									
三	预备费									
1	基本预备费									
2	价差预备费									
	小计									
四	建设期利息									
五	流动资金									
	投资估算合计（万元）									
	%									

编制人：　　　　　　　　　　　　审核人：　　　　　　　　　　　　审定人：

158

（三）单项工程投资估算汇总表（表 4-4-3）

单项工程投资估算表　　　　　　　　　　　表 4-4-3

工程名称：＿＿＿＿＿＿＿

序号	工程和费用名称	估算价值（万元）					技术经济指标			
		建筑工程费	设备及工器具购置费	安装工程费	其他费用	合计	单位	数量	单位价值	％
一	工程费用									
（一）	主要生产系统									
1	××车间									
	一般土建									
	给水排水									
	采暖									
	通风空调									
	照明									
	工艺设备及安装									
	工艺金属结构									
	工艺管道									
	工艺筑炉及保温									
	变配电设备及安装									
	仪表设备及安装									
	小计									
2										
3										

编制人：　　　　　　　　　审核人：　　　　　　　　　审定人：

第五节　建设项目决策阶段审计

建设程序执行情况审计的具体对象是建设单位上报文件和有权机关审批文件的形式与内容。其审计的主要内容和重点包括：

（1）投资决策审计。重点审计项目建议书、可行性研究报告编制与审批的程序是否合规，有无先报批后论证的现象；审计审批部门与编制部门的资质、级别是否符合项目建设规模的要求；审计有无人为的高估冒算或压低投资估算的现象；审计可行性研究报告在分析与编制时所使用的基础数据、有关的参数指标标准以及技术分析方法是否科学、准确、合理。

（2）建设准备情况审计。主要审查土地征用、拆迁、补偿的审批与执行情况，审查"七通一平"是否完成；审查施工图数量是否满足开工需要；审查设备、材料订货情况，重点审查建设单位是否组织设备、材料订货，订货数量是否满足需要，价格是否合理，能否及时到货，以保证工程建设需要。审查是否具备开工条件，是否办理了开工报告等。

工程审计的最终目标是确保工程质量、控制工程进度、降低工程成本、提高投资效益。近年来，为适应市场经济的发展，通过内部投资扩大生产规模、调整产业结构、寻求新的经济增长点，已成为企业发展的主要手段。

一、项目建设可行性研究阶段的审计重点

项目建设可行性研究是项目投资前期工作的核心和重点，也是项目决策的重要依据。一项好的可行性研究，应是工程技术经济最优的方案，能使企业以最小的风险、最少的投资，获取最丰厚的利润。内审部门对可研报告的全面审查，应重点关注以下内容，以确保企业能选择最佳的投资方案：分析新建项目投产后产品的生产规模、市场前景、竞争能力、盈利水平，确定项目建设的必要性；审查新建项目的建设条件和技术方案，分析是否符合企业的实际情况和现实要求，确定项目实施的可行性；复核可研报告中的基础数据、相关参数、经济指标等有关的投资费用，确定项目建设在经济上的效益性和合理性。

二、项目建设决策阶段的审计重点

投资决策是选择和决定投资行动方案的过程，也是项目建设前期工作的重中之重，项目决策的正确与否，直接关系到项目建设的成败，关系到工程造价的高低（决策影响造价程度最高可达80%～90%）及投资效果的好坏。因此，内审部门在本阶段审计，要坚持"经济、适用、安全、朴实"的原则，立足于国内、立足于企业自身，重点关注内容：项目的建设规模是否合理，有无盲目求大好胜的现象；项目的建设标准是否切合实际，有无盲目追求高标准及无原则地从国外引进的现象；建设地点的选择是否充分考虑了企业的长远规划、原燃材料供应、靠近消费者、交通环保以及土地的最佳利用效果等因素；分析工程项目中生产工艺方案及设备选型是否坚持"先进适用，经济合理"的原则，是否从企业现实出发，在满足质量、工期的前提下，最大限度地节约建设成本等。

三、投资立项阶段的审计重点

投资立项审计是指对已立项建设项目的决策程序和可行性研究报告的真实性、完整性和科学性进行的审查与评价。在投资立项审计中，应主要依据行业主管部门发布的《投资项目可行性研究指南》及组织决策过程的有关资料。投资立项审计主要内容：可行性研究前期工作审计，即检查项目是否具备经批准的项目建议书，项目调查报告是否经过充分论证；可行性研究报告真实性审计，即检查市场调查及市场预测中数据获取方式的适当性及合理性；检查财务估算中成本项目是否完整，对历史价格、实际价格、内部价格及成本水平的真实性进行测试。可行性研究报告内容完整性审计，该项审计包括以下主要内容：检查可行性研究报告是否具备行业主管部门发布的《投资项目可行性研究指南》规定的内容；报告中是否说明建设项目的目的；是否说明建设项目在工艺技术可行性、经济合理性及项目规模、原材料供应、市场销售条件、技术装备水平、成本收益等方面的经济目标；是否说明建设地点及当地的自然条件和社会条件、环保约束条件，并进行选址比较；是否说明投资项目何时开始投资、何时建成投产、何时收回投资；是否说明项目建设的资金筹措方式等。

（1）可行性研究报告科学性审计。该项审计包括主要内容：检查参与可行性研究机构资质及论证的专家的专业结构和资格；检查投资方案、投资规模、生产规模、布局选址、技术、设备、环保等方面的资料来源；检查原材料、燃料、动力供应和交通及公用配套设施是否满足项目要求；检查是否在多方案比较选择的基础上进行决策；检查拟建项目与类似已建成项目的有关技术经济指标和投资预算的对比情况；检查工程设计是否符合国家环境保护的法律法规的有关政策，需要配套的环境治理项目是否编制并与建设项目同步进行等。

（2）可行性研究报告投资估算和资金筹措审计，即检查投资估算和资金筹措的安排是否合理；检查投资估算是否准确，并按现值法或终值法对估算进行测试。

（3）可行性研究报告财务评价审计，即检查项目投资、投产后的成本和利润、借款的偿还能力、投资回收期等的计算方法是否科学适当；检查计算结果是否正确、所用指标是否合理。

（4）决策程序的审计。该项审计包括的主要内容：检查决策程序的民主化、科学化，评价决策方案是否经过分析、选择、实施、控制等过程；检查决策是否符合国家宏观政策及组织的发展战略、是否以提高组织核心竞争能力为宗旨；检查对推荐方案是否进行了总体描述和优缺点描述；检查有无主要争论与分歧意见的说明；重点检查内容有无违反决策程序及决策失误的情况等。

四、项目建设筹资阶段的审计重点

资金是项目建设的前提和保障。一项好的筹资方案，不仅要保证资金及时到位，更应使筹资成本最低，资金利用效果最好。作为审计人员，在审查企业项目建设筹资情况时，重点分析内容：企业是否选择了最优的筹资渠道，筹资成本是否最少；企业是否制定了相应的筹资计划，合理安排了资金的到位时间，是否以满足工程需要为首要目标；筹资方案是否考虑了相应的措施规避筹资风险；对于筹措的资金，是否建立了适中稳健的使用计划及相应的适时调整措施，从而确保资金使用价值最大等。

五、项目开工前审计的主要内容

《项目建议书》的审批手续和项目开工前的其他有关文件资料，如申请立项报告、可行性研究报告、项目概预算书等是否合乎规定；楼堂馆所建设项目是否列入部门、地方基本建设投资计划；建设项目的资金是否落实，资金来源是否正当，是否按规定存入中国人民建设银行；自筹资金建设项目是否按规定备足了建筑税款，并认购了重点企业债券；有无擅自提高建设标准和扩大投资规模；施工力量和其他开工条件是否具备；其他需要审计的事项。

可行性研究和初步设计是建设投资项目前期阶段工作的重点。对建设项目投资效果的控制主要集中在可研和初设阶段，这个阶段工作的影响不低于70%。可见，将审计监督关口前移，扩大审计与项目管理工作的接触面，不仅重要而且必要。

第五章　建设项目设计阶段造价控制

建设项目需要一定的投资，经过决策和实施的一系列程序，在一定的约束条件下，以形成固定资产为明确目标的一次性的活动。工程项目是在一个总体规划或设计范围内进行建设的，实行统一施工、统一管理、统一核算的工程，往往是由一个或数个单项工程所构成的总和。从目前的建设项目设计阶段投资控制来看，通过对项目建议书和可行性研究阶段投资估算的审批和项目法人负责制的实行，投资规模得到了有效控制。设计阶段通过限额设计，使设计概算超投资估算的现象得到了基本控制。理清优化设计对建设投资的影响，从而真正达到优化设计效果，最终使建设投资得到有效的控制。建设单位应主动配合项目管理人员和设计人员通过方案比选、优化设计和限额设计等价值分析手段，进行工程造价主动控制与分析，确保建设项目在经济合理的前提下技术先进。

第一节　建设项目设计优选

一、设计方案评价原则

设计方案必须要处理好经济合理性与技术先进性之间的关系。设计方案必须兼顾建设与使用，考虑项目全寿命费用。设计必须兼顾近期与远期的要求。

二、工程设计方案评价的内容

（一）工业建筑设计评价

工业建筑设计由总平面设计、工艺设计及建筑设计三部分组成，它们之间是相互关联和制约的。因此分别对各部分设计方案进行技术经济分析与评价，是保证总设计方案经济合理的前提。各部分设计方案侧重点不同，因此评价内容也略有差异。

（1）总平面设计评价：工业项目总平面设计的目的是在保证生产、满足工艺要求的前提下，根据自然条件、运输要求及城市规划等具体条件，确定建筑物、构筑物、交通线路、地上地下技术管线及绿化美化设施的相互配置，创造符合该企业生产特性的统一建筑整体，满足工业项目总平面设计、评价指标的要求。

（2）工艺设计评价：符合工艺设计、设备选型与设计指标，满足工艺设计方案的评价。不同的工艺技术方案会产生不同的投资效果，工艺技术方案的评价就是互斥投资项目的比选。评价指标：净现值、净年值、差额内部收益率等。

（3）建筑设计评价：满足建筑设计的要求，符合建筑设计评价指标。工业建筑设计必须为合理生产创造条件。在进行建筑设计时，应该熟悉生产工艺资料，掌握生产工艺特性及其对建筑的影响，建筑设计必须采用各种切合实际的先进技术，从建筑形式、材料和结构的选择、结构布置和环境保护等方面采取措施以满足生产工艺对建筑设计的要求。

（二）民用建筑设计评价

（1）民用建筑设计的要求：平面布置合理，长度和宽度比例适当；合理确定户型和住户面积；合理确定层数与层高；合理选择结构方案。

（2）民用建筑设计的评价指标：公共建筑评价指标包括土地面积、建筑面积、使用面积、辅助面积、有效面积、平面系数、建筑体积、单位指标（m^2／人、m^2／床，m^2／座）、建筑密度等。居住建筑涉及平面系数、建筑周长指标、建筑体积指标、平均每户建筑面积、户型比。因此，居住建筑进深加大，则单元周长缩小，可节约用地，减少墙体积，降低造价。

（三）居住小区设计评价

（1）在小区规划设计中节约用地的主要措施：压缩建筑的间距；提高住宅层数或高低层搭配；适当增加房屋长度；提高公共建筑的层数；合理布置道路等。

（2）居住小区设计方案评价指标涉及建筑毛密度、居住建筑净密度、居住面积密度、居住建筑面积密度、人口毛密度、人口净密度、绿化比率等。

三、优化设计对建设投资的影响

（一）设计方案影响投资规模

工程建设过程包括项目决策、项目设计和项目实施三大阶段。进行投资控制的关键在于决策和设计阶段，而在项目做出投资决策后，其关键就在于设计。设计费一般只相当于建设工程全寿命费用的1％～2％以下，但正是这少量的费用对投资的影响却高达75％～80％以上，单项工程设计中，其建筑和结构方案的选择及建筑材料的选用对投资又有较大影响，如建筑方案中的平面布置、进深与开间的确定、立面形式的选择、层高与层数的确定、基础类型选用、结构形式选择等都存在着技术经济分析问题。

（二）设计质量影响投资效益

不少建筑产品由于缺乏优化设计，而出现功能设置不合理，影响正常使用；有的设计图纸质量差，专业设计之间相互矛盾，造成施工返工、停工的现象，有的造成质量缺陷和安全隐患，造成投资的极大浪费。

（三）设计方案影响经常性费用

优化设计不仅影响项目建设的一次性投资，而且还影响使用阶段的经常性费用，如暖通、照明的能源消耗、清洁、保养、维修费等，一次性投资与经常性费用有一定的反比关系，但通过优化设计可努力寻求这两者的最佳结合，使项目建设的全寿命费用最低。

四、优化设计运作实现的机制

（1）主管部门对优化设计监控：由于设计对业主负责，设计质量由设计单位自行把关的观念，主管部门对设计成果必要的考核与评价，只有在出现了大的技术问题的才来追究责任，而方案的经济性则问及更少。由于设计工作的特殊性，不同的项目有各自的特点，所以针对不同项目优化设计的成果缺乏明确的定性考核指标。

（2）业主要求优化设计的意识：对设计对于投资影响的重要性的认识，设计方案的优化会带来更大的节约。很好地选择设计单位，通过招投标落实优化程度。

（3）优化设计运行的机制：设计保证质量，方案的优化涉及造价的高低关系。对设计方案认真进行经济分析，优化了设计方案，给业主节约了投资。提供优化设计的运行需有良好的奖惩机制作为保证。

五、优化设计工作的综合性

通过优化设计来控制投资是一个综合性问题，不能片面强调节约投资，要正确处理技术与经济的对立统一是控制投资的关键环节。设计中既要反对片面强调节约，忽视技术上的合理要求，使项目达不到功能的倾向，又要反对重视技术、轻经济、设计保守浪费的现象。设计要以提高项目投资价值为目标，以功能分析为核心，以系统性总体效益为出发点，从而真正达到优化设计效果。

第二节　建设项目设计概算

建设项目设计概算是设计文件的重要组成部分，是确定和控制建设项目全都投资的文件，是编制固定资产投资计划、实行建设项目投资包干、签订承发包合同的依据，是签订贷款合同、项目实施全过程造价控制管理以及考核项目经济合理性的依据。设计概算投资一般应控制在立项批准的投资控制额以内；如果设计概算值超过控制额，必须修改设计或重新立项审批；设计概算批准后不得任意修改和调整；如需修改或调整时，须经原批准部门重新审批。设计概算应按编制时项目所在地的价格水平编制，总投资应完整地反映编制时建设项目的实际投资；设计概算应考虑建设项目施工条件等因素对投资的影响；还应按项目合理工期预测建设期价格水平，考虑资产租赁和贷款的时间价值等动态因素对投资的影响；建设项目总投资还应包括投资方向调节税和铺底流动资金。

一、建设项目设计概算

（一）设计概算

在设计阶段对建设项目投资额度的概略计算，设计概算投资应包括建设项目从立项、可行性研究、设计、施工、试运行到竣工验收等的全部建设资金，设计概算是设计文件的重要组成部分。建设项目总概算是确定一个项目建设总费用的文件（以下简称总概算），是设计阶段对建设项目投资总额度的计算，是概算的主要组成部分。单项工程综合概算是确定一个单项工程（设计单元）费用的文件（以下简称综合概算），是总概算的组成部分，只包括单项工程的工程费用。单位工程概算是确定一个单位工程费用的文件，是单项工程综合概算的组成部分，只包括单位工程的工程费用。

（二）工程费用

用于项目的建筑物、构筑物建设，设备及工器具的购置以及设备安装而发生的全部建造和购置费用。建筑工程费：用于建筑物、构筑物、矿山、桥涵、道路、水工等土木工程建设的全部费用。设备购置费：为项目建设而购置或自制的达到固定资产标准的设备、工器具、交通运输设备、生产家具等本身及其运杂费用。安装工程费：用于设备、工器具、交通运输设备、生产家具等的组装和安装以及配套工程安装的全部费用。工程建设其他费用：从工程筹建起到工程竣工验收交付生产或使用止的整个建设期间，除建筑安装工程费用和设备及工、器具购置费用以外的，为保证工程建设顺利完成和交付使用后能够正常发挥效益或效能而发生的各项费用。引进工程其他费用：国外技术人员现场服务费和接待费（包括招待费、招待所家具及办公用具费）、出国人员旅费和生活费、引进设备材料国内检验费、备品备件测绘及设计模型制作费、图纸资料翻译复制费、银行担保及承诺费、国内安装保险费等。

（三）基本预备费

在设计及概算内难以预料的费用，包括在批准的初步设计和概算范围内的技术设计、施工图设计及施工过程中所增加的工程和费用（如设计变更、局部地基处理等），由于一般自然灾害所造成的损失和预防自然灾害所采取的措施费用。价差预备费：建设项目在建设期内（或概算编制期至竣工）由于政策、价格等因素变化引起工程造价变化的预测预留费用。

（四）建设期利息

在项目建设期发生的支付银行贷款、出口信贷、债券等的借款利息和融资费用。

铺底流动资金：生产经营性建设项目为保证投产后正常的生产营运所需，在项目资本金中筹措的自有流动资金。

（五）概算定额

一般以分部工程为对象，包括分部工程所含的分项工程，完成某单位分部工程所消耗的各种人工、机械、材料的数量额度以及相应的费用。

概算指标：一般以单位工程或分部工程为对象，包括所含的分部工程或分项工程，完成某计量单位的单位工程或分部工程所需的直接费用。

二、概算文件组成及编制

三级编制（总概算、综合概算、单位工程概算）形式设计概算文件的组成：封面、签署页及目录；编制说明；总概算表；其他费用表；综合概算表；单位工程概算表；附件：补充单位估价表。

二级编制（总概算、单位工程概算）形式设计概算文件的组成：封面、签署页及目录；编制说明；总概算表；其他费用表；单位工程概算表；附件：补充单位估价表。

概算文件及各种表格格式规定，概算文件的编制形式：概算文件的编制形式应视项目情况采用三级概算编制或二级概算编制形式。

三、概算编制依据

概算编制主要依据：批准的可行性研究报告；设计工程量；项目涉及的概算指标或定额；国家、行业和地方政府有关法律、法规或规定；资金筹措方式；正常的施工组织设计；项目涉及的设备材料供应及价格；项目的管理（含监理）、施工条件；项目所在地区有关的气候、水文、地质地貌等自然条件；项目所在地区有关的经济、人文等社会条件；项目的技术复杂程度以及新技术、专利使用情况等；有关文件、合同、协议等。

四、概算编制说明应包括以下主要内容

（1）项目概况：简述建设项目的建设地点、设计规模、建设性质（新建、扩建或改建）、工程类别、建设期（年限）、主要工程内容、主要工程量、主要工艺设备及数量等。

（2）主要技术经济指标：项目概算总投资（有引进的给出所需外汇额度）及主要分项投资、主要技术经济指标（主要单位投资指标）等。

（3）资金来源：按资金来源的不同渠道分别说明，发生资产租赁的，说明租赁方式及租金。

（4）编制依据及其他需要说明的问题。

（5）总说明见附录表：建筑、安装工程工程费用计算程序表；引进设备材料清单及从属费用计算表；具体建设项目概算要求的其他附表及附件。

五、总概算表

概算总投资由工程费用、其他费用、预备费及应列入项目概算总投资的费用组成。

（1）第一部分工程费用：按单项工程综合概算组成编制，采用二级编制的按单位工程

概算组成编制。市政民用建设项目一般排列顺序：主体建（构）筑物、辅助建（构）筑物、配套系统。工业建设项目一般排列顺序：主要工艺生产装置、辅助工艺生产装置、公用工程、总图运输、生产管理服务性工程、生活福利工程、厂外工程。

（2）第二部分其他费用：一般按其他费用概算顺序列项，具体见"其他费用、预备费、专项费用概算编制"。

（3）第三部分预备费，包括基本预备费和价差预备费，具体见"其他费用、预备费、专项费用概算编制"。

（4）第四部分应列入项目概算总投资的费用：一般包括建设期利息、铺底流动资金、固定资产投资方向调节税（暂停征收）等，具体见"其他费用、预备费、专项费用概算编制"。

综合概算以单项工程所属的单位工程概算为基础，采用"综合概算表"进行编制，分别按各单位工程概算，汇总成若干个单项工程综合概算。对单一的、具有独立性的单项工程建设项目，按二级编制形式编制，直接编制总概算。总概算表格见表 5-2-1 和表 5-2-2。

六、其他费用、预备费、专项费用概算编制

（1）一般建设项目其他费用包括建设用地费、建设管理费、勘察设计费、可行性研究费、环境影响评价费、劳动安全卫生评价费、场地准备及临时设施费、工程保险费、联合试运转费、生产准备及开办费、特殊设备安全监督检验费、市政公用设施建设及绿化补偿费、引进技术和引进设备材料其他费用、专利及专有技术使用费、研究试验费等。引进工程其他费用中的国外技术人员现场服务费、出国人员旅费和生活费折合人民币列入，用人民币支付的其他几项费用直接列入其他费用中。其他费用概算表格形式见表 5-2-3 和表5-2-4。

（2）预备费包括基本预备费和价差预备费：基本预备费以总概算第一部分"工程费用"和第二部分"其他费用"之和为基数的百分比计算；价差预备费一般按公式计算。

（3）应列入项目概算总投资中的几项费用：建设期利息，根据不同资金来源及利率分别计算；铺底流动资金，按国家或行业有关规定计算；固定资产投资方向调节税（暂停征收）。

七、单位工程概算的编制

单位工程概算是编制单项工程综合概算（或项目总概算）的依据，单位工程概算项目根据单项工程中所属的每个单体按专业分别编制。单位工程概算一般分建筑工程、设备及安装工程两大类。综合概算表格形式见表 5-2-5。

（1）建筑工程单位工程概算：

建筑工程概算费用内容及组成见原建设部建标〔2003〕206 号《建筑安装工程费用项目组成》。建筑工程概算采用"建筑工程概算表"（表 5-2-6）编制，按构成单位工程的主要分部分项工程编制，根据初步设计工程量，按工程所在省、市、自治区颁发的概算定额（指标）或行业概算定额（指标）以及工程费用定额计算。房建工程编制深度应达到《建筑安装工程工程量清单计价规范》（GB 50500—2008）的深度。对于通用结构建筑，可采用"造价指标"编制概算；对于特殊或重要的建、构筑物，必须按构成单位工程的主要分部分项工程编制，必要时结合施工组织设计进行详细计算。

（2）设备及安装工程单位工程概算：费用由设备购置费和安装工程费组成。

$$定型或成套设备费＝设备出厂价格＋运输费＋采购保管费$$

$$非标准设备费＝\sum 综合单价(元/吨)\times 设备单重(吨)$$

工具、器具及生产家具购置费一般以设备购置费为计算基数，按照部门或行业规定的工具、器具及生产家具费率计算。

（3）安装工程费：安装工程费用内容组成以及工程费用计算方法见原建设部建标〔2003〕206 号《建筑安装工程费用项目组成》。其中，辅助材料费按概算定额（指标）计算，主要材料费以消耗量按工程所在地当年预算价格（或市场价）计算。

（4）引进材料费用计算方法与引进设备费用计算方法相同。材料、设备费用表格形式见表 5-2-9 和表 5-2-12。

（5）设备及安装工程概算采用"设备及安装工程概算表"（表 5-2-7）形式，按构成单位工程的主要分部分项工程编制，根据初步设计工程量，按工程所在省、市、自治区颁发的概算定额（指标）或行业概算定额（指标）以及工程费用定额计算。

（6）概算编制深度可参照《建筑安装工程工程量清单计价规范》（GB 50500—2008）深度执行。当概算定额或指标不能满足概算编制要求时，应编制"补充单位估价表"（表 5-2-8）。

八、调整概算的编制

设计概算批准后，一般不得调整。由于下述原因需要调整概算时，由建设单位调查分析变更原因，报主管部门审批同意后，由原设计单位核实编制调整概算，并按有关审批程序报批。调整概算的原因：

（1）超出原设计范围的重大变更；

（2）超出基本预备费规定范围的不可抗拒的重大自然灾害引起的工程变动和费用增加；

（3）超出工程造价调整预备费的国家重大政策性的调整。

调整概算编制深度与要求、文件组成及表格形式同原设计概算，调整概算还应对工程概算调整的原因作详尽的分析说明，所调整的内容在调整概算总说明中要逐项与原批准概算对比，并编制调整前后概算对比表（表 5-2-10、表 5-2-11），分析主要变更原因。工程量完成了一定量后方可进行调整，一个工程只允许调整一次概算。在上报调整概算时，应同时提供有关文件和调整依据。

九、工程建设其他费用参考计算方法

（一）建设管理费

以建设投资中的工程费用为基数乘以建设管理费费率。

$$建设管理费＝工程费用\times 建设管理费费率$$

（二）建设用地费

根据征用建设用地面积、临时用地面积，按建设项目所在省、市、自治区人民政府制定颁发的土地征用补偿费、安置补助费标准和耕地占用税、城镇土地使用税标准计算。建设用地上的建（构）筑物如需迁建，其迁建补偿费应按迁建补偿协议计列或按新建同类工程造价计算。建设项目采用"长租短付"方式租用土地使用权，在建设期间支付的租地费用计入建设用地费，在生产经营期间支付的土地使用费应进入营运成本中核算。

（三）可行性研究费

依据前期研究委托合同计列，或参照《国家计委关于印发〈建设项目前期工作咨询收费暂行规定〉的通知》（计投资〔1999〕1283号）规定计算。编制预可行性研究报告参照编制项目建议书收费标准并可适当调增。

（四）研究试验费

按照研究试验内容和要求进行编制。研究试验费不包括以下项目：应由科技三项费用（即新产品试制费、中间试验费和重要科学研究补助费）开支的项目。应在建筑安装费用中列支的施工企业对建筑材料、构件和建筑物进行一般鉴定、检查所发生的费用及技术革新的研究试验费。应由勘察设计费或工程费用中开支的项目。

（五）勘察设计费

依据勘察设计委托合同计列，或参照国家发改委、原建设部《关于发布〈工程勘察设计收费管理规定〉的通知》（计价格〔2002〕10号）规定计算。

（六）环境影响评价及验收费、水土保持评价及验收费、劳动安全卫生评价及验收费

环境影响评价及验收费依据委托合同计列，或按照国家发改委、国家环境保护总局《关于规范环境影响咨询收费有关问题的通知》（计价格〔2002〕125号）规定及建设项目所在省、市、自治区环境保护部门有关规定计算；水工保持评价及验收费、劳动安全卫生评价及验收费依据委托合同以及按照国家和项目所在省、市、自治区劳动和国土资源等行政部门规定的标准计算。

（七）职业病危害评价费等

依据职业病危害评价、地震安全性评价、地质灾害评价委托合同计列，或按照建设项目所在省、市、自治区有关行政部门规定的标准计算。

（八）场地准备及临时设施费

场地准备及临时设施费应尽量与永久性工程统一考虑。建设场地的大型土石方工程应计入工程费用中的总图运输费用中。新建项目的场地准备和临时设施费应根据实际工程量估算，或按工程费用的比例计算。改扩建项目一般只计拆除清理费。场地准备和临时设施费＝工程费用×费率＋拆除清理费

发生拆除清理费时可按新建同类工程造价或主材费、设备费的比例计算。可回收材料的拆除工程采用以料抵工方式冲抵拆除清理费。此项费用不包括已列入建筑安装工程费用中的施工单位临时设施费用。

（九）引进技术和引进设备其他费

引进项目图纸资料翻译复制费：根据引进项目的具体情况计列或按引进货价（F.Q.B）的比例估列；引进项目发生备品备件测绘费时按具体情况估列。出国人员费用：依据合同或协议规定的出国人次、期限以及相应的费用标准计算。生活费按照财政部、外交部规定的现行标准计算，旅费按中国民航公布的票价计算。来华人员费用：依据引进合同或协议有关条款及来华技术人员派遣计划进行计算。来华人员接待费可按每人次费用指标计算。引进合同价款中已包括的费用内容不得重复计算。银行担保及承诺费：应按担保或承诺协议计取。投资估算和概算编制时，可以担保金额或承诺金额为基数乘以费率计算。引进设备材料的国外运输费、国外运输保险费、关税、增值税、外贸手续费、银行财务费、国内运杂费、引进设备材料国内检验费等，按照引进货价（F.Q.B或C.I.F）计算后进入相应的设备材料费中。单独引进软件，不计关税只计增值税。

（十）工程保险费

不投保的工程不计取此项费用。不同的建设项目可根据工程特点选择投保险种，根据投保合同计列保险费用。编制投资估算和概算时可按工程费用的比例估算。不包括已列入施工企业管理费中的施工管理用财产、车辆保险费。

（十一）联合试运转费

不发生试运转或试运转收入大于（或等于）费用支出的工程，不列此项费用。当联合试运转收入小于试运转支出时：

$$联合试运转费＝联合试运转费用支出－联合试运转收入$$

联合试运转费不包括应由设备安装工程费用开支的调试及试车费用以及在试运转中暴露出来的因施工原因或设备缺陷等发生的处理费用。试运行期按照以下规定确定：引进国外设备项目按建设合同中规定的试运行期执行；国内一般性建设项目试运行期原则上按照批准的设计文件所规定的期限执行。个别行业的建设项目试运行期需要超过规定试运行期的，应报项目设计文件审批机关批准。试运行期一经确定，各建设单位应严格按规定执行，不得擅自缩短或延长。

（十二）特殊设备安全监督检验费

按照建设项目所在省、市、自治区安全监察部门的规定标准计算。无具体规定的，在编制投资估算和概算时可按受检设备现场安装费的比例估算。

（十三）市政公用设施费

按工程所在地人民政府规定标准计列；不发生或按规定免征项目不计取。

（十四）专利及专有技术使用费

按专利使用许可协议和专有技术使用合同的规定计列；专有技术的界定应以省、部级鉴定批准为依据；项目投资中只计需在建设期支付的专利及专有技术使用费。协议或合同规定在生产期支付的使用费应在生产成本中核算。

一次性支付的商标权、商誉及特许经营权费按协议或合同规定计列。协议或合同规定在生产期支付的商标权或特许经营权费应在生产成本中核算。为项目配套的专用设施投资，包括专用铁路线、专用公路、专用通信设施、变送电站、地下管道、专用码头等，如由项目建设单位负责投资但产权不归属本单位的，应作无形资产处理。

（十五）生产准备及开办费

新建项目按设计定员为基数计算，改扩建项目按新增设计

定员为基数计算：生产准备费＝设计定员×生产准备费用指标（元/人）

可采用综合的生产准备费用指标进行计算，也可以按费用内容的分类指标计算。

十、建设项目设计概算表格形式

（一）设计总概算表（三级编制形式）（表5-2-1）

设计总估算表（三级编制形式） 表 5-2-1

总概算编号：　　　　　　　工程名称：　　　　　　　单位：万元

序号	工程项目或费用名称	建筑工程费	设备购置费	安装工程费	其他费用	合计	其中：引进部分		占总投资比例（%）
							美元	折合人民币	
一	工程费用								
1	主要工程								
2	辅助工程								

序号	工程项目或费用名称	建筑工程费	设备购置费	安装工程费	其他费用	合计	其中：引进部分		占总投资比例（％）
							美元	折合人民币	
3	配套工程								
二	其他费用								
三	预备费								
四	专项费用								

编制人：　　　　　　　　　审核人：　　　　　　　　　审定人：

（二）设计总概算表（二级编制形式）（表5-2-2）

设计总估算表（二级编制形式）　　　　　　　　　　　　表 5-2-2

总概算编号：　　　　　　　　工程名称：　　　　　　　　单位：万元

序号	工程项目或费用名称	设计规模或主要工程量	建筑工程费	设备购置费	安装工程费	其他费用	合计	其中：引进部分		占总投资比例（％）
								美元	折合人民币	
一	工程费用									
1	主要工程									
2	辅助工程									
3	配套工程									
二	其他费用									
三	预备费									
四	专项费用									
	建设项目概算总投资									

编制人：　　　　　　　　　审核人：　　　　　　　　　审定人：

（三）其他费用表（表5-2-3）

其他费用表　　　　　　　　　　　　　　表 5-2-3

工程名称：　　　　　　　　　　　　　　单位：万元

序号	费用项目编号	费用项目名称	费用计算基数	费率％	金额	计算公式	备注
1							
		合计					

编制人：　　　　　　　　　审核人：

（四）其他费用计算表（表5-2-4）

其他费用计算表　　　　　　　　　　　表 5-2-4

其他费用编号：　　　　　　　费用名称：　　　　　　　单位：万元

序号	费用项目名称	费用计算基数	费率％	金额	计算公式	备注
	合计					

编制人：　　　　　　　　　审核人：

（五）综合概算表（表 5-2-5）

综合概算表 表 5-2-5

综合概算编号： 工程名称（单项工程）： 单位：万元

序号	概算编号	工程项目或费用名称	设计规模或主要工程量	建筑工程费	设备购置费	安装工程费	合计	其中：引进部分	
								美元	折合人民币
一		主要工程							
二		辅助工程							
三		配套工程							
		专项费用							
		单项工程概算费用合计							

编制人： 审核人： 审定人：

（六）建筑工程概算表（表 5-2-6）

建筑工程概算表 表 5-2-6

单位工程概算编号： 工程名称（单位工程）：

序号	定额编号	工程项目或费用名称	单位	数量	单价（元）				合价（元）			
					定额基价	人工费	材料费	机械费	金额	人工费	材料费	机械费
一		土石方工程										
二		砌筑工程										
三		楼地面工程										
		小计										
		工程综合取费										
		单位工程概算费用合计										

编制人： 审核人：

（七）设备及安装工程概算表（表 5-2-7）

设备及安装工程概算表 表 5-2-7

单位工程概算编号： 工程名称（单位工程）：

序号	定额编号	工程项目或费用名称	单位	数量	单价（元）					合价（元）				
					设备费	主材费	定额基价	人工费	机械费	设备费	主材费	定额基价	人工费	机械费
一		设备安装												
二		管道安装												
三		防腐保温												
		小计												
		工程综合取费												
		合计（单位工程概算费用）												

编制人： 审核人：

（八）补充单位估算表（表 5-2-8）

补充单位估算表　　　　　　　　　　　　　　表 5-2-8

子目名称：　　　　　　　　　　工作内容：

补充单位估价表编号					
定额基价					
人工费					
材料费					
机械费					
名称	单位	单价	数量		
综合工价					
材料	其他材料费				
机械					

编制人：　　　　　　　　　　审核人：

（九）主要设备材料数量及价格表（表 5-2-9）

主要设备材料数量及价格表　　　　　　　　表 5-2-9

序号	设备材料名称	规格型号及材质	单位	数量	单价（元）	价格来源	备注

编制人：　　　　　　　　　　审核人：

（十）总概算对比表（表 5-2-10）

总概算对比表　　　　　　　　　　　　　　表 5-2-10

总概算编号：　　　　　　　　工程名称：　　　　　　　单位：万元

序号	工程项目或费用名称	原批准概算					调整概算					差额（调整概算－原批准概算）	备注
		建筑工程费	设备购置费	安装工程费	其他费用	合计	建筑工程费	设备购置费	安装工程费	其他费用	合计		
一	工程费用												
1	主要工程												
2	辅助工程												
3	配套工程												
二	其他费用												
三	预备费												
四	专项费用												
	建设项目概算总投资												

编制人：　　　　　　　　　　审核人：

（十一）综合概算对比表（表 5-2-11）

综合概算对比表　　　　　　　　　　　　　　　　　　　表 5-2-11

综合概算编号：　　　　　　　工程名称：　　　　　　　　　　单位：万元

序号	工程项目或费用名称	原批准概算				调整概算				差额（调整概算－原批准概算）	备注
		建筑工程费	设备购置费	安装工程费	合计	建筑工程费	设备购置费	安装工程费	合计		
一	主要工程										
二	辅助工程										
三	配套工程										
	单项工程概算费用合计										

编制人：　　　　　　　　　　　　　审核人：

（十二）进口设备材料货价及从属费用计算表（表 5-2-12）

进口设备材料货价及从属费用计算表　　　　　　　　表 5-2-12

序号	设备材料规格名称及费用名称	单位	数量	单价（美元）	外币金额（美元）					折合人民币（元）	人民币金额（元）						合计（元）
					货价	运输费	保险费	其他费用	合计		关税	增值税	银行服务费	外贸手续费	国内运杂费	合计	

编制人：　　　　　　　　　　　　　审核人：

（十三）工程费用计算程序表（表 5-2-13）

工程费用计算程序表　　　　　　　　　　　　　表 5-2-13

序　号	费用名称	取费基础	费率	计算公式

第三节　建设项目施工图预算编审

　　建设项目施工图预算是施工图设计阶段合理确定和有效控制工程造价的重要依据。建设项目施工图预算应按照设计文件和项目所在地的人工、材料和机械等要素的市场价格水平进行编制，应充分考虑项目其他因素对工程造价的影响，并应确定合理的预备费，力求能够使投资额度得以科学合理地确定，以保证项目的顺利进行。

一、施工图预算

　　总预算是反映施工图设计阶段建设项目投资总额的造价文件，是施工图预算文件的主要组成部分，由组成该建设项目的各个单项工程综合预算和相关费用组成。综合预算是反映施工图设计阶段一个单项工程（设计单元）造价的文件，是总预算的组成部分，由构成该单项工程的各个单位工程施工图预算组成。单位工程预算是依据单位工程施工图设计文件、现行预算定额以及人工、材料和施工机械台班价格等，按照规定的计价方法编制的工程造价文件。建筑工程预算是建筑工程各专业单位工程施工图预算的总称，建筑工程施工图预算按其工程性质分为一般土建工程预算、建筑安装工程预算、构筑物工程预算等。安装工程预算是安装工程各专业单位工程预算的总称，安装工程预算按其工程性质分为机械设备安装工程预算、电气设备安装工程预算、工业管道安装工程预算和热力设备安装工程预算等。

预算定额是指完成规定计量单位质量标准的分部分项工程项目的人工、材料、机械台班消耗量的标准，是编制施工图预算的主要依据，是由国家行政主管部门根据社会平均生产力发展水平，综合考虑施工企业现状，以施工定额为基础编制的一种社会平均消耗量标准。

单位估价表是指依据预算定额中分部分项工程项目的人工、材料、机械台班消耗量以及工程所在地现行价格计算和确定的预算定额中该分部分项工程项目预算单价价目表。

补充预算定额是指随着设计、施工技术的发展，现行预算定额不能满足实际需要的情况下，为了补充现行定额中变化和缺项部分而进行调整和补充制定的定额。

二、施工图预算的规定

施工图总预算应控制在已批准的设计总概算投资范围以内。施工图预算总投资包含建筑工程费、设备及工器具购置费、安装工程费、工程建设其他费用、预备费、建设期贷款利息、固定资产投资方向调节税及铺底流动资金。

施工图预算的编制应保证编制依据的合法性、全面性和有效性以及预算编制成果文件的准确性、完整性。施工图预算应考虑施工现场实际，结合拟建建设项目合理的施工组织设计进行编制。

三、建设项目施工图预算文件的组成

施工图预算根据项目实际情况可采用三级预算编制或两级预算编制形式。当项目有多个单项工程时，应采用三级预算编制形式，三级预算编制形式由建设项目施工图总预算、单项工程综合预算、单项工程施工图预算组成。当建设项目只有一个单项工程时，应采用两级预算编制形式，两级预算编制形式由项目施工图总预算和单位工程施工图预算组成。

三级预算编制形式的工程预算文件的组成如下：封面、签署页及目录；编制说明；总预算表；综合预算表；单位工程预算表；附件。

二级预算编制形式的工程预算文件的组成如下：封面、签署页及目录；编制说明；总预算表；单位工程预算表；附件。

四、施工图预算编制依据

建设项目施工图预算的编制依据主要有以下方面：国家、行业、地方政府发布的计价依据、有关法律法规或规定；建设项目有关文件、合同、协议等；批准的设计概算；批准的施工图设计图纸及相关标准图集和规范；相应预算定额和地区单位估价表；合理的施工组织设计和施工方案等文件；项目有关的设备、材料供应合同、价格及相关说明书；项目所在地区有关的气候、水文、地质地貌等自然条件；项目的技术复杂程度以及新技术、专利使用情况等；项目所在地区有关的经济、人文等社会条件。

五、施工图预算编制组成与调整

（1）建设项目施工图预算由总预算、综合预算和单位工程预算组成。

（2）建设项目总预算由综合预算汇总而成。

（3）综合预算由组成单项工程的各单位工程预算汇总而成。

（4）单位工程预算包括建筑工程预算和设备及安装工程预算。

工程预算批准后，一般情况下不得调整。由于重大设计变更、政策性调整及不可抗力等原因造成的可以调整。调整预算编制深度与要求、文件组成及表格形式同原施工图预算。调整预算还应对工程预算调整的原因作详尽的分析说明，所调整的内容在调整预算总说明中要逐项与原批准预算对比，并编制调整前后预算对比表，见表 5-3-16～表 5-3-19，分析主要变更原因。在上报调整预算时，应同时提供有关文件和调整依据。需要进行分部工程、单位工程，人工、材料等分析的请参见表 5-3-12～表 5-3-14。

六、预算审查内容

施工图预算审查的主要内容包括：

（1）审查施工图预算的编制是否符合现行国家、行业、地方政府有关法规和规定要求。

（2）审查工程量计算的准确性、工程量计算规则与计价规范规则或定额规则的一致性。

（3）审查在施工图预算的编制过程中，各种计价依据使用是否恰当，各项费率计取是否正确。审查依据主要有施工图设计资料、有关定额、施工组织设计、有关造价文件规定和技术规范、规程等。

（4）审查各种要素市场价格选用是否合理。

（5）审查施工图预算是否超过概算以及进行偏差分析。

七、预算审查方法

施工图预算的审查可采用全面审查法、标准预算审查法、分组计算审查法、对比审查法、筛选审查法、重点审查法、分解对比审查法等。

（1）全面审查又叫逐项审查法，就是按预算定额顺序或施工的先后顺序，逐一地全部进行审查的方法。其具体计算方法和审查过程与编制施工图预算基本相同。该方法的优点是全面、细致，经审查的工程预算差错比较少，质量比较高，缺点是工作量大，因而在一些工程量比较小、工艺比较简单，编制工程预算的技术力量又比较薄弱的工程中，采用全面审查法的相对较多。

（2）标准预算审查法，对于利用标准图纸或通用图纸施工的工程，先集中力量，编制标准预算，以此为标准审查预算的方法。按标准图纸设计或通用图纸施工的工程，一般上部结构和做法相同，可集中力量细审一份预算或编制一份预算，作为这种标准图纸的标准预算，或以这种标准图纸的工程量为标准，对照审查，而对局部不同部分作单独审查即可。这种方法的优点是时间短、效果好、好定案；缺点是只适用于按标准图纸设计的工程，适用范围小。

（3）分组计算审查法，是一种加快审查工程量速度的方法，把预算中的项目划分为若干组，并把相邻且有一定内在联系的项目编为一组，审查或计算同一组中某个分项工程量，利用工程量间具有相同或相似计算基础的关系，判断同组中其他几个分项工程量计算的准确程度的方法。

（4）对比审查法，是用已建成工程的预算或虽未建成但已审查修正的工程预算对比审查拟建的类似工程预算的一种方法。

（5）筛选审查法，筛选法是统筹法的一种，也是一种对比方法。建筑工程虽然有建筑面积和高度的不同，但是它们的各个分部分项工程的工程量、造价、用工量在每个单位面积上的数值变化不大，我们把这些数据加以汇集、优先，归纳为工程量、造价（价值）、用工三个单方基本值表，并注明其适应的建筑标准。这些基本值犹如"筛子孔"，用来筛选各分部分项工程，筛下去的就不审查了，没有筛下去的就意味着此分部分项的单位建筑面积数值不在基本值范围之内，应对该分部分项工程详细审查。当所审查的预算的建筑面积标准与"基本值"所适用的标准不同，就要对其进行调整。筛选法的优点是简单易懂，便于掌握，审查速度和发现问题快，但解决差错、分析其原因需继续审查。因此，此法适用于住宅工程或不具备全面审查条件的工程。

（6）重点审查法，是抓住工程预算中的重点进行审查的方法。审查的重点一般是工程量大或造价较高、工程结构复杂的工程，补充单位估价表，计取的各项费用（计费基础、取费标准等）。重点抽查法的优点是重点突出，审查时间短、效果好。

（7）分解对比审查法是把一个单位工程按直接费与间接费进行分解，然后再把直接费按工种和分部工程进行分解，分别与审定的标准预算进行对比分析的方法。

八、建设项目施工图预算文件表格格式

建设项目施工图预算文件的含封面、签署页、目录、编制说明及有关表式。

（一）总预算表（三级编制形式）（表5-3-1）

总预算表（三级编制形式）   表5-3-1

总概算编号：   工程名称：   单位：万元

序号	预算编号	工程项目或费用名称	建筑工程费	设备购置费	安装工程费	其他费用	合计	其中：引进部分		占总投资比例（%）
								美元	折合人民币	
一		工程费用								
1		主要工程								
2		辅助工程								
3		配套工程								
二		其他费用								
三		预备费								
四		专项费用								
		建设项目概算总投资								

编制人：   审核人：   项目负责人：

（二）总预算表（二级编制形式）（表 5-3-2）

总估算表（二级编制形式）　　　　表 5-3-2

总概算编号：　　　　　　　　工程名称：　　　　　　　　单位：万元

序号	预算编号	工程项目或费用名称	设计规模或主要工程量	建筑工程费	设备购置费	安装工程费	其他费用	合计	其中：引进部分		占总投资比例（%）
									美元	折合人民币	
一		工程费用									
1		主要工程									
2		辅助工程									
3		配套工程									
二		其他费用									
三		预备费									
四		专项费用									
		建设项目概算总投资									

编制人：　　　　　　　审核人：　　　　　　　项目负责人：

（三）其他费用表（表 5-3-3）

其他费用表　　　　　　表 5-3-3

工程名称：　　　　　　　　　　　　　　　　　　单位：万元

序号	费用项目编号	费用项目名称	费用计算基数	费率%	金额	计算公式	备注
1							
		合计					

编制人：　　　　　　　审核人：

（四）其他费用计算表（表 5-3-4）

其他费用计算表　　　　　　表 5-3-4

其他费用编号：　　　　　　　　费用名称：　　　　　　　　单位：万元

序号	费用项目名称	费用计算基数	费率%	金额	计算公式	备注
	合计					

编制人：　　　　　　　审核人：

（五）综合预算表（表 5-3-5）

综合预算表 表 5-3-5

综合预算编号： 工程名称（单项工程）： 单位：万元

序号	概算编号	工程项目或费用名称	设计规模或主要工程量	建筑工程费	设备购置费	安装工程费	合计	其中：引进部分	
								美元	折合人民币
一		主要工程							
二		辅助工程							
三		配套工程							
		专项费用							
		单项工程预算费用合计							

编制人： 审核人： 项目负责人：

（六）建筑工程取费表（5-3-6）

建筑工程取费表 表 5-3-6

单项工程预算编号： 工程名称（单位工程）：

序　号	工程项目或费用名称	表达式	费率％	合价（元）
1	定额直接费			
2	其中：人工费			
3	其中：材料费			
4	其中：机械费			
5	措施费			
6	企业管理费			
7	利润			
8	规费			
9	税金			
10	单位建筑工程费用			

编制人： 审核人：

（七）建筑工程预算表（表 5-3-7）

建筑工程预算表 表 5-3-7

单项工程预算编号： 工程名称（单位工程）：

序号	定额号	工程项目或费用名称	单位	数量	单价（元）	其中人工费（元）	合价（元）	其中人工费（元）
一	土石方工程							
二	砌筑工程							
三	楼地面工程							
	定额直接费合计							

编制人： 审核人：

（八）设备及安装工程取费表（表 5-3-8）

设备及安装工程取费表　　　　　　　　　　　　　　　表 5-3-8

单项工程预算编号：　　　　　　工程名称（单位工程）：

序号	工程项目或费用名称	表达式	费率%	合价（元）
1	定额直接费			
2	其中：人工费			
3	其中：材料费			
4	其中：机械费			
5	措施费			
6	企业管理费			
7	利润			
8	规费			
9	税金			
10	单位设备及安装工程费用			

编制人：　　　　　　　　　　　审核人：

（九）设备及安装工程预算表（表 5-3-9）

设备及安装工程预算表　　　　　　　　　　　　　　　表 5-3-9

单项工程概算编号：　　　　　　工程名称（单位工程）：

序号	定额号	工程项目或定额名称	单位	数量	单价（元）	其中人工费（元）	合价（元）	其中人工费（元）	其中设备费（元）	其中主材费（元）
一		设备安装								
二		管道安装								
三		防腐保温								
		定额直接费合计								

编制人：　　　　　　　　　　　审核人：

（十）补充单位估算表（表 5-3-10）

补充单位估算表　　　　　　　　　　　　　　　　　表 5-3-10

子目名称：　　　　　　　　　工作内容：

补充单位估价表编号				
基价				
人工费				
材料费				
机械费				
名称	单位	单价	数量	
综合工日				
材料　其他材料费				
机械				

编制人：　　　　　　　　　　　审核人：

（十一）主要设备材料数量及价格表（表 5-3-11）

主要设备材料数量及价格表　　　　　　　　　　　　表 5-3-11

序号	设备材料名称	规格型号	单位	数量	单价（元）	价格来源	备注

编制人：　　　　　　　　　　　审核人：

（十二）分部工程工料分析表（表 5-3-12）

分部工程工料分析表

表 5-3-12

项目名称：　　　　　编号：

序号	定额编号	分部（分项）工程名称	单位	工程量	人工（工日）	主要材料			其他材料费（元）
						材料1	材料2	材料3	

编制人：　　　　　　　　审核人：

（十三）部工程工种数量分析汇总表（表 5-3-13）

分部工程工种数量分析汇总表

表 5-3-13

项目名称：　　　　　编号：

序　号	工种名称	工日数	备　注
1	木工		
2			

编制人：　　　　　　　　审核人：

（十四）单位工程材料分析汇总表（表 5-3-14）

单位工程材料分析汇总表

表 5-3-14

项目名称：　　　　　编号：

序号	材料名称	规格	单位	数量	备注
1	红砖				
2					

编制人：　　　　　　　　审核人：

（十五）进口设备材料货价及从属费用计算表（表 5-3-15）

进口设备材料货价及从属费用计算表

表 5-3-15

序号	设备材料规格名称及费用名称	单位	数量	单价（美元）	外币金额（美元）					折合人民币（元）	人民币金额（元）						合计（元）
					货价	运输费	保险费	其他费用	合计		关税	增值税	银行服务费	外贸手续费	国内运杂费	合计	

编制人：　　　　　　　　审核人：

（十六）总预算对比表（表 5-3-16）

总预算对比表　　　　　　　　　　　　　　　表 5-3-16

总预算编号：　　　　　　　　　工程名称：　　　　　　　　　单位：万元

序号	工程项目或费用名称	概　算						预　算						差额（预算－概算）	备注
		建筑工程费	设备购置费	安装工程费	其他费用	合计		建筑工程费	设备购置费	安装工程费	其他费用	合计			
一	工程费用														
1	主要工程														
2	辅助工程														
3	配套工程														
二	其他费用														
三	预备费														
四	专项费用														
	建设项目总投资														

编制人：　　　　　　　　　　　审核人：

（十七）综合预算对比表（表 5-3-17）

综合预算对比表　　　　　　　　　　　　　　　表 5-3-17

综合预算编号：　　　　　　　　　工程名称：　　　　　　　　　单位：万元

序号	工程项目或费用名称	概　算				预　算				差额（预算-概算）	调整的主要原因
		建筑工程费	设备购置费	安装工程费	合计	建筑工程费	设备购置费	安装工程费	合计		
一	主要工程										
二	辅助工程										
三	配套工程										
	单项工程费用合计										

编制人：　　　　　　　　　　　审核人：

（十八）其他费用对比表（表 5-3-18）

其他费用对比表　　　　　　　　　　　　　　　表 5-3-18

工程名称：　　　　　　　　　　　　　　　　　　单位：万元

序号	费用项目编号	费用项目名称	费用计算基数	费率（%）	概算金额	预算金额	差额	计算公式	调整主要原因	备注
1										
		合计								

编制人：　　　　　　　　　　　审核人：

（十九）主要设备材料数量及价格对比表（表 5-3-19）

主要设备材料数量及价格对比表　　　　　　　　　　　　表 5-3-19

序号	概算						预算						差额	调整原因
	设备材料名称	规格型号	单位	数量	单价（元）	价格来源	设备材料名称	规格型号	单位	数量	单价（元）	价格来源		
1														

编制人：　　　　　　　　　　　　　　　　审核人：

第四节　建设项目勘察设计审计

一、初步设计阶段的审计

（一）建设项目初步设计

设计是指在技术和经济上对拟建工程的实施进行全面安排，同时对工程建设进行规划的过程。在我国，一般大中型项目采取两段设计，即初步设计和施工图设计。初步设计是按照设计任务书要求所作的具体实施方案，是编制技术设计和施工设计、确定工程总造价、制定建设计划的重要依据。

初步设计文件由设计说明书、设计图纸、主要机电设备目录和工程概算书等几部分组成，主要包括以下内容：设计依据及指导思想；建设规模和资源配置；工艺流程和主要设备选型；主要建筑物；占地面积和土地使用情况；外部协作条件；生产组织和劳动定员；建设顺序和期限；各项经济技术指标；工程总概算。

（二）建设项目初步设计的审计

初步设计文件按照规定必须报国家或上级有关部门批准。设计文件批准后，不得擅自改动，凡修改涉及初步设计主要内容的，必须报原初设批准部门同意。因此，将审计的切入点放在初步设计报批之后、正式批复下达之前是比较合适的。

（三）初步设计审计要点

对建设投资项目初步设计的审计也包括两层含义，即审查和评估。对初设的审查包括两个方面的内容：

（1）合规性审查，重点审查有无初步设计及相应的设计概算，初步设计编制的单位是否具备相应的资格，设计概算的编制依据（采用的定额、价格、指标、费用标准等）是否符合现行规定及施工现场实际情况，概算投资是否完整地包括从筹建到竣工投产的全部费用，同时还应该进一步对设计合同的签订和执行情况进行审查。

（2）合理性审查，重点审查设计深度是否达到设计任务书的要求，规模标准与国际国内同类工程比较是否合理，工艺技术方案的选择和主要设备的选型是否经济适用，建筑设计是否满足工艺设计的要求并合理节约等。

（3）对初步设计的评估主要是指对初设和可研之间的差异进行分析评估，包括以下内容：市场、资源和技术有无重大变化，并分析可能对项目建设造成的影响；建设规模和建设标准以及主要设备的选型有无重大变化，并分析可能对项目建设造成的影响；设计概算与投资估算之间有无重大差异，并分析原因和对预计投资收益可能造成的影响。

二、项目建设设计阶段的审计重点

勘察设计审计主要审计设计的质量是否符合设计规范以及项目使用的要求，是否符合适用、经济、美观的设计原则，重点审计设计文件的内容是否齐全、是否经过有关部门的审核；审计设计的内容是否符合批准的投资计划的要求，建设标准与建设规模是否突破了投资计划的内容、标准；审计设计单位的确定过程是否合法合规，设计单位的资质和级别是否符合项目建设规模的要求；审计勘察设计收费是否合理。

设计阶段是对建设项目由计划变为现实具有决定意义的工作阶段，也是工程项目造价控制的关键阶段。拟建工程的进度、质量能否保证，投资能否节约，在很大程度上取决于设计质量的优劣，项目建设设计阶段的审计重点：

（1）审查项目是否采用了"限额设计"法，各专业指标分解是否到位，是否设立了较强的设计审查小组，是否有相应的奖罚机制来确保设计质量。

（2）分析设计方案是否运用了"价值工程"进行优化，是否着眼于项目的寿命周期成本，而非仅仅考虑投资成本。

（3）复核设计概算的正确性，分析概算是否严格按照批准的可研报告所要求的建设标准及定额规定编制，有无擅自提高装备水平的现象等。

三、设计（勘察）管理审计资料

设计（勘察）管理审计是指对项目建设过程中勘察、设计环节各项管理工作的质量及绩效进行的审查和评价。其目标主要是：审查和评价设计（勘察）环节的内部控制及风险管理的适当性、合法性和有效性；勘察、设计资料依据的充分性和可靠性；委托设计（勘察）、初步设计、施工图设计等各项管理活动的真实性、合法性和效益性。其审计依据的主要资料：委托设计（勘察）管理制度；经批准的可行性研究报告及估算；设计所需的气象资料、水文资料、地质资料、技术方案、建设条件批准文件、设计界面划分文件、能源介质管网资料、环保资料概预算编制原则、计价依据等基础资料；勘察和设计招标资料；勘察和设计合同；初步设计审查及批准制度；初步设计审查会议纪要等相关文件；组织管理部门与勘察、设计商往来函件；经批准的初步设计文件及概算；修正概算审批制度；施工图设计管理制度；施工图交底和会审会议纪要；经会审的施工图设计文件及施工图预算；设计变更管理制度及变更文件；设计资料管理制度等。

四、设计（勘察）管理审计内容

（1）委托设计（勘察）管理的审计：检查是否建立、健全委托设计（勘察）的内部控制，看其执行是否有效；检查委托设计（勘察）的范围是否符合已报经批准的可行性研究报告；检查是否采用招投标方式来选择设计（勘察）商及其有关单位的资质是否合规；招投标程序是否合法、公开，其结果是否真实、公正，有无因选择设计（勘察）商失误而导致的委托风险；检查组织管理部门是否及时组织技术交流，其所提供的基础资料是否准确、及时；检查设计（勘察）合同的内容是否合规，其中是否明确规定双方权力和义务以及针对设计商的激励条款；检查设计（勘察）合同的履行情况，索赔和反索赔是否符合合同的有关规定。

（2）初步设计管理的审计：检查是否建立、健全初步设计审查和批准的内部控制，看其执行是否有效；检查是否及时对国内外初步设计进行协调；检查初步设计完成的时间及其对建设进度的影响；检查是否及时对初步设计进行审查，并进行多种方案的比较和选择；检查报经批准的初步设计方案和概算是否符合经批准的可行性研究报告及估算；检查初步设计方案及概算的修改情况；检查初步设计深度是否符合规定，有无因设计深度不足而造成投资失控的风险；检查概算及修正概算的编制依据是否有效、内容是否完整、数据是否准确；检查修正概算审批制度的执行是否有效；检查是否采取限额设计、方案优化等控制工程造价的措施，限额设计是否与类似工程进行比较和优化论证，是否采用价值工程等分析方法；检查初步设计文件是否规范、完整。

（3）施工图设计管理的审计：检查是否建立、健全施工图设计的内部控制，看其执行是否有效；检查施工图设计完成的时间及其对建设进度的影响，有无因设计图纸拖延交付而导致的进度风险；检查施工图设计深度是否符合规定，有无因设计深度不足而造成投资失控的风险；检查施工图交底、施工图会审的情况以及施工图会审后的修改情况；检查施工图设计的内容及施工图预算是否符合经批准的初步设计方案、概算及标准；检查施工图预算的编制依据是否有效、内容是否完整、数据是否准确；检查施工图设计文件是否规范、完整；检查设计商提供的现场服务是否全面、及时，是否存在影响工程进度和质量的风险。

（4）设计变更管理的审计：检查是否建立、健全设计变更的内部控制，有无针对因过失而造成设计变更的责任追究制度以及该制度的执行是否有效；检查是否采取提高工作效率、加强设计接口部位的管理与协调措施；检查是否及时签发与审批设计变更通知单，是否存在影响建设进度的风险；检查设计变更的内容是否符合经批准的初步设计方案；检查设计变更对工程造价和建设进度的影响，是否存在工程量只增不减从而提高工程造价的风险；检查设计变更的文件是否规范、完整。

（5）设计资料管理的审计：检查是否建立、健全设计资料的内部控制，看其执行是否有效；检查施工图、竣工图和其他设计资料的归档是否规范、完整。

第六章　建设工程招投标阶段造价控制

根据国家、行业和地方有关部门的规定，按照《建筑法》、《合同法》、《招标投标法》、《招标投标法实施条例》以及《建设工程工程量清单计价规范》要求全部使用国有资金投资或国有资金投资为主的工程建设项目，必须采用工程量清单计价。为适应建设工程工程量清单计价方式下工程造价管理的要求，防止招标工程高价围标以及低价诱标或低价中标，进一步规范建设工程招标控制价的编制和审查，提高建设工程招投标阶段造价控制的质量，规范对采用工程量清单方式招标的新建、扩建、改建等建设工程招标控制价的编制与审查。在进行招标控制价的编制或审查时，应遵循合法、独立、公平、公正和诚实守信的原则。应以招标文件和有关工程计价规定为编制依据，合理确定招标控制价，防止抬高或压低招标控制价。

第一节　建设工程招标控制价编审

一、招标控制价规定

招标控制价：招标人根据国家或省级、行业建设行政主管部门颁发的有关计价依据和办法以及招标人发布的工程量清单，对招标工程限定的最高价格，是在工程招标发包过程中由招标人根据有关计价规定计算的工程造价，其作用是招标人用于对招标工程发包的最高限价，有的地方亦称拦标价、预算控制价。投标价：投标人投标时报出的工程造价。

未计价材料：计价定额中未注明材料单价，且定额材料费中不包括其价格的主材，其用量在定额消耗量中用"（）"表示。暂估单价的材料：招标工程量清单中，对于未确定标准或价格的材料，暂时确定一个招标的单价，结算时按实调整的材料。

招标控制价的编制或审查应依据拟发布的招标文件和工程量清单，符合招标文件对工程价款确定和调整的基本要求。应正确、全面地使用有关国家标准、行业或地方的有关的工程计价定额等工程计价依据。招标控制价的编制宜参照工程所在地的工程造价管理机构发布的工程造价信息，确定人工、材料、机械使用费等要素价格，如采用市场价格，应通过调查、分析，有可靠的依据后确定。招标控制价的编制应依据国家有关规定计算规费、税金和不可竞争的措施费用。对于竞争性的施工措施费用应依据工程特点，结合施工条件和合理的施工方案，本着经济实用、先进合理高效的原则确定。

二、招标控制价的文件组成及应用表格

招标控制价的文件组成应包括：封面、签署页及目录、编制说明、有关表格等。

招标控制价编制说明应包括以下内容：工程概况，编制范围，编制依据，编制方法，有关材料、设备、参数和费用的说明以及其他有关问题的说明。

招标控制价文件表格编制时宜按规定格式填写，招标控制价文件表格包括汇总表、分

部分项工程量清单与计价表、工程量清单综合单价分析表、措施项目清单与计价表、其他项目清单与计价汇总表、规费、税金项目清单与计价表、暂列金额明细表、材料暂估单价表、专业工程暂估价表等，其格式可参照表 6-1-1～表 6-1-14。

三、编制依据

招标控制价的编制依据是指在编制招标控制价时需要进行工程量计量、价格确认、工程计价的有关参数、率值的确定等工作时所需的基础性资料。主要依据包括：国家、行业和地方政府的法律、法规及有关规定。现行国家标准《建设工程工程量清单计价规范》(GB—50500)。国家、行业和地方建设主管部门颁发的计价定额和计价办法、价格信息及其相关配套计价文件。国家、行业和地方有关技术标准和质量验收规范等。工程项目地质勘察报告以及相关设计文件。工程项目拟定的招标文件，工程量清单和设备清单。答疑文件，澄清和补充文件以及有关会议纪要。常规或类似工程的施工组织设计。本工程涉及的人工、材料、机械台班的价格信息。施工期间的风险因素。其他相关资料。

四、编制程序

招标控制价编制应经历编制准备、文件编制和成果文件出具三个阶段的工作程序。

（1）编制准备阶段的主要工作包括：收集与本项目招标控制价相关的编制依据。熟悉招标文件、相关合同、会议纪要、施工图纸和施工方案相关资料。了解应采用的计价标准、费用指标、材料价格信息等情况。了解本项目招标控制价的编制要求和范围。对本项目招标控制价的编制依据进行分类、归纳和整理。成立编制小组，就招标控制价编制的内容进行技术交底，做好编制前期的准备工作。

（2）文件编制阶段的主要工作包括：按招标文件、相关计价规则进行分部分项工程工程量清单项目计价，并汇总分部分项工程费。按招标文件、相关计价规则进行措施项目计价，并汇总措施项目费。按招标文件、相关计价规则进行其他项目计价，并汇总其他项目费。进行规费项目、税金项目清单计价。对工程造价进行汇总，初步确定招标控制价。

（3）成果文件出具阶段的主要工作包括：审核人对编制人编制的初步成果文件进行审核。审定人对审核后的初步成果文件进行审定。编制人、审核人、审定人分别在相应成果文件上署名，并应签署造价工程师或造价员执业或从业印章。成果文件经编制、审核和审定后，工程造价咨询企业的法定表人或其授权人在成果文件上签字或盖章。工程造价咨询企业需在正式的成果文件上签署本企业的执业印章。

五、编制方法与内容

编制招标控制计价时，对于分部分项工程费用计价应采用单价法。采用单价法计价时，应依据招标工程量清单的分部分项工程项目项目特征和工程量，确定其综合单价，综合单价的内容应包括人工费、材料费、机械费、管理费和利润以及一定范围的风险费用。

对于措施项目应分别采用单价法和费率法（或系数法），对于可计量部分的措施项目应参照分部分项工程费用的计算方法，采用单价法计价，对于以项计量或综合取定的措施费用，应采用费率法。采用费率法时，应先确定某项费用的计费基数，再测定其费率，然后将计费基数与费率相乘得到费用。

在确定综合单价时，应考虑一定范围内的风险因素。在招标文件中应预留一定的风险费用，或明确说明风险所包括的范围及超出该范围的价格调整方法。对于招标文件中未做要求的可按以下原则确定：对于技术难度较大和管理复杂的项目，可考虑一定的风险费用，并纳入到综合单价中。对于设备、材料价格的市场风险，应依据招标文件的规定，工程所在地或行业工程造价管理机构的有关规定以及市场价格趋势，考虑一定率值的风险费用，纳入到综合单价中。税金、规费等法律、法规、规章和政策变化的风险和人工单价等风险费用不应纳入综合单价。

　　建设工程的招标控制价应由组成建设工程项目的各单项工程费用组成。各单项工程费用应由组成单项工程的各单位工程费用组成。各单位工程费用应由分部分项工程费、措施项目费、其他项目费、规费和税金组成。招标控制价的分部分项工程费应由各单位工程的招标工程量清单乘以其相应综合单价汇总而成。

　　招标工程发布的分部分工程量清单对应的综合单价应按照招标人发布的分部分项工程量清单的项目名称、工程量、项目特征描述，依据工程所在地区颁发的计价定额和人工、材料、机械台班价格信息等进行组价确定，并应编制工程量清单综合单价分析表。

　　分部分项工程量清单综合单价的组价，应依据提供的工程量清单和施工图纸，按照工程所在地区颁发的计价定额的规定，确定所组价的定额项目名称，并计算出相应的工程量；其次依据工程造价政策规定或工程造价信息确定其人工、材料、机械台班单价。在考虑风险因素确定管理费率和利润率的基础上，按规定程序计算出所组价定额项目的合价，然后将若干项所组价的定额项目合价相加除以工程量清单项目工程量，便得到工程量清单项目综合单价，对于未计价材料费（包括暂估单价的材料费），应计入综合单价。

　　（1）定额项目合价＝定额项目工程量×［Σ（定额人工消耗量×人工单价）＋Σ（定额材料消耗量×材料单价）＋Σ（定额机械台班消耗量×机械台班单价）＋价差（基价或人工、材料、机械费用）＋管理费和利润］

　　（2）工程量清单综合单价＝Σ（定额项目合价）未计价材料费＋工程量清单项目工程量

　　措施项目费应分别采用单价法、费率法计价。凡可精确计量的措施项目，应采用单价法；不能精确计量的措施项目，应采用费率法，以"项"为计量单位来综合计价。

　　某项措施项目清单费＝措施项目计费基数×费率

　　采用单价法计价的措施项目的计价方式应参照分部分项工程量清单计价方式计价。采用费率法计价的措施项目的计价方法应依据招标人提供的工程量清单项目，按照国家或省级、行业建设主管部门的规定，合理确定计费基数和费率。其中，安全文明施工费应按国家或省级、行业建设主管部门的规定计价，不得作为竞争性费用。

　　其他项目费应采用下列方式计价：暂列金额应按招标人在其他项目清单中列出的金额填写；暂估价包括材料暂估价、专业工程暂估。材料单价按招标人列出的材料单价计入综合单价，专业工程暂估价按招标人在其他项目清单中列出的金额填写；计日工：按招标人列出的项目和数量，根据工程特点和有关计价依据确定综合单价并计算费用；总承包服务费应根据招标文件中列出的内容和向总承包人提出的要求计算总承包费，其中招标人仅要求对分包的专业工程进行总承包管理和协调时，按分包的专业工程估算造价的1.5％计算；招标人要求对分包的专业工程进行总承包管理和协调并同时要求提供配合服务时，根据招标文件中列出的配合服务内容和提出的要求，按分包的专业工程估算造价的3％～5％计算；招标人自行供应材料的，按招标人供应材料价值的1％计算。

规费应采用费率法编制。应按照国家或省级、行业建设主管部门的规定确定计费基数和费率计算，不得作为竞争性费用。

税金应采用费率法编制。应按照国家或省级、行业建设主管部门的规定，结合工程所在地情况确定综合税率计算，不得作为竞争性费用。

税金＝（分部分项工程量清单费＋措施项目清单费＋其他项目清单费＋规费）×综合税率

六、招标控制价的审查

招标控制价的审查依据包括规定的招标控制价编制依据以及招标人发布的招标控制价。招标控制价的审查方法可依据项目的规模、特征、性质及委托方的要求等采用重点审查法、全面审查法。重点审查法适用于投标人对个别项目进行投诉的情况，全面审查法适用于各类项目的审查。招标控制价应重点审查以下方面：招标控制价的项目编码、项目名称、工程数量、计量单位等是否与发布的招标工程量清单项目一致。招标控制价的总价是否全面，汇总是否正确。分部分项工程综合单价的组成是否符合现行国家标准《建设工程工程量清单计价规范》（GB 50500）和其他工程造价计价依据的要求。措施项目施工方案是否正确、可行，费用的计取是否符合现行国家标准《建设工程工程量清单计价规范》（GB 50500）和其他工程造价计价依据的要求。安全文明施工费是否执行了国家或省级、行业建设主管部门的规定。管理费、利润、风险费以及主要材料及设备的价格是否正确、得当。规费、税金是否符合现行国家标准《建设工程工程量清单计价规范》（GB 50500）的要求，是否执行了国家或省级、行业建设主管部门的规定。

发包工程的招标控制价应在已确定的设计概算范围内。编制的招标控制价超出设计概算的，发包人停止招标，并分析其原因。招标控制价的成果文件应由相关责任人进行审定。招标控制价文件的编制、复核、审定人员应在招标控制价成果文件上签署注册造价工程师执业印章或造价员从业印章。

归档文件中除包含招标控制价的最终成果文件外，还应包含编制招标控制价时的材料询价记录等过程文件和资料。招标控制价编制成果文件及编制过程材料询价记录等过程资料应分类归纳、整理存档。招标控制价编制成果文件自归档之日起保存期应为10年，编制过程文件应为5年。归档的招标控制价编制成果文件应包含纸质原件和电子文档。

七、招标控制价表格形式

（一）工程项目招标控制价汇总表（表6-1-1）

工程项目招标控制价汇总表　　　　　　　　　　　　　　表6-1-1

工程名称：

序号	单项工程名称	金额	其　中		
			暂估价（元）	安全文明施工费（元）	规费（元）
	合计				

注：本表适用于工程项目招标控制价的汇总。

（二）单项工程招标控制价汇总表（表 6-1-2）

单项工程招标控制价汇总表　　　　　　　　　　　　**表 6-1-2**

工程名称：

序号	单项工程名称	金额	其　　中		
			暂估价（元）	安全文明施工费（元）	规费（元）
	合计				

注：本表适用于单项工程招标控制价的汇总。暂估价包括分部分项工程中的暂估价和专业工程暂估价。

（三）单位工程招标控制价汇总表（表 6-1-3）

单位工程招标控制价汇总表　　　　　　　　　　　　**表 6-1-3**

工程名称：　　　　　　　　　　　标段：

序号	汇总内容	金额（元）	其中：暂估价（元）
1	分部分项工程		
1.1			
2	措施项目		
2.1	安全文明施工费		
3	其他项目		
3.1	暂列金额		
3.2	专业工程暂估价		
3.3	计日工		
3.4	总承包费		
4	规费		
5	税金		
招标控制价合计＝1＋2＋3＋4＋5			

注：本表适用于单位工程招标控制价的汇总，如无单位工程划分，单项工程也使用本表汇总。

（四）分部分项工程量清单与计价表（表 6-1-4）

分部分项工程量清单与计价表　　　　　　　　　　　　**表 6-1-4**

工程名称：　　　　　　　　　　　标段：

序号	项目编码	项目名称	项目特征描述	计量单位	工程量	金额（元）		
						综合单价	合价	其中：暂估价
本页小计								
合价								

注：根据《建筑安装工程费用组成》的规定，为计取规费等的费用，可在表中增设："直接费"、"人工费"或
　　"人工费＋机械费"。

（五）工程量清单综合单价分析表（表 6-1-5）

工程量清单综合单价分析表　　　　　　　　　　表 6-1-5

工程名称：　　　　　　　　　　　　　标段：

项目编码			项目名称			计量单位		
清单综合单价组成明细								
定额编号	定额名称	定额单位	数量	单价				合价			

定额编号	定额名称	定额单位	数量	人工费	材料费	机械费	管理费和利润	人工费	材料费	机械费	管理费和利润
人工单价		小计									
元/工日		未计价材料费									
清单项目综合价											

材料费明细	主要材料名称、规格、型号	单位	数量	单价（元）	合价（元）	暂估单价（元）	暂估合价（元）
	其他材料费			—		—	
	材料费小计			—		—	

注：1. 如不使用省级或行业建设主管部门发布的计价依据，可不填定额项目、编号等。

　　2. 招标文件提供了暂估单价的材料，按暂估的单价填入表内"暂估单价"栏及"暂估合价"栏。

（六）措施项目清单与计价表（一）（表 6-1-6）

措施项目清单与计价表（一）　　　　　　　　表 6-1-6

工程名称：　　　　　　　　　　　　　标段：

序号	项 目 名 称	计算基础	费率（%）	金额（元）
1	安全文明施工费			
2	夜间施工费			
3	二次搬运费			
4	冬雨季施工			
5	大型机械设备进出场及安拆费			
6	施工排水			
7	施工降水			
8	地上、地下设施，建筑物的临时保护设施			
9	已完工程及设备保护			
10	各专业工程的措施项目			
11				
12				
合计				

注：1. 本表适用于以"项"计价的措施项目。

　　2. 根据《建筑安装工程费用组成》的规定，计价基础可为，"直接费"、"人工费"或"人工费＋机械费"。

（七）措施项目清单与计价表（二）（表 6-1-7）

措施项目清单与计价表（二）　　　　　　　表 6-1-7

工程名称：　　　　　　　　　　　标段：

序号	项目编码	项目名称	项目特征描述	计量单位	工程量	金额（元）	
						综合单价	合　价
本页小计							
合计							

注：本表适用于以综合单价形式计价的措施项目。

（八）其他项目清单与计价汇总表（表 6-1-8）

其他项目清单与计价汇总表　　　　　　　表 6-1-8

工程名称：　　　　　　　　　　　标段：

序号	项目名称	计算单位	金额（元）	备　　注
1	暂列金额			明细详见表 6-1-2
2	暂估价			
2.1	材料暂估价			明细详见表 6-1-3
2.2	专业工程暂估价			明细详见表 6-1-4
3	计日工			明细详见表 6-1-5
4	总承包服务费			明细详见表 6-1-6
5				
合计				

注：材料暂估单价进入清单项目综合单价，此处不汇总。

（九）暂列金额明细表（表 6-1-9）

暂列金额明细表　　　　　　　表 6-1-9

工程名称：　　　　　　　　　　　标段：

序号	项目名称	计量单位	暂定金额（元）	备　　注
1				
	合计			—

注：此表由招标人填写，如不能详列，也可只列暂定金额总额，投标人应将上述暂定金额计入投标总价中。

（十）材料暂估单价表（表 6-1-10）

材料暂估单价表　　　　　　　表 6-1-10

工程名称：　　　　　　　　　　　标段：

序号	材料名称、规格、型号	计量单位	单价（元）	备　　注
1				
	合计			—

注：1. 此表由招标人填写，并在备注栏说明暂估价的材料拟用在哪些清单项目上，投标人应将上述材料暂估单价计入工程量清单综合单价报价中。

2. 材料包括原材料、燃料、构配件以及按规定应计入建筑安装工程造价的设备。

（十一）专业工程暂估价表（表 6-1-11）

专业工程暂估价表　　　　　　　　　　　　表 6-1-11

工程名称：　　　　　　　　　　　　标段：

序号	工程名称	工程内容	金额（元）	备　注
1				
合计				

注：此表由招标人填写，投标人应将上述专业工程暂估价计入投标报价中。

（十二）计日工表（表 6-1-12）

计 日 工 表　　　　　　　　　　　　表 6-1-12

工程名称：　　　　　　　　　　　　标段：

编号	项目名称	单位	暂定数量	综合单价	合价
一	人工				
1					
人工小计					
二	材料				
1					
材料小计					
三	施工机械				
1					
施工机械小计					
总计					

注：此表项目名称、数量由招标人填写，编制招标控制价时，单价由招标人按有关计价规定确定，单价由投标人
　　自主报价，计入投标总价中。

（十三）总承包服务费计价表（表 6-1-13）

总承包服务费计价表　　　　　　　　　　　　表 6-1-13

工程名称：　　　　　　　　　　　　标段：

序号	项目名称	项目价值（元）	服务内容	费率（%）	金额（元）
1	发包人发包专业工程				
2	发包人供应材料				
合计					

（十四）规费、税金项目清单与计价表（表 6-1-14）

规费、税金项目清单与计价表　　　　　　　　表 6-1-14

工程名称：　　　　　　　　　　　　标段：

序号	项目名称	计算基础	费率（%）	金额（元）
1	规费			
1.1	工程排污费			
1.2	社会保障费			
（1）	养老保险费			
（2）	失业保险费			
（3）	医疗保险费			
1.3	住房公积金			
1.4	危险作业意外伤害保险			
2	税金	分部分项工程费＋措施项目费＋其他项目费＋规费		
合计				

注：根据《建筑安装工程费用组成》的规定，计价基础可为，"直接费"、"人工费"或"人工费＋机械费"。

第二节　建设工程施工招标投标

为了规范工程建设项目施工招标投标活动，根据《招标投标法》和国务院有关部门的职责分工，2003 年，国家发改委、原建设部、铁道部、交通部、信息产业部、水利部、中国民用航空总局制定《工程建设项目施工招标投标办法》（第 30 号令），工程建设项目符合《工程建设项目招标范围和规模标准规定》规定的范围和标准的，必须通过招标选择施工单位。

一、招标

工程施工招标人是依法提出施工招标项目、进行招标的法人或者其他组织。依法必须招标的工程建设项目，应当具备下列条件才能进行施工招标：招标人已经依法成立；初步设计及概算应当履行审批手续的，已经批准；招标范围、招标方式和招标组织形式等应当履行核准手续的，已经核准；有相应资金或资金来源已经落实；有招标所需的设计图纸及技术资料。

依法必须进行施工招标的工程建设项目，按工程建设项目审批管理规定，凡应报送项目审批部门审批的，招标人必须在报送的可行性研究报告中将招标范围、招标方式、招标组织形式等有关招标内容报项目审批部门核准。

国务院发展计划部门确定的国家重点建设项目和各省、自治区、直辖市人民政府确定的地方重点建设项目以及全部使用国有资金投资或者国有资金投资占控股或者主导地位的工程建设项目，应当公开招标。有下列情形之一的，经批准可以进行邀请招标：

（1）项目技术复杂或有特殊要求，只有少量几家潜在投标人可供选择的；

（2）受自然地域环境限制的；

（3）涉及国家安全、国家秘密或者抢险救灾，适宜招标但不宜公开招标的；

（4）拟公开招标的费用与项目的价值相比，不值得的；

（5）法律、法规规定不宜公开招标的。

国家重点建设项目的邀请招标，应当经国务院发展计划部门批准；地方重点建设项目的邀请招标，应当经各省、自治区、直辖市人民政府批准。全部使用国有资金投资或者国有资金投资占控股或者主导地位并需要审批的工程建设项目的邀请招标，应当经项目审批部门批准，但项目审批部门只审批立项的，由有关行政监督部门审批。

需要审批的工程建设项目，有下列情形之一的，由规定的审批部门批准，可以不进行施工招标：

（1）涉及国家安全、国家秘密或者抢险救灾而不适宜招标的；

（2）属于利用扶贫资金实行以工代赈需要使用农民工的；

（3）施工主要技术采用特定的专利或者专有技术的；

（4）施工企业自建自用的工程，且该施工企业资质等级符合工程要求的；

（5）在建工程追加的附属小型工程或者主体加层工程，原中标人仍具备承包能力的；

（6）法律、行政法规规定的其他情形。

工程施工招标分为公开招标和邀请招标。采用公开招标方式的，招标人应当发布招标公告，邀请不特定的法人或者其他组织投标。依法必须进行施工招标项目的招标公告，应当在国家指定的报刊和信息网络上发布。采用邀请招标方式的，招标人应当向三家以上具备承担施工招标项目的能力、资信良好的特定的法人或者其他组织发出投标邀请书。

招标公告或者投标邀请书应当至少载明下列内容：招标人的名称和地址；招标项目的内容、规模、资金来源；招标项目的实施地点和工期；获取招标文件或者资格预审文件的地点和时间；对招标文件或者资格预审文件收取的费用；对投标人的资质等级的要求。

招标人应当按招标公告或者投标邀请书规定的时间、地点出售招标文件或资格预审文件。自招标文件或者资格预审文件出售之日起至停止出售之日止，最短不得少于五个工作日。招标人可以通过信息网络或者其他媒介发布招标文件，通过信息网络或者其他媒介发布的招标文件与书面招标文件具有同等法律效力，但出现不一致时以书面招标文件为准。招标人应当保持书面招标文件原始正本的完好。对招标文件或者资格预审文件的收费应当合理，不得以盈利为目的。对于所附的设计文件，招标人可以向投标人酌收押金；对于开标后投标人退还设计文件的，招标人应当向投标人退还押金。招标文件或者资格预审文件售出后，不予退还。招标人在发布招标公告、发出投标邀请书后或者售出招标文件或资格预审文件后不得擅自终止招标。

招标人可以根据招标项目本身的特点和需要，要求潜在投标人或者投标人提供满足其资格要求的文件，对潜在投标人或者投标人进行资格审查；法律、行政法规对潜在投标人或者投标人的资格条件有规定的，依照其规定。资格审查分为资格预审和资格后审。资格预审，是指在投标前对潜在投标人进行的资格审查。资格后审，是指在开标后对投标人进行的资格审查。进行资格预审的，一般不再进行资格后审，但招标文件另有规定的除外。采取资格预审的，招标人可以发布资格预审公告，招标人应当在资格预审文件中载明资格预审的条件、标准和方法；采取资格后审的，招标人应当在招标文件中载明对投标人资格要求的条件、标准和方法。招标人不得改变载明的资格条件或者以没有载明的资格条件对潜在投标人或者投标人进行资格审查。经资格预审后，招标人应当向资格预审合格的潜在投标人发出资格预审合格通知书，告知获取招标文件的时间、地点和方法，并同时向资格预审不合格的潜在投标人告知资格预审结果。资格预审不合格的潜在投标人不得参加投标。经资格后审不合格的投标人的投标应作废标处理。

资格审查应主要审查潜在投标人或者投标人是否符合下列条件：具有独立订立合同的权力；具有履行合同的能力，包括专业、技术资格和能力，资金、设备和其他物质设施状况，管理能力，经验、信誉和相应的从业人员；没有处于被责令停业，投标资格被取消，财产被接管、冻结，破产状态；在最近三年内没有骗取中标和严重违约及重大工程质量问题；法律、行政法规规定的其他资格条件。资格审查时，招标人不得以不合理的条件限制、排斥潜在投标人或者投标人，不得对潜在投标人或者投标人实行歧视待遇。任何单位和个人不得以行政手段或者其他不合理方式限制投标人的数量。

招标人符合法律规定的自行招标条件的，可以自行办理招标事宜。任何单位和个人不得强制其委托招标代理机构办理招标事宜。招标代理机构应当在招标人委托的范围内承担招标事宜。招标代理机构可以在其资格等级范围内承担下列招标事宜：拟订招标方案，编制和出售招标文件、资格预审文件；审查投标人资格；编制标底；组织投标人踏勘现场；组织开标、评标，协助招标人定标；草拟合同；招标人委托的其他事项。工程招标代理机构与招标人应当签订书面委托合同，并按双方约定的标准收取代理费；国家对收费标准有规定的，依照其规定。

招标人根据施工招标项目的特点和需要编制招标文件。招标文件一般包括下列内容：投标邀请书；投标人须知；合同主要条款；投标文件格式；采用工程量清单招标的，应当提供工程量清单；技术条款；设计图纸；评标标准和方法；投标辅助材料。招标人应当在招标文件中规定实质性要求和条件，并用醒目的方式标明。招标人可以要求投标人在提交符合招标文件规定要求的投标文件外，提交备选投标方案，但应当在招标文件中作出说明，并提出相应的评审和比较办法。招标文件规定的各项技术标准应符合国家强制性标准。

招标文件中规定的各项技术标准均不得要求或标明某一特定的专利、商标、名称、设计、原产地或生产供应者，不得含有倾向或者排斥潜在投标人的其他内容。如果必须引用某一生产供应者的技术标准才能准确或清楚地说明拟招标项目的技术标准时，则应当在参照后面加上"或相当于"的字样。施工招标项目需要划分标段、确定工期的，招标人应当合理划分标段、确定工期，并在招标文件中载明。对工程技术上紧密相连、不可分割的单位工程不得分割标段。招标文件应当明确规定评标时除价格以外的所有评标因素，以及如何将这些因素量化或者据以进行评估。在评标过程中，不得改变招标文件中规定的评标标准、方法和中标条件。

招标文件应当规定一个适当的投标有效期，以保证招标人有足够的时间完成评标和与中标人签订合同。投标有效期从投标人提交投标文件截止之日起计算。在原投标有效期结束前，出现特殊情况的，招标人可以书面形式要求所有投标人延长投标有效期。投标人同意延长的，不得要求或被允许修改其投标文件的实质性内容，但应当相应延长其投标保证金的有效期；投标人拒绝延长的，其投标失效，但投标人有权收回其投标保证金。因延长投标有效期造成投标人损失的，招标人应当给予补偿，但因不可抗力需要延长投标有效期的除外。施工招标项目工期超过十二个月的，招标文件中可以规定工程造价指数体系、价格调整因素和调整方法。招标人应当确定投标人编制投标文件所需要的合理时间；但是，依法必须进行招标的项目，自招标文件开始发出之日起至投标人提交投标文件截止之日止，最短不得少于二十日。

招标人根据招标项目的具体情况，可以组织潜在投标人踏勘项目现场，向其介绍工程场地和相关环境的有关情况。潜在投标人依据招标人介绍情况作出的判断和决策，由投标人自行负责。招标人不得单独或者分别组织任何一个投标人进行现场踏勘。对于潜在投标人在阅读招标文件和现场踏勘中提出的疑问，招标人可以书面形式或召开投标预备会的方式解答，但需同时将解答以书面方式通知所有购买招标文件的潜在投标人。该解答的内容为招标文件的组成部分。

招标人可根据项目特点决定是否编制标底。编制标底的，标底编制过程和标底必须保密。招标项目编制标底的，应根据批准的初步设计、投资概算，依据有关计价办法，参照有关工程定额，结合市场供求状况，综合考虑投资、工期和质量等方面的因素合理确定。标底由招标人自行编制或委托中介机构编制。一个工程只能编制一个标底。招标项目可以不设标底，进行无标底招标。

二、投标

投标人是响应招标、参加投标竞争的法人或者其他组织。投标人应当按照招标文件的要求编制投标文件。投标文件应当对招标文件提出的实质性要求和条件作出响应。投标文件一般包括下列内容：投标函投标报价；施工组织设计；商务和技术偏差表。

投标人根据招标文件载明的项目实际情况，拟在中标后将中标项目的部分非主体、非关键性工作进行分包的，应当在投标文件中载明。招标人可以在招标文件中要求投标人提交投标保证金。投标保证金除现金外，可以是银行出具的银行保函、保兑支票、银行汇票或现金支票。投标保证金一般不得超过投标总价的百分之二，但最高不得超过八十万元人民币。投标保证金有效期应当超出投标有效期三十天。投标人应当按照招标文件要求的方式和金额，将投标保证金随投标文件提交给招标人。投标人不按招标文件要求提交投标保证金的，该投标文件将被拒绝，作废标处理。

投标人应当在招标文件要求提交投标文件的截止时间前，将投标文件密封送达投标地点。招标人收到投标文件后，应当向投标人出具标明签收人和签收时间的凭证，在开标前，任何单位和个人不得开启投标文件。在招标文件要求提交投标文件的截止时间后送达的投标文件，为无效的投标文件，招标人应当拒收。提交投标文件的投标人少于三个的，招标人应当依法重新招标。重新招标后投标人仍少于三个的，属于必须审批的工程建设项目，报经原审批部门批准后可以不再进行招标；其他工程建设项目，招标人可自行决定不再进行招标。

投标人在招标文件要求提交投标文件的截止时间前，可以补充、修改、替代或者撤回已提交的投标文件，并书面通知招标人。补充、修改的内容为投标文件的组成部分。在提交投标文件截止时间后到招标文件规定的投标有效期终止之前，投标人不得补充、修改、替代或者撤回其投标文件。投标人补充、修改、替代投标文件的，招标人不予接受；投标人撤回投标文件的，其投标保证金将被没收。在开标前，招标人应妥善保管好已接收的投标文件、修改或撤回通知、备选投标方案等投标资料。

两个以上法人或者其他组织可以组成一个联合体，以一个投标人的身份共同投标。联合体各方签订共同投标协议后，不得再以自己的名义单独投标，也不得组成新的联合体或参加其他联合体在同一项目中投标。联合体参加资格预审并获通过的，其组成的任何变化都必须在提交投标文件截止之日前征得招标人的同意。如果变化后的联合体削弱了竞争，含有事先未经过资格预审或者资格预审不合格的法人或者其他组织，或者使联合体的资质降到资格预审文件中规定的最低标准以下，招标人有权拒绝。联合体各方必须指定牵头人，授权其代表所有联合体成员负责投标和合同实施阶段的主办、协调工作，并应当向招标人提交由所有联合体成员法定代表人签署的授权书。联合体投标的，应当以联合体各方或者联合体中牵头人的名义提交投标保证金。以联合体中牵头人名义提交的投标保证金，对联合体各成员具有约束力。

下列行为均属投标人串通投标报价：投标人之间相互约定抬高或压低投标报价；投标人之间相互约定，在招标项目中分别以高、中、低价位报价；投标人之间先进行内部竞价，内定中标人，然后再参加投标；投标人之间其他串通投标报价的行为。

下列行为均属招标人与投标人串通投标：招标人在开标前开启投标文件，并将投标情况告知其他投标人，或者协助投标人撤换投标文件，更改报价；招标人向投标人泄露标底；招标人与投标人商定，投标时压低或抬高标价，中标后再给投标人或招标人额外补偿；招标人预先内定中标人；其他串通投标行为。

投标人不得以他人名义投标，指投标人挂靠其他施工单位，或从其他单位通过转让或租借的方式获取资格或资质证书，或者由其他单位及其法定代表人在自己编制的投标文件上加盖印章和签字等行为。

三、开标、评标和定标

开标应当在招标文件确定的提交投标文件截止时间的同一时间公开进行；开标地点应当为招标文件中确定的地点。投标文件有下列情形之一的，招标人不予受理：逾期送达的或者未送达指定地点的；未按招标文件要求密封的。

投标文件有下列情形之一的，由评标委员会初审后按废标处理：无单位盖章并无法定代表人或法定代表人授权的代理人签字或盖章的；未按规定的格式填写，内容不全或关键字迹模糊、无法辨认的；投标人递交两份或多份内容不同的投标文件，或在一份投标文件中对同一招标项目报有两个或多个报价，且未声明哪一个有效，按招标文件规定提交备选投标方案的除外；投标人名称或组织结构与资格预审时不一致的；未按招标文件要求提交投标保证金的；联合体投标未附联合体各方共同投标协议的。

评标委员会可以书面方式要求投标人对投标文件中含义不明确、对同类问题表述不一致或者有明显文字和计算错误的内容作必要的澄清、说明或补正。评标委员会不得向投标人提出带有暗示性或诱导性的问题，或向其明确投标文件中的遗漏和错误。投标文件不响应招标文件的实质性要求和条件的，招标人应当拒绝，并不允许投标人通过修正或撤销其不符合要求的差异或保留，使之成为具有响应性的投标。评标委员会在对实质上响应招标文件要求的投标进行报价评估时，除招标文件另有约定外，应当按下述原则进行修正：用数字表示的数额与用文字表示的数额不一致时，以文字数额为准；单价与工程量的乘积与总价之间不一致时，以单价为准。若单价有明显的小数点错位，应以总价为准，并修改单价。按规定调整后的报价经投标人确认后产生约束力。投标文件中没有列入的价格和优惠条件在评标时不予考虑。对于投标人提交的优越于招标文件中技术标准的备选投标方案所产生的附加收益，不得考虑进评标价中。符合招标文件的基本技术要求且评标价最低或综合评分最高的投标人，其所提交的备选方案方可予以考虑。招标人设有标底的，标底在评标中应当作为参考，但不得作为评标的唯一依据。

评标委员会完成评标后，应向招标人提出书面评标报告。评标报告由评标委员会全体成员签字。评标委员会提出书面评标报告后，招标人一般应当在十五日内确定中标人，但最迟应当在投标有效期结束日三十个工作日前确定。中标通知书由招标人发出。

评标委员会推荐的中标候选人应当限定在一至三人，并标明排列顺序。招标人应当接受评标委员会推荐的中标候选人，不得在评标委员会推荐的中标候选人之外确定中标人。依法必须进行招标的项目，招标人应当确定排名第一的中标候选人为中标人。排名第一的中标候选人放弃中标、因不可抗力提出不能履行合同，或者招标文件规定应当提交履约保证金而在规定的期限内未能提交的，招标人可以确定排名第二的中标候选人为中标人。排名第二的中标候选人因前款规定的同样原因不能签订合同的，招标人可以确定排名第三的中标候选人为中标人。招标人可以授权评标委员会直接确定中标人。

招标人不得向中标人提出压低报价、增加工作量、缩短工期或其他违背中标人意愿的要求，以此作为发出中标通知书和签订合同的条件。中标通知书对招标人和中标人具有法律效力。中标通知书发出后，招标人改变中标结果的，或者中标人放弃中标项目的，应当依法承担法律责任。招标人全部或者部分使用非中标单位投标文件中的技术成果或技术方案时，需征得其书面同意，并给予一定的经济补偿。招标人和中标人应当自中标通知书发出之日起三十日内，按照招标文件和中标人的投标文件订立书面合同。招标人和中标人不得再行订立背离合同实质性内容的其他协议。招标文件要求中标人提交履约保证金或者其他形式履约担保的，中标人应当提交；拒绝提交的，视为放弃中标项目。招标人要求中标人提供履约保证金或其他形式履约担保的，招标人应当同时向中标人提供工程款支付担保。招标人不得擅自提高履约保证金，不得强制要求中标人垫付中标项目建设资金。招标人与中标人签订合同后五个工作日内，应当向未中标的投标人退还投标保证金。

合同中确定的建设规模、建设标准、建设内容、合同价格应当控制在批准的初步设计及概算文件范围内；确需超出规定范围的，应当在中标合同签订前，报原项目审批部门审查同意。凡应报经审查而未报的，在初步设计及概算调整时，原项目审批部门一律不予承认。依法必须进行施工招标的项目，招标人应当自发出中标通知书之日起十五日内，向有关行政监督部门提交招标投标情况的书面报告。至少应包括下列内容：招标范围；招标方式和发布招标公告的媒介；招标文件中投标人须知、技术条款、评标标准和方法、合同主要条款等内容；评标委员会的组成和评标报告；中标结果。

招标人不得直接指定分包人。对于不具备分包条件或者不符合分包规定的，招标人有权在签订合同或者中标人提出分包要求时予以拒绝。发现中标人转包或违法分包时，可要求其改正；拒不改正的，可终止合同，并报请有关行政监督部门查处。

第三节　标准施工招标文件试行规定

一、《标准施工招标文件》试行规定

为了规范施工招标资格预审文件、招标文件编制活动，提高资格预审文件、招标文件

编制质量，促进招标投标活动的公开、公平和公正，国家发展和改革委员会、财政部、原建设部、铁道部、交通部、信息产业部、水利部、民用航空总局、广播电影电视总局联合制定了《〈标准施工招标资格预审文件〉和〈标准施工招标文件〉试行规定》（56 号令）及相关附件，编制了《标准施工招标资格预审文件》和《标准施工招标文件》，自 2008 年 5 月 1 日起在政府投资项目中试行。国务院有关部门和地方人民政府有关部门选择若干政府投资项目作为试点，由试点项目招标人按规定使用《标准文件》。

（1）国务院有关行业主管部门可根据《标准施工招标文件》并结合本行业施工招标特点和管理需要，编制行业标准施工招标文件。行业标准施工招标文件重点对"专用合同条款"、"工程量清单"、"图纸"、"技术标准和要求"作出具体规定。

（2）试点项目招标人应根据《标准文件》和行业标准施工招标文件（如有），结合招标项目具体特点和实际需要，按照公开、公平、公正和诚实信用原则编写施工招标资格预审文件或施工招标文件。

（3）行业标准施工招标文件和试点项目招标人编制的施工招标资格预审文件、施工招标文件，应不加修改地引用《标准施工招标资格预审文件》中的"申请人须知"（申请人须知前附表除外）、"资格审查办法"（资格审查办法前附表除外）以及《标准施工招标文件》中的"投标人须知"（投标人须知前附表和其他附表除外）、"评标办法"（评标办法前附表除外）、"通用合同条款"。行业标准施工招标文件中的"专用合同条款"可对《标准施工招标文件》中的"通用合同条款"进行补充、细化，除"通用合同条款"明确"专用合同条款"可作出不同约定外，补充和细化的内容不得与"通用合同条款"强制性规定相抵触，否则抵触内容无效。

（4）"申请人须知前附表"和"投标人须知前附表"用于进一步明确"申请人须知"和"投标人须知"正文中的未尽事宜，试点项目招标人应结合招标项目具体特点和实际需要编制和填写，但不得与"申请人须知"和"投标人须知"正文内容相抵触，否则抵触内容无效。

（5）"资格审查办法前附表"和"评标办法前附表"用于明确资格审查和评标的方法、因素、标准和程序。试点项目招标人应根据招标项目具体特点和实际需要，详细列明全部审查或评审因素、标准，没有列明的因素和标准不得作为资格审查或评标的依据。

（6）试点项目招标人编制招标文件中的"专用合同条款"可根据招标项目的具体特点和实际需要，对《标准施工招标文件》中的"通用合同条款"进行补充、细化和修改，但不得违反法律、行政法规的强制性规定和平等、自愿、公平和诚实信用原则。

（7）试点项目招标人编制的资格预审文件和招标文件不得违反公开、公平、公正、平等、自愿和诚实信用原则。

二、《简明标准施工招标文件》（2012 版）使用说明

（1）《简明标准施工招标文件》适用于工期不超过 12 个月、技术相对简单且设计和施工不是由同一承包人承担的小型项目施工招标。

（2）《简明标准施工招标文件》用相同序号标示的章、节、条、款、项、目，供招标人和投标人选择使用；以空格标示的由招标人填写的内容，招标人应根据招标项目具体特点和实际需要具体化，确实没有需要填写的，在空格中用"/"标示。

（3）招标人按照《简明标准施工招标文件》第一章的格式发布招标公告或发出投标邀

请书后，将实际发布的招标公告或实际发出的投标邀请书编入出售的招标文件中，作为投标邀请。其中，招标公告应同时注明发布所在的所有媒介名称。

（4）《简明标准施工招标文件》第三章"评标办法"分别规定经评审的最低投标价法和综合评估法两种评标方法，供招标人根据招标项目具体特点和实际需要选择适用。招标人选择适用综合评估法的，各评审因素的评审标准、分值和权重等由招标人自主确定。国务院有关部门对各评审因素的评审标准、分值和权重等有规定的，从其规定。

《简明标准施工招标文件》第三章"评标办法"前附表应列明全部评审因素和评审标准，并在本章前附表标明投标人不满足要求即否决其投标的全部条款。

（5）《简明标准施工招标文件》第五章"工程量清单"，由招标人根据工程量清单的国家标准、行业标准，以及招标项目具体特点和实际需要编制，并与"投标人须知"、"通用合同条款"、"专用合同条款"、"技术标准和要求"、"图纸"相衔接。本章所附表格可根据有关规定作相应的调整和补充。

（6）《简明标准施工招标文件》第六章"图纸"，由招标人根据招标项目具体特点和实际需要编制，并与"投标人须知"、"通用合同条款"、"专用合同条款"、"技术标准和要求"相衔接。

（7）《简明标准施工招标文件》第七章"技术标准和要求"由招标人根据招标项目具体特点和实际需要编制。"技术标准和要求"中的各项技术标准应符合国家强制性标准，不得要求或标明某一特定的专利、商标、名称、设计、原产地或生产供应者，不得含有倾向或者排斥潜在投标人的其他内容。如果必须引用某一生产供应者的技术标准才能准确或清楚地说明拟招标项目的技术标准时，则应当在参照后面加上"或相当于"字样。

（8）招标人可根据招标项目具体特点和实际需要，参照《标准施工招标文件》、行业标准施工招标文件（如有），对《简明标准施工招标文件》做相应的补充和细化。

（9）采用电子招标投标的，招标人应按照国家有关规定，结合项目具体情况，在招标文件中载明相应要求。

三、《标准设计施工总承包招标文件》（2012 版）使用说明

（1）《标准设计施工总承包招标文件》适用于设计施工一体化的总承包招标。

（2）《标准设计施工总承包招标文件》用相同序号标示的章、节、条、款、项、目，供招标人和投标人选择使用；以空格标示的由招标人填写的内容，招标人应根据招标项目具体特点和实际需要具体化，确实没有需要填写的，在空格中用"/"标示。

（3）招标人按照《标准设计施工总承包招标文件》第一章的格式发布招标公告或发出投标邀请书后，将实际发布的招标公告或实际发出的投标邀请书编入出售的招标文件中，作为投标邀请。其中，招标公告应同时注明发布所在的所有媒介名称。

（4）《标准设计施工总承包招标文件》第三章"评标办法"分别规定综合评估法和经评审的最低投标价法两种评标方法，供招标人根据招标项目具体特点和实际需要选择适用。招标人选择适用综合评估法的，各评审因素的评审标准、分值和权重等由招标人自主确定。国务院有关部门对各评审因素的评审标准、分值和权重等有规定的，从其规定。

《标准设计施工总承包招标文件》第三章"评标办法"前附表应列明全部评审因素和评审标准，并在本章前附表标明投标人不满足要求即否决其投标的全部条款。

（5）《标准设计施工总承包招标文件》第五章"发包人要求"由招标人根据行业标准

设计施工总承包招标文件（如有）、招标项目具体特点和实际需要编制，并与"投标人须知"、"通用合同条款"、"专用合同条款"相衔接。

（6）采用电子招标投标的，招标人应按照国家有关规定，结合项目具体情况，在招标文件中载明相应要求。

四、《房屋建筑和市政工程标准施工招标资格预审文件》（2010 版）使用说明

（1）《房屋建筑和市政工程标准施工招标资格预审文件》（以下简称《行业标准施工招标资格预审文件》）是《标准施工招标资格预审文件》（国家发展和改革委员会、财政部、原建设部等九部委 56 号令发布）的配套文件，适用于一定规模以上，且设计和施工不是由同一承包人承担的房屋建筑和市政工程施工招标的资格预审。

（2）《标准施工招标资格预审文件》第二章"申请人须知"和第三章"资格审查办法"正文部分是《行业标准施工招标资格预审文件》的组成部分。《行业标准施工招标资格预审文件》的第二章"申请人须知"和第三章"资格审查办法"正文部分均直接引用《标准施工招标资格预审文件》相同序号的章节。

（3）《行业标准施工招标资格预审文件》用相同序号标示的章、节、条、款、项、目，供招标人和资格预审申请人选择使用；《行业标准资格预审文件》以空格标示的由招标人填写的内容，招标人应根据招标项目具体特点和实际需要具体化，确实没有需要填写的，在空格中用"/"标示。除选择性内容和以空格标示的由招标人填写和补充的内容外，《行业标准施工招标资格预审文件》第二章"申请人须知"（前附表及正文）及第三章"资格审查办法"正文部分应不加修改地直接引用。选择、填空和补充内容由招标人根据国家和地方有关法律法规及项目具体情况确定。

（4）招标人按照《行业标准施工招标资格预审文件》第一章"资格预审公告"的格式发布资格预审公告后，将实际发布的资格预审公告编入出售的资格预审文件中，作为资格预审邀请。资格预审公告应同时注明发布该公告的所有媒介名称。

（5）《行业标准施工招标资格预审文件》第三章"资格审查办法"分别规定了合格制和有限数量制两种资格审查方法，供招标人根据招标项目具体特点和实际需要选择使用。如无特殊情况，鼓励招标人采用合格制。第三章"资格审查办法"前附表应按试行规定要求列明全部审查因素和审查标准，并在本章（前附表及正文，包括前附表的附件和附表）标明申请人不满足其要求即不能通过资格预审的全部条款。

五、《标准施工招标文件》（2007 版）使用说明

（1）《标准施工招标文件》适用于一定规模以上，且设计和施工不是由同一承包商承担的工程施工招标。

（2）《标准施工招标文件》用相同序号标示的章、节、条、款、项、目，供招标人和投标人选择使用；以空格标示的由招标人填写的内容，招标人应根据招标项目具体特点和实际需要具体化，确实没有需要填写的，在空格中用"/"标示。

（3）招标人按照《标准施工招标文件》第一章的格式发布招标公告或发出投标邀请书后，将实际发布的招标公告或实际发出的投标邀请书编入出售的招标文件中，作为投标邀请。其中，招标公告应同时注明发布所在的所有媒介名称。

（4）《标准施工招标文件》第三章"评标办法"分别规定了经评审的最低投标价法和综合评估法两种评标方法，供招标人根据招标项目具体特点和实际需要选择适用。招标人选择适用综合评估法的，各评审因素的评审标准、分值和权重等由招标人自主确定。国务院有关部门对各评审因素的评审标准、分值和权重等有规定的，从其规定。第三章"评标办法"前附表应按试行规定要求列明全部评审因素和评审标准，并在本章（前附表及正文）标明投标人不满足其要求即导致废标的全部条款。

（5）《标准施工招标文件》第五章"工程量清单"由招标人根据工程量清单的国家标准、行业标准，以及行业标准施工招标文件（如有）、招标项目具体特点和实际需要编制，并与"投标人须知"、"通用合同条款"、"专用合同条款"、"技术标准和要求"、"图纸"相衔接。本章所附表格可根据有关规定作相应的调整和补充。

（6）《标准施工招标文件》第六章"图纸"由招标人根据行业标准施工招标文件（如有）、招标项目具体特点和实际需要编制，并与"投标人须知"、"通用合同条款"、"专用合同条款"、"技术标准和要求"相衔接。

（7）《标准施工招标文件》第七章"技术标准和要求"由招标人根据行业标准施工招标文件（如有）、招标项目具体特点和实际需要编制。"技术标准和要求"中的各项技术标准应符合国家强制性标准，不得要求或标明某一特定的专利、商标、名称、设计、原产地或生产供应者，不得含有倾向或者排斥潜在投标人的其他内容。如果必须引用某一生产供应者的技术标准才能准确或清楚地说明拟招标项目的技术标准时，则应当在参照后面加上"或相当于"字样。

六、《标准施工招标资格预审文件》（2007版）使用说明

（1）《标准施工招标资格预审文件》（以下简称《标准资格预审文件》）用相同序号标示的章、节、条、款、项、目，供招标人和投标人选择使用；《标准资格预审文件》以空格标示的由招标人填写的内容，招标人应根据招标项目具体特点和实际需要具体化，确实没有需要填写的，在空格中用"/"标示。

（2）招标人按照《标准资格预审文件》第一章"资格预审公告"的格式发布资格预审公告后，将实际发布的资格预审公告编入出售的资格预审文件中，作为资格预审邀请。资格预审公告应同时注明发布所在的所有媒介名称。

（3）《标准资格预审文件》第三章"资格审查办法"分别规定了合格制和有限数量制两种资格审查方法，供招标人根据招标项目具体特点和实际需要选择适用。如无特殊情况，鼓励招标人采用合格制。第三章"资格审查办法"前附表应按试行规定要求列明全部审查因素和审查标准，并在本章（前附表及正文）标明申请人不满足其要求即不能通过资格预审的全部条款。

第四节　建设工程施工招标评标办法

为了规范评标委员会的组成和评标活动，保证评标的公平、公正，维护招标投标活动当事人的合法权益，依照《招标投标法》，国家发改委、国家经贸委、原建设部、铁道部、交通部、信息产业部、水利部联合制定《评标委员会和评标方法暂行规定》（12号令），要求遵循公平、公正、科学、择优的原则，对必须招标项目的评标活动要依法进行，任何单位和个人不得非法干预或者影响评标过程和结果。招标人应当采取必要措施，保证评标活动在严格保密的情况下进行。

一、评标的准备与初步评审

评标委员会成员应当编制供评标使用的相应表格，认真研究招标文件，至少应了解和熟悉以下内容：招标的目标；招标项目的范围和性质；招标文件中规定的主要技术要求、标准和商务条款；招标文件规定的评标标准、评标方法和在评标过程中考虑的相关因素。评标委员会应当根据招标文件规定的评标标准和方法，对投标文件进行系统地评审和比较；应当按照投标报价的高低或者招标文件规定的其他方法对投标文件排序。以多种货币报价的，应当按照中国银行在开标日公布的汇率中间价换算成人民币。评标委员会可以书面方式要求投标人对投标文件中含义不明确、对同类问题表述不一致或者有明显文字和计算错误的内容作必要的澄清、说明或者补正。澄清、说明或者补正应以书面方式进行并不得超出投标文件的范围或者改变投标文件的实质性内容。

招标人或者其委托的招标代理机构应当向评标委员会提供评标所需的重要信息和数据。招标人设有标底的，标底应当保密，并在评标时作为参考。招标文件中没有规定的标准和方法不得作为评标的依据。招标文件中规定的评标标准和评标方法应当合理，不得含有倾向或者排斥潜在投标人的内容，不得妨碍或者限制投标人之间的竞争。招标文件应当对汇率标准和汇率风险作出规定。未作规定的，汇率风险由投标人承担。投标文件中的大写金额和小写金额不一致的，以大写金额为准；总价金额与单价金额不一致的，以单价金额为准，但单价金额小数点有明显错误的除外；对不同文字文本投标文件的解释发生异议的，以中文文本为准。

在评标过程中，评标委员会发现投标人以他人的名义投标、串通投标、以行贿手段谋取中标或者以其他弄虚作假方式投标的，该投标人的投标应作废标处理；发现投标人的报价明显低于其他投标报价或者在设有标底时明显低于标底，使得其投标报价可能低于其个别成本的，应当要求该投标人作出书面说明并提供相关证明材料。投标人不能合理说明或者不能提供相关证明材料的，由评标委员会认定该投标人以低于成本报价竞标，其投标应作废标处理。投标人资格条件不符合国家有关规定和招标文件要求的，或者拒不按照要求对投标文件进行澄清、说明或者补正的，评标委员会可以否决其投标。评标委员会应当审查每一投标文件是否对招标文件提出的所有实质性要求和条件作出响应。未能在实质上响应的投标，应作废标处理。

评标委员会应当根据招标文件，审查并逐项列出投标文件的全部投标偏差。投标偏差分为重大偏差和细微偏差。下列情况属于重大偏差：没有按照招标文件要求提供投标担保或者所提供的投标担保有瑕疵；投标文件没有投标人授权代表签字和加盖公章；投标文件载明的招标项目完成期限超过招标文件规定的期限；明显不符合技术规格、技术标准的要求；投标文件载明的货物包装方式、检验标准和方法等不符合招标文件的要求；投标文件附有招标人不能接受的条件；不符合招标文件中规定的其他实质性要求。投标文件有上述情形之一的，为未能对招标文件作出实质性响应，并按规定作废标处理。招标文件对重大偏差另有规定的，从其规定。细微偏差是指投标文件在实质上响应招标文件要求，但在个别地方存在漏项或者提供了不完整的技术信息和数据等情况，并且补正这些遗漏或者不完整不会对其他投标人造成不公平的结果。细微偏差不影响投标文件的有效性。评标委员会应当书面要求存在细微偏差的投标人在评标结束前予以补正。拒不补正的，在详细评审时可以对细微偏差作不利于该投标人的量化，量化标准应当在招标文件中规定。

评标委员会根据规定否决不合格投标或者界定为废标后，因有效投标不足三个使得投标明显缺乏竞争的，评标委员会可以否决全部投标。投标人少于三个或者所有投标被否决的，招标人应当依法重新招标。

二、详细评审

经初步评审合格的投标文件，评标委员会应当根据招标文件确定的评标标准和方法，对其技术部分和商务部分作进一步评审、比较。评标方法包括经评审的最低投标价法、综合评估法或者法律、行政法规允许的其他评标方法。

经评审的最低投标价法一般适用于具有通用技术、性能标准或者招标人对其技术、性能没有特殊要求的招标项目。根据经评审的最低投标价法，能够满足招标文件的实质性要求，并且经评审的最低投标价的投标，应当推荐为中标候选人。采用经评审的最低投标价法的，评标委员会应当根据招标文件中规定的评标价格调整方法，对所有投标人的投标报价以及投标文件的商务部分作必要的价格调整；中标人的投标应当符合招标文件规定的技术要求和标准，但评标委员会无需对投标文件的技术部分进行价格折算。

根据经评审的最低投标价法完成详细评审后，评标委员会应当拟定一份"标价比较表"，连同书面评标报告提交招标人。"标价比较表"应当载明投标人的投标报价、对商务偏差的价格调整和说明以及经评审的最终投标价。

不宜采用经评审的最低投标价法的招标项目，一般应当采取综合评估法进行评审。根据综合评估法，最大限度地满足招标文件中规定的各项综合评价标准的投标，应当推荐为中标候选人。衡量投标文件是否最大限度地满足招标文件中规定的各项评价标准，可以采取折算为货币的方法、打分的方法或者其他方法。需量化的因素及其权重应当在招标文件中明确规定。评标委员会对各个评审因素进行量化时，应当将量化指标建立在同一基础或者同一标准上，使各投标文件具有可比性。对技术部分和商务部分进行量化后，评标委员会应当对这两部分的量化结果进行加权，计算出每一投标的综合评估价或者综合评估分。

根据综合评估法完成评标后，评标委员会应当拟定一份"综合评估比较表"，连同书面评标报告提交招标人。"综合评估比较表"应当载明投标人的投标报价、所作的任何修正、对商务偏差的调整、对技术偏差的调整、对各评审因素的评估以及对每一投标最终评审结果。

根据招标文件的规定，允许投标人投备选标的，评标委员会可以对中标人所投的备选标进行评审，以决定是否采纳备选标。不符合中标条件的投标人的备选标不予考虑。对于划分有多个单项合同的招标项目，招标文件允许投标人为获得整个项目合同而提出优惠的，评标委员会可以对投标人提出的优惠进行审查，以决定是否将招标项目作为一个整体合同授予中标人。将招标项目作为一个整体合同授予的，整体合同中标人的投标应当最有利于招标人。

评标和定标应当在投标有效期结束日前 30 个工作日前完成。不能在投标有效期结束日前 30 个工作日前完成评标和定标的，招标人应当通知所有投标人延长投标有效期。拒绝延长投标有效期的投标人有权收回投标保证金。同意延长投标有效期的投标人应当相应延长其投标担保的有效期，但不得修改投标文件的实质性内容。因延长投标有效期造成投标人损失的，招标人应当给予补偿，但因不可抗力需延长投标有效期的除外。招标文件应当载明投标有效期。投标有效期从提交投标文件截止日起计算。

三、推荐中标候选人与定标

评标委员会在评标过程中发现的问题，应当及时作出处理或者向招标人提出处理建议，并作书面记录。评标委员会完成评标后，应当向招标人提出书面评标报告，并抄送有关行政监督部门。评标报告应当如实记载以下内容：基本情况和数据表；评标委员会成员名单；开标记录；符合要求的投标一览表；废标情况说明；评标标准、评标方法或者评标因素一览表；经评审的价格或者评分比较一览表；经评审的投标人排序；推荐的中标候选人名单与签订合同前要处理的事宜；澄清、说明、补正事项纪要。

评标报告由评标委员会全体成员签字。对评标结论持有异议的评标委员会成员可以书面方式阐述其不同意见和理由。评标委员会成员拒绝在评标报告上签字且不陈述其不同意见和理由的，视为同意评标结论。评标委员会应当对此作出书面说明并记录在案。向招标人提交书面评标报告后，评标委员会即告解散。评标过程中使用的文件、表格以及其他资料应当即时归还招标人。

评标委员会推荐的中标候选人应当限定在一至三人，并标明排列顺序。中标人的投标应当符合下列条件之一：能够最大限度满足招标文件中规定的各项综合评价标准；能够满足招标文件的实质性要求，并且经评审的投标价格最低；但是投标价格低于成本的除外。在确定中标人之前，招标人不得与投标人就投标价格、投标方案等实质性内容进行谈判。

使用国有资金投资或者国家融资的项目，招标人应当确定排名第一的中标候选人为中标人。排名第一的中标候选人放弃中标、因不可抗力提出不能履行合同，或者招标文件规定应当提交履约保证金而在规定的期限内未能提交的，招标人可以确定排名第二的中标候选人为中标人。排名第二的中标候选人因前款规定的同样原因不能签订合同的，招标人可以确定排名第三的中标候选人为中标人。招标人可以授权评标委员会直接确定中标人。

中标人确定后，招标人应当向中标人发出中标通知书，同时通知未中标人，并与中标人在30个工作日之内签订合同。中标通知书对招标人和中标人具有法律约束力。中标通知书发出后，招标人改变中标结果或者中标人放弃中标的，应当承担法律责任。招标人应当与中标人按照招标文件和中标人的投标文件订立书面合同。招标人与中标人不得再行订立背离合同实质性内容的其他协议。招标人与中标人签订合同后5个工作日内，应当向中标人和未中标的投标人退还投标保证金。

四、施工评标办法简介

（一）合理低价法

评标委员会对通过初步评审和详细评审的投标文件，按其投标价得分由高到低的顺序，依次推荐前三名投标人为中标候选人（当投标价得分相等时，以投标价较低者优先）。在评标时，一般按照投标价得分由高到低的顺序，对投标文件进行初步评审和详细评审，对存在重大偏差的投标文件按废标处理。对施工组织设计、投标人的财务能力、技术能力、业绩及信誉不再进行评分。为防止哄抬标价，招标人可以设定投标控制价上限，由招标人自行编制或委托有资质单位编制，并在开标前公布。投标价超出招标人控制价上限的，视为超出招标人的支付能力，作废标处理。

在开标现场，宣读完投标人的投标价后，应当场计算评标基准价。评标基准价的计算一般有两种方式，一是采用所有被宣读的投标价的平均值（或去掉一个最低值和一个最高值后的算术平均值），并对所有不高于平均值的投标人的投标报价进行二次平均，作为评标基准价；二是计算所有被宣读的投标价的平均值（或去掉一个最低值和一个最高值后，取算术平均值），将该平均值下降若干百分点（现场随机确定）作为评标基准价。评标基准价在整个评标期间保持不变，不随通过初步评审和详细评审的投标人的数量发生变化。投标人的投标价等于评标基准价者得满分，高于或低于评标基准价者按一定比例扣分，高于评标基准价的扣分幅度应比低于评标基准价的扣分幅度大。评标基准价的计算方法和评分方法应在招标文件中载明。适用范围：除技术特别复杂的特大桥和长大隧道工程外，采用合理低价法进行评标。应注意的问题：招标人在出售招标文件时，应同时提供"工程量清单的数据应用软件盘"，"工程量清单的数据应用软件盘"中的格式、工程数量及运算定义等应保证投标人无法修改。投标人只需填写各细目单价或总额价，即可自动生成投标价，评标阶段无需进行算术性复核。

（二）最低评标价法

评标委员会按评标价由低到高顺序对投标文件进行初步评审和详细评审，推荐通过初步评审和详细评审且评标价最低的前三个投标人为中标候选人。若评标委员会发现投标人的评标价或主要单项工程报价明显低于其他投标人报价或者在设有标底时明显低于标底（一般为15％以下）时，应要求该投标人做出书面说明并提供相关证明材料。如果投标人不能提供相关证明材料证明该报价能够按招标文件规定的质量标准和工期完成招标工程，评标委员会应当认定该投标人以低于成本价竞标，作废标处理。如果投标人提供了证明材料，评标委员会也没有充分的证据证明投标人低于成本价竞标，为减少招标人风险，招标人有权要求投标人增加履约保证金。一般在确定中标候选人之前，要求投标人作出书面承诺，在收到中标通知书14天内，按照招标文件规定的额度和方式提交履约担保。履约担保增加幅度建议如下：当（A−B）/A≤15％时，履约担保为10％合同价的银行保函。当15％＜（A−B）/A≤20％时，履约担保为10％合同价的银行保函加5％合同价的银行汇票。当20％＜（A−B）/A≤25％时，履约担保为10％合同价的银行保函加10％合同价的银行汇票。当25％＜（A−B）/A时，履约担保为10％合同价的银行保函加15％合同价的银行汇票。其中：B为中标候选人的评标价；A为招标人标底或所有投标人评标价的平均值。

若投标人未作出书面承诺或虽承诺但未按规定的时间和额度提交履约担保，招标人可取消其中标资格或宣布其中标无效，并没收其投标担保。适用范围：使用世界银行、亚洲开发银行等国际金融组织贷款的项目和工程规模较小、技术含量较低的工程采用最低评标价法进行评标。应注意的问题：为防止投标人以低于成本价抢标，并减少由于低价中标带来的实施阶段的问题，建议招标人设立标底，严格控制低价抢标行为，标底应在开标时公布；在签订合同时要特别明确施工人员、设备的进场要求、工程进度要求以及违约责任和处理措施。

（三）综合评估法

评标委员会对所有通过初步评审和详细评审的投标文件的评标价、财务能力、技术能力、管理水平以及业绩与信誉进行综合评分，按综合评分由高到低排序，推荐综合评分得分最高的三个投标人为中标候选人。根据招标项目的不同特点，可采用有标底招标和无标底招标两种形式：

1. 有标底方式

标底应在开标时公布，在评标过程中仅作为参考，不能作为决定废标的直接依据。评标价得分计算方法如下：计算所有通过初步评审和详细评审的投标文件的评标价的平均值，将标底同评标价的平均值进行复合，得到复合标底；将复合标底下降若干百分点（现场随机确定）作为评标基准价，投标人的评标价等于评标基准价，得满分，高于或低于评标基准价，按不同比例扣分。

2. 无标底方式

评标价得分计算方法如下：计算所有通过初步评审和详细评审的投标文件的评标价的平均值，将该平均值下降若干百分点（现场随机确定）作为评标基准价，投标人的评标价等于评标基准价得满分，高于或低于评标基准价按不同比例扣分。高于评标基准价者扣分幅度应比低于评标基准价者的扣分幅度大，具体比例应在招标文件中规定。适用范围：本办法仅适用于技术特别复杂的，如特大桥梁和长大隧道工程。应注意的问题：为控制投标报价，建议招标人设立标底，或设定投标控制价上限。设立标底的，中标人应采取有效措施，确保开标前的标底保密。

（四）双信封评标法

要求投标人将投标报价和工程量清单单独密封在一个报价信封中，其他商务和技术文件密封在另外一个信封中。在开标前，两个信封同时提交给招标人。评标程序如下：第一次开标时，招标人首先打开商务和技术文件信封，报价信封交监督机关或公证机关密封保存。评标委员会对商务和技术文件进行初步评审和详细评审：

（1）若采用合理低标价法或最低评标价法，评标委员会应确定通过和未通过商务和技术评审的投标人名单。

（2）若采用综合评估法，评标委员会应确定通过和未通过商务和技术评审的投标人名单，并对这些投标文件的技术部分进行打分。招标人向所有投标人发出通知，通知中写明第二次开标的时间和地点。招标人将在开标会上首先宣布通过商务和技术评审的名单并宣读其报价信封。对于未通过商务和技术评审的投标人，其报价信封将不予开封，当场退还给投标人。第二次开标后，评标委员会按照招标文件规定的评标办法进行评标，推荐中标候选人。适用范围：适合规模较大、技术比较复杂或特别复杂的工程，但应按照本指导意见和项目的不同特点，采用合理低价法、最低评标价法或综合评估法。应注意的问题：采用本办法评标程序比较复杂、时间较长，但可以消除技术部分和投标报价的相互影响，更显公平。特别注意技术评标期间的信息保密和报价信封的保管工作。

第五节　建设工程工程量清单计量与计价

一、房屋建筑与装饰工程工程量计算规范

住房城乡建设部发布国家标准《房屋建筑与装饰工程工程量计算规范》的公告（第1568号），现批准《房屋建筑与装饰工程工程量计算规范》为国家标准，编号为 GB 50854—2013，自 2013 年 7 月 1 日起实施。其中，第 1.0.3、4.2.1、4.2.2、4.2.3、4.2.4、4.2.5、4.2.6、4.3.1 条（款）为强制性条文，必须严格执行。

二、通用安装工程工程量计算规范

住房城乡建设部发布国家标准《通用安装工程工程量计算规范》的公告（第1569号），现批准《通用安装工程工程量计算规范》为国家标准，编号为 GB 50856—2013，自2013年7月1日起实施。其中，第1.0.3、4.2.1、4.2.2、4.2.3、4.2.4、4.2.5、4.2.6、4.3.1条（款）为强制性条文，必须严格执行。

三、矿山工程工程量计算规范

住房城乡建设部发布国家标准《矿山工程工程量计算规范》的公告（第1570号），现批准《矿山工程工程量计算规范》为国家标准，编号为 GB 50859—2013，自2013年7月1日起实施。其中，第1.0.3、4.2.1、4.2.2、4.2.3、4.2.4、4.2.5、4.2.6、4.3.1条（款）为强制性条文，必须严格执行。

四、仿古建筑工程工程量计算规范

住房城乡建设部发布国家标准《仿古建筑工程工程量计算规范》的公告（第1571号），现批准《仿古建筑工程工程量计算规范》为国家标准，编号为 GB 50855—2013，自2013年7月1日起实施。其中，第1.0.3、4.2.1、4.2.2、4.2.3、4.2.4、4.2.5、4.2.6、4.3.1条（款）为强制性条文，必须严格执行。

五、构筑物工程工程量计算规范

住房城乡建设部发布国家标准《构筑物工程工程量计算规范》的公告（第1572号），现批准《构筑物工程工程量计算规范》为国家标准，编号为 GB 50860—2013，自2013年7月1日起实施。其中，第1.0.3、4.2.1、4.2.2、4.2.3、4.2.4、4.2.5、4.2.6、4.3.1条（款）为强制性条文，必须严格执行。

六、城市轨道交通工程工程量计算规范

住房城乡建设部发布国家标准《城市轨道交通工程工程量计算规范》的公告（第1573号），现批准《城市轨道交通工程工程量计算规范》为国家标准，编号为 GB 50861—2013，自2013年7月1日起实施。其中，第1.0.3、4.2.1、4.2.2、4.2.3、4.2.4、4.2.5、4.2.6、4.3.1条（款）为强制性条文，必须严格执行。

七、爆破工程工程量计算规范

住房城乡建设部发布国家标准《爆破工程工程量计算规范》的公告（第1574号），现批准《爆破工程工程量计算规范》为国家标准，编号为 GB 50862—2013，自2013年7月1日起实施。其中，第1.0.3、4.2.1、4.2.3、4.2.4、4.2.5、4.2.6、4.3.1条（款）为强制性条文，必须严格执行。

八、园林绿化工程工程量计算规范

住房城乡建设部发布国家标准《园林绿化工程工程量计算规范》的公告（第1575号），现批准《园林绿化工程工程量计算规范》为国家标准，编号为 GB 50858—2013，自2013年7月1日起实施。其中，第1.0.3、4.2.1、4.2.2、4.2.3、4.2.4、4.2.5、4.2.6、4.3.1条（款）为强制性条文，必须严格执行。

九、市政工程工程量计算规范

住房城乡建设部发布国家标准《市政工程工程量计算规范》的公告（第1576号），现批准《市政工程工程量计算规范》为国家标准，编号为 GB 50857—2013，自2013年7月1日起实施。其中，第1.0.3、4.2.1、4.2.2、4.2.3、4.2.4、4.2.5、4.2.6、4.3.1条

（款）为强制性条文，必须严格执行。

十、建设工程工程量清单计价规范

住房城乡建设部发布国家标准《建设工程工程量清单计价规范》的公告（第 1567 号），现批准《建设工程工程量清单计价规范》为国家标准，编号为 GB 50500—2013，自 2013 年 7 月 1 日起实施。其中，第 3.1.1、3.1.4、3.1.5、3.1.6、3.4.1、4.1.2、4.2.1、4.2.2、4.3.1、5.1.1、6.1.3、6.1.4、8.1.1、8.2.1、11.1.1 条（款）为强制性条文，必须严格执行。为说明起见，将应用《建设工程工程量清单计价规范》（GB 50500—2013），节录如下：

1 总则

1.0.1 为规范建设工程造价计价行为，统一建设工程计价文件的编制原则和计价方法，根据《中华人民共和国建筑法》、《中华人民共和国合同法》、《中华人民共和国招标投标法》等法律法规，制定本规范。

1.0.2 本规范适用于建设工程发承包及实施阶段的计价活动。

1.0.3 建设工程发承包及实施阶段的工程造价应由分部分项工程费、措施项目费、其他项目费、规费和税金组成。

1.0.4 招标工程量清单、招标控制价、投标报价、工程计量、合同价款调整、合同价款结算与支付以及工程造价鉴定等工程造价文件的编制与核对，应由具有专业资格的工程造价人员承担。

1.0.5 承担工程造价文件的编制与核对的工程造价人员及其所在单位，应对工程造价文件的质量负责。

1.0.6 建设工程发承包及实施阶段的计价活动应遵循客观、公正、公平的原则。

1.0.7 建设工程发承包及实施阶段的计价活动，除应符合本规范外，尚应符合国家现行有关标准的规定。

2 术语

2.0.1 工程量清单

载明建设工程分部分项工程项目、措施项目、其他项目的名称和相应数量以及规费、税金项目等内容的明细清单。

2.0.2 招标工程量清单

招标人依据国家标准、招标文件、设计文件以及施工现场实际情况编制的，随招标文件发布供投标报价的工程量清单，包括其说明和表格。

2.0.3 已标价工程量清单

构成合同文件组成部分的投标文件中已标明价格，经算术性错误修正（如有）且承包人已确认的工程量清单，包括其说明和表格。

2.0.4 分部分项工程

分部工程是单项或单位工程的组成部分，是按结构部位、路段长度及施工特点或施工任务将单项或单位工程划分为若干分部的工程；分项工程是分部工程的组成部分，是按不同施工方法、材料、工序及路段长度等将分部工程划分为若干个分项或项目的工程。

2.0.5 措施项目

为完成工程项目施工，发生于该工程施工准备和施工过程中的技术、生活、安全、环境保护等方面的项目。

2.0.6 项目编码

分部分项工程和措施项目清单名称的阿拉伯数字标识。

2.0.7 项目特征

构成分部分项工程项目、措施项目自身价值的本质特征。

2.0.8 综合单价

完成一个规定清单项目所需的人工费、材料和工程设备费、施工机具使用费和企业管理费、利润以及一定范围内的风险费用。

2.0.9 风险费用

隐含于已标价工程量清单综合单价中，用于化解发承包双方在工程合同中约定内容和范围内的市场价格波动风险的费用。

2.0.10 工程成本

承包人为实施合同工程并达到质量标准，在确保安全施工的前提下，必须消耗或使用的人工、材料、工程设备、施工机械台班及其管理等方面发生的费用和按规定缴纳的规费和税金。

2.0.11 单价合同

发承包双方约定以工程量清单及其综合单价进行合同价款计算、调整和确认的建设工程施工合同。

2.0.12 总价合同

发承包双方约定以施工图及其预算和有关条件进行合同价款计算、调整和确认的建设工程施工合同。

2.0.13 成本加酬金合同

发承包双方约定以施工工程成本再加合同约定酬金进行合同价款计算、调整和确认的建设工程施工合同。

2.0.14 工程造价信息

工程造价管理机构根据调查和测算发布的建设工程人工、材料、工程设备、施工机械台班的价格信息，以及各类工程的造价指数、指标。

2.0.15 工程造价指数

反映一定时期的工程造价相对于某一固定时期的工程造价变化程度的比值或比率。包括按单位或单项工程划分的造价指数，按工程造价构成要素划分的人工、材料、机械等价格指数。

2.0.16 工程变更

合同工程实施过程中由发包人提出或由承包人提出经发包人批准的合同工程任何一项工作的增、减、取消或施工工艺、顺序、时间的改变；设计图纸的修改；施工条件的改变；招标工程量清单的错、漏从而引起合同条件的改变或工程量的增减变化。

2.0.17 工程量偏差

承包人按照合同工程的图纸（含经发包人批准由承包人提供的图纸）实施，按照现行国家计量规范规定的工程量计算规则计算得到的完成合同工程项目应予计量的工程量与相应的招标工程量清单项目列出的工程量之间出现的量差。

2.0.18　暂列金额

招标人在工程量清单中暂定并包括在合同价款中的一笔款项。用于工程合同签订时尚未确定或者不可预见的所需材料、工程设备、服务的采购，施工中可能发生的工程变更、合同约定调整因素出现时的合同价款调整以及发生的索赔、现场签证确认等的费用。

2.0.19　暂估价

招标人在工程量清单中提供的用于支付必然发生但暂时不能确定价格的材料、工程设备的单价以及专业工程的金额。

2.0.20　计日工

在施工过程中，承包人完成发包人提出的工程合同范围以外的零星项目或工作，按合同中约定的单价计价的一种方式。

2.0.21　总承包服务费

总承包人为配合协调发包人进行的专业工程发包，对发包人自行采购的材料、工程设备等进行保管以及施工现场管理、竣工资料汇总整理等服务所需的费用。

2.0.22　安全文明施工费

在合同履行过程中，承包人按照国家法律、法规、标准等规定，为保证安全施工、文明施工，保护现场内外环境和搭拆临时设施等所采用的措施而发生的费用。

2.0.23　索赔

在工程合同履行过程中，合同当事人一方因非己方的原因而遭受损失，按合同约定或法律法规规定应由对方承担责任，从而向对方提出补偿的要求。

2.0.24　现场签证

发包人现场代表（或其授权的监理人、工程造价咨询人）与承包人现场代表就施工过程中涉及的责任事件所作的签认证明。

2.0.25　提前竣工（赶工）费

承包人应发包人的要求而采取加快工程进度措施，使合同工期缩短，由此产生的应由发包人支付的费用。

2.0.26　误期赔偿费

承包人未按照合同工程的计划进度施工，导致实际工期超过合同工期（包括经发包人批准的延长工期），承包人应向发包人赔偿损失的费用。

2.0.27　不可抗力

发承包双方在工程合同签订时不能预见的，对其发生的后果不能避免，并且不能克服的自然灾害和社会性突发事件。

2.0.28　工程设备

指构成或计划构成永久工程一部分的机电设备、金属结构设备、仪器装置及其他类似的设备和装置。

2.0.29　缺陷责任期

指承包人对已交付使用的合同工程承担合同约定的缺陷修复责任的期限。

2.0.30　质量保证金

发承包双方在工程合同中约定，从应付合同价款中预留，用以保证承包人在缺陷责任期内履行缺陷修复义务的金额。

2.0.31 费用

承包人为履行合同所发生或将要发生的所有合理开支，包括管理费和应分摊的其他费用，但不包括利润。

2.0.32 利润

承包人完成合同工程获得的盈利。

2.0.33 企业定额

施工企业根据本企业的施工技术、机械装备和管理水平而编制的人工、材料和施工机械台班等的消耗标准。

2.0.34 规费

根据国家法律、法规规定，由省级政府或省级有关权力部门规定施工企业必须缴纳的，应计人建筑安装工程造价的费用。

2.0.35 税金

国家税法规定的应计入建筑安装工程造价内的营业税、城市维护建设税、教育费附加和地方教育附加。

2.0.36 发包人

具有工程发包主体资格和支付工程价款能力的当事人以及取得该当事人资格的合法继承人，本规范有时又称招标人。

2.0.37 承包人

被发包人接受的具有工程施工承包主体资格的当事人以及取得该当事人资格的合法继承人，本规范有时又称投标人。

2.0.38 工程造价咨询人

取得工程造价咨询资质等级证书，接受委托从事建设工程造价咨询活动的当事人以及取得该当事人资格的合法继承人。

2.0.39 造价工程师

取得造价工程师注册证书，在一个单位注册、从事建设工程造价活动的专业人员。

2.0.40 造价员

取得全国建设工程造价员资格证书，在一个单位注册、从事建设工程造价活动的专业人员。

2.0.41 单价项目

工程量清单中以单价计价的项目，即根据合同工程图纸（含设计变更）和相关工程现行国家计量规范规定的工程量计算规则进行计量，与已标价工程量清单相应综合单价进行价款计算的项目。

2.0.42 总价项目

工程量清单中以总价计价的项目，即此类项目在相关工程现行国家计量规范中无工程量计算规则，以总价（或计算基础乘费率）计算的项目。

2.0.43 工程计量

发承包双方根据合同约定，对承包人完成合同工程的数量进行的计算和确认。

2.0.44 工程结算

发承包双方根据合同约定，对合同工程在实施中、终止时、已完工后进行的合同价款计算、调整和确认。包括期中结算、终止结算、竣工结算。

2.0.45 招标控制价

招标人根据国家或省级、行业建设主管部门颁发的有关计价依据和办法，以及拟定的招标文件和招标工程量清单，结合工程具体情况编制的招标工程的最高投标限价。

2.0.46 投标价

投标人投标时响应招标文件要求所报出的对已标价工程量清单汇总后标明的总价。

2.0.47 签约合同价（合同价款）

发承包双方在工程合同中约定的工程造价，即包括了分部分项工程费、措施项目费、其他项目费、规费和税金的合同总金额。

2.0.48 预付款

在开工前，发包人按照合同约定，预先支付给承包人用于购买合同工程施工所需的材料、工程设备，以及组织施工机械和人员进场等的款项。

2.0.49 进度款

在合同工程施工过程中，发包人按照合同约定对付款周期内承包人完成的合同价款给予支付的款项，也是合同价款期中结算支付。

2.0.50 合同价款调整

在合同价款调整因素出现后，发承包双方根据合同约定，对合同价款进行变动的提出、计算和确认。

2.0.51 竣工结算价

发承包双方依据国家有关法律、法规和标准规定，按照合同约定确定的，包括在履行合同过程中按合同约定进行的合同价款调整，是承包人按合同约定完成了全部承包工作后，发包人应付给承包人的合同总金额。

2.0.52 工程造价鉴定

工程造价咨询人接受人民法院、仲裁机关委托，对施工合同纠纷案件中的工程造价争议，运用专门知识进行鉴别、判断和评定，并提供鉴定意见的活动。也称为工程造价司法鉴定。

3 一般规定

3.1 计价方式

3.1.1 使用国有资金投资的建设工程发承包，必须采用工程量清单计价。

3.1.2 非国有资金投资的建设工程，宜采用工程量清单计价。

3.1.3 不采用工程量清单计价的建设工程，应执行本规范除工程量清单等专门性规定外的其他规定。

3.1.4 工程量清单应采用综合单价计价。

3.1.5 措施项目中的安全文明施工费必须按国家或省级、行业建设主管部门的规定计算，不得作为竞争性费用。

3.1.6 规费和税金必须按国家或省级、行业建设主管部门的规定计算，不得作为竞争性费用。

3.2 发包人提供材料和工程设备

3.2.1 发包人提供的材料和工程设备（以下简称甲供材料）应在招标文件中按照本规范

附录 L.1 的规定填写《发包人提供材料和工程设备一览表》，写明甲供材料的名称、规格、数量、单价、交货方式、交货地点等。

承包人投标时，甲供材料单价应计入相应项目的综合单价中，签约后，发包人应按合同约定扣除甲供材料款，不予支付。

3.2.2 承包人应根据合同工程进度计划的安排，向发包人提交甲供材料交货的日期计划。发包人应按计划提供。

3.2.3 发包人提供的甲供材料如规格、数量或质量不符合合同要求，或由于发包人原因发生交货日期延误，交货地点及交货方式变更等情况的，发包人应承担由此增加的费用和（或）工期延误，并应向承包人支付合理利润。

3.2.4 发承包双方对甲供材料的数量发生争议不能达成一致的，应按照相关工程的计价定额同类项目规定的材料消耗量计算。

3.2.5 若发包人要求承包人采购已在招标文件中确定为甲供材料的，材料价格应由发承包双方根据市场调查确定，并应另行签订补充协议。

3.3 承包人提供材料和工程设备

3.3.1 除合同约定的发包人提供的甲供材料外，合同工程所需的材料和工程设备应由承包人提供，承包人提供的材料和工程设备均应由承包人负责采购、运输和保管。

3.3.2 承包人应按合同约定将采购材料和工程设备的供货人及品种、规格、数量和供货时间等提交发包人确认，并负责提供材料和工程设备的质量证明文件，满足合同约定的质量标准。

3.3.3 对承包人提供的材料和工程设备经检测不符合合同约定的质量标准，发包人应立即要求承包人更换，由此增加的费用和（或）工期延误应由承包人承担。对发包人要求检测承包人已具有合格证明的材料、工程设备，但经检测证明该项材料、工程设备符合合同约定的质量标准，发包人应承担由此增加的费用和（或）工期延误，并向承包人支付合理利润。

3.4 计价风险

3.4.1 建设工程发承包，必须在招标文件、合同中明确计价中的风险内容及其范围，不得采用无限风险、所有风险或类似语句规定计价中的风险内容及范围。

3.4.2 由于下列因素出现，影响合同价款调整的，应由发包人承担：

 1 国家法律、法规、规章和政策发生变化；

 2 省级或行业建设主管部门发布的人工费调整，但承包人对人工费或人工单价的报价高于发布的除外；

 3 由政府定价或政府指导价管理的原材料等价格进行了调整。

因承包人原因导致工期延误的，应按本规范第 9.2.2 条、第 9.8.3 条的规定执行。

3.4.3 由于市场物价波动影响合同价款的，应由发承包双方合理分摊，按本规范附录 L.2 或 L.3 填写《承包人提供主要材料和工程设备一览表》作为合同附件；当合同中没有约定，发承包双方发生争议时，应按本规范第 9.8.1-9.8.3 条的规定调整合同价款。

3.4.4 由于承包人使用机械设备、施工技术以及组织管理水平等自身原因造成施工费用增加的，应由承包人全部承担。

3.4.5 当不可抗力发生，影响合同价款时，应按本规范第 9.10 节的规定执行。

4 工程量清单编制

4.1 一般规定

4.1.1 招标工程量清单应由具有编制能力的招标人或受其委托、具有相应资质的工程造价咨询人编制。

4.1.2 **招标工程量清单必须作为招标文件的组成部分，其准确性和完整性应由招标人负责。**

4.1.3 招标工程量清单是工程量清单计价的基础，应作为编制招标控制价、投标报价、计算或调整工程量、索赔等的依据之一。

4.1.4 招标工程量清单应以单位（项）工程为单位编制，应由分部分项工程项目清单、措施项目清单、其他项目清单、规费和税金项目清单组成。

4.1.5 编制招标工程量清单应依据：

    1 本规范和相关工程的国家计量规范；

    2 国家或省级、行业建设主管部门颁发的计价定额和办法；

    3 建设工程设计文件及相关资料；

    4 与建设工程有关的标准、规范、技术资料；

    5 拟定的招标文件；

    6 施工现场情况、地勘水文资料、工程特点及常规施工方案；

    7 其他相关资料。

4.2 分部分项工程项目

4.2.1 **分部分项工程项目清单必须载明项目编码、项目名称、项目特征、计量单位和工程量。**

4.2.2 **分部分项工程项目清单必须根据相关工程现行国家计量规范规定的项目编码、项目名称、项目特征、计量单位和工程量计算规则进行编制。**

4.3 措施项目

4.3.1 **措施项目清单必须根据相关工程现行国家计量规范的规定编制。**

4.3.2 措施项目清单应根据拟建工程的实际情况列项。

4.4 其他项目

4.4.1 其他项目清单应按照下列内容列项：

    1 暂列金额；

    2 暂估价，包括材料暂估单价、工程设备暂估单价、专业工程暂估价；

    3 计日工；

    4 总承包服务费。

4.4.2 暂列金额应根据工程特点按有关计价规定估算。

4.4.3 暂估价中的材料、工程设备暂估单价应根据工程造价信息或参照市场价格估算，列出明细表；专业工程暂估价应分不同专业，按有关计价规定估算，列出明细表。

4.4.4 计日工应列出项目名称、计量单位和暂估数量。

4.4.5 总承包服务费应列出服务项目及其内容等。

4.4.6 出现本规范第4.4.1条未列的项目，应根据工程实际情况补充。

4.5 规费

4.5.1 规费项目清单应按照下列内容列项:

1 社会保险费:包括养老保险费、失业保险费、医疗保险费、工伤保险费、生育保险费;

2 住房公积金;

3 工程排污费。

4.5.2 出现本规范第4.5.1条未列的项目,应根据省级政府或省级有关部门的规定列项。

4.6 税金

4.6.1 税金项目清单应包括下列内容:

1 营业税;

2 城市维护建设税;

3 教育费附加;

4 地方教育附加。

4.6.2 出现本规范第4.6.1条未列的项目,应根据税务部门的规定列项。

5 招标控制价

5.1 一般规定

5.1.1 国有资金投资的建设工程招标,招标人必须编制招标控制价。

5.1.2 招标控制价应由具有编制能力的招标人或受其委托具有相应资质的工程造价咨询人编制和复核。

5.1.3 工程造价咨询人接受招标人委托编制招标控制价,不得再就同一工程接受投标人委托编制投标报价。

5.1.4 招标控制价应按照本规范第5.2.1条的规定编制,不应上调或下浮。

5.1.5 当招标控制价超过批准的概算时,招标人应将其报原概算审批部门审核。

5.1.6 招标人应在发布招标文件时公布招标控制价,同时应将招标控制价及有关资料报送工程所在地或有该工程管辖权的行业管理部门工程造价管理机构备查。

5.2 编制与复核

5.2.1 招标控制价应根据下列依据编制与复核:

1 本规范;

2 国家或省级、行业建设主管部门颁发的计价定额和计价办法;

3 建设工程设计文件及相关资料;

4 拟定的招标文件及招标工程量清单;

5 与建设项目相关的标准、规范、技术资料;

6 施工现场情况、工程特点及常规施工方案;

7 工程造价管理机构发布的工程造价信息,当工程造价信息没有发布时,参照市场价;

8 其他的相关资料。

5.2.2 综合单价中应包括招标文件中划分的应由投标人承担的风险范围及其费用。招标文件中没有明确的,如是工程造价咨询人编制,应提请招标人明确;如是招标人编制,应予明确。

5.2.3 分部分项工程和措施项目中的单价项目,应根据拟定的招标文件和招标工程量清单项目中的特征描述及有关要求确定综合单价计算。

5.2.4 措施项目中的总价项目应根据拟定的招标文件和常规施工方案按本规范第 3.1.4 条和 3.1.5 条的规定计价。

5.2.5 其他项目应按下列规定计价：

1 暂列金额应按招标工程量清单中列出的金额填写；

2 暂估价中的材料、工程设备单价应按招标工程量清单中列出的单价计人综合单价；

3 暂估价中的专业工程金额应按招标工程量清单中列出的金额填写；

4 计日工应按招标工程量清单中列出的项目根据工程特点和有关计价依据确定综合单价计算；

5 总承包服务费应根据招标工程量清单列出的内容和要求估算。

5.2.6 规费和税金应按本规范第 3.1.6 条的规定计算。

5.3 投诉与处理

5.3.1 投标人经复核认为招标人公布的招标控制价未按照本规范的规定进行编制的，应在招标控制价公布后 5 天内向招投标监督机构和工程造价管理机构投诉。

5.3.2 投诉人投诉时，应当提交由单位盖章和法定代表人或其委托人签名或盖章的书面投诉书。投诉书应包括下列内容：

1 投诉人与被投诉人的名称、地址及有效联系方式；

2 投诉的招标工程名称、具体事项及理由；

3 投诉依据及有关证明材料；

4 相关的请求及主张。

5.3.3 投诉人不得进行虚假、恶意投诉，阻碍招投标活动的正常进行。

5.3.4 工程造价管理机构在接到投诉书后应在 2 个工作日内进行审查，对有下列情况之一的，不予受理：

1 投诉人不是所投诉招标工程招标文件的收受人；

2 投诉书提交的时间不符合本规范第 5.3.1 条规定的；

3 投诉书不符合本规范第 5.3.2 条规定的；

4 投诉事项已进入行政复议或行政诉讼程序的。

5.3.5 工程造价管理机构应在不迟于结束审查的次日将是否受理投诉的决定书面通知投诉人、被投诉人以及负责该工程招投标监督的招投标管理机构。

5.3.6 工程造价管理机构受理投诉后，应立即对招标控制价进行复查，组织投诉人、被投诉人或其委托的招标控制价编制人等单位人员对投诉问题逐一核对。有关当事人应当予以配合，并应保证所提供资料的真实性。

5.3.7 工程造价管理机构应当在受理投诉的 10 天内完成复查，特殊情况下可适当延长，并作出书面结论通知投诉人、被投诉人及负责该工程招投标监督的招投标管理机构。

5.3.8 当招标控制价复查结论与原公布的招标控制价误差大于 ±3％时，应当责成招标人改正。

5.3.9 招标人根据招标控制价复查结论需要重新公布招标控制价的，其最终公布的时间至招标文件要求提交投标文件截止时间不足 15 天的，应相应延长投标文件的截止时间。

6 投标报价

6.1 一般规定

6.1.1 投标价应由投标人或受其委托具有相应资质的工程造价咨询人编制。

6.1.2 投标人应依据本规范第 6.2.1 条的规定自主确定投标报价。

6.1.3 **投标报价不得低于工程成本。**

6.1.4 **投标人必须按招标工程量清单填报价格。项目编码、项目名称、项目特征、计量单位、工程量必须与招标工程量清单一致。**

6.1.5 投标人的投标报价高于招标控制价的应予废标。

6.2 编制与复核

6.2.1 投标报价应根据下列依据编制和复核:

1 本规范;

2 国家或省级、行业建设主管部门颁发的计价办法;

3 企业定额,国家或省级、行业建设主管部门颁发的计价定额和计价办法;

4 招标文件、招标工程量清单及其补充通知、答疑纪要;

5 建设工程设计文件及相关资料;

6 施工现场情况、工程特点及投标时拟定的施工组织设计或施工方案;

7 与建设项目相关的标准、规范等技术资料;

8 市场价格信息或工程造价管理机构发布的工程造价信息;

9 其他的相关资料。

6.2.2 综合单价中应包括招标文件中划分的应由投标人承担的风险范围及其费用,招标文件中没有明确的,应提请招标人明确。

6.2.3 分部分项工程和措施项目中的单价项目,应根据招标文件和招标工程量清单项目中的特征描述确定综合单价计算。

6.2.4 措施项目中的总价项目金额应根据招标文件及投标时拟定的施工组织设计或施工方案,按本规范第 3.1.4 条的规定自主确定。其中安全文明施工费应按照本规范第 3.1.5 条的规定确定。

6.2.5 其他项目应按下列规定报价:

1 暂列金额应按招标工程量清单中列出的金额填写;

2 材料、工程设备暂估价应按招标工程量清单中列出的单价计入综合单价;

3 专业工程暂估价应按招标工程量清单中列出的金额填写;

4 计日工应按招标工程量清单中列出的项目和数量,自主确定综合单价并计算计日工金额;

5 总承包服务费应根据招标工程量清单中列出的内容和提出的要求自主确定。

6.2.6 规费和税金应按本规范第 3.1.6 条的规定确定。

6.2.7 招标工程量清单与计价表中列明的所有需要填写单价和合价的项目,投标人均应填写且只允许有一个报价。未填写单价和合价的项目,可视为此项费用已包含在已标价工程量清单中其他项目的单价和合价之中。当竣工结算时,此项目不得重新组价予以调整。

6.2.8 投标总价应当与分部分项工程费、措施项目费、其他项目费和规费、税金的合计金额一致。

7 合同价款约定

7.1　一般规定

7.1.1　实行招标的工程合同价款应在中标通知书发出之日起 30 天内，由发承包双方依据招标文件和中标人的投标文件在书面合同中约定。

合同约定不得违背招标、投标文件中关于工期、造价、质量等方面的实质性内容。招标文件与中标人投标文件不一致的地方，应以投标文件为准。

7.1.2　不实行招标的工程合同价款，应在发承包双方认可的工程价款基础上，由发承包双方在合同中约定。

7.1.3　实行工程量清单计价的工程，应采用单价合同；建设规模较小，技术难度较低，工期较短，且施工图设计已审查批准的建设工程可采用总价合同；紧急抢险、救灾以及施工技术特别复杂的建设工程可采用成本加酬金合同。

7.2　约定内容

7.2.1　发承包双方应在合同条款中对下列事项进行约定：

1　预付工程款的数额、支付时间及抵扣方式；

2　安全文明施工措施的支付计划，使用要求等；

3　工程计量与支付工程进度款的方式、数额及时间；

4　工程价款的调整因素、方法、程序、支付及时间；

5　施工索赔与现场签证的程序、金额确认与支付时间；

6　承担计价风险的内容、范围以及超出约定内容、范围的调整办法；

7　工程竣工价款结算编制与核对、支付及时间；

8　工程质量保证金的数额、预留方式及时间；

9　违约责任以及发生合同价款争议的解决方法及时间；

10　与履行合同、支付价款有关的其他事项等。

7.2.2　合同中没有按照本规范第 7.2.1 条的要求约定或约定不明的，若发承包双方在合同履行中发生争议由双方协商确定；当协商不能达成一致时，应按本规范的规定执行。

8　工程计量

8.1　一般规定

8.1.1　**工程量必须按照相关工程现行国家计量规范规定的工程量计算规则计算。**

8.1.2　工程计量可选择按月或按工程形象进度分段计量，具体计量周期应在合同中约定。

8.1.3　因承包人原因造成的超出合同工程范围施工或返工的工程量，发包人不予计量。

8.1.4　成本加酬金合同应按本规范第 8.2 节的规定计量。

8.2　单价合同的计量

8.2.1　**工程量必须以承包人完成合同工程应予计量的工程量确定。**

8.2.2　施工中进行工程计量，当发现招标工程量清单中出现缺项、工程量偏差，或因工程变更引起工程量增减时，应按承包人在履行合同义务中完成的工程量计算。

8.2.3　承包人应当按照合同约定的计量周期和时间向发包人提交当期已完工程量报告。发包人应在收到报告后 7 天内核实，并将核实计量结果通知承包人。发包人未在约定时间内进行核实的，承包人提交的计量报告中所列的工程量应视为承包人实际完成的工程量。

8.2.4　发包人认为需要进行现场计量核实时，应在计量前 24 小时通知承包人，承包人应为计量提供便利条件并派人参加。当双方均同意核实结果时，双方应在上述记录上签字确认。承包人收到通知后不派人参加计量，视为认可发包人的计量核实结果。发包人不按照约定时间通知承包人，致使承包人未能派人参加计量，计量核实结果无效。

8.2.5 当承包人认为发包人核实后的计量结果有误时，应在收到计量结果通知后的 7 天内向发包人提出书面意见，并应附上其认为正确的计量结果和详细的计算资料。发包人收到书面意见后，应在 7 天内对承包人的计量结果进行复核后通知承包人。承包人对复核计量结果仍有异议的，按照合同约定的争议解决办法处理。

8.2.6 承包人完成已标价工程量清单中每个项目的工程量并经发包人核实无误后，发承包双方应对每个项目的历次计量报表进行汇总，以核实最终结算工程量，并应在汇总表上签字确认。

8.3 总价合同的计量

8.3.1 采用工程量清单方式招标形成的总价合同，其工程量应按照本规范第 8.2 节的规定计算。

8.3.2 采用经审定批准的施工图纸及其预算方式发包形成的总价合同，除按照工程变更规定的工程量增减外，总价合同各项目的工程量应为承包人用于结算的最终工程量。

8.3.3 总价合同约定的项目计量应以合同工程经审定批准的施工图纸为依据，发承包双方应在合同中约定工程计量的形象目标或时间节点进行计量。

8.3.4 承包人应在合同约定的每个计量周期内对已完成的工程进行计量，并向发包人提交达到工程形象目标完成的工程量和有关计量资料的报告。

8.3.5 发包人应在收到报告后 7 天内对承包人提交的上述资料进行复核，以确定实际完成的工程量和工程形象目标。对其有异议的，应通知承包人进行共同复核。

9 合同价款调整

9.1 一般规定

9.1.1 下列事项（但不限于）发生，发承包双方应当按照合同约定调整合同价款：

    1 法律法规变化；

    2 工程变更；

    3 项目特征不符；

    4 工程量清单缺项；

    5 工程量偏差；

    6 计日工；

    7 物价变化；

    8 暂估价；

    9 不可抗力；

    10 提前竣工（赶工补偿）；

    11 误期赔偿；

    12 索赔；

    13 现场签证；

    14 暂列金额；

    15 发承包双方约定的其他调整事项。

9.1.2 出现合同价款调增事项（不含工程量偏差、计日工、现场签证、索赔）后的 14 天内，承包人应向发包人提交合同价款调增报告并附上相关资料；承包人在14天内未提交合同价款调增报告的，应视为承包人对该事项不存在调整价款请求。

9.1.3　出现合同价款调减事项（不含工程量偏差、索赔）后的14天内，发包人应向承包人提交合同价款调减报告并附相关资料；发包人在14天内未提交合同价款调减报告的，应视为发包人对该事项不存在调整价款请求。

9.1.4　发（承）包人应在收到承（发）包人合同价款调增（减）报告及相关资料之日起14天内对其核实，予以确认的应书面通知承（发）包人。当有疑问时，应向承（发）包人提出协商意见。发（承）包人在收到合同价款调增（减）报告之日起14天内未确认也未提出协商意见的，应视为承（发）包人提交的合同价款调增（减）报告已被发（承）包人认可。发（承）包人提出协商意见的，承（发）包人应在收到协商意见后的14天内对其核实，予以确认的应书面通知发（承）包人。承（发）包人在收到发（承）包人的协商意见后14天内既不确认也未提出不同意见的，应视为发（承）包人提出的意见已被承（发）包人认可。

9.1.5　发包人与承包人对合同价款调整的不同意见不能达成一致的，只要对发承包双方履约不产生实质影响，双方应继续履行合同义务，直到其按照合同约定的争议解决方式得到处理。

9.1.6　经发承包双方确认调整的合同价款，作为追加（减）合同价款，应与工程进度款或结算款同期支付。

9.2　法律法规变化

9.2.1　招标工程以投标截止日前28天、非招标工程以合同签订前28天为基准日，其后因国家的法律、法规、规章和政策发生变化引起工程造价增减变化的，发承包双方应按照省级或行业建设主管部门或其授权的工程造价管理机构据此发布的规定调整合同价款。

9.2.2　因承包人原因导致工期延误的，按本规范第9.2.1条规定的调整时间，在合同工程原定竣工时间之后，合同价款调增的不予调整，合同价款调减的予以调整。

9.3　工程变更

9.3.1　因工程变更引起已标价工程量清单项目或其工程数量发生变化时，应按照下列规定调整：

　　1　已标价工程量清单中有适用于变更工程项目的，应采用该项目的单价；但当工程变更导致该清单项目的工程数量发生变化，且工程量偏差超过15％时，该项目单价应按照本规范第9.6.2条的规定调整。

　　2　已标价工程量清单中没有适用但有类似于变更工程项目的，可在合理范围内参照类似项目的单价。

　　3　已标价工程量清单中没有适用也没有类似于变更工程项目的，应由承包人根据变更工程资料、计量规则和计价办法、工程造价管理机构发布的信息价格和承包人报价浮动率提出变更工程项目的单价，并应报发包人确认后调整。承包人报价浮动率可按下列公式计算：

招标工程：

$$承包人报价浮动率 L＝(1－中标价/招标控制价)\times100\% \qquad (9.3.1-1)$$

非招标工程：

$$承包人报价浮动率 L＝(1－报价/施工图预算)×100\% \qquad (9.3.2-2)$$

4 已标价工程量清单中没有适用也没有类似于变更工程项目，且工程造价管理机构发布的信息价格缺价的，应由承包人根据变更工程资料、计量规则、计价办法和通过市场调查等取得有合法依据的市场价格提出变更工程项目的单价，并应报发包人确认后调整。

9.3.2 工程变更引起施工方案改变并使措施项目发生变化时，承包人提出调整措施项目费的，应事先将拟实施的方案提交发包人确认，并应详细说明与原方案措施项目相比的变化情况。拟实施的方案经发承包双方确认后执行，并应按照下列规定调整措施项目费：

1 安全文明施工费应按照实际发生变化的措施项目依据本规范第 3.1.5 条的规定计算。

2 采用单价计算的措施项目费，应按照实际发生变化的措施项目，按本规范第 9.3.1 条的规定确定单价。

3 按总价（或系数）计算的措施项目费，按照实际发生变化的措施项目调整，但应考虑承包人报价浮动因素，即调整金额按照实际调整金额乘以本规范第 9.3.1 条规定的承包人报价浮动率计算。

如果承包人未事先将拟实施的方案提交给发包人确认，则应视为工程变更不引起措施项目费的调整或承包人放弃调整措施项目费的权利。

9.3.3 当发包人提出的工程变更因非承包人原因删减了合同中的某项原定工作或工程，致使承包人发生的费用或（和）得到的收益不能被包括在其他已支付或应支付的项目中，也未被包含在任何替代的工作或工程中时，承包人有权提出并应得到合理的费用及利润补偿。

9.4 项目特征不符

9.4.1 发包人在招标工程量清单中对项目特征的描述，应被认为是准确的和全面的，并且与实际施工要求相符合。承包人应按照发包人提供的招标工程量清单，根据项目特征描述的内容及有关要求实施合同工程，直到项目被改变为止。

9.4.2 承包人应按照发包人提供的设计图纸实施合同工程，若在合同履行期间出现设计图纸（含设计变更）与招标工程量清单任一项目的特征描述不符，且该变化引起该项目工程造价增减变化的，应按照实际施工的项目特征，按本规范第 9.3 节相关条款的规定重新确定相应工程量清单项目的综合单价，并调整合同价款。

9.5 工程量清单缺项

9.5.1 合同履行期间，由于招标工程量清单中缺项，新增分部分项工程清单项目的，应按照本规范第 9.3.1 条的规定确定单价，并调整合同价款。

9.5.2 新增分部分项工程清单项目后，引起措施项目发生变化的，应按照本规范第 9.3.2 条的规定，在承包人提交的实施方案被发包人批准后调整合同价款。

9.5.3 由于招标工程量清单中措施项目缺项，承包人应将新增措施项目实施方案提交发包人批准后，按照本规范第 9.3.1 条、第 9.3.2 条的规定调整合同价款。

9.6 工程量偏差

9.6.1 合同履行期间，当应予计算的实际工程量与招标工程量清单出现偏差，且符合本规范第 9.6.2 条、第 9.6.3 条规定时，发承包双方应调整合同价款。

9.6.2 对于任一招标工程量清单项目，当因本节规定的工程量偏差和第 9.3 节规定的工程变更等原因导致工程量偏差超过 15％时，可进行调整。当工程量增加 15％以上时，增加部分的工程量的综合单价应予调低；当工程量减少 15％以上时，减少后剩余部分的工程量的综合单价应予调高。

9.6.3 当工程量出现本规范第 9.6.2 条的变化，且该变化引起相关措施项目相应发生变化时，按系数或单一总价方式计价的，工程量增加的措施项目费调增，工程量减少的措施项目费调减。

9.7 计日工

9.7.1 发包人通知承包人以计日工方式实施的零星工作，承包人应予执行。

9.7.2 采用计日工计价的任何一项变更工作，在该项变更的实施过程中，承包人应按合同约定提交下列报表和有关凭证送发包人复核：

    1 工作名称、内容和数量；

    2 投入该工作所有人员的姓名、工种、级别相和用工时；

    3 投入该工作的材料名称、类别和数量；

    4 投入该工作的施工设备型号、台数和耗用台时；

    5 发包人要求提交的其他资料和凭证。

9.7.3 任一计日工项目持续进行时，承包人应在该项工作实施结束后的 24 小时内向发包人提交有计日工记录汇总的现场签证报告一式三份。发包人在收到承包人提交现场签证报告后的 2 天内予以确认并将其中一份返还给承包人，作为计日工计价和支付的依据。发包人逾期未确认也未提出修改意见的，应视为承包人提交的现场签证报告已被发包人认可。

9.7.4 任一计日工项目实施结束后，承包人应按照确认的计日工现场签证报告核实该类项目的工程数量，并应根据核实的工程数量和承包人已标价工程量清单中的计日工单价计算，提出应付价款；已标价工程量清单中没有该类计日工单价的，由发承包双方按本规范第 9.3 节的规定商定计日工单价计算。

9.7.5 每个支付期末，承包人应按照本规范第 10.3 节的规定向发包人提交本期间所有计日工记录的签证汇总表，并应说明本期间自己认为有权得到的计日工金额，调整合同价款，列入进度款支付。

9.8 物价变化

9.8.1 合同履行期间，因人工、材料、工程设备、机械台班价格波动影响合同价款时，应根据合同约定按本规范附录 A 的方法之一调整合同价款。

9.8.2 承包人采购材料和工程设备的，应在合同中约定主要材料、工程设备价格变化的范围或幅度；当没有约定，且材料、工程设备单价变化超过 5％时，超过部分的价格应按照本规范附录 A 的方法计算调整材料、工程设备费。

9.8.3 发生合同工程工期延误的，应按照下列规定确定合同履行期的价格调整：

    1 因非承包人原因导致工期延误的，计划进度日期后续工程的价格，应采用计划进度日期与实际进度日期两者的较高者。

    2 因承包人原因导致工期延误的，计划进度日期后续工程的价格，应采用计划进度日期与实际进度日期两者的较低者。

9.8.4 发包人供应材料和工程设备的，不适用本规范第 9.8.1 条、第 9.8.2 条规定，应由发包人按照实际变化调整，列入合同工程的工程造价内。

9.9 暂估价

9.9.1 发包人在招标工程量清单中给定暂估价的材料、工程设备属于依法必须招标的，应由发承包双方以招标的方式选择供应商，确定价格，并应以此为依据取代暂估价，调整合同价款。

9.9.2 发包人在招标工程量清单中给定暂估价的材料、工程设备不属于依法必须招标的，应由承包人按照合同约定采购，经发包人确认单价后取代暂估价，调整合同价款。

9.9.3 发包人在工程量清单中给定暂估价的专业工程不属于依法必须招标的，应按照本规范第 9.3 节相应条款的规定确定专业工程价款，并应以此为依据取代专业工程暂估价，调整合同价款。

9.9.4 发包人在招标工程量清单中给定暂估价的专业工程，依法必须招标的，应当由发承包双方依法组织招标选择专业分包人，并接受有管辖权的建设工程招标投标管理机构的监督，还应符合下列要求：

1 除合同另有约定外，承包人不参加投标的专业工程发包招标，应由承包人作为招标人，但拟定的招标文件、评标工作、评标结果应报送发包人批准。与组织招标工作有关的费用应当被认为已经包括在承包人的签约合同价（投标总报价）中。

2 承包人参加投标的专业工程发包招标，应由发包人作为招标人，与组织招标工作有关的费用由发包人承担。同等条件下，应优先选择承包人中标。

3 应以专业工程发包中标价为依据取代专业工程暂估价，调整合同价款。

9.10 不可抗力

9.10.1 因不可抗力事件导致的人员伤亡、财产损失及其费用增加，发承包双方应按下列原则分别承担并调整合同价款和工期：

1 合同工程本身的损害、因工程损害导致第三方人员伤亡和财产损失以及运至施工场地用于施工的材料和待安装的设备的损害，应由发包人承担；

2 发包人、承包人人员伤亡应由其所在单位负责，并应承担相应费用；

3 承包人的施工机械设备损坏及停工损失，应由承包人承担；

4 停工期间，承包人应发包人要求留在施工场地的必要的管理人员及保卫人员的费用应由发包人承担；

5 工程所需清理、修复费用，应由发包人承担。

9.10.2 不可抗力解除后复工的，若不能按期竣工，应合理延长工期。发包人要求赶工的，赶工费用应由发包人承担。

9.10.3 因不可抗力解除合同的，应按本规范第 12.0.2 条的规定办理。

9.11 提前竣工（赶工补偿）

9.11.1 招标人应依据相关工程的工期定额合理计算工期，压缩的工期天数不得超过定额工期的 20%，超过者，应在招标文件中明示增加赶工费用。

9.11.2 发包人要求合同工程提前竣工的，应征得承包人同意后与承包人商定采取加快工程进度的措施，并应修订合同工程进度计划。发包人应承担承包人由此增加的提前竣工（赶工补偿）费用。

9.11.3 发承包双方应在合同中约定提前竣工每日历天应补偿额度，此项费用应作为增加合同价款列入竣工结算文件中，应与结算款一并支付。

9.12　误期赔偿

9.12.1　承包人未按照合同约定施工，导致实际进度迟于计划进度的，承包人应加快进度，实现合同工期；

合同工程发生误期，承包人应赔偿发包人由此造成的损失，并应按照合同约定向发包人支付误期赔偿费。即使承包人支付误期赔偿费，也不能免除承包人按照合同约定应承担的任何责任和应履行的任何义务。

9.12.2　发承包双方应在合同中约定误期赔偿费，并应明确每日历天应赔额度。误期赔偿费应列入竣工结算文件中，并应在结算款中扣除。

9.12.3　在工程竣工之前，合同工程内的某单项（位）工程已通过了竣工验收，且该单项（位）工程接收证一书中表明的竣工日期并未延误，而是合同工程的其他部分产生了工期延误时，误期赔偿费应按照已颁发工程接收证书的单项（位）工程造价占合同价款的比例幅度予以扣减。

9.13　索赔

9.13.1　当合同一方向另一方提出索赔时，应有正当的索赔理由和有效证据，并应符合合同的相关约定。

9.13.2　根据合同约定，承包人认为非承包人原因发生的事件造成了承包人的损失，应按下列程序向发包人提出索赔：

1　承包人应在知道或应当知道索赔事件发生后28天内，向发包人提交索赔意向通知书，说明发生索赔事件的事由。承包人逾期未发出索赔意向通知书的，丧失索赔的权利。

2　承包人应在发出索赔意向通知书后28天内，向发包人正式提交索赔通知书。索赔通知书应详细说明索赔理由和要求，并应附必要的记录和证明材料。

3　索赔事件具有连续影响的，承包人应继续提交延续索赔通知，说明连续影响的实际情况和记录。

4　在索赔事件影响结束后的28天内，承包人应向发包人提交最终索赔通知书，说明最终索赔要求，并应附必要的记录和证明材料。

9.13.3　承包人索赔应按下列程序处理：

1　发包人收到承包人的索赔通知书后，应及时查验承包人的记录和证明材料。

2　发包人应在收到索赔通知书或有关索赔的进一步证明材料后的28天内，将索赔处理结果答复承包人，如果发包人逾期未作出答复，视为承包人索赔要求已被发包人认可。

3　承包人接受索赔处理结果的，索赔款项应作为增加合同价款，在当期进度款中进行支付；承包人不接受索赔处理结果的，应按合同约定的争议解决方式办理。

9.13.4　承包人要求赔偿时，可以选择下列一项或几项方式获得赔偿：

1　延长工期；

2　要求发包人支付实际发生的额外费用；

3　要求发包人支付合理的预期利润；

4　要求发包人按合同的约定支付违约金。

9.13.5　当承包人的费用索赔与工期索赔要求相关联时，发包人在作出费用索赔的批准决定时，应结合工程延期，综合作出费用赔偿和工程延期的决定。

9.13.6　发承包双方在按合同约定办理了竣工结算后，应被认为承包人已无权再提出竣工结算前所发生的任何索赔。承包人在提交的最终结清申请中，只限于提出竣工结算后的索赔，提出索赔的期限应自发承包双方最终结清时终止。

9.13.7 根据合同约定，发包人认为由于承包人的原因造成发包人的损失，宜按承包人索赔的程序进行索赔。

9.13.8 发包人要求赔偿时，可以选择下列一项或几项方式获得赔偿：

1 延长质量缺陷修复期限；

2 要求承包人支付实际发生的额外费用；

3 要求承包人按合同的约定支付违约金。

9.13.9 承包人应付给发包人的索赔金额可从拟支付给承包人的合同价款中扣除，或由承包人以其他方式支付给发包人。

9.14 现场签证

9.14.1 承包人应发包人要求完成合同以外的零星项目、非承包人责任事件等工作的，发包人应及时以书面形式向承包人发出指令，并应提供所需的相关资料；承包人在收到指令后，应及时向发包人提出现场签证要求。

9.14.2 承包人应在收到发包人措令后的 7 天内向发包人提交现场签证报告，发包人应在收到现场签证报告后的 48 小时内对报告内容进行核实，予以确认或提出修改意见。发包人在收到承包人现场签证报告后的 48 小时内未确认也未提出修改意见的，应视为承包人提交的现场签证报告已被发包人认可。

9.14.3 现场签证的工作如已有相应的计日工单价，现场签证中应列明完成该类项目所需的人工、材料、工程设备和施工机械台班的数量。

如现场签证的工作没有相应的计日工单价，应在现场签证报告中列明完成该签证工作所需的人工、材料设备和施工机械台班的数量及单价。

9.14.4 合同工程发生现场签证事项，未经发包人签证确认，承包人便擅自施工的，除非征得发包人书面同意，否则发生的费用应由承包人承担。

9.14.5 现场签证工作完成后的 7 天内，承包人应按照现场签证内容计算价款，报送发包人确认后，作为增加合同价款，与进度款同期支付。

9.14.6 在施工过程中，当发现合同工程内容因场地条件、地质水文、发包人要求等不一致时，承包人应提供所需的相关资料，并提交发包人签证认可，作为合同价款调整的依据。

9.15 暂列金额

9.15.1 已签约合同价中的暂列金额应由发包人掌握使用。

9.15.2 发包人接照本规范第 9.1 节至第 9.14 节的规定支付后，暂列金额余额应归发包人所有。

10 合同价款期中支付

10.1 预付款

10.1.1 承包人应将预付款专用于合同工程。

10.1.2 包工包料工程的预付款的支付比例不得低于签约合同价（扣除暂列金额）的 10%，不宜高于签约合同价（扣除暂列金额）的 30%。

10.1.3 承包人应在签订合同或向发包人提供与预付款等额的预付款保函后向发包人提交

预付款支付申请。

10.1.4　发包人应在收到支付申请的 7 天内进行核实，向承包人发出预付款支付证书，并在签发支付证书后的 7 天内向承包人支付预付款。

10.1.5　发包人没有按合同约定按时支付预付款的，承包人可催告发包人支付；发包人在预付款期满后的 7 天内仍未支付的，承包人可在付款期满后的第 8 天起暂停施工。发包人应承担由此增加的费用和延误的工期，并应向承包人支付合理利润。

10.1.6　预付款应从每一个支付期应支付给承包人的工程进度款中扣回，直到扣回的金额达到合同约定的预付款金额为止。

10.1.7　承包人的预付款保函的担保金额根据预付款扣回的数额相应递减，但在预付款全部扣回之前一直保持有效。发包人应在预付款扣完后的 14 天内将预付款保函退还给承包人。

10.2　安全文明施工费

10.2.1　安全文明施工费包括的内容和使用范围，应符合国家有关文件和计量规范的规定。

10.2.2　发包人应在工程开工后的 28 天内预付不低于当年施工进度计划的安全文明施工费总额的 60%，其余部分应按照提前安排的原则进行分解，并应与进度款同期支付。

10.2.3　发包人没有按时支付安全文明施工费的，承包人可催告发包人支付；发包人在付款期满后的 7 天内仍未支付的，若发生安全事故，发包人应承担相应责任。

10.2.4　承包人对安全文明施工费应专款专用，在财务账目中应单独列项备查，不得挪作他用，否则发包人有权要求其限期改正；逾期未改正的，造成的损失和延误的工期应由承包人承担。

10.3　进度款

10.3.1　发承包双方应按照合同约定的时间、程序和方法，根据工程计量结果，办理期中价款结算，支付进度款。

10.3.2　进度款支付周期应与合同约定的工程计量周期一致。

10.3.3　已标价工程量清单中的单价项目，承包人应按工程计量确认的工程量与综合单价计算；综合单价发生调整的，以发承包双方确认调整的综合单价计算进度款。

10.3.4　已标价工程量清单中的总价项目和按照本规范第 8.3.2 条规定形成的总价合同，承包人应按合同中约定的进度款支付分解，分别列入进度款支付申请中的安全文明施工费和本周期应支付的总价项目的金额中。

10.3.5　发包人提供的甲供材料金额，应按照发包人签约提供的单价和数量从进度款支付中扣除，列入本周期应扣减的金额中。

10.3.6　承包人现场签证和得到发包人确认的索赔金额应列入本周期应增加的金额中。

10.3.7　进度款的支付比例按照合同约定，按期中结算价款总额计，不低于 60%，不高于 90%。

10.3.8　承包人应在每个计量周期到期后的 7 天内向发包人提交已完工程进度款支付申请一式四份，详细说明此周期认为有权得到的款额，包括分包人已完工程的价款。支付申请应包括下列内容：

　　1　累计已完成的合同价款；

2 累计已实际支付的合同价款；

3 本周期合计完成的合同价款：

1） 本周期已完成单价项目的金额；

2） 本周期应支付的总价项目的金额；

3） 本周期已完成的计日工价款；

4） 本周期应支付的安全文明施工费；

5） 本周期应增加的金额；

4 本周期合计应扣减的金额：

1） 本周期应扣回的预付款；

2） 本周期应扣减的金额；

5 本周期实际应支付的合同价款。

10.3.9 发包人应在收到承包人进度款支付申请后的 14 天内，根据计量结果和合同约定对申请内容予以核实，确认后向承包人出具进度款支付证书。若发承包双方对部分清单项目的计量结果出现争议，发包人应对无争议部分的工程计量结果向承包人出具进度款支付证书。

10.3.10 发包人应在签发进度款支付证书后的 14 天内，按照支付证书列明的金额向承包人支付进度款。

10.3.11 若发包人逾期未签发进度款支付证书，则视为承包人提交的进度款支付申请已被发包人认可，承包人可向发包人发出催告付款的通知。发包人应在收到通知后的 14 天内，按照承包人支付申请的金额向承包人支付进度款。

10.3.12 发包人未按照本规范第 10.3.9-10.3.11 条的规定支付进度款的；承包人可催告发包人支付，并有权获得延迟支付的利息；发包人在付款期满后的 7 天内仍未支付的，承包人可在付款期满后的第 8 天起暂停施工。发包人应承担由此增加的费用和延误的工期，向承包人支付合理利润，并应承担违约责任。

10.3.13 发现已签发的任何支付证书有错、漏或重复的数额，发包人有权予以修正，承包人也有权提出修正申请。经发承包双方复核同意修正的，应在本次到期的进度款中支付或扣除。

11 竣工结算与支付

11.1 一般规定

11.1.1 **工程完工后，发承包双方必须在合同约定时间内办理工程竣工结算。**

11.1.2 工程竣工结算应由承包人或受其委托具有相应资质的工程造价咨询人编制，并应由发包人或受其委托具有相应资质的工程造价咨询人核对。

11.1.3 当发承包双方或一方对工程造价咨询人出具的竣工结算文件有异议时，可向工程造价管理机构投诉，申请对其进行执业质量鉴定。

11.1.4 工程造价管理机构对投诉的竣工结算文件进行质量鉴定，宜按本规范第 14 章的相关规定进行。

11.1.5 竣工结算办理完毕，发包人应将竣工结算文件报送工程所在地或有该工程管辖权的行业管理部门的工程造价管理机构备案，竣工结算文件应作为工程竣工验收备案、交付使用的必备文件。

11.2　编制与复核

11.2.1　工程竣工结算应根据下列依据编制和复核：

1　本规范；

2　工程合同；

3　发承包双方实施过程中已确认的工程量及其结算的合同价款

4　发承包双方实施过程中已确认调整后追加（减）的合同价款；

5　建设工程设计文件及相关资料；

6　投标文件；

7　其他依据。

11.2.2　分部分项工程和措施项目中的单价项目应依据发承包双方确认的工程量与已标价工程量清单的综合单价计算；发生调整的，应以发承包双方确认调整的综合单价计算。

11.2.3　措施项目中的总价项目应依据已标价工程量清单的项目和金额计算；发生调整的，应以发承包双方确认调整的金额计算，其中安全文明施工费应按本规范第 3.1.5 条的规定计算。

11.2.4　其他项目应按下列规定计价：

1　计日工虚按发包人实际签证确认的事项计算；

2　暂估价应按本规范第 9.9 节的规定计算；

3　总承包服务费应依据已标价工程量清单金额计算；发生调整的，应以发承包双方确认调整的金额计算；

4　索赔费用应依据发承包双方确认的索赔事项和金额计算；

5　现场签证费用应依据发承包双方签证资料确认的金额计算；

6　暂列金额应减去合同价款调整（包括索赔、现场签证）金额计算，如有余额归发包人。

11.2.5　规费和税金应按本规范第 3.1.6 条的规定计算。规费中的工程排污费应按工程所在地环境保护部门规定的标准缴纳后按实列入。

11.2.6　发承包双方在合同工程实施过程中已经确认的工程计量结果和合同价款，在竣工结算办理中应直接进入结算。

11.3　竣工结算

11.3.1　合同工程完工后，承包人应在经发承包双方确认的合同工程期中价款结算的基础上汇总编制完成竣工结算文件，应在提交竣工验收申请的同时向发包人提交竣工结算文件。

承包人未在合同约定的时间内提交竣工结算文件，经发包人催告后 14 天内仍未提交或没有明确答复的，发包人有权根据已有资料编制竣工结算文件，作为办理竣工结算和支付结算款的依据，承包人应予以认可。

11.3.2　发包人应在收到承包人提交的竣工结算文件后的 28 天内核对。发包人经核实，认为承包人还应进一步补充资料和修改结算文件，应在上述时限内向承包人提出核实意见，承包人在收到核实意见后的 28 天内应按照发包人提出的合理要求补充资料，修改竣工结算文件，并应再次提交给发包人复核后批准。

11.3.3　发包人应在收到承包人再次提交的竣工结算文件后的 28 天内予以复核，将复核结果通知承包人，并应遵守下列规定：

1 发包人、承包人对复核结果无异议的，应在 7 天内在竣工结算文件上签字确认，竣工结算办理完毕；

2 发包人或承包人对复核结果认为有误的，无异议部分按照本条第 1 款规定办理不完全竣工结算；有异议部分由发承包双方协商解决；协商不成的，应按照合同约定的争谈解决方式处理。

11.3.4 发包人在收到承包人竣工结算文件后的 28 天内，不核对竣工结算或未提出核对意见的，应视为承包人提交的竣工结算文件已被发包人认可，竣工结算办理完毕。

11.3.5 承包人在收到发包人提出的核实意见后的 28 天内，不确认也未提出异议的，应视为发包人提出的核实意见已被承包人认可，竣工结算办理完毕。

11.3.6 发包人委托工程造价咨询人核对竣工结算的，工程造价咨询人应在 28 天内核对完毕，核对结论与承包人竣工结算文件不一致的，应提交给承包人复核；承包人应在 14 天内将同意核对结论或不同意见的说明提交工程造价咨询人。工程造价咨询人收到承包人提出的异议后，应再次复核，复核无异议的，应按本规范第 11.3.3 条第 1 款的规定办理，复核后仍有异议的，按本规范第 11.3.3 条第 2 款的规定办理。

承包人逾期未提出书面异议的，应视为工程造价咨询人核对的竣工结算文件已经承包人认可。

11.3.7 对发包人或发包人委托的工程造价咨询人指派的专业人员与承包人指派的专业人员经核对后无异议并签名确认的竣工结算文件，除非发承包人能提出具体、详细的不同意见，发承包人都应在竣工结算文件上签名确认，如其中一方拒不签认的，按下列规定办理：

1 若发包人拒不签认的，承包人可不提供竣工验收备案资料，并有权拒绝与发包人或其上级部门委托的工程造价咨询人重新核对竣工结算文件。

2 若承包人拒不签认的，发包人要求办理竣工验收备案的，承包人不得拒绝提供竣工验收资料，否则，由此造成的损失，承包人承担相应责任。

11.3.8 合同工程竣工结算核对完成，发承包双方签字确认后，发包人不得要求承包人与另一个或多个工程造价咨询人重复核对竣工结算。

11.3.9 发包人对工程质量有异议，拒绝办理工程竣工结算的，已竣工验收或已竣工未验收但实际投入使用的工程，其质量争议应按该工程保修合同执行，竣工结算应按合同约定办理；已竣工未验收且未实际投入使用的工程以及停工、停建工程的质量争议，双方应就有争议的部分委托有资质的检测鉴定机构进行检测，并应根据检测结果确定解决方案，或按工程质量监督机构的处理决定执行后办理竣工结算，无争议部分的竣工结算应按合同约定办理。

11.4 结算款支付

11.4.1 承包人应根据办理的竣工结算文件向发包人提交竣工结算款支付申请。申请应包括下列内容：

1 竣工结算合同价款总额；

2 累计已实际支付的合同价款；

3 应预留的质量保证金；

4　实际应支付的竣工结算款金额。

11.4.2　发包人应在收到承包人提交竣工结算款支付申请后 7 天内予以核实，向承包人签发竣工结算支付证书。

11.4.3　发包人签发竣工结算支付证书后的 14 天内，应按照竣工结算支付证书列明的金额向承包人支付结算款。

11.4.4　发包人在收到承包人提交的竣工结算款支付申请后 7 天内不予核实，不向承包人签发竣工结算支付证书的，视为承包人的竣工结算款支付申请已被发包人认可；发包人应在收到承包人提交的竣工结算款支付申请 7 天后的 14 天内，按照承包人提交的竣工结算款支付申请列明的金额向承包人支付结算款。

11.4.5　发包人未按照本规范第 11.4.3 条、第 11.4.4 条规定支付竣工结算款的，承包人可催告发包人支付，并有权获得延迟支付的利息。发包人在竣工结算支付证书签发后或者在收到承包人提交的竣工结算款支付申请 7 天后的 56 天内仍未支付的，除法律另有规定外，承包人可与发包人协商将该工程折价，也可直接向人民法院申请将该工程依法拍卖。承包人应就该工程折价或拍卖的价款优先受偿。

11.5　质量保证金

11.5.1　发包人应按照合同约定的质量保证金比例从结算款中预留质量保证金。

11.5.2　承包人未按照合同约定履行属于白身责任的工程缺陷修复义务的，发包人有权从质量保证金中扣除用于缺陷修复的各项支出。经查验，工程缺陷属于发包人原因造成的，应由发包人承担查验和缺陷修复的费用。

11.5.3　在合同约定的缺陷责任期终止后，发包人应按照本规范第 11.6 节的规定，将剩余的质量保证金返还给承包人。

11.6　最终结清

11.6.1　缺陷责任期终止后，承包人应按照合同约定向发包人提交最终结清支付申请。发包人对最终结清支付申请有异议的，有权要求承包人进行修正和提供补充资料。承包人修正后，应再次向发包人提交修正后的最终结清支付申请?

11.6.2　发包人应在收到最终结清支付申请后的 14 天内予以核实，并应向承包人签发最终结清支付证书。

11.6.3　发包人应在签发最终结清支付证书后的 14 天内，按照最终结清支付证书列明的金额向承包人支付最终结清款。

11.6.4　发包人未在约定的时间内核实，又未提出具体意见的，应视为承包人提交的最终结清支付申请已被发包人认可。

11.6.5　发包人未按期最终结清支付的，承包人可催告发包人支付，并有权获得延迟支付的利息。

11.6.6　最终结清时，承包人被预留的质量保证金不足以抵减发包人工程缺陷修复费用的，承包人应承担不足部分的补偿责任。

11.6.7　承包人对发包人支付的最终结清款有异议的，应按照合同约定的争议解决方式处理。

12　合同解除的价款结算与支付

12.0.1　发承包双方协商一致解除合同的，应按照达成的协议办理结算和支付合同价款。

12.0.2 由于不可抗力致使合同无法履行解除合同的，发包人应向承包人支付合同解除之日前已完成工程但尚未支付的合同价款，此外，还应支付下列金额：

1 本规范第9.11.1条规定的由发包人承担的费用；

2 已实施或部分实施的措施项目应付价款；

3 承包人为合同工程合理订购且已交付的材料和工程设备货款；

4 承包人撤离现场所需的合理费用，包括员工遣送费和临时工程拆除、施工设备运离现场的费用；

5 承包人为完成合同工程而预期开支的任何合理费用，且该项费用未包括在本款其他各项支付之内。

发承包双方办理结算合同价款时，应扣除合同解除之日前发包人应向承包人收回的价款。当发包人应扣除的金额超过了应支付的金额，承包人应在合同解除后的56天内将其差额退还给发包人。

12.0.3 因承包人违约解除合同的，发包人应暂停向承包人支付任何价款。发包人应在合同解除后28天内核实合同解除时承包人已完成的全部合同价款以及按施工进度计划已运至现场的材料和工程设备货款，按合同约定核算承包人应支付的违约金以及造成损失的索赔金额，并将结果通知承包人。发承包双方应在28天内予以确认或提出意见，并应办理结算合同价款。如果发包人应扣除的金额超过了应支付的金额，承包人应在合同解除后的56天内将其差额退还给发包人。发承包双方不能就解除合同后的结算达成一致的，按照合同约定的争议解决方式处理。

12.0.4 因发包人违约解除合同的，发包人除应按照本规范第12.0.2条的规定向承包人支付各项价款外，应按合同约定核算发包人应支付的违约金以及给承包人造成损失或损害的索赔金额费用。该笔费用应由承包人提出，发包人核实后应与承包人协商确定后的7天内向承包人签发支付证书。协商不能达成一致的，应按照合同约定的争议解决方式处理。

13 合同价款争议的解决

13.1 监理或造价工程师暂定

13.1.1 若发包人和承包人之间就工程质量、进度、价款支付与扣除、工期延期、索赔、价款调整等发生任何法律上、经济上或技术上的争议，首先应根据已签约合同的规定，提交合同约定职责范围内的总监理工程师或造价工程师解决，并应抄送另一方。总监理工程师或造价工程师在收到此提交件后14天内应将暂定结果通知发包人和承包人。发承包双方对暂定结果认可的，应以书面形式予以确认，暂定结果成为最终决定。

13.1.2 发承包双方在收到总监理工程师或造价工程师的暂定结果通知之后的14天内未对暂定结果予以确认也未提出不同意见的，应视为发承包双方已认可该暂定结果。

13.1.3 发承包双方或一方不同意暂定结果的，应以书面形式向总监理工程师或造价工程师提出，说明自己认为正确的结果，同时抄送另一方，此时该暂定结果成为争议。在暂定结果对发承包双方当事人履约不产生实质影响的前提下，发承包双方应实施该结果，直到按照发承包双方认可的争议解决办法被改变为止。

13.2 管理机构的解释或认定

13.2.1 合同价款争议发生后，发承包双方可就工程计价依据的争议以书面形式提请工程造价管理机构对争议以书面文件进行解释或认定。

13.2.3　发承包双方或一方在收到工程造价管理机构书面解释或认定后仍可按照合同约定的争议解决方式提请仲裁或诉讼。除工程造价管理机构的上级管理部门作出了不同的解释或认定，或在仲裁裁决或法院判决中不予采信的外，工程造价管理机构作出的书面解释或认定应为最终结果，并应对发承包双方均有约束力。

13.3　协商和解

13.3.1　合同价款争议发生后，发承包双方任何时候都可以进行协商。协商达成一致的，双方应签订书面和解协议，和解协议对发承包双方均有约束力。

13.3.2　如果协商不能达成一致协议，发包人或承包人都可以按合同约定的其他方式解决争议。

13.4　调解

13.4.1　发承包双方应在合同中约定或在合同签订后共同约定争议调解人，负责双方在合同履行过程中发生争议的调解。

13.4.2　合同履行期间，发承包双方可协议调换或终止任何调解人，但发包人或承包人都不能单独采取行动。除非双方另有协议，在最终结清支付证书生效后，调解人的任期应即终止。

13.4.3　如果发承包双方发生了争议，任何一方可将该争议以书面形式提交调解人，并将副本抄送另一方，委托调解人调解。

13.4.4　发承包双方应按照调解人提出的要求，给调解人提供所需要的资料、现场进入权及相应设施。调解人应被视为不是在进行仲裁人的工作。

13.4.5　调解人应在收到调解委托后 28 天内或由调解人建议并经发承包双方认可的其他期限内提出调解书，发承包双方接受调解书的，经双方签字后作为合同的补充文件，对发承包双方均具有约束力，双方都应立即遵照执行。

13.4.6　当发承包双方中任一方对调解人的调解书有异议时，应在收到调解书后 28 天内向另一方发出异议通知，并应说明争议的事项和理由。但除非并直到调解书在协商和解或仲裁裁决、诉讼判决中作出修改，或合同已经解除，承包人应继续按照合同实施工程。

13.4.7　当调解人已就争议事项向发承包双方提交了调解书，而任一方在收到调解书后 28 天内均未发出表示异议的通知时，调解书对发承包双方应均具有约束力。

13.5　仲裁、诉讼

13.5.1　发承包双方的协商和解或调解均未达成一致意见，其中的一方已就此争议事项根据合同约定的仲裁协议申请仲裁，应同时通知另一方。

13.5.2　仲裁可在竣工之前或之后进行，但发包人、承包人、调解人各自的义务不得因在工程实施期间进行仲裁而有所改变。当仲裁是在仲裁机构要求停止施工的情况下进行时，承包人应对合同工程采取保护措施，由此增加的费用应由败诉方承担。

13.5.3　在本规范第 13.1 节至第 13.4 节规定的期限之内，暂定或和解协议或调解书已经有约束力的情况下，当发承包中一方未能遵守暂定或和解协议或调解书时，另一方可在不损害他可能具有的任何其他权利的情况下，将未能遵守暂定或不执行和解协议或调解书达成的事项提交仲裁。

13.5.4　发包人、承包人在履行合同时发生争议，双方不愿和解、调解或者和解、调解不成，又没有达成仲裁协议的，可依法向人民法院提起诉讼。

14 工程造价鉴定

14.1 一般规定

14.1.1 在工程合同价款纠纷案件处理中，需作工程造价司法鉴定的，应委托具有相应资质的工程造价咨询人进行。

14.1.2 工程造价咨询人接受委托时提供工程造价司法鉴定服务，应按仲裁、诉讼程序和要求进行，并应符合国家关于司法鉴定的规定。

14.1.3 工程造价咨询人进行工程造价司法鉴定时，应指派专业对口、经验丰富的注册造价工程师承担鉴定工作。

14.1.4 工程造价咨询人应在收到工程造价司法鉴定资料后10天内，根据自身专业能力和证据资料判断能否胜任该项委托，如不能应辞去该项委托。工程造价咨询人不得在鉴定期满后以上述理由不作出鉴定结论，影响案件处理。

14.1.5 接受工程造价司法鉴定委托的工程造价咨询人或造价工程师如是鉴定项目一方当事人的近亲属或代理人、咨询人以及其他关系可能影响鉴定公正的，应当自行回避；未自行回避，鉴定项目委托人以该理由要求其回避的，必须回避。

14.1.6 工程造价咨询人应当依法出庭接受鉴定项目当事人对工程造价司法鉴定意见书的质询。如确因特殊原因无法出庭的，经审理该鉴定项目的仲裁机关或人民法院准许，可以书面形式答复当事人的质询。

14.2 取证

14.2.1 工程造价咨询人进行工程造价鉴定工作时，应自行收集以下（但不限于）鉴定资料：

 1 适用于鉴定项目的法律、法规、规章、规范性文件以及规范、标准、定额；

 2 鉴定项目同时期同类型工程的技术经济指标及其各类要素价格等。

14.2.2 工程造价咨询人收集鉴定项目的鉴定依据时，应向鉴定项目委托人提出具体书面要求，其内容包括：

 1 与鉴定项目相关的合同、协议及其附件；

 2 相应的施工图纸等技术经济文件；

 3 施工过程中的施工组织、质量、工期和造价等工程资料；

 4 存在争议的事实及各方当事人的理由；

 5 其他有关资料。

14.2.3 工程造价咨询人在鉴定过程中要求鉴定项目当事人对缺陷资料进行补充的，应征得鉴定项目委托人同意，或者协调鉴定项目各方当事人共同签认。

14.2.4 根据鉴定工作需要现场勘验的，工程造价咨询人应提请鉴定项目委托人组织各方当事人对被鉴定项目所涉及的实物标的进行现场勘验。

14.2.5 勘验现场应制作勘验记录、笔录或勘验图表，记录勘验的时间、地点、勘验人、在场人、勘验经过、结果，由勘验人、在场人签名或者盖章确认。绘制的现场图应注明绘制的时间、测绘人姓名、身份等内容。必要时应采取拍照或摄像取证，留下影像资料。

14.2.6 鉴定项目当事人未对现场勘验图表或勘验笔录等签字确认的，工程造价咨询人应提请鉴定项目委托人决定处理意见，并在鉴定意见书中作出表述。

14.3 鉴定

14.3.1　工程造价咨询人在鉴定项目合同有效的情况下应根据合同约定进行鉴定，不得任意改变双方合法的合意。

14.3.2　工程造价咨询人在鉴定项目合同无效或合同条款约定不明确的情况下应根据法律法规、相关国家标准和本规范的规定，选择相应专业工程的计价依据和方法进行鉴定。

14.3.3　工程造价咨询人出具正式鉴定意见书之前，可报请鉴定项目委托人向鉴定项目各方当事人发出鉴定意见书征求意见稿，并指明应书面答复的期限及其不答复的相应法律责任。

14.3.4　工程造价咨询人收到鉴定项目各方当事人对鉴定意见书征求意见稿的书面复函后，应对不同意见认真复核，修改完善后再、出具正式鉴定意见书。

14.3.5　工程造价咨询人出具的工程造价鉴定书应包括下列内容：

1　鉴定项目委托人名称、委托鉴定的内容；

2　委托鉴定的证据材料；

3　鉴定的依据及使用的专业技术手段；

4　对鉴定过程的说明；

5　明确的鉴定结论；

6　其他需说明的事宜；

7　工程造价咨询人盖章及注册造价工程师签名盖执业专用章。

14.3.6　工程造价咨询人应在委托鉴定项目的鉴定期限内完成鉴定工作，如确因特殊原因不能在原定期限内完成鉴定工作时，应按照相应法规提前向鉴定项目委托人申请延长鉴定期限，并应在此期限内完成鉴定工作。

经鉴定项目委托人同意等待鉴定项目当事人提交、补充证据的，质证所用的时间不应计入鉴定期限。

14.3.7　对于已经出具的正式鉴定意见书中有部分缺陷的鉴定结论，工程造价咨询人应通过补充鉴定作出补充结论。

15　工程计价资料与档案

15.1　计价资料

15.1.1　发承包双方应当在合同中约定各自在合同工程中现场管理人员的职责范围，双方现场管理人员在职责范围内签字确认的书面文件是工程计价的有效凭证，但如有其他有效证据或经实证证明其是虚假的除外。

15.1.2　发承包双方不论在何种场合对与工程计价有关的事项所给予的批准、证明、同意、指令、商定、确定、确认、通知和请求，或表示同意、否定、提出要求和意见等，均应采用书面形式，口头指令不得作为计价凭证。

15.1.3　任何书面文件送达时，应由对方签收，通过邮寄应采用挂号、特快专递传送，或以发承包双方商定的电子传输方式发送，交付、传送或传输至指定的接收人的地址。如接收人通知了另外地址时，随后通信信息应按新地址发送。

15.1.4　发承包双方分别向对方发出的任何书面文件，均应将其抄送现场管理人员，如系复印件应加盖合同工程管理机构印章，证明与原件相同。双方现场管理人员向对方所发任何书面文件，也应将其复印件发送给发承包双方，复印件应加盖合同工程管理机构印章，证明与原件相同。

15.1.5 发承包双方均应当及时签收另一方送达其指定接收地点的来往信函，拒不签收的，送达信函的一方可以采用特快专递或者公证方式送达，所造成的费用增加（包括被迫采用特殊送达方式所发生的费用）和延误的工期由拒绝签收一方承担。

15.1.6 书面文件和通知不得扣压，一方能够提供证据证明另一方拒绝签收或已送达的，应视为对方已签收并应承担相应责任。

15.2 计价档案

15.2.1 发承包双方以及工程造价咨询人对具有保存价值的各种载体的计价文件，均应收集齐全，整理立卷后归档。

15.2.2 发承包双方和工程造价咨询人应建立完善的工程计价档案管理制度，并应符合国家和有关部门发布的档案管理相关规定。

15.2.3 工程造价咨询人归档的计价文件，保存期不宜少于五年。

15.2.4 归档的工程计价成果文件应包括纸质原件和电子文件，其他归档文件及依据可为纸质原件、复印件或电子文件。

15.2.5 归档文件应经过分类整理，并应组成符合要求的案卷。

15.2.6 归档可以分阶段进行，也可以在项目竣工结算完咸后进行。

15.2.7 向接受单位移交档案时，应编制移交清单，双方应签字、盖章后方可交接。

16 工程计价表格（限于篇幅，以下只列规范表号，具体表式略）

16.0.1 工程计价表宜采用统一格式。各省、自治区、直辖市建设行政主管部门和行业建设主管部门可根据本地区、本行业的实际情况，在本规范附录 B 至附录 L 计价表格的基础上补充完善。

16.0.2 工程计价表格的设置应满足工程计价的需要，方便使用。

16.0.3 工程量清单的编制应符合下列规定：

1 工程量清单编制使用表格包括：封-1、扉-1、表-01、表-08、表-11、表-12（不含表-12-6 至表-12-8）、表-13、表-20、表-21 或表-22。

2 扉页应按规定的内容填写、签字、盖章，由造价员编制的工程量清单应有负责审核的造价工程师签字、盖章。受委托编制的工程量清单，应有造价工程师签字、盖章以及工程造价咨询人盖章。

3 总说明应按下列内容填写：

1）工程概况：建设规模、工程特征、计划工期、施工现场实际情况、自然地理条件、环境保护要日等。

2）工程招标和专业工程发包范围。

3）工程量清单编制依据。

4）工程质量、材料、施工等的特殊要求。

5）其他需要说明的问题。

16.0.4 招标控制价、投标报价、竣工结算的编制应符合下列规定：

1 使用表格：

1）招标控制价使用表格包括：封-2、扉-2、表-01、表-02，表-03、表-04、表-08、表-09、表-11、表-12（不含表-12-6 至表-12-8）、表-13、表-20、表-21 或表-22。

2）投标报价使用的表格包括：封-3、扉-3、表-01、表-02、表-03、表-04、表-08、表

-09、表-11、表-12（不含表-12-6 至表-12-8）、表-13、表-16、招标文件提供的表-20、表-21 或表-22。

3）竣工结算使用的表格包括：封-4、扉-4.表-01.表-05、表-06、表-07、表-08.表-09、表-10、表-11、表-12、表-13、表-14、表-15、表-16、表-17、表-18、表-19、表-20、表-21 或表-22。

2 扉页应按规定的内容填写、签字、盖章，除承包人自行编制的投标报价和竣工结算外，受委托编制的招标控制价、投标报价、竣工结算，由造价员编制的应有负责审核的造价工程师签字、盖章以及工程造价咨询人盖章。

3 总说明应按下列内容填写：

1）工程概况：建设规模、工程特征、计划工期、合同工期、实际工期、施工现场及变化情况、施工组织设计的特点、自然地理条件、环境保护要求等。

2）编制依据等。

16.0.5 工程造价鉴定应符合下列规定：

1 工程造价鉴定使用表格包括：封-5、扉-5、表-01、表-05 至表-20、表-21 或表-22。

2 扉页应按规定内容填写、签字、盖章，应有承担鉴定和负责审核的注册造价工程师签字、盖执业专用章。

3 说明应按本规范第 14.3.5 条第 1 款至第 6 款的规定填写。

16.0.6 投标人应按招标文件的要求，附工程量清单综合单价分析表。

第六节 建设工程材料设备采购

为规范建设工程材料设备采购招标投标活动，根据《招标投标法》、《工程建设项目货物招标投标办法》等法律法规章，贯彻建设工程材料设备采购招标投标要求，加强监督管理，保证建设工程质量。现以北京市为例，介绍建设工程材料设备采购招标投标备案要求。

一、材料设备招标

属于国家和本市规定的招标范围，并同时符合下列规定条件的，必须依法进行招标：单项合同估算价在 100 万元人民币以上或者单台重要设备估算价在 30 万元人民币以上的；或者单项合同估算价低于 100 万元人民币、单台重要设备估算价在 30 万元人民币以下，但项目总投资额在 3000 万元人民币以上，全部或者部分使用政府投资或者国家融资的项目中政府投资或者国家融资金额在 100 万元人民币以上的；招标人对工程建设项目实行总承包招标时，未包括在总承包范围内的材料设备，或者招标人对工程建设项目实行总承包招标时，以暂估价形式包括在总承包范围内的材料设备；属于规定的重要材料设备。

二、依法必须进行招标的项目中，相对招标成本过高，不适宜招标时，经项目审批部门核准可以不招标。

三、招标人对建设工程项目实行总承包招标时，未包括在总承包范围内的材料设备，应当由建设工程项目招标人依法组织招标。招标人对建设工程项目实行总承包招标时，以暂估价形式包括在总承包范围内的材料设备，应当由总承包中标人和建设工 程项目招标人共同依法组织招标。

四、根据《北京市建设工程招标投标监督管理规定》规定，市建委确定以下重要材料、设备采购应当进行招标：重要设备包括电梯、配电设备（含电缆）、防火消防设备、锅炉暖通及空调设备、给水排水设备、楼宇自动化设备。重要材料包括建筑门窗（幕墙）、建筑防水材料、建筑石材、建筑陶瓷、建筑涂料。建筑门窗（幕墙）、防水材料专业工程，已经过招标的，不再进行材料招标。属于招标人与总承包方约定的超过规定范围的材料设备，按双方合同的约定执行。

五、依法必须进行招标的材料设备采购，应当进入本市有形建筑市场进行招标投标。鼓励其他材料设备采购，进入本市有形建筑市场进行招标投标。有形建筑市场应当积极完善并拓展服务功能，为材料设备采购招标投标双方提供优良的服务。

六、材料设备采购招标人应当按照国家和本市有关规定向市或者区县建设工程招标投标监督管理部门办理招标人自行招标备案、招标文件备案、招投标情况书面报告备案和材料设备采购合同备案。

七、招标文件规定的各项技术规格应当符合国家技术法规的规定。招标文件中规定的各项技术规格均不得要求或者标明某一特定的专利技术、商标、名称、设计、原产地或者供应者等，不得含有倾向或者排斥潜在投标人的其他内容。

八、招标文件应当明确规定评标时包含价格在内的所有评标因素，以及据此进行评标的方法。在评标过程中，不得改变招标文件中规定的评标标准、方法和中标条件。

九、评标由招标人依法组建的评标委员会负责。评标专家由招标人从北京市评标专家库中随机抽取确定。技术特别复杂、专业性要求特别高或者国家有特殊要求的招标项目，采取随机抽取方式确定的专家难以胜任的，可以由招标人直接确定。

十、有下列情形之一的，不得担任相关项目的评标委员会成员：投标人或者投标人的主要负责人的近亲属；与投标人有利害关系的；与投标人有其他关系，可能影响公正评审的。

十一、市和区县建设工程招标投标监督管理部门应当加强对材料设备采购招标投标活动的监督检查，及时办理有关备案手续，处理投诉事项。

十二、中标人应当按照合同约定履行义务，完成中标项目。市和区县建设行政主管部门应当加强对材料设备采购合同履行情况的监督。中标人不履行合同义务，情节严重的，取消其二年至五年内参加依法必须进行招标项目的投标资格。

十三、建设单位、施工单位不需要通过招标投标采购材料设备时，应当通过比选、竞争性谈判等方式，选择实力强、信誉高的企业生产的优质产品。

十四、建设单位、施工单位和监理单位应当加强对采购材料设备质量的监督管理，做到采购有要求、有制度、有审批、有监督，按照国家和本市有关规定，严格执行进场检验、见证取样检测、旁站监理等规定。材料设备进场时，施工单位要认真查阅材料设备的出厂合格证、质量检测报告等文件的原件，发现实物与其出厂合格证、质量检测报告等文件不一致时，立即与质检部门和供货单位核实处理，对发现重大质量问题要及时上报有关行政主管部门。

十五、建设工程材料和设备采购备案

（1）实行采购备案的建设工程材料和设备品种包括：建筑钢材、预拌混凝土、产业化住宅结构性部品、产业化住宅功能性部品、防水卷材、防水涂料、建筑外窗、保温材料、预拌砂浆、塑料管材管件、散热器、电梯、配电设备、太阳能热水器、防火消防设备、暖通空调设备。

（2）采购备案的申报信息包括：建设工程材料和设备供应企业（经销企业和生产企业）的名称、所在省市、产品数量、规格型号、产品执行标准等信息。施工现场材料和设备取样、送检和见证人员的信息。

（3）建设工程材料和设备采购备案的申报工作由建设工程施工单位负责，以工程项目为单位（施工单位采取集中采购、统一配送的方式亦以工程项目进行采购备案），以进场建设工程材料和设备的生产批次为备案批。

（4）施工单位对申报信息的真实性负责。建设工程材料和设备的采购单位、施工单位、监理单位应及时、如实申报和核对信息，不得瞒报、漏报。

（5）建设单位、监理单位通过采购备案系统对建设工程材料和设备采购备案信息与现场实物进行核对，发现不符的，应及时通知施工单位予以纠正。施工单位不予改正或整改不到位的，监理单位应督促其改正，并应在三日内告知工程所属的采购备案管理机构。

（6）未开展建筑材料和设备采购备案、备案信息不符合本通知要求、未进行采购备案申报完结的建设工程不得办理民用建筑工程建筑节能专项验收备案、竣工验收备案。

（7）需要依法进行招标投标采购的材料和设备，应在项目总承包交易所在的市或区（县）建设工程发包承包交易中心按照规定的方式和程序进行交易，在进行采购备案时应如实填写材料和设备的采购形式和合同编号。

第七节 建设项目招标投标审计

一、招投标审计

招投标审计是指对建设项目的勘察设计、施工等各方面的招标和工程承发包的质量及绩效进行的审查和评价。

（1）招投标审计的目标主要包括：审查和评价招投标环节的内部控制及风险管理的适当性、合法性和有效性；招投标资料依据的充分性和可靠性；招投标程序及其结果的真实性、合法性和公正性以及工程发包的合法性和有效性等。

（2）招投标审计应依据以下主要资料：招标管理制度；招标文件；招标答疑文件；标底文件；投标保函；投标人资质证明文件；投标文件；投标澄清文件；开标记录；开标鉴证文件；评标记录；定标记录；中标通知书；专项合同等。

（3）招投标前准备工作的审计：检查是否建立、健全招投标的内部控制，看其执行是否有效；检查招标项目是否具备相关法规和制度中规定的必要条件；检查是否存在人为肢解工程项目、规避招投标等违规操作风险；检查招投标的程序和方式是否符合有关法规和制度的规定，采用邀请招投标方式时，是否有三个以上投标人参加投标；检查标段的划分是否适当，是否符合专业要求和施工界面衔接需要，是否存在标段划分过细，增加工程成本和管理成本的问题；检查是否公开发布招标公告、招标公告中的信息是否全面、准确；检查是否存在因有意违反招投标程序的时间规定而导致的串标风险。

（4）招投标文件及标底文件的审计：检查招标文件的内容是否合法、合规，是否全面、准确地表述招标项目的实际状况；检查招标文件是否全面、准确地表述招标人的实质性要求；检查采取工程量清单报价方式招标时，其标底是否按《建设工程工程量清单计价规范》的规定填制；检查施工现场的实际状况是否符合招标文件的规定；检查投标保函的额度和送达时间是否符合招标文件的规定；检查投标文件的送达时间是否符合招标文件的规定、法人代表签章是否齐全，有无存在将废标作为有效标的问题。

（5）开标、评标、定标的审计检查是否建立、健全违规行为处罚制度，是否按制度对违规行为进行处罚；检查开标的程序是否符合相关法规的规定；检查评标标准是否公正，是否存在对某一投标人有利而对其他投标人不利的条款；检查是否对投标策略进行评估，是否考虑投标人在类似项目及其他项目上的投标报价水平；检查各投标人的投标文件，对低于标底的报价的合理性进行评价；检查中标人承诺采用的新材料、新技术、新工艺是否先进，是否有利于保证质量、加快速度和降低投资水平；检查对于投标价低于标底的标书是否进行答辩和澄清以及答辩和澄清的内容是否真实、合理；检查定标的程序及结果是否符合规定；检查中标价是否异常接近标底，是否有可能发生泄漏标底的情况；检查与中标人签订的合同是否有悖于招标文件的实质性内容。

二、项目建设招投标阶段的审计重点

项目建设招投标是企业按照《招标投标法》的要求，利用建筑市场，全面引进竞争机制，保证工程质量，降低投资成本的有效途径之一。内审部门提前介入，从源头参与，对保证招投标工作公正、公开、公平进行，防止弄虚作假、暗箱操作。重点应审计以下内容：

（1）审查招投标程序的合法性及操作的规范性。避免开标、平标、定标过程的主观性、随意性。

（2）审查投标单位资格和条件的有效性。防止无资质或低资质等级的施工单位承包工程，防患于未然。

（3）审查招标小组评标办法的合理性。评标办法是评价投标单位的综合指标，审计人员应分析它是否涵盖了业绩、信誉、工期、施工能力（装备、技术、方案、管理、安全）、质量标准、结算方式等关键内容。

（4）审查工程标底的客观性。审计人员应对标底的工程量计算、定额套用、取费标准、材料调差等内容严格把关，以确保其客观、合理。

三、招投标阶段执行情况的审计

（1）项目建设进度计划执行情况审计。主要检查项目建设是否符合施工组织设计文件的要求，分析进度偏差产生的原因，并提出保证工程按期完成的建议。

（2）概算执行情况审计。检查项目建设是否按照批准的初步设计进行，是否符合投资计划的要求；审查各单位工程建设是否严格按批准的概算内容执行；审查因原概算中存在不符合项目建设实际需要的部分进行修改、补充而编制的调整概算的合法性、合理性和准确性；审查项目建设是否存在超概算的问题，对超概问题，应从勘察设计、建设管理、施工组织、外部条件等方面进行分析，发现问题，采取有效措施，对超概算合规部分加强控制，对不合规的依法查处，以加强对投资规模的控制。

（3）资金来源、到位及使用情况审计。主要审计建设资金（含项目资本金）来源是否合法、是否落实、是否按计划及时到位；使用是否合规，有无转移、侵占、挪用建设资金问题；有无非法集资、摊派和乱收费问题，建设资金是否和生产资金严格区别核算；有无损失浪费问题。对审计中查出的问题，要分析原因，区别性质，依法做出处理，提出建议，以保证建设资金的合法、合规、合理使用，提高投资效益。

四、设备和材料采购审计

设备和材料采购审计是指对项目建设过程中设备和材料采购环节各项管理工作质量及绩效进行的审查和评价。

（1）审计的目标主要包括：审查和评价采购环节的内部控制及风险管理的适当性、合法性和有效性；采购资料依据的充分性与可靠性；采购环节各项经营管理活动的真实性、合法性和有效性等。

（2）设备和材料采购审计应依据主要资料：采购计划；采购计划批准书；采购招投标文件；中标通知书；专项合同书；采购、收发和保管等的内部控制制度；相关会计凭证和会计账簿等。

（3）设备和材料采购计划的审计：检查建设单位采购计划所订购的各种设备、材料是否符合已报经批准的设计文件和基本建设计划；检查所拟定的采购地点是否合理；检查采购程序是否规范；检查采购批准权与采购权等不相容职务分离及相关内部控制是否健全、有效。

（4）设备和材料采购合同的审计：检查采购是否按照公平竞争、择优择廉的原则来确定供应方；检查设备和材料的规格、品种、质量、数量、单价、包装方式、结算方式、运输方式、交货地点、期限、总价和违约责任等条款规定是否齐全；检查对新型设备、新材料的采购是否进行了实地考察、资质审查、价格合理性分析及专利权真实性审查；检查采购合同与财务结算、计划、设计、施工、工程造价等各个环节衔接部位的管理情况，是否存在因脱节而造成的资产流失问题。

（5）设备和材料验收、入库、保管及维护制度的审计：检查购进设备和材料是否按合同签订的质量进行验收，是否有健全的验收、入库和保管制度，检查验收记录的真实性、完整性和有效性；检查验收合格的设备和材料是否全部入库，有无少收、漏收、错收以及涂改凭证等问题；检查设备和材料的存放、保管工作是否规范，安全保卫工作是否得力，保管措施是否有效。

（6）各项采购费用及会计核算的审计：检查货款的支付是否按照合同的有关条款执行；检查代理采购中代理费用的计算和提取方法是否合理；检查有无任意提高采购费用和开支标准的问题；检查会计核算资料是否真实可靠；检查会计科目设置是否合规及其是否满足管理需要；检查采购成本计算是否准确、合理。

（7）设备和材料领用的审计：检查设备和材料领用的内部控制是否健全，领用手续是否完备；检查设备和材料质量、数量、规格型号是否正确，有无擅自挪用、以次充好等问题。

（8）其他相关业务的审计：设备和材料出售的审计，即检查建设项目剩余或不适用的设备和材料以及废料的销售情况；盘盈盘亏的审计，即检查盘点制度及其执行情况、盈亏状况以及对盘点结果的处理措施。

第七章　建设工程施工阶段造价控制

依据《建筑法》、《招标投标法》、《合同法》、《审计法》等法律、法规、规章和规范性文件，建设单位树立以工程造价管理为核心的项目管理理念，发挥造价管控的核心作用；针对建设项目决策、设计、交易、施工、竣工的不同阶段，依据相关规范编制各阶段的工程造价成果文件，真实反映各阶段的工程造价，承担建设项目全过程造价控制责任。
建设单位负责对新建、扩建、改建等建设项目施工阶段全过程造价控制监督检查，关注质量、工期等要素对工程造价的影响，当质量标准、建设工期发生变化时，应依据合同条款的有关规定，对工程造价进行及时调整。施工阶段通过招标投标和施工监理的全面推行，使工程预算投资得到了合理的确定和有效控制，通过造价咨询部门和审计部门对工程结算和决算的审核，剔除了其中的不合理部分，使该阶段的投资也得到了应有的控制。大型或复杂的建设项目，当委托多个单位共同承担建设项目全过程造价管理服务时，委托单位应指定主体承担单位，由主体承担单位负责具体咨询业务的总体规划、标准的统一、各阶段部署、资料汇总等综合性工作，其他单位负责其所承担的各个单项、单位或分部分项工程或各阶段的工程造价咨询业务。

第一节　工程预付款控制

一、工程预付款

工程预付款是发包人按照合同约定，在正式开工前预先支付给承包人的工程款，是施工企业为该承包工程项目储备主要材料、结构件所需流动资金。国内习惯上又称之为预付备料款。《建设工程施工合同（示范文本）》、《工程价款结算办法》中规定：发包人应在双方签订合同后的一个月内或不迟于约定的开工日期前 7 天内预付工程款。

预付款支付的条件：承包人向发包人提交金额等于预付款数额的银行保函。未按时预付的处理：《建设工程施工合同（示范文本）》、《工程价款结算办法》中规定发包人不按约定预付，承包人应在预付时间到期后 10 天内向发包人发出要求预付的通知，发包人收到通知后仍不要求预付，承包人可在发出通知 14 天后停止施工，发包人应从约定应付之日起向承包人支付应付款的利息，并承担违约责任。

工程预付款的额度规定：《工程价款结算办法》中规定："包工包料工程的预付款按合同约定拨付，原则上预付比例不低于合同金额的 10%，不高于合同金额的 30%，对于重大工程项目，按年度工程计划逐年预付，计价执行《建设工程工程量清单计价规范》的工程，实体性消耗和非实体性消耗部分应在合同中分别约定预付款比例。"一般建筑工程不应超过当年建筑工程量（包括水，电，暖）的 30%，安装工程按年安装工作量的 10%，材料占比重较多的安装工程按年计划产值的 15% 左右拨付。

在实际工作中，工程预付款的数额，要根据各工程类型，合同工期，承包方式和供应体制等不同条件而定，例如，工业项目中钢结构和管道安装占比重较大的工程，其主要材料所占的比重比一般安装工程要高，因而备料款数额也要相应提高；工期短的工程比工期长的要高；材料由施工单位自购的比由建设单位供应主要材料的要高，对于包工不包料的工程项目，则可以不付预付备料款。

二、工程预付款数额计算方法

按合同中约定的数额：发包人根据工程的特点、工期长短、市场行情、供求规律等因素，招标时在合同条件中约定工程预付款的百分比，按此百分比计算工程预付款数额。影响因素法是将影响工程预付款的每个因素作为参数，按其影响关系，进行工程预付款数额的计算。

三、工程预付款扣回的方法

由发包人和承包人通过洽商用合同的形式予以确定。采用等比率或等额扣款的方式，也可针对工程实际情况具体处理。

（一）累计工作量法

从未施工工程尚需的主要材料及构件的价值相当于工程预付款数额进扣起，从每次中间结算工程价款中，按材料及构件比重抵扣工程价款，至竣工之前全部扣清。因此，确定起扣点是工程预付款起扣的关键。

（二）工程量百分比法

在承包人完成工程款金额累计达到合同总价的一定百分比后，由承包人开始向发包人还款，发包人从每次应付给承包人的金额中扣回工程预付款，发包人至少在合同中规定的完成期前一定时间内将工程预付款的总计金额按逐次分摊的方法扣回。

（三）应扣工程预付款数额确定

有分次扣还法和一次扣还法两种方法。

（1）分次扣还法：自起扣点开始，在每次工程价款结算中扣回工程预付款。抵扣的数量，应等于那次工程价款中材料和构件费的数额。

（2）一次扣还法：在未完工的建筑安装工程量等于预收预付款时，用全部未完工作价款一次抵扣工程预付款，承包人停止向建设单位收取工程价款。

四、工程预付款计算

（一）预付备料款的限额

由下列主要因素决定：主要材料（包括外购构件）占工程造价的比重；材料储备期；施工工期。对于施工企业常年应备的备料款限额，可按下式计算：

备料款限额＝年度承包工程总值×主要材料所占比重/年度施工日历天数×材料储备天数

（二）备料款的扣回

发包单位拨付给承包单位的备料款属于预支性质，到了工程实施后，随着工程所需主要材料储备的逐步减少，应以抵充工程价款的方式陆续扣回。扣款方法：

（1）可以从未施工工程尚需的主要材料及构件的价值相当于备料款数额时起扣，从每次结算工程价款中，按材料比重扣抵工程价款，竣工前全部扣清。

（2）扣款的方法也可以在承包方完成金额累计达到合同总价的一定比例后，由承包方开始向发包方还款，发包方从每次应付给承包方的金额中扣回工程预付款，发包方至少在合同规定的完工期前将工程预付款的总计金额逐次扣回。

五、工程进度款的支付（中间结算）

施工企业在施工过程中，按逐月（或形象进度、或控制界面等）完成的工程数量计算各项费用，向建设单位（业主）办理工程进度款的支付（即中间结算）。工程进度款支付过程中，应遵循如下要求：

（一）工程量的确认

根据有关规定，工程量的确认应做到：

（1）承包方应按约定时间，向工程师提交已完工程量的报告。

（2）工程师收到承包方报告后7天内未进行计量，第8天起，承包方报告中开列的工程量即视为已被确认，作为工程价款支付的依据。

（3）工程师对承包方超出设计图纸范围和（或）因自身原因造成返工工程量，不予计量。

（二）合同收入的组成

（1）合同中规定的初始收入，即建造承包商与客户在双方签订的合同中最初商定的合同总金额，它构成了合同收入的基本内容。

（2）因合同变更、索赔、奖励等构成的收入，这部分收入并不构成合同双方在签订合同时已在合同中商定的合同总金额，而是在执行合同过程中由于合同变更、索赔、奖励等原因而形成的追加收入。

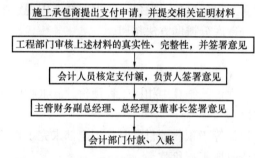

图 7-1-1 工程预付款支付内部会计控制程序图

六、工程款支付内部会计控制程序

建设单位加强和完善对工程建设项目价款支付的内部会计控制，是降低项目建设成本、促进建设单位及时收回预付工程款和预付备料款、保护基本建设资金安全的重要举措，对加快资金周转、提高资金使用效率、加强建设单位内部管理有着十分重要的作用。工程预付款支付的内部会计控制，具体程序可用图 7-1-1 表示：

第二节　工程进度款控制

一、工程进度款的支付控制

（一）已完工程量的计量

除专用合同条款另有约定外，应按总价包干子目的支付分解表形成方式：

（1）工期较短的项目，将总价包干子目的价格按合同约定的计量周期平均。

（2）合同价值不大的项目，按照总价包干子目的价格占签约合同价的百分比，以及各个支付周期内所完成的总价值，以固定百分比方式均摊支付。

（3）实际支付时，由监理人检查核实其实际形象进度，达到支付分解表的要求后，即可支付经批准的每阶段总价包干子目的支付金额。

（二）已完工程量复核

当发、承包双方在合同中未对工程量的复核时间、程序、方法和要求作约定时，按以下规定办理：

（1）发包人应在接到报告后7天内按施工图纸（含设计变更）核对已完工程量，并应在计量前24小时通知承包人。如承包人收到通知后不参加计量核对，则由发包人核实的计量应认为是对工程量的正确计量。如发包人未在规定的核对时间内通知承包人，致使承包人未能参加计量核对的，则由发包人所作的计量核实结果无效。如发、承包双方均同意计量结果，则双方应签字确认。

（2）如发包人未在规定的核对时间内进行计量核对，承包人提交的工程计量视为发包人已经认可。

（3）对于承包人超出施工图纸范围或因承包人原因造成返工的工程量，发包人不予计量。

（4）如承包人不同意发包人核实的计量结果，承包人应在收到上述结果后7天内向发包人提出，申明承包人认为不正确的详细情况。发包人收到后，应在2天内重新核对有关工程量的计量，或予以确认，或将其修改。

发、承包双方认可的核对后的计量结果，应作为支付工程进度款的依据。承包人提交进度款支付申请，注明进度款支付时间。

（三）《建设工程施工合同（示范文本）》中对工程进度款支付作了如下详细规定：

（1）工程款（进度款）在双方确认计量结果后14天内，发包方应向承包方支付工程款（进度款）。按约定时间发包方应扣回的预付款，与工程款（进度款）同期结算。

（2）符合规定范围的合同价款的调整，工程变更调整的合同价款及其他条款中约定的追加合同价款，应与工程款（进度款）同期调整支付。

（3）发包方超过约定的支付时间不支付工程款（进度款），承包方可向发包方发出要求付款通知，发包方受到承包方通知后仍不能按要求付款，可与承包方协商签订延期付款协议，经承包方同意后可延期支付。协议须明确延期支付时间和从发包方计量结果确认后第15天起计算应付款的贷款利息。

（4）发包方不按合同约定支付工程款（进度款），双方又未达成延期付款协议，导致施工无法进行，承包方可停止施工，由发包方承担违约责任。

二、工程进度款支付的内部会计控制

工程进度款是指建设单位按合同约定的工程进度向承包商逐笔支付的款项。建设单位应当建立严格的工程价款支付控制程序，由工程部门、会计部门及监理部门共同保障实施，层层把关，具体程序可用图7-2-1表示。

除了进度款以外，建设单位还要向施工单位支付一些其他的款项，对这些款项的支付控制也可参照以上方法。

三、工程款项控制操作表式（表7-2-1～表7-2-11）

（一）工程款支付申请表（表7-2-1）

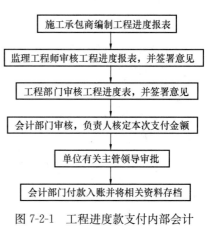

图 7-2-1　工程进度款支付内部会计控制程序图

工程款支付申请表 表 7-2-1

工程名称： 　　　　　　　　　　编号：

致：　　　　　　　　　　　　　　　　　　　（监理单位）

　　我方已完成了_____工作，按施工合同的规定，建设单位应在____年___月___日前支付该项工程款共

（大写）_____（小写：_____），现报上____工程付款申请表，请予以审查并开具工程款支付证书。

　　附件：1. 工程量清单；

　　　　　2. 计算方法。

承包单位（章）_____ 项目经理_____ 日　期_____

（二）费用索赔申请表（表 7-2-2）

费用索赔申请表 表 7-2-2

工程名称： 　　　　　　　　　　编号：

致：　　　　　　　　　　　　　　　　　　　（监理单位）

　　根据施工合同条款_____条的规定，由于_____的原因，我方要求索赔金额

（大写）_____，请予以批准。

　　索赔的详细理由及经过：

　　索赔金额的计算：

　　附：证明材料

承包单位（章）_____项目经理_____日　期_____

（三）工程款支付证书（表 7-2-3）

工程款支付证书 表 7-2-3

工程名称： 　　　　　　　　　　编号：

致：　　　　　　　　　　　　　　　　　　　（建设单位）

　　根据施工合同的规定，经审核承包单位的付款申请和报表，并扣除有关款项，同意本期支付工程款共（大写）

_____（小写：_____）。请按合同规定及时付款。

　　其中：

　　1. 承包单位申报款为；

　　2. 经审核承包单位应得款为；

　　3. 本期应扣款为；

　　4. 本期应付款为

　　附件：

　　1. 承包单位的工程付款申请表及附件；

　　2. 项目监理机构审查纪录

项目监理机构_____总监理工程师_____日　期_____

意见： 项目管理部代表 签字： 日期：_____	意见： 建设单位代表 签字： 日期：_____

（四）费用索赔审批表（表 7-2-4）

费用索赔审批表　　　　　　　　　　　　　　　　　　**表 7-2-4**

工程名称：　　　　　　　　　　　　　　编号：

致：　　　　　　　　　　　　　　　　（承包单位）

　　根据施工合同条款＿＿＿＿＿＿＿＿＿＿条的规定，你方提出的＿＿＿＿＿＿＿＿＿费用索赔申请（第＿＿＿＿＿号），索赔（大写）＿＿＿＿＿＿，经我方审核评估：

　　□　不同意此项索赔。

　　□　同意此项索赔，金额为（大写）＿＿＿＿＿＿＿＿＿＿。

　　同意/不同意索赔的理由：

　　索赔金额的计算：

项目监理机构＿＿＿＿＿＿＿＿＿总监理工程师＿＿＿＿＿＿＿＿＿＿日　期＿＿＿＿＿＿＿＿＿

意见：	意见：
项目管理部代表	建设单位代表
签字：	签字：
日期：＿＿＿＿＿＿＿＿	日期：＿＿＿＿＿＿＿＿

（五）工程变更单（表 7-2-5）

工程变更单　　　　　　　　　　　　　　　　　　　**表 7-2-5**

工程名称：　　　　　　　　　　　　　　编号：

致：　　　　　　　　　　　　　　　　（监理单位）

　　由于＿＿＿＿＿＿＿＿＿＿＿＿＿＿原因，兹提出＿＿＿＿＿＿＿＿＿＿＿＿＿工程变更（内容见附件），请予以审批。

　　附件：

提出单位＿＿＿＿＿＿＿＿＿代表人＿＿＿＿＿＿＿＿＿日　期＿＿＿＿＿＿＿＿＿

一致意见：

建设单位代表	项目管理部代表	设计单位代表	项目监理机构
签字：	签字：	签字：	签字：
日期：＿＿＿＿	日期：＿＿＿＿	日期：＿＿＿＿	日期：＿＿＿＿

（六）工程进度款付款明细表（表 7-2-6）

工程进度款付款明细（第_____ 期）　　　　　　　　　　表 7-2-6

工程名称：　　　　　　　　　　承包合同编号：

合同价格			本期（人民币/美元）万元				累计（人民币/美元）万元			
预付款			合计	土建	安装	其他	合计	土建	安装	其他
工作量	申报数	进度款								
		变更签证款								
		专业分包款								
		上报小计								
	核定数	进度款								
		变更签证款								
		专业分包款								
		核定小计								
抵扣款		预付款								
		发包人供料、设备款								
		保留金								
		抵扣小计								
开工累计应付款＝累计核定进度款＋预付款余额										
竣工结算前最高付款额					本期应付款					
工程形象进度		监理单位：		监理工程师：			日期：			
造价工程师意见：										
		造价咨询单位：		注册造价工程师：			日期：			

（七）工程变更费用审核表（表 7-2-7）

工程变更费用审核表　　　　　　　　　　表 7-2-7

工程名称：　　　　　　　　　　审核编号：

发包单位：		承包单位：	
一、工程变更费用申请（由施工单位填写）			
1. 工程变更原因：□设计 □进度计划 □施工条件 □其他 2. 工程变更内容 3. 费用计算 4. 附件（计算书）			
提出单位：		日　期：	
二、造价工程师意见			
监理单位：	总监理工程师：		日期：
意见： 项目管理部 代表人： 日　期：		意见： 建设单位 代表人： 日　期：	

（八）项目总成本控制表（表 7-2-8）

项目总成本控制表　　　　　　　　　　　　　　　　　　　　　表 7-2-8

项目名称：　　　　　　　　　　　　　　编号：

序号	内容	批准扩初概算 A	施工图预算 B	合同价 C	变更款 D	小计 E=C+D	累计完成工程款 F	未完工程款预测 H	小计 G=F+H	与批准概算对比（G 与 A）G-A
1	建筑安装工程费									
2	工程建设其他费用									
3	预备费									
4	小计（1+2+3）									

（九）建筑安装成本控制表（表 7-2-9）

建筑安装成本控制表　　　　　　　　　　　　　　　　　　　　表 7-2-9

项目名称：　　　　　　　　　　　　　　编号：

序号	工程项目	承包单位	控制目标值 A	合同价 B	变更款 C	小计 D=B+C	累计完成工程款 E	未完工程款预测 F	小计 G=E+F	预付款 H	累计已付款 I
1		（总包单位）									
2		（分包单位）									
3		小计									

（十）其他建设费用成本控制表（表 7-2-10）

其他建设费用成本控制表　　　　　　　　　　　　　　　　　　表 7-2-10

项目名称：　　　　　　　　　　　　　　编号：

序号	工程项目	咨询公司	控制目标值 A	合同价 B	变更款 C	小计 D=B+C	累计可付款 E	未付款预测 F	小计 G=E+F	预付款 H	累计已付款 I
1		（设计单位）									
2		（监理单位）									
3		（造价咨询单位）									
4		（招标代理单位）									
5		小计									

（十一）招标/合同/协议文件审核建议表（表 7-2-11）

招标/合同/协议文件审核建议表   **表 7-2-11**

项目名称：   收文日期 年 月 日

招标/合同/协议文件名称：			
招标形式：			
发包模式/分包界定：			
合同结构/合同条款：			
计价模式：			
工程量清单/报价格式：			
技术指标、规格、数量：			
备注：			
编制人	校对人	项目经理	总师或分管经理
签名：_____ 日期：_____	签名：_____ 日期：_____	签名：_____ 日期：_____	签名：_____ 日期：_____

第三节　工程变更价款控制

　　建设项目实施阶段是指在建设项目已完成施工图设计，并完成施工招标工作和签订工程承包合同后，施工单位按照合同规定的工期、质量标准和工程价款完成全部合同约定工程内容的阶段，它包括施工准备阶段、施工阶段和竣工验收阶段。在项目实施阶段，经常出现合同约定工程量发生变化，施工条件、施工工期变化，也可能发包方和承包方在履行合同时出现争议、纠纷，这些情况的出现都将影响约定的合同工期和工程价款，造成合同价款的变更。部分工程因此造成结算价款超过合同价，甚至超过计划投资。因此，代表业主管理工程的造价工程师和监理工程师必须明确工程造价控制目标，严格管理工程设计变更和现场签证，认真管理工程变更，明确变更审核程序，科学合理地提出工程变更，合理确定和有效控制变更价款。

　　一、工程变更的内容及产生的原因

　　增减工程承包合同中约定的工程量施工合同中约定的工程量都是按照施工图纸和国家有关工程量计算规则计算出来的。由于预算编制人员对施工图纸的理解和掌握工程量计算

250

规则水平的不同，不可避免地存在计算偏差，加之部分工程勘察设计粗糙，施工图纸本身存在较多不确定因素，使建设单位在施工招标阶段提供的工程量清单与工程实际不符，造成工程量变更，有些工程因工程量的增加造成竣工结算价款大大超过预算价，甚至超过工程的计划立项金额，影响了政府投资计划的落实。

变更有关工程建筑装饰材料的规格、标准施工合同中约定的有关工程建筑装饰材料的规格、标准是按照施工图纸或建设单位的要求确定的。在施工过程中常常因当前市场供应的材料规格标准不符合设计要求或是与建设单位的期望效果相差较大，建设单位要求变更有关工程建筑装饰材料的规格、标准，造成合同价款的变更。

增减建设项目的附属工程在施工合同的实施过程中，建设单位根据资金的筹措情况和规划的调整情况，增减建设项目的附属工程，比如增建变配电房、水泵房等附属工程，从而变更工程价款。

变更有关部分的标高、基线、位置、尺寸和性质由于勘察设计粗糙或规划调整等原因，需要变更原设计图纸中部分工程的标高、基线、位置、尺寸和性质，从而发生工程价款的变更。

增加工程需要的附加工作由于建设单位未能预见的施工现场条件和不利的自然条件，例如地质条件发生变化、土方工程中遇见文物等，承包商在处理这些问题时都会增加额外的工作量，也会发生工程价款的变更。

改变有关工程的施工时间和顺序由于建设单位的原因引起施工中断和功效降低，或是建设单位供应的设备材料到货时间推迟，以及其他承包商的配合问题引起的施工中断，造成施工时间和施工顺序调整，出现工程价款的变更。

市场主要材料设备价格的调整目前材料价格风险预测所需的基础资料不够完备，业主和承包商对于主要材料设备价格的风险预测水平不高，因而施工合同签订时甲乙双方较少采用价格风险包干而多采用主要材料价格动态调整的方式。随着市场材料设备价格的波动，合同承包价格也会相应调整。

二、工程变更的控制程序

工程变更可能由业主或监理工程师提出，也有可能由承包商提出。按照 FIDIC 合同条件，工程变更的指令是由监理工程师发出的。然而目前我国的监理工程师制度尚不成熟，大多数工程依然是由业主单位直接对工程变更直接管理。施工合同履行过程中，工程变更涉及的因素较多，客观上是由于工程建设本身的复杂性决定的，但也不可否认，部分建设单位在工程立项审批时有意减小工程规模和降低建设标准，在项目实施过程中再以工程变更的形式提高建设标准和建设规模，即目前社会上所说的"钓鱼工程"。部分施工单位则是利用工程变更及隐蔽工程签证，有意虚报高估变更价款，甚至通过不法手段与建设单位和监理单位串通，利用变更工程赚取非法利润。因而加强工程变更的管理，完善工程变更的申报、审查程序是当前工程造价管理中必须重视的问题。

三、工程变更价款的确定

工程变更价款一般由承包方提出，建设单位审核，按照施工合同约定的调整方式进行计算。一般来说工程变更价款按照以下原则确定：

（1）合同中有适用于变更工程的价格，按合同已有的价格计算变更的合同价款。对于工程报价清单中已有的工程内容，在增减该部分工作内容时，按照原有的单价进行调整。

但是若工程的工期较长（大于 18 个月时），材料价格的风险预测难度较大，这样的情况下，部分主要材料价格（甲乙双方可事先约定）可以随市场波动进行调整，即采用目前较为普遍的动态管理的办法确定调整价款。另一种情况，虽然合同中有适用于变更工程的价格，但工程量变化太大（较原合同中约定的工程量增减 15% 以上），这种就不能简单地按合同中已有的价格计算变更价款，而可以考虑采用预算定额为基础的计价方式，在此基础上适当考虑浮动系数来计算调整价款。

（2）合同中有类似于变更情况的价格，可以此为基础，确定变更价格，变更合同价款。

（3）合同中没有类似和适用的价格，由承包商提出适当的变更价格，由造价工程师审核并报监理工程师和业主批准执行。对于合同中没有类似和适用的价格的情况，一般来说，在目前我国的工程造价管理体制下，多采用按照预算定额和相关的计价文件及造价管理部门公布的主要材料价格信息进行计算。若甲乙双方就变更价款不能达成一致意见，则可到工程所在地的造价工程师协会或造价管理站申请调解；若调解不成功，双方亦可提请合同仲裁机构仲裁或向人民法院起诉。

四、如何对待工程变更

建设工程的特点是投资大、工期长、技术复杂。工程造价的组成包括建筑安装费、设备工器具费、工程建设其他费（勘察设计、征地费、工程保险、财务费用等）、预备费和固定资产投资方向调节税，它的确定必须分步进行、逐步深入。从投资估算、设计概算到施工图预算、工程结算和竣工决算，是一级控制一级的关系，加之合同履约情况的不确定性，使得工程变更不可避免。因而我们必须重视工程变更，加强变更价款的管理。

（1）要加强工程项目的管理工作。在设计质量上严格把关，大力推行设计监理制度，尽可能降低设计变更的数量；在项目发包阶段，要由有编制资格的造价中介单位编制工程量清单，减少工程的计算偏差，减少因业主提供的工程量清单与施工图纸不符造成的工程价款的变更；在施工合同履行阶段，加强合同管理工作，按照国家公布的施工合同示范文本进行合同管理工作，也可以采用国际通用的 FIDIC 条款签订合同、管理合同。

（2）要全方位加强管理，尽量减少工程价款的变更。鉴于工程建设本身的特点，又不可能完全杜绝工程变更。要采取积极的态度，要有预见性在发现问题时及早提出解决方案，即尽可能提前变更，将造价的变动控制在最小范围内。

五、工程变更价款处理

工程变更必然引起承发包价格的变化，如何处理工程变更价款，是工程造价动态控制的任务之一，也是工程价款结算业务中的一项重要内容。

（一）办理工程变更价款的要求

工程变更价款的确定，同工程价格的编制和审核基本相同。所不同的是，由于在施工过程中情况发生某些新的变化，所以应该针对工程变化的特点采取相应的办法来处理工程变更价款。工程变更价款的确定仍应根据原报价方法和合同的约定以及有关规定来办理，但应强调以下几个方面：

1. 手续应齐全

凡属工程变更，都应该有发包人的盖章及代表人的签字，涉及到设计上的变更还应该有设计人盖章和有关人员的签字后才能生效。在确定工程变更价款时，应注意和重视上述手续是否齐全。如手续不齐备，则工程变更再大也无充分依据进行价款调整。

2. 资料应翔实

工程变更资料应能满足编制工程变更价款的要求。如果资料过于简单，只是例行手续而不能反映工程变更的全部情况，会给编制和确认工程变更价款增加困难。遇到这种情况，应与有关人员联系，重新填写有关记录，同时可以防止事后扯皮。

3. 内容应合理

并不是所有的工程变更通知书都可以计算工程变更款。应首先考虑工程变更内容是否符合规定，如已包含在定额子目工作内容中的，则不可重复计算；原报价书已有的项目则不可重复列项；采用综合单价报价的，重点应放在原报价所含的工作内容上，不然容易混淆，同时更应结合合同的有关规定，因为合同的规定最直接、最有针对性。

4. 办理应及时

工程变更是一个动态过程，工程变更价款的确定应在工程变更发生后规定的时间内办理。在些工程细目在完工后或被覆盖隐蔽在工程内部，或已经不复存在，不及时办理就会给工程变更价款的确定带来困难。

（二）确定工程变更价款的原则

工程变更发生后，应及时做好工程变更对工程造价增减的调整工作，在合同规定的时间里，先由承包人根据设计变更单洽商记录有关资料提出变更价格，再报发包人或工程师代表批准后调整合同价款。工程变更价款处理的方式：

1. 适用原价格

在中标价、审定的施工图或合同已有适用于变更的价格时，可用作变更价格变更合同价款。

2. 参照原价格

在中标价、审定的施工图预算或合同中没有与变更工程相同的价格，只有类似于变更工程情况的价格时，应按中标价格、定额价格或合同中类似项目价格为基础，通过适当修正调整后确定为变更价格，变更合同价款。

3. 协商价格

在工程中，标价、审定的施工图预算、定额分项，合同价格中均没有可采用的也没有类似的单价可用于变更价格时，应由承包人编制一次性使用的变更价格，送发包人或工程师代表批准执行。承包人应以客观、公平、公正的态度，实事求是地确定一次性价格，尽可能取得发包人的理解并为之接受。

4. 临时性处理

发包人或工程师代表若不同意承包人提出的变更价格，在承包人提出的变更价格后规定的时间内，承包人可提请工程师暂定一个价格进行结算，事后再按约定方式接受解释或进行处理。

5. 争议的解决方式

对解释等其他方式有异议，可采用以下方式解决：向协议条款约定的单位或人员要求调解；向有管辖权的经济合同仲裁机关申请仲裁；向有管辖权的人民法院起诉。在争议处理过程中，涉及工程价格签订的，由工程造价管理机构、仲裁委员会或法院指定具有相应资质的咨询代理单位负责。

第四节 工程索赔费用控制

一、工程索赔与控制

（一）工程索赔概念

索赔是指在合同履行过程中，对于并非自己的过错，而是应由对方承担责任的情况造成的实际损失向对方提出经济补偿和（或）时间补偿的要求。索赔是工程承包中经常发生的正常现象，由于施工现场条件、气候条件的变化，施工进度、物价的变化以及合同条款、规范、标准文件和施工图纸的变更、差异、延误等因素的影响，使得工程承包中不可避免地出现索赔。索赔是当事人一方由于另一方未履行合同所规定的义务而遭受损失时，向另一方提出赔偿要求的行为。在实际工作中，"索赔"是双向的，建设单位和施工单位都可能提出索赔要求。建设单位索赔可以通过冲账、扣拨工程款、扣保证金等实现对施工单位的索赔；而施工单位对建设单位的索赔则比较困难一些。通常情况下，索赔是指承包商（施工单位）在合同实施过程中，对非自身原因造成的工程延期、费用增加而要求业主给予补偿损失的一种权利要求。而业主（建设单位）对于属于施工单位应承担责任造成的，且实际发生了损失，向施工单位要求赔偿，称为反索赔。

（二）工程索赔基础

索赔的性质属于经济补偿行为，而不是惩罚，索赔属于正确履行合同的正当权利要求。索赔方所受到的损害，与索赔方的行为并不一定存在法律上的因果关系。导致索赔事件的发生，可以是一定行为造成的，也可能是不可抗力事件引起的，可以是对方当事人的行为导致的，也可能是任何第三方行为所导致。索赔在一般情况下都可以通过协商方式友好解决，若双方无法达成妥协，争议可通过仲裁解决。

1. 索赔必须以合同为依据

遇到索赔事件时，必须审查索赔要求的正当性，对合同条件、协议条款等有详细的了解，以合同为依据来公平处理合同双方的利益纠纷。由于合同文件的内容相当广泛，包括许多来往函件和变更通知，有时会形成自相矛盾，或作不同解释，导致合同纠纷。根据我国有关规定，合同文件能互相解释、互为说明，除合同另有约定外，其组成和解释顺序：本合同协议书；中标通知书；投标书及其附件；本合同专用条款；本合同通用条款；标准、规范及有关技术文件；图纸；工程量清单；工程报价单或预算书。

2. 必须注意资料的积累

积累一切可能涉及索赔论证的资料，同施工企业、建设单位研究的技术问题、进度问题和其他重大问题会议应当做好文字记录，并争取会议参加者签字，作为正式文档资料。同时应建立严密的工程日志，记录承包方对工程师指令的执行情况、抽查试验记录、工序验收记录、计量记录、日进度记录以及每天发生的可能影响到合同协议的事件的具体情况等，同时还应建立业务往来的文件编号档案等业务记录制度，做到处理索赔时以事实和数据为依据。

3. 及时、合理地处理索赔

索赔发生后，必须依据合同的准则及时地对索赔进行处理。将单项索赔在执行过程中陆续加以解决，这样做不仅对承包方有益，同时也体现了处理问题的水平，既维护了业主的利益，又照顾了承包方的实际情况。处理索赔还必须注意双方计算索赔的合理性。

4. 加强索赔的前瞻性，有效避免过多索赔事件的发生

在工程的实施过程中，工程师要将预料到的可能发生的问题及时告诉承包商，避免由于工程返工所造成的工程成本上升，这样也可以减轻承包商的压力，减少其想方设法通过索赔途径弥补工程成本上升所造成的利润损失。另外，在项目实施过程中，应对可能引起的索赔有所预测，及时采取补救措施，避免过多索赔事件的发生。

（三）工程索赔管理

1. 索赔是合同管理的重要环节

索赔和合同管理有直接的联系，合同是索赔的依据。整个索赔处理的过程就是执行合同的过程，从项目开工后，就必须对每日的实施合同的情况与原合同进行分析，若出现索赔事件，就应当研究是否提出索赔。索赔的依据是日常合同管理的证据。

2. 索赔有利于建设单位、施工单位双方自身素质和管理水平的提高

工程建设索赔直接关系到建设单位和施工单位的双方利益，索赔和处理索赔的过程实质上是双方管理水平的综合体现。作为建设单位，为使工程顺利进行，如期完成，早日投产取得收益，就必须加强自身管理，做好资金、技术等各项有关工作，保证工程中各项问题及时解决。

3. 索赔是合同双方利益的体现

索赔是一种风险费用的转移或再分配，建设单位，要通过索赔的处理和解决，保证工程质量和进度，实现合同目标。同样，作为建设单位，要通过索赔的处理和解决，保证工程顺利进行，使建设项目按期完工，早日投产取得经济收益。

4. 索赔是挽回成本损失的重要手段

在合同实施过程中，由于建设项目的主客观条件发生了与原合同不一致的情况，使施工单位的实际工程成本增加，施工单位为了挽回损失，通过索赔加以解决，显然，索赔是以赔偿实际损失为原则的，施工单位必须准确地提供整个工程成本的分析和管理，以便确定挽回损失的数量。

5. 索赔有利于国内工程建设管理与国际惯例接轨

索赔是国际工程建设中非常普遍的做法，掌握运用国际上工程建设管理的通行做法，有利于我国企业工程建设管理水平的提高。

（四）索赔的分类

（1）按照干扰事件分类，可以分为：工期拖延索赔；不可预见的外部障碍或条件索赔；工程变更索赔；工程中止索赔；其他索赔（如货币贬值、物价上涨、法令变化、建设单位推迟支付工程款引起索赔）等。

（2）按合同类型分类，可以分为：总承包合同索赔；分包合同索赔；合伙合同索赔；劳务合同索赔；其他合同索赔等。

（3）按索赔要求分类，可以分为：工期索赔；费用索赔等。

（4）按索赔起因分类，可以分为：建设单位违约索赔；合同错误索赔；合同变更索赔；工程环境变化索赔；不可抗力因素索赔等。

（5）按索赔的处理方式分类，可以分为：单元项索赔；总索赔等。

二、监理工程师索赔处理

（一）处理索赔事件原则

1. 预防为主的原则

任何索赔事件的出现，都会造成工程拖期或成本加大，增加履行合同的困难，对于建设单位和施工单位双方来说都是不利的，因此，监理工程师从预防索赔发生着手，洞察工程实施中可能导致索赔的起因，防止或减少索赔事件的出现。

2. 必须以合同为依据

遇到索赔事件时，监理工程师必须以完全独立的裁判人的身份，站在客观公正的立场上审查索赔要求的正当性。必须对合同条件、协议条款等到有详细的了解，以合同为依据来公平地处理合同双方的利益纠纷。

3. 公平合理原则

监理工程师处理索赔时，应恪守职业道德，以事实为依据，以合同为准绳，作出公正的决定。合理的索赔应予以批准，不合理的索赔应予以驳回。

4. 协商原则

监理工程师在处理索赔时，应认真研究索赔报告，充分听取建设单位和施工单位的意见，主动与双方协商，力求取得一致同意的结果。这样做不仅能圆满处理好索赔事件，也有利于顺利履行和完成合同，在协商不成的情况下，监理工程师有权作出决定。

5. 授权的原则

监理工程师处理索赔事件，必须在合同规定、建设单位授权的权限之内，当索赔金额或延长工期时间超出授权范围时，则监理工程师应向建设单位报告，在取得新的授权后才能作出决定。

6. 必须注意资料的积累

积累一切可能涉及索赔论证的资料，同施工企业、建设单位研究技术问题、进度问题和其他重大问题的会议应当做好文字记录，并争取会议参加者签字，作为正式文档资料。同时，还应建立业务往来的文件编号档案等业务记录制度，做到处理索赔时以事实和数据为依据

7. 及时、合理地处理索赔

索赔发生后必须依据合同的准则，及时地对单项索赔进行处理。

（二）监理工程师审查索赔

监理工程师审核施工单位的索赔申请。接到施工单位的索赔意向通知后，监理工程师应建立自己的索赔档案，密切关注事件的影响，检查施工单位的同期记录时，随时就记录内容提出他的不同意之处或他希望应予以增加的记录项目。

在接到正式索赔报告后，认真研究施工单位报送的索赔资料。首先在不确定责任归属的情况下，客观分析事件发生的原因，重温合同的有关条款，研究施工单位的索赔证据，并查阅他的同期记录。通过对事件的分析，监理工程师再依据合同条款划清责任界限，如有必要时还可以要求施工单位进一步提供补充资料。尤其是对施工单位与建设单位或监理工程师都负有一定责任的事件影响，更应划出各方应承担合同责任的比例。最后再审查施工单位提出的索赔补偿要求，剔除其中的中合理部分，拟定自己计算的合理索赔款额和工期展延天数。

索赔成立条件，依据合同条件内涉及到索赔原因的各条款内容，可以归纳出监理工程师判定施工单位索赔成立的条件为：与合同相对照，事件已造成了施工单位成本的额外支出，或直接工期损失；造成费用增加或工期损失的原因，按合同约定不属于施工单位应承担的行为责任或风险责任；施工单位按合同规定的程序，提交了索赔意向通知和索赔报告。

只有监理工程师认定索赔成立后，才按一定程序处理。

三、建设单位反索赔

反索赔是指建设单位（业主）向放工单位（承包商）提出的索赔。建设单位向施工单位索赔的主要途径：减少或防止可能产生的索赔；反索赔，对抗（平衡）施工单位的索赔要求。建设单位向施工单位提出索赔的内容包括：

（一）工期延误反索赔

工期延误属于施工单位责任时，建设单位对施工单位进行索赔，即由施工单位支付延期竣工违约金。建设单位在确定违约金的费率时，一般要考虑以下因素：建设单位盈利损失；由于工期延长而引起的贷款利息增加；工程拖期带来的附加监理费；由于本工程拖期竣工不能使用，租用其他建筑时的租赁费。违约金的计算方法，在每个合同文件中均有具体规定，一般按每延误一天赔偿一定的款额计算，累计赔偿额一般不超过合同总额原 10%。

（二）施工缺陷索赔

施工单位的施工质量不符合施工技术规程的要求，或使用的设备和材料不符合合同规定，或在保修期未满以前未完成应该负责补修的工程时，建设单位有权向施工单位追究责任。如果施工单位未在规定的期限内完成修补工作，建设单位有权雇佣他人来完成工作，发生的费用由施工单位承担。

（三）对指定分包人的付款索赔

工程施工单位未能提供已向指定分包人付款的合理证明时，建设单位可以直接按照监理工程师的证明书，将施工单位未付给指定分包人的所有款项（扣除保留金）付给这个分包人，并从应付给施工单位的任何款项中如数扣回。

（四）建设单位合理终止合同或施工单位不正当放弃工程的索赔

如果建设单位合理地终止施工单位的承包，或者施工单位不合理地放弃工程，则建设单位有权从施工单位手中收回由新的施工单位完成全部工程所需的工程款与原合同未付部分的差额。

四、施工索赔

（一）发生施工索赔的主要内容

施工单位处理索赔事件，解决索赔争执，出现索赔的主要内容包括：

（1）不利的自然条件与人为障碍引起的索赔：地质条件变化引起的索赔；工程中人为障碍引起的索赔。

（2）工期延长和延误的索赔：建设单位要求延长工期；施工单位要求偿付由于非承包方原因导致工程延误而造成的损失。

（3）因施工中断和工效降低提出的施工索赔：人工费用的增加；设备费用的增加；材料费用的增加。

（4）因工程终止或放弃提出的索赔：盈利损失，其数额是该项目合同条款与完成遗留工程所需花费的差额；补偿损失，包括施工单位在被终止工程上的人工材料设备的全部支出以及各项管理费用的支出（减去已经结算的工程款）。

（5）关于支付方面的索赔：物价上涨引起的索赔；货币贬值导致的索赔；拖延支付工程款的索赔；如果建设单位不按合同中规定的支付工程款的时间期限支付工程款，施工单位可按合同条款向建设单位索赔利息。

（二）工期索赔

在工程施工中，常常会发生一些未能预见的干扰事件使施工不能顺利进行，使预定的施工不能顺利进行，使用权预定的施工计划受到干扰，造成工期延长，这样，对合同双方都会造成损失。建设单位一般采用的解决办法：

（1）不采取加速措施，工程仍按原方案和计划实施，但将合同期顺延；

（2）施工单位采取加速措施，以全部或部分弥补已经损失的工期。

工期索赔一般采用分析法进行计算，其主要依据合同规定的总工期计划、进度计划以及双方共同认可的对工期修改的文件、调整计划和受干扰后实际工程进度记录。

（三）费用索赔

费用索赔都是以补偿实际损失为原则，实际损失包括直接损失和间接损失两个方面，所有干扰事件引起的损失以及这些损失的计算，都应有详细的具体证明，并在索赔报告中出具这些证据。

索赔费用的组成：人工费、材料费、施工机械使用费、分包费用、工地管理费、利息、总包管理费、利润。

索赔费用的计算原则和计算方法。在确定赔偿金额时，应遵循原则：所有赔偿金额，都应该是施工单位为履行合同所必须支出的费用；按此金额赔偿后，应使施工单位恢复到未发生事件前的财务状况。

各个工程项目都可能因具体情况不同而采用不同的索赔金额的方法：

（1）总费用法。计算出索赔工程的总费用，减去原合同报价，即得索赔金额。

（2）修正的总费用法。原则上与总费用法相同，计算对某些方面相应地修正的内容：计算索赔金额的时期仅限于受事件影响的时段，而不是整个工期；只计算在该时期内受影响项目的费用，而不是全部工作项目的费用；不直接采用原合同报价，而是采用在该时期内如未受事件影响而完成该项目的合理费用。

（3）实际费用法。实际费用法即根据索赔事件所造成的损失或成本增加，按费用项目逐项进行分析、计算索赔金额的方法。实际费用法是按每个索赔事件所引起损失的费用项目分别分析计算索赔值的一种方法：分析每个或每类索赔事件所影响的费用项目不得有遗漏，这些费用项目通常应与合同报价中的费用项目一致；计算每个费用项目受索赔事件影响的数值，通过与合同价中的费用价值进行比较即可得到该项费用的索赔值；将各费用项目的索赔值汇总，得到总费用索赔值。

五、建设工程索赔程序

（一）施工索赔程序

索赔主要程序是施工单位向建设单位提出索赔意向，调查干扰事件，寻找索赔理由和证据，计算索赔值，起草索赔报告，通过谈判、调解或仲裁，最终解决索赔争议。建设单位未能按合同约定履行自己的各项义务或发生错误以及应由建设单位承担的其他情况，造成工期延误和（或）施工单位不能及时得到合同价款及施工单位的其他经济损失，施工单位可按下列程序以书面形式向建设单位索赔：①索赔事件发生 28 天内，各工程师发出索赔意向通知；②发出索赔意向通知后 28 天内，向工程师提出延长工期和（或）补偿经济损失的索赔报告及有关资料；③工程师在收到施工单位送交的索赔报告及有关资料后，于 28 天内给予答复，或要求施工单位进一步补充索赔理由和证据；④工程师在收到施工单位送交的索赔报告和有关资料后 28 天内未予答复或未对施工单位作进一步要求，视为该项索赔已经认可；⑤当该索赔事件持续进行时，施工单位应当阶段性向工程师发出索赔意向，在索赔事件终了 28 天内，向工程师送交索赔的有关资料和最终索赔报告。索赔答复程序与③、④规定相同，建设单位的反索赔的时限与上述规定相同。

（二）索赔的证据

索赔证据的基本要求包括：真实性；全面性；法律证明效力；及时性。

证据的种类包括：①招标文件、合同文本及附件；②来往文件、签证及更改通知等；③各种会谈纪要；④施工进度计划和实际施工进度表；⑤施工现场工程文件；⑥工程照片；⑦气象报告；⑧工地交接班记录；⑨建筑材料和设备采购、订货运输使用记录等；⑩市场行情记录；⑪各种会计核算资料；⑫国家法律、法令、政策文件等。

（三）索赔报告

1. 索赔报告的内容

应包括以下四个部分：

（1）总论部分。一般包括以下内容：序言；索赔事项概述；应概要地论述索赔事件的发生日期与过程；施工单位为该索赔事件所付出的努力和附加开支；具体索赔要求。总论部分的阐述要简明扼要，说明问题。

（2）根据部分。本部分主要是说明自己具有的索赔权利，这是索赔能否成立的关键。根据部分的内容主要来自该工程项目的合同文件，并参照有关法律规定。该部分中应引用合同中的具体条款，说明自己理应获得经济补偿或工期延长。根据部分应包括以下内容：索赔事件的发生情况；已递交索赔意向书的情况；索赔事件的处理过程；索赔要求的合同根据；所附的证据资料。

（3）计算部分。索赔计算的目的，是以具体的计算方法和计算过程，说明自己应得经济补偿的款额或延长时间。如果说根据部分的任务是解决索赔能否成立，则计算部分的任务就是决定应得到多少索赔款额和工期。

在款额计算部分，必须阐明下列问题：索赔款的要求总额；各项索赔款的计算，如额外开支的从工费、材料费、管理费和所失利润；指明各项开支的计算依据及证据资料，应注意采用合适的计价方法。

（4）证据部分。证据部分包括该索赔事件所涉及的一切证据资料以及对这些证据的说明。

索赔证据资料的范围很广，它可能包括工程项目施工过程中所涉及的有关政治，经济、技术、财务资料，对重要的证据资料最好附以文字证明或确认件。

2. 编写索赔报告的一般要求

索赔报告是具有法律效力的正规的书面文件。编写索赔报告的一般要求：

（1）索赔事件应该真实。索赔报告中所提出的干扰事件，必须有可靠的证据证明。对索赔事件的叙述，必须明确、肯定。

（2）责任分析应清楚、准确、有根据。索赔报告应仔细分析事件的责任，明确指出索赔所依据的合同条款或法律条文，且说明索赔是完全按照合同规定程序进行的。

（3）充分论证事件造成的实际损失。索赔报告中应强调由于事件影响，在实施工程中所受到干扰的严重程度，以致工期拖延，费用增加，并充分论证事件影响和实际损失之间的直接因果关系，报告中还应说明为了减轻事件影响和损失已尽了最大的努力，采取了所能采用的措施。

（4）索赔计算必须合理、正确。要采用合理的计算方法的数据，正确地计算出应取得的经济补偿款额或工期延长。

文字要精炼、条理要清楚。索赔报告必须简洁明了、条理清楚、结论明确、有逻辑性。索赔证据和索赔值的计算应详细和清晰。

第五节　建设项目施工阶段审计

施工阶段是建设项目形成固定资产的实施过程，也是项目投资能否实现立项决策时所预期的经济效益目标的关键阶段。该阶段最重要的问题就是要实现技术与经济的最佳结合及相关职能部门的通力协作。因此，内审部门要重点关注"三大主体"、"三大目标"：

（1）审查企业工程管理部门、中介监理单位以及施工单位是否根据各自的职责范围，建立健全了相应的内控制度并有效执行。

（2）审查"三大主体"间是否形成了相互配合、相互制约的管理机制，以确保工程施工期间各环节的畅通。

（3）审查工程质量、工期、造价"三大目标"在施工阶段是否得到有效控制，如工程变更（包括工程量、工程项目、进度计划、施工条件等变更）是否建立了严格的审批程序，工程索赔是否以国家规定或合同约定的依据、进度计划、原则执行，工程验收、资金到位是否严格按合同约定执行等。

一、项目建设施工阶段的审计重点

项目开工后审计的主要内容：投资支出的真实性、合法性，有无虚报投资完成额、扩大投资使用范围、挤占建设成本等问题；工程预、决算有无弄虚作假、高估多算、低估少算问题；有无擅自提高建设标准和扩大投资规模；自筹资金建设项目是否按年度投资额交纳了税金；有无管理不善造成损失浪费；建设单位内部管理制度是否健全、有效；其他需要审计的事项。

二、工程造价审计

工程造价审计是指对建设项目全部成本的真实性、合法性进行的审查和评价。其审计的目标主要包括：检查工程价格结算与实际完成的投资额的真实性、合法性；检查是否存在虚列工程、套取资金、弄虚作假、高估冒算的行为等。工程造价审计依据主要资料：经工程造价管理部门（或咨询部门）审核过的概算（含修正概算）和预算；有关设计图纸和设备清单；工程招投标文件；合同文本；工程价款支付文件；工作变更文件；工程索赔文件等。

（一）设计概算的审计

检查工程造价管理部门向设计单位提供的计价依据的合规性；检查建设项目管理部门组织的初步设计及概算审查情况，包括概算文件、概算的项目与初步设计方案的一致性、项目总概算与单项工程综合概算的费用构成的正确性；检查概算编制依据的合法性等；检查概算的具体内容，包括设计单位向工程造价管理部门提供的总概算表、综合概算表、单位工程概算表和有关初步设计图纸的完整性；组织概算会审的情况，重点检查总概算中各项综合指标和单项指标与同类工程技术经济指标对比是否合理。

（二）施工图预算的审计

施工图预算审计主要检查施工图预算的量、价、费计算是否正确，计算依据是否合理。施工图预算审计包括直接费用审计、间接费用审计、计划利润和税金审计等内容。直接费用审计包括工程量计算、单价套用的正确性等方面的审查和评价。

（1）工程量计算审计。采用工程量清单报价的，要检查其符合性。在设计变更，发生新增工程量时，应检查工程造价管理部门与工程管理部门的确认情况。

（2）单价套用审计。检查是否套用规定的预算定额、有无高套和重套现象；检查定额换算的合法性和准确性；检查新技术、新材料、新工艺出现后的材料和设备价格的调整情况，检查市场价的采用情况。

（3）其他直接费用审计包括检查预算定额、取费基数、费率计取是否正确。

（4）间接费用审计包括检查各项取费基数、取费标准的计取套用的正确性。

（5）计划利润和税金计取的合理性的审计。

（三）合同价的审计

检查合同价的合法性与合理性，包括固定总价合同的审计、可调合同价的审计、成本加酬金合同的审计。检查合同价的开口范围是否合适，若实际发生开口部分，应检查其真实性和计取的正确性。

（四）工程量清单计价的审计

检查实行清单计价工程的合规性；检查招标过程中，招标人或其委托的中介机构编制的工程实体消耗和措施消耗的工程量清单的准确性、完整性；检查工程量清单计价是否符合国家清单计价规范要求的"四统一"，即统一项目编码、统一项目名称、统一计量单位和统一工程量计算规则；检查由投标人编制的工程量清单报价目文件是否响应招标文件；检查标底的编制是否符合国家清单计价规范。

（五）工程结算的审计

检查与合同价不同的部分，其工程量、单价、取费标准是否与现场、施工图和合同相符；检查工程量清单项目中的清单费用与清单外费用是否合理；检查前期、中期、后期结算的方式是否能合理地控制工程造价。

三、工程价款结算审计

主要审计建筑安装成本的真实性；审查建设单位工程价款的支付是否合规、合法，有无任意拖欠施工企业工程款的情况。

（1）审查建设单位在采取按全部工程或单项工程竣工后结算办法与施工企业办理工程价款结算时，是否办理了竣工验收手续，有无未办手续，却已结算的情况。

（2）审查按分段结算办法结算工程价款时，建设单位与施工单位是否已办理验工计价手续，建设单位是否按规定保留了5％的工程尾款。

（3）审查建设单位是否存在利用市场开放和招投标机会，拖欠工程款，将资金筹措的矛盾转嫁给施工企业的问题。

（4）对自营工程价款结算的审计，要审查建设单位在财务上对其基本建设结算资金和生产结算资金是否实行分级管理，单独核算，有无其他建设资金混用。

（5）审查有无挤占工程建设成本或费用，特别是用基建结算资金支付不应由投资项目负担的生产设备购置费等问题。

四、其他应收、付款的审计

基本建设结算资金的审计还要加强对"其他应收款"、"其他应付款"、"应付器材款"等其他基本建设结算资金的审计。重点审计以下环节：

（1）审计有无巧立名目，支付虚假代购手续费，或者早已支付代购手续费的产品，长期不能购进的情况。

（2）审计有无利用其他应收款、其他应付款、应付器材款调节或截留利润。

（3）审计有无长期不清理应收款账目余额，导致大量的坏帐损失。

（4）审计有无将企业正常的水泥袋押金收入等隐匿在暂收款中。

（5）审计应付器材款长期挂账的原因等。

五、待摊投资审计

主要审查建设单位所发生的待摊投资内容是否合理、合法，支出是否合规；审查实际发生的待摊投资是否与设计概算和年度投资计划相符；审查待摊投资完成额是否真实、准确；审查建设单位是否按规定合理分摊待摊投资。

六、建设收入审计

主要审计项目建设期间试运转和试运行的收入的核算是否真实、完整，其他建设收入是否正当，有无隐瞒、转移收入的问题；审查建设收入是否按《基本建设收入管理规定》、《国营建设单位会计制度》进行核算和分配。

七、其他成本核算及财务收支内容的审计

主要审计建设单位是否严格按概算口径及其有关制度对建设成本正确归集，单项工程成本是否准确，生产费用与建设成本及同一机构管理不同投资项目之间是否有成本混淆情况。

八、税费审计

主要审计与固定资产投资项目有关的各项税费的纳税对象、范围、额度、减免、征收、缴纳是否合规、合法。审查投资项目在土地征用、土地征用补偿费及安置补助费的支付等方面是否合规、合法；审查土地复垦及补偿费的确定、支付标准及违规处理情况等。

九、环境审计

主要审计环保资金的筹集和运用是否合法、合规；所提供环境资料是否真实正确；环境报告的反映是否符合国家有关环境法律、法规和政策；评价环境管理系统的充分性和有效性；确认企业在建设和生产经营活动中是否在保护环境、防止和治理污染方面作出努力，环保政策和措施是否有效。

十、施工单位审计

主要审计施工单位有无违规转包、非法分包工程的行为；审计施工企业的资质和工程承包情况，审查施工单位是否按照规定的工程承包范围进行承包活动，有无越级承包工程；审查施工企业的等级是否与其施工能力、管理水平相适应；审计工程价款结算是否合法，有无偷工减料、高估冒算、虚报冒领工程款等问题；审计有无采用行贿、回扣、中介费等不正当手段获取工程任务；审查施工单位是否按有关规定缴纳税款。一旦发现有上述问题，应依法依规予以处理。

十一、监理单位审计

主要审计监理单位是否依法取得监理资格，其资格证书的取得是否真实合法；审查有无未经批准、不具备监理资格而擅自进行监理工作的行为；审查有无假借监理工程师的名义从事监理工作；审查有无出卖、出借、转让、涂改《监理工程师岗位证书》行为；审查在影响公正执行监理业务的单位兼职的行为；审查监理工作是否根据合同的要求进行；审查有无超出批准的业务范围从事工程建设监理活动的行为；审查有无转让监理业务的行为；审查有无故意损害项目法人、承建商利益的行为；审查有无因工作失误造成重大事故；审查监理收费是否合规。在审计中，如发现有违规、违纪行为，应根据有关规定，视情节予以处理。

十二、工程质量审计

审计工程质量是否满足设计和规范的要求；重点审计施工记录资料、隐蔽工程验收资料以及施工签证资料是否真实、完整、合法、合规；审计已完工的施工质量是否达到了设计的要求，是否符合施工规范要求；审查有无重大质量事故和经济损失。

十三、建筑材料与设备购置的审计

主要审计购置过程是否合法、合规；重点审计材料、设备的数量、质量、价格是否满足设计和生产要求；在对质量进行审计时要重点审计所有材料、设备是否有出厂合格证明，是否进行了试样测试；在对其价格审计时应注意购买时间、购买地点，购买时该地区的市场信息价标准以及与材料购买有关的原始凭证、合同内容是否真实，价格的测算过程是否准确。

十四、工程管理审计

工程管理审计是指对建设项目实施过程中的工作进度、施工质量、工程监理和投资控制所进行的审查和评价。其审计的目标主要包括：审查和评价建设项目工程管理环节内部控制及风险管理的适当性、合法性和有效性；工程管理资料依据的充分性和可靠性；建设项目工程进度、质量和投资控制的真实性、合法性和有效性等。

工程管理审计应依据以下主要资料：施工图纸；与工程相关的专项合同；网络图；业主指令；设计变更通知单；相关会议纪要等。工程管理审计主要包括以下内容：

（一）工程进度控制的审计

检查施工许可证、建设及临时占用许可证的办理是否及时，是否影响工程按时开工；检查现场的原建筑物拆除、场地平整、文物保护、相邻建筑物保护、降水措施及道路疏通是否影响工程的正常开工；检查是否有对设计变更、材料和设备等因素影响施工进度采取控制措施；检查进度计划（网络计划）的制定、批准和执行情况，网络动态管理的批准是否及时、适当，网络计划是否能保证工程总进度；检查是否建立了进度拖延的原因分析和处理程序，对进度拖延的责任划分是否明确、合理（是否符合合同约定），处理措施是否适当；检查有无因不当管理造成的返工、窝工情况；检查对索赔的确认是否依据网络图排除了对非关键线路延迟时间的索赔。

（二）工程质量控制的审计

检查有无工程质量保证体系；检查是否组织设计交底和图纸会审工作，对会审所提出的问题是否严格进行落实；检查是否按规范组织了隐蔽工程的验收，对不合格项的处理是否适当；检查是否对进入现场的成品、半成品进行验收，对不合格品的控制是否有效，对不合格工程和工程质量事故的原因是否进行了分析，其责任划分是否明确、适当，是否进行了返工或加固修补。检查工程资料是否与工程同步，资料的管理是否规范；检查评定的优良品、合格品是否符合施工验收规范，有无不实情况；检查中标人的往来账目或通过核实现场施工人员的身份，分析、判断中标人是否存在转包、分包及再分包的行为；检查工程监理执行情况是否受项目法人委托对施工承包合同的执行、工程质量、进度费用等方面进行监督与管理，是否按照有关法律、法规、规章、技术规范设计文件的要求进行工程监理。

（三）工程投资控制的审计

检查是否建立健全设计变更管理程序、工程计量程序、资金计划及支付程序、索赔管理程序和合同管理程序，看其执行是否有效；检查支付预付备料款、进度款是否符合施工合同的规定，金额是否准确，手续是否齐全；检查设计变更对投资的影响；检查是否建立现场签证和隐蔽工程管理制度，看其执行是否有效。

第八章　建设工程竣工阶段造价控制

建设工程竣工阶段结算是确定工程最终造价，施工单位与建设单位结清工程价款并完结经济合同责任的依据。工程竣工结算是建设单位落实投资完成额的依据，是结算工程价款和施工单位与建设单位从财务方面处理账务往来的依据。工程竣工结算是建设单位编制竣工决算的基础资料。工程竣工结算是指按工程进度、施工合同、施工监理情况办理的工程价款结算以及根据工程实施过程中发生的超出施工合同范围的工程变更情况，调整施工图预算价格，确定工程项目最终结算价格。它分为单位工程竣工结算、单项工程竣工结算和建设项目竣工总结算。竣工结算工程价款等于合同价款加上施工过程中合同价款调整数额减去预付及已结算的工程价款再减去保修金。结算是在施工完成已经竣工后编制的，反映的是基本建设工程的实际造价。

工程竣工决算是在建设项目或单项工程完工后，由建设单位财务及有关部门，以竣工结算等资料为基础，编制的反映整个建设项目从筹建到工程竣工验收投产的全部实际支出费用的文件，包括建筑工程费用、安装工程费用、设备工器具购置费用和工程建设其他费用以及预备费和投资方向调节税支出费用等。竣工决算不仅包括整个工程的工程费用，还要包含业主的管理费用、开办费用、征地费用、设计费用、监理费用、流动铺底资金等，从分工来理解，竣工结算由造价工作人员来完成就可以了，但竣工决算不仅要有造价人员还要有财务人员来一起完成，因为竣工决算涉及一些财务费的分摊和归类等。按照财政部、国家发改委和住房和城乡建设部的有关文件规定，竣工决算是由竣工财务决算说明书、竣工财务决算报表、工程竣工图和工程竣工造价对比分析四部分组成的。前两部分又称建设项目竣工财务决算，是竣工决算的核心内容。竣工决算是竣工验收报告的重要组成部分，是正确核算新增固定资产价值，考核分析投资效果，建立健全经济责任的依据，是反映建设项目实际造价和投资效果的文件。竣工决算要正确核定新增固定资产价值，考核投资效果。

第一节　建设项目工程结算控制

一、建设项目工程结算

（一）工程结算

建设项目、单项工程、单位工程或专业工程施工已完工、结束、中止，经发包人或有关机构验收合格且点交后，按照施工发承包合同的约定，由承包人在原合同价格基础上编制调整价格并提交发包人审核确认后的过程价格。它是表达该工程最终工程造价和结算工程价款依据的经济文件，包括：竣工结算、分阶段结算、专业分包结算和合同中止结算。

（1）竣工结算：建设项目完工并经验收合格后，对所完成的建设项目进行的全面的工程结算。

（2）分阶段结算：在签订的施工发承包合同中，按工程特征划分为不同阶段实施和结算。该阶段合同工作内容已完成，经发包人或有关机构中间验收合格后，由承包人在原合同分阶段的价格基础上编制调整价格并提交发包人审核签认的工程价格，它是表达该工程不同阶段造价和工程价款结算依据的工程中间结算文件。

（3）专业分包结算：在签订的施工发承包合同或由发包人直接签订的分包工程合同中，按工程专业特征分类实施分包和结算。分包合同工作内容已完成，经总包人、发包人或有关机构对专业内容验收合格后，按照合同的约定，由分包人在原合同价格基础上编制调整价格并提交总包人、发包人审核签认的工程价格，它是表达该专业分包工程造价和工程价款结算依据的工程分包结算文件。

（4）合同中止结算：工程实施过程中合同中止，对施工承发包合同中已完成且经验收合格的工程内容，经发包人、总包人或有关机构点交后，由承包人在原合同价格或合同约定的定价条款，参照有关计价规定编制合同中止价格，提交发包人或总包人审核签认的工程价格。它是表达该工程合同中止后已完成工程内容的造价和工程价款结算依据的工程经济文件。

（二）结算审查对比表

在结算审查时，按照结算的内容，分列出工程子目的序号、项目编码或定额编号、项目名称、计量单位、数量、单价、合价、总价和核增核减等内容，与结算内容进行比对，全面、真实地反映结算审查情况的表格。

二、工程结算基本规定

结算编制应当遵循承、发包双方在建设活动中平等和责、权、利对等原则；结算审查应当遵循维护国家利益、发包人和承包人合法权益的原则。工程结算应按施工发承包合同的约定，完整、准确地调整和反映影响工程价款变化的各项真实内容。工程结算编制严禁巧立名目、弄虚作假、高估冒算，工程结算审查严禁滥用职权、营私舞弊或提供虚假结算审查报告。工程结算审查，其成果文件一般应得到审查委托人、结算编制人和结算审查受托人以及建设单位共同认可，并签署"结算审定签署表"。确因非常原因不能共同签署时，工程造价咨询单位应单独出具成果文件，并承担相应法律责任。

结算编制文件组成：工程结算文件一般由工程结算汇总表、单项工程结算汇总表、单位工程结算汇总表和分部分项（措施、其他、零星）工程结算表及结算编制说明等组成。工程结算汇总表、单项工程结算汇总表、单位工程结算汇总表应当按表格所规定的内容详细编制，详见表8-1-1～表8-1-4。工程结算编制说明可根据委托工程的实际情况，以单位工程、单项工程或建设项目为对象进行编制，并应说明以下内容：工程概况；编制范围；编制依据；编制方法；有关材料、设备、参数和费用说明；其他有关问题的说明

工程结算文件提交时，应当同时提供与工程结算相关的附件，包括所依据的发承包合同调整条款、设计变更、工程洽商、材料及设备定价单、调价后的单价分析表等与工程结算相关的书面证明材料。结算审查文件组成：工程结算审查文件一般由工程结算审查报告、结算审定签署表、工程结算审查汇总对比表、分部分项（措施、其他、零星）工程结算审查对比表以及结算内容审查说明等组成，详见表8-1-5～表8-1-9。

工程结算审查报告可根据工程项目的实际情况，以单位工程、单项工程或建设项目为对象进行编制，并应说明以下内容：概述；审查范围；审查原则；审查依据；审查方法；

审查程序；审查结果；主要问题；有关建议。结算审定签署表由结算审查受托人填制，并由结算审查委托单位、结算编制人和结算审查受委托人签字盖章。当结算审查委托人与建设单位不一致时，按工程造价咨询合同要求或结算审查委托人的要求，确定是否增加建设单位在结算审定签署表上签字盖章。

工程结算审查汇总对比表、单项工程结算审查汇总对比表、单位工程结算审查汇总对比表应当按表格所规定的内容详细编制。结算内容审查说明应阐述以下内容：主要工程子目调整的说明；工程数量增减变化较大的说明；子目单价、材料、设备、参数和费用有重大变化的说明；其他有关问题的说明。

工程结算汇总表　　　　　　　　　　　　　　表 8-1-1

工程名称：

序　号	单项工程名称	金额（元）	备　注
	合计		

编制人：　　　　　　　　　　审核人：　　　　　　　　　　审定人：

单项工程结算汇总表　　　　　　　　　　　　表 8-1-2

工程名称：

序　号	单位工程名称	金额（元）	备　注
	合计		

编制人：　　　　　　　　　　审核人：　　　　　　　　　　审定人：

单位工程结算汇总　　　　　　　　　　　　　表 8-1-3

工程名称：

序　号	单项工程名称	金额（元）	备　注
1	分部分项工程费合计		
2	措施项目费合计		
3	其他项目费合计		
4	零星项目费合计		
	合计		

编制人：　　　　　　　　　　审核人：　　　　　　　　　　审定人：

分部分项（措施、其他、零星）工程结算表　　　　表 8-1-4

序号	项目编码	项目名称	计量单位	工程数量	单价	合价	备注
		合计					

编制人：　　　　　　　　　　审核人：　　　　　　　　　　审定人：

结算审定签署表

表 8-1-5

工程名称			工程地址	
发包人单位			承包人单位	
委托合同书编号			审定日期	
报审结算造价			调整金额（＋、－）	
审定结算造价	大写			小写	
委托单位（签章） 代表人（签章、字）	建设单位（签章） 代表人（签章、字）	承包单位（签章） 代表人（签章、字）	审查单位（签章） 代表人（签章、字） 技术负责人（执业章）

工程结算审查汇总对比表

表 8-1-6

项目名称：

序 号	单项工程名称	报审结算金额	审定结算金额	调整金额	备 注
	合计				

编制人：　　　　　　　　　　　审核人：　　　　　　　　　　　审定人：

单项工程结算审查汇总对比表

表 8-1-7

单项工程名称：

序号	单位工程名称	报审结算金额	审定结算金额	调整金额	备 注
	合计				

编制人：　　　　　　　　　　　审核人：　　　　　　　　　　　审定人：

单位工程结算审查汇总对比表

表 8-1-8

单项工程名称：

序号	单位工程名称	报审结算金额	审定结算金额	调整金额	备 注
1	分部分项工程费合计				
2	措施项目费合计				
3	其他项目费合计				
4	零星项目费合计				
	合计				

编制人：　　　　　　　　　　　审核人：　　　　　　　　　　　审定人：

分部分项（措施、其他、零星）工程结算审查对比表　　表 8-1-9

| 序号 | 项目名称 | 结算报审金额 | | | | | 结算审定金额 | | | | | 调整金额 | 备注 |
		项目编号	单位	数量	单价	合价	项目编号	单位	数量	单价	合价		
	合计												

编制人：　　　　　　　　　　　审核人：　　　　　　　　　　　审定人：

三、工程结算的编制

（一）编制依据

国家有关法律、法规、规章制度和相关的司法解释。国务院建设行政主管部门以及各省、自治区、直辖市和有关部门发布的工程造价计价标准、计价办法、有关规定及相关解释。施工发承包合同、专业分包合同及补充合同，有关材料、设备采购合同。招投标文件，包括招标答疑文件、投标承诺、中标报价书及其组成内容。工程竣工图或施工图、施工图会审记录，经批准的施工组织设计以及设计变更、工程洽商和相关会议纪要。经批准的开、竣工报告或停工、复工报告。工程量清单计价规范或工程预算定额、费用定额及价格信息、调价规定等。工程预算书影响工程造价的相关资料。结算编制委托合同。

（二）编制要求

工程结算一般经过发包人或有关单位验收合格且点交后方可进行。工程结算应以施工发承包合同为基础，按合同约定的工程价款调整方式对原合同价款进行调整。工程结算应核查设计变更、工程洽商等工程资料的合法性、有效性、真实性和完整性。对有疑义的工程实体项目，应视现场条件和实际需要核查隐蔽工程。建设项目由多个单项工程或单位工程构成的，应按建设项目划分标准的规定，将各单项工程或单位工程竣工结算汇总，编制相应的工程结算书，并撰写编制说明。实行分阶段结算的工程，应将各阶段工程结算汇总，编制工程结算书，并撰写编制说明。实行专业分包结算的工程，应将各专业分包结算汇总在相应的单项工程或单位工程结算内，并撰写编制说明。工程结算编制应采用书面形式，有电子文本要求的应一并报送与书面形式内容一致的电子版本。工程结算应严格按工程结算编制程序进行编制，做到程序化、规范化，结算资料必须完整。

（三）编制程序

工程结算应按准备、编制和定稿三个工作阶段进行，并实行编制人、校对人和审核人分别署名盖章确认的内部审核制度。

（1）结算编制准备阶段：收集与工程结算编制相关的原始资料；熟悉工程结算资料内容，进行分类、归纳、整理；召集相关单位或部门的有关人员参加工程结算预备会议，对结算内容和结算资料进行核对与充实完善；收集建设期内影响合同价格的法律和政策性文件。

（2）结算编制阶段：根据竣工图及施工图以及施工组织设计进行现场踏勘，对需要调整的工程项目进行观察、对照、必要的现场实测和计算，做好书面或影像记录；按既定的工程量计算规则计算需调整的分部分项、施工措施或其他项目工程量；按招标文件、施工发承包合同规定的计价原则和计价办法对分部分项、施工措施或其他项目进行计价；对于工程量清单或定额缺项以及采用新材料、新设备、新工艺的，应根据施工过程中的合理消耗和市场价格，编制综合单价或单位估价分析表；工程索赔应按合同约定的索赔处理原则、程序和计算方法，提出索赔费用，经发包人确认后作为结算依据；汇总计算工程费用，包括编制分部分项费、施工措施项目费、其他项目费、零星工作项目费或直接费、间接费、利润和税金等表格，初步确定工程结算价格；编写编制说明；计算主要技术经济指标；提交结算编制的初步成果文件待校对、审核。

（3）结算编制定稿阶段：由结算编制受托人单位的部门负责人对初步成果文件进行检查、校对；由结算编制受托人单位的主管负责人审核批准；在合同约定的期限内，向委托人提交经编制人、校对人、审核人和受托人单位盖章确认的正式结算编制文件。

（四）编制方法

工程结算的编制应区分施工发承包合同类型，采用相应的编制方法：

（1）采用总价合同的，应在合同价基础上对设计变更、工程洽商以及工程索赔等合同约定可以调整的内容进行调整。

（2）采用单价合同的，应计算或核定竣工图或施工图以内的各个分部分项工程量，依据合同约定的方式确定分部分项工程项目价格，并对设计变更、工程洽商、施工措施以及工程索赔等内容进行调整。

（3）采用成本加酬金合同的，应依据合同约定的方法计算各个分部分项工程以及设计变更、工程洽商、施工措施等内容的工程成本，并计算酬金及有关税费。

工程结算中涉及工程单价调整时，应当遵循原则：合同中已有适用于变更工程、新增工程单价的，按已有的单价结算；合同中有类似变更工程、新增工程单价的，可以参照类似单价作为结算依据；合同中没有适用或类似变更工程、新增工程单价的，结算编制受委托人可商洽承包人或发包人提出适当的价格，经对方确认后作为结算依据。

工程结算编制中涉及的工程单价应按合同要求分别采用综合单价或工料单价。工程量清单计价的工程项目应采用综合单价；定额计价的工程项目可采用工料单价。

综合单价：把分部分项工程单价综合成全费用单价，其内容包括直接费（直接工程费和措施费）、间接费、利润和税金，经综合计算后生成。各分项工程量乘以综合单价的合价汇总后，生成工程结算价。

工料单价：把分部分项工程量乘以单价形成直接工程费，加上按规定标准计算的措施费，构成直接费。直接工程费由人工、材料、机械的消耗量及其相应价格确定。直接费汇总后另计算间接费、利润、税金，生成工程结算价。

（五）编制内容的工程结算采用工程量清单计价的应包括：

（1）工程项目的所有分部分项工程量以及实施工程项目采用的措施项目工程量；为完成所有工程量并按规定计算的人工费、材料费和设备费、机械费、间接费、利润和税金。

（2）分部分项和措施项目以外的其他项目所需计算的各项费用。

工程结算采用定额计价的应包括：套用定额的分部分项工程量、措施项目工程量和其他项目以及为完成所有工程量和其他项目并按规定计算的人工费、材料费和设备费、机械费间接费、利润和税金。

（3）采用工程量清单或定额计价的工程结算还应包括：设计变更和工程变更费用；索

赔费用；合同约定的其他费用。

（六）编制时效

结算编制受委托人应与委托人在咨询服务委托合同内约定结算编制工作的所需时间，并在约定的期限内完成工程结算编制工作。合同未作约定或约定不明的，结算编制受托人应参照结算审查时效的有关规定，在规定时限内完成工程结算编制工作。结算编制受托人未在合同约定或规定期限内完成，且无正当理由延期的，应当承担违约责任。

（七）编制的成果文件形式

（1）工程结算成果文件的形式：工程结算书封面，包括工程名称、编制单位和印章、日期等；签署页，包括工程名称、编制人、审核人、审定人姓名和执业（从业）印章、单位负责人印章（或签字）等；目录；工程结算编制说明；工程结算相关表式；必要的附件。

（2）工程结算相关表式：工程结算汇总表；单项工程结算汇总表；单位工程结算汇总表；分部分项（措施、其他、零星）结算汇总表；必要的相关表格。

（3）结算编制受委托人应向结算编制委托人及时递交完整的工程结算成果文件。

四、工程结算的审查

（一）审查依据

工程结算审查委托合同和完整、有效的工程结算文件。国家有关法律、法规、规章制度和相关的司法解释。国务院建设行政主管部门以及各省、自治区、直辖市和有关部门发布的工程造价计价标准、计价办法、有关规定及相关解释。施工发承包合同、专业分包合同及补充合同，有关材料、设备采购合同；招投标文件，包括招标答疑文件、投标承诺、中标报价书及其组成内容。工程竣工图或施工图、施工图会审记录，经批准的施工组织设计，以及设计变更、工程洽商和相关会议纪要。经批准的开、竣工报告或停、复工报告。建设工程工程清单计价规范或工程预算定额、费用定额及价格信息、调价规定等。工程结算审查的其他专项规定。影响工程造价的其他相关资料。

（二）审查要求

严禁采用抽样审查、重点审查、分析对比审查和经验审查的方法，避免审查疏漏现象发生。应审查结算文件和与结算有关的资料完整性和符合性。按施工发承包合同约定的计价标准或计价方法进行审查。对合同未作约定或约定不明的，可参照签订合同时当地建设行政主管部门发布的计价标准进行审查。对工程结算内多计、重列的项目应予以扣减，对少计、漏项的项目应予以调增。对工程结算与设计图纸或事实不符的内容，应在掌握工程事实和真实情况的基础上进行调整。在工程结算审查时发现的工程结算与设计图纸或事实不符的内容应约请各方履行完善的确认手续。对由总承包人分包的工程结算，其内容与总承包合同主要条款不相符的，应按总承包合同约定的原则进行审查。工程结算审查文件应采用书面形式，有电子文本要求的应采用与书面形式内容一致的电子版本。

（三）审查程序

工程结算审查应按准备、审查和审定三个工作阶段进行，并实行编制人、校对人和审核人分别署名盖章确认的内部

1. 结算审查准备阶段

审查工程结算手续的完备性、资料内容的完整性，对不符合要求的应退回限时补正；

审查计价依据及资料与工程结算的相关性、有效性；熟悉招投标文件、工程发承包合同、主要材料设备采购合同及相关文件；熟悉竣工图纸或施工图纸、施工组织设计、工程概况以及设计变更、工程洽商和工程索赔情况等。

2. 结算审查阶段

审查结算项目范围、内容与合同约定的项目范围、内容的一致性；审查工程量计算的准确性、工程量计算规则与计价规范或定额保持一致性；审查结算单价时应严格执行合同约定或现行的计价原则、方法。对于清单或定额缺项以及采用新材料、新工艺的，应根据施工过程中的合理消耗和市场价格审核结算单价；审查变更签证凭据的真实性、合法性、有效性，核准变更工程费用；审查索赔是否依据合同约定的索赔处理原则、程序和计算方法以及索赔费用的真实性、合法性、准确性；审查取费标准时，应严格执行合同约定的费用定额标准及有关规定，并审查取费依据的时效性、相符性；编制与结算相对应的结算审查对比表。

3. 结算审定阶段

工程结算审查初稿编制完成后，应召开由结算编制人、结算审查委托人及结算审查受托人共同参加的会议，听取意见，并进行合理的调整；由结算审查受托人单位的部门负责人对结算审查的初步成果文件进行检查、校对；由结算审查受托人单位的主管负责人审核批准；发承包双方代表人和审查人应分别在"结算审定签署表"上签认并加盖公章；对结算审查结论有分歧的，应在出具结算审查报告前，至少组织两次协调会；凡不能共同签认的，审查受托人可适时结束审查工作，并做出必要说明；在合同约定的期限内，向委托人提交经结算审查编制人、校对人、审核人和受托人单位盖章确认的正式的结算审查报告。

（四）审查方法

工程结算的审查应依据施工发承包合同约定的结算方法进行，根据施工发承包合同类型，采用不同的审查方法。

（1）采用总价合同的，应在合同价的基础上对设计变更、工程洽商以及工程索赔等合同约定可以调整的内容进行审查。

（2）采用单价合同的，应审查施工图以内的各个分部分项工程量，依据合同约定的方式审查分部分项工程价格，并对设计变更、工程洽商、工程索赔等调整内容进行审查。

（3）采用成本加酬金合同的，应依据合同约定的方法审查各个分部分项工程以及设计变更、工程洽商等内容的工程成本，并审查酬金及有关税费的取定。

结算审查中涉及工程单价调整时，参照结算编制单价调整的办法实行。除非已有约定，对已被列入审查范围的内容，结算应采用全面审查的方法。对法院、仲裁或承发包双方合意共同委托的未确定计价方法的工程结算和审查或鉴定，结算审查受托人可根据事实和国家法律、法规和建设行政主管部门的有关规定，独立选择鉴定或审查适用的计价办法。

（五）审查内容

（1）审查结算的递交程序和资料的完备性：审查结算资料的递交手续、程序的合法性以及结算资料具有的法律效力；审查结算资料的完整性、真实性和相符性。

（2）审查与结算有关的各项内容：建设工程发承包合同及其补充合同的合法性和有效

性；施工发承包合同范围以外调整的工程价款；分部分项、措施项目、其他项目工程量及单价；发包人单独分包工程项目的界面划分和总包人的配合费用；工程变更、索赔、奖励及违约费用；取费、税金、政策性调整以及材料差价计算；实际施工工期与合同工期发生差异的原因和责任以及对工程造价的影响程度；其他涉及工程造价的内容。

（六）审查时效

（1）结算审查委托人应与委托人在咨询服务委托合同内约定结算审查期限。

（2）合同未作约定或约定不明的，结算审查受托人应按财政部、原建设部联合颁发的《建设工程价款结算暂行办法》（财建〔2004〕389号）第十四条第（三）款要求的时限完成征得建设单位确认的初稿。

（3）结算审查受托人应在咨询服务委托合同约定或规定的期限内完成工程结算审查工作；结算审查受托人未在合同约定或规定期限内完成结算审查，且无正当理由延期的，应当承担违约责任。

（七）审查的成果文件形式

（1）工程结算审查成果文件的形成：审查报告封面，包括工程名称、审查单位名称、审查单位工程造价咨询单位执业章、日期等；签署页，包括功成名称、审查编制人、审定人姓名和执业（从业）印章、单位负责人印章（或签字）等；结算审查报告书；结算审查相关表式；有关的附件。

（2）工程结算审查相关表式：结算审定签署表；工程结算审查汇总对比表；单项工程结算审查汇总对比表；单位工程结算审查汇总对比表；分部分项（措施、其他、零星）工程结算审查对比表；其他相关表格。

结算审查受托人应向结算委托人及时递交完整的工程结算审查成果文件。

五、档案管理

对与工程结算编制和审查有关的重要活动，记载主要过程和现状、具备保存价值的各种载体的文件，均应收集整齐，整理立卷后归档。工程结算编制和审查文件应符合国家和有关部门发布的相关规定。建设单位自行归档的文件，保存期一般不少于五年。归档的工程结算编制和审查的成果文件应包括纸质原件和电子文件。其他文件及依据可为纸质原件、复印件或电子文件。归档文件必须真实、准确，与工程实际相符合。归档文件应采用耐久性强的书写材料，不得使用易褪色的书写材料。归档文件应字迹清晰，图表整洁，签字盖章手续完备。归档文件应必须完整、系统，能够反映工程结算编制和审查活动的全过程。

归档文件必须经过分类整理，并应组成符合要求的案卷。归档可以分阶段进行，也可以在项目结算完成后进行。向接受单位移交档案时，应编制移交清单，双方签字、盖章后方可交接。

六、工程结算款支付的内部会计控制

结算款是指工程竣工后，双方对工程总价进行结算所确认的工程款，对已付工程款与结算款的差额部分，建设单位应予支付。竣工结算是建设单位与施工单位结清工程费用的依据，也是建设单位编制竣工决算的主要依据。竣工结算工作的完成，标志着建设单位与施工单位双方权利与义务的结束，即合同关系的解除。具体程序如图8-1-1所示。

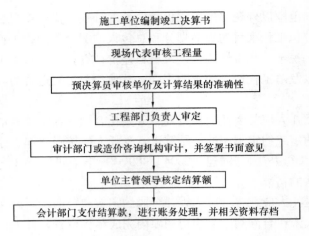

图 8-1-1　竣工结算款支付内部会计控制程序图

第二节　工程竣工决算控制

竣工决算是以货币为计量单位，以日常核算资料为主要依据，通过编制报表和文字说明书的方法，综合反映经济活动和财务成果的总结性报告文件。它综合反映工程项目从筹建到竣工的全过程的财务状况和建设成果。

一、基本建设财务管理

基本建设财务管理的基本任务是：贯彻执行国家有关法律、法规、方针政策，做好基本建设资金的预算、控制、监督和考核工作，依法、合理、及时地使用建设资金，严格控制建设成本，提高投资效益。建设项目停建、缓建、迁移、合并、分立以及其他主要变更事项，应当在确立和办理变更手续之日起三十日内，向财政部门提交有关文件、资料的复制件。

有财政性资金的建设单位要及时向同级财政部门提交项目建议书、初步设计的批准文件和项目概算。还要按照财政部门的要求提供可行性研究报告，施工图及施工图预算、施工合同、开工许可证等文件资料的复制件。建设单位及其主管部门，要做好基本建设财务管理的基本工作，按规定向财政部门报送基建财务报表。建设单位应当按规定设置独立的财务管理机构或指定专人负责基本建设财务工作，建立健全内部财务管理制度，对基本建设中的材料、设备采购、存货、各项财产物资及时做好原始记录，及时掌握工程进度，定期进行财产物资清查。

经营性项目，应当按照国家关于项目资本金制度的规定，在项目总投资（以经批准的动态概算计算）中筹集一定比例的非负债作为资本金。经营性项目筹集的资本金，须聘请中国注册会计师验资并出具验资报告，由项目依据向投资者发给出资证明。经营性项目收到投资者投入项目的资本金，要按照投资主体的不同，分别以国家资本金、法人资本金、个人资本金和外商资本金单独反映。项目建成交付使用并办理竣工决算后，相应转为生产经营企业的国家资本金、法人资本金、个人资本金、外商资本金。国家资本金包括中央财政预算拨款、地方财政预算拨款、政府设立的各种专项建设基金、其他财政性资金等。对于国家投入资本金比例较大的大中型建设项目，国家资本金应按国家关于基本建设拨款的程序和有关管理规定及时到位。对于经营性项目，对投资者实际缴付的出资额超出其资本金的差额（包括发行股票的溢价净收入），资产评估确认价值或者合同、协议约定价值与原账面净值的差额，接受捐赠的财产，资本汇率折算差额等，在项目建设期间，作为资本公积金，项目建成交付使用并办理竣工决算后，相应转为生产经营企业的资本公积金。

建设项目在建设期间的存款利息收入计入待摊投资，冲减工程成本。经营性项目在建设期间的财政贴息资金，作冲减工程成本处理。经营性项目实行项目法人责任制和资本金制度。非经营性项目实行投资包干责任制，其包干结余按投资来源比例分别用于归还贷款和进行分配，其中国家财政性资金投资形成的包干结余，30％上交同级财政部门，20％上交主管部门，由主管部门用于基本建设投资管理方面的支出，50％作为建设单位的留成收入。建设工期长的项目，其单项工程办理竣工决算后有结余的，可按单项工程结余的20％预提包干结余，待全部工程竣工，办理竣工决算时统一清算。

二、建设项目结余资金管理

建设项目在办理竣工决算前要认真清理结余资金。应变价处理的库存设备、材料以及应处理的自用固定资产要公开变价处理，应收、应付款项要及时清理，清理出来的结余资金按下列情况进行财务处理：

（1）经营性项目的结余资金，相应转入生产经营企业的有关资产。

（2）非经营性项目的结余资金，按投资来源比例分别用于归还贷款和进行分配。其中国投资形成的结余资金，50％上交同级财政部门，20％上交主管部门，用于基本建设投资管理方面的支出，30％作为建设单位的留成收入。应交财政的包干结余和竣工结余要在办理竣工决算后三十日内上缴财政。

三、建设项目成本

建设成本包括建筑安装工程投资支出、设备投资支出、待摊投资支出和其他投资支出。

（1）建筑安装工程投资支出是指建设单位按项目概算内容发生的建筑工程和安装工程的实际成本。不包括被安装设备本身的价值以及按照合同规定支付给施工企业的预付备料款和预付工程款。

（2）设备的投资支出是指建设单位按照项目概算内容发生的各种设备的实际成本，包括需要安装设备、不需要安装设备和为生产准备的不够固定资产标准的工具、器具的实际成本。需要安装设备是指必须将其整体或几个部位装配起来，安装在基础上或建筑物支架上才能使用的设备；不需要安装设备是指不必固定在一定位置或支架上就可以使用的设备。

（3）待摊投资支出是指建设单位按项目概算内容发生的，按照规定应当分摊计入交付使用资产价值的各项费用支出，包括：建设单位管理费、土地征用及迁移补偿费、勘察设计费、研究试验费、可行性研究费、临时设施费、设备检验费、负荷联合试车费、包干结余、坏账损失、借款等的利息、合同公证及工程质量监理费、土地使用税、汇兑损益、国外借款手续费及承诺费、施工机构转移费、报废工程损失、耕地占用税、土地复垦及补偿费、投资方向调节税、固定资产损失、器材处理亏损、设备盘亏及毁损、调整器材调拨价格折价、企业债券发行费用、概（预）算审查费、（贷款）项目评估费、社会中介机构审计费、车船使用税、其他待摊投资等。

（4）其他投资支出是指建设单位按项目概算内容发生的构成基本建设实际支出的房屋配置和林木等的购置、饲养、培育支出以及取得各种无形资产和递延资产发生的支出。

四、建设单位管理费

经批准单独设置管理机构的建设单位，应按规定开支建设单位管理费。建设单位管理费的开支包括：工作人员工资、工资附加费、劳动保险费、待业保险费、办公费、差旅交通费、劳动保护费、工具用具使用费、固定资产使用费、零星购置费、招募生产工人费、技术图书资料费、印花税和其他管理性质开支。未经批准单独设置管理机构的建设单位，如确需发生管理费用的，报经同级财政部门批准后方可开支。建设单位发生单项工程报废，必须按规定程序报批，经批准报废单项工程的净损失，作为增加建设成本处理，计入待摊投资。

五、非经营性项目费用处理

非经营性项目发生的江河清障、航道清淤、飞播造林、补助群众造林、水土保持、城市绿化、取消项目可行性研究费、项目报废等不能形成资产部分的投资，作待核销处理，在项目完工（或取消）后，报经同级财政部门审批，冲销相应的资金来源。形成资产部分的投资，计入交付使用资产价值。

非经营性项目为项目配套的专用设施投资，包括专用道路、专用通信设施、送变电站、地下管道等。产权归属本单位的，计入交付使用资产价值；产权不归属本单位的，作转出投资处理，冲销相应的资金来源。统建住宅产权不归属本单位的，作无形资产处理。

六、经营性项目费用处理

经营性项目的统建住房和为项目配套的专用设施投资，包括专用铁路线、专用公路、专用通信设施、送变电站、地下管道专用码头等，建设单位必须与有关部门明确界定投资来源和产权关系。由本单位负责投资但产权不归属本单位的，作无形资产处理；产权归属本单位的，计入交付使用资产价值。

七、建设项目投资变化处理

转出投资的受让单位和接受经营性项目转入资产的单位，执行企业财务制度的，应根据项目的资金来源，分别作增加负债和增加资本公积金处理；执行事业单位财务制度的，转入事业单位的其他收入。建设项目隶属关系发生变化时，应及时进行财务关系划转，要认真做好各项资金和债权、债务清理交接工作，主要包括各项投资来源、已交付使用的资产、在建工程、结余资金、各项债权和债务等，由划转双方的主管部门报同级财政部门审批，并办理财务划转手续。

八、基建收入包括范围

基建收入是指在基本建设过程中形成的各项工程建设副产品变价净收入、负荷试车和试运行收入以及其他收入，包括：

工程建设副产品变价净收入。经营性项目为检验设备安装质量进行的负荷试车或按合同及国家规定进行试运行所实现的产品收入。各类建设项目总体建设尚未完成和移交生产，但其中部分工程简易投产而发生的营业性收入等。工程建设期间各项索赔以及违约金等其他收入。各类副产品和负荷试车产品基建收入按实际销售收入扣除销售过程中所发生的费用和税金确定。负荷试车费用计入建设成本。试运行期间，基建收入以产品实际销售收入减去销售费用及其他费用和销售税收金后的纯收入确定。

各项索赔、违约金等收入，首先用于弥补工程损失，结余部分、基建收入应按《企业所得税条例》及实施细则和有关税收政策的规定，并按财政部门有关费用扣除的规定缴纳企业所得税，税后收入作为建设单位的留成收入。建设单位的留成收入，70%用于组织和管理建设项目方面的开支，30%用于职工奖励和福利。

项目建成交付使用并办理竣工决算后，经营性项目留成收入的余额转为企业的盈余公积金，非经营性项目留成收入的余额转入行政事业单位的其他收入。试生产期间一律不得计提固定资产折旧。

九、试运行期执行

试运行期的确定：引进国外设备项目，按建设合同中规定的试运行期执行；国内一般性建设项目，试运行期原则上按照批准的设计文件所规定期限执行。个别行业的建设项目，试运行期需要超过规定试运行期的，应报项目设计文件审批机关批准。

建设项目按批准的设计文件所规定的内容建成，工业项目经负荷试车考核（引进国外设备项目合同规定试车考核期满）或试运行期能够正常生产合格产品，非工业项目符合设计要求，能够正常使用时，应及时组织验收，移交生产或使用。凡已超过批准的试运行期，并已符合验收条件但未及时办理竣工验收手续的建设项目，视同项目已正式投产，其费用不得从基建投资中支付，所实现的收入作为生产经营收入，不再作为基建收入。试运行期一经确定，各建设单位应严格按规定执行，不得擅自缩短或延长。

十、基本建设项目竣工财务决算

基本建设项目竣工时都应编制基本建设项目竣工财务决算。已编制单项工程竣工财务决算的，待建设项目全部竣工后应编制竣工财务总决算。基本建设项目竣工财务决算是竣工决算的组成部分，是正确核定新增固定资产价值、反映竣工项目建设成果的文件，是办理固定资产交付使用手续的依据。

基本建设项目竣工财务决算的依据，主要包括：可行性研究报告，初步或扩大初步设计，修正总概算及其批复文件；经批准的施工图预算或标底造价，承包合同、工程结算等有关资料；历年基建计划、历年财务决算及批复文件；有关的财务核算制度、办法；其他有关资料。

基本建设项目在编制竣工财务决算前，要认真做好清理工作，主要包括基本建设项目档案资料的归集整理、财务处理、财产物资的盘点核实及债权债务的清偿，做到账账、账证、账实、账表相符。各种材料、设备、工具、器具等，要逐项盘点核实，填列清单，妥善保管，或按照国家规定进行处理，不准任意侵占、挪用。

基本建设项目竣工财务决算的内容，主要包括竣工财务决算报表和竣工财务决算说明书两个部分。

（1）基本建设项目竣工财务决算报表，按大、中型基本建设项目和小型基本建设项目分别制定。主要有：基本建设竣工财务决算审批表；大、中型基本建设项目概况表；大、中型基本建设项目竣工财务决算表；大、中型基本建设项目交付使用资产总表；小型基本建设项目竣工财务决算总表；基本建设项目交付使用资产明细表；封面。

（2）竣工财务决算说明书主要包括以下内容：基本建设项目概况；会计财务的处理、

财产物资清理及债权债务的清偿情况；投资包干结余、基建结余资金等的上交分配情况；主要技术经济指标的分析、计算情况；基本建设项目管理及决算中存在的问题、建议；需说明的其他事项。

基本建设项目的竣工财务决算经开户银行签署意见后，按下列要求报批：

（1）中央级小型基本建设项目竣工财务决算报主管部门审批。

（2）中央及大、中型基本建设项目竣工财务决算报所在地财政监察专员办事机构签署意见后，由主管部门报财政部审批。

（3）地方级基本建设项目竣工财务决算由同级财政部门审批。

已具备竣工验收条件的项目，3个月内不办理竣工验收和固定资产移交手续的，视同项目已正式投产，其费用不得从基建投资中支付，所实现的收入作为生产经营收入，不再作为基建收入管理。

十一、建设项目竣工审查

竣工审查前应搜集有关计划、财务方面的资料，如设计文件、概（预）算文件等，竣工决算应重点审查下列内容：

（1）准确性和完整性：审查竣工决算的文字说明书和所叙述的事实是否全面系统，是否符合实际情况，有无虚假不实，掩盖矛盾等情况，报表中各项指标是否准确真实。其次，要审查竣工决算各种报表是否填列齐全，有无缺报漏报，已报的各表的栏次、科目、项目填列是否正确完整。

（2）审查竣工决算表内的有关项目填列是否正确：应核对竣工财务决算表中工程项目投入款项、交付使用资产等项目的余额是否正确。

（3）工程项目支出的审查：应根据批准的初步设计概算，审查工程成本中有无不属于工程范围的开支，所有工程项目是否属于计划范围内，有无搞计划外工程；增加的工程项目是否经单位管理部门批准；设计变更方面，要审查有没有设计部门的设计变更手续。结合财务制度，审查各项费用支出是否符合规定，有无乱挤乱摊成本，扩大开支范围，有无乱立标准等情况。

（4）应审查建设成本超支或节约的原因。应将其实际数与概算进行总的和分项目对比，考核建设成本总的和各项构成内容的节超情况，并计算节超额和节超率。根据节超情况，进一步查找影响建设成本节超的原因。

十二、竣工审查控制

竣工时间提前或拖后，对投资效果有着直接的影响。提前竣工，不仅可以提前交付使用、提前投产，还可以减少建设过程的费用支出；相反，竣工时间拖后，上述各项经济效果就要变成经济损失，造成极大的浪费。在工程项目竣工决算这一环节，应侧重以下控制：

（1）建设单位应当及时组织对施工单位提交的竣工结算书进行审核，以审定金额作为工程款结算的依据。

（2）建设单位应当按照国家有关规定及时编制竣工决算，如实反映工程项目的实际造价和投资效果，不得将应计入当期经营费用的各种支出计入建设成本。

（3）建设单位应按有关规定及时组织决算审计，对建设成本、交付使用财产、结余资金等内容进行全面审查。按照审定的金额确认新增固定资产的价值。

（4）建设单位应当参与的概算、预算及决算分析考评制度，在竣工决算后，组织分析概算、预算的执行情况及差异产生的原因。对于实际投资规模超过审定的投资规模的项目，应当追究相关决策者和执行人员的责任。

（5）建设单位应当建立工程项目的后评估制度，对投入使用的生产性项目进行成本效益分析。如果项目实际经济效益严重低于可行性研究分析，应追究相关人员的决策责任。

十三、基本建设项目竣工财务决算报表

基本建设项目竣工财务决算报告包括：基本建设项目竣工财务决算报表、基本建设工程决算审核情况汇总表、待摊投资明细表、转出投资明细表、待摊投资分配明细表、建设项目竣工财务决算报表填表说明。

（一）基本建设项目概况表（建竣决 01 表）（表 8-2-1）

基本建设项目概况表   表 8-2-1

建设项目（单项工程）名称			建设地址			项　目	概算（元）	实际（元）	备注
主要设计单位			主要施工企业			建设安装工程			
占地面积	设计	实际	总投资（万元）	设计	实际	设备、工具、器具			
						待摊投资			
						其中：建设单位管理费			
新增生产能力	能力（效益）名称			设计	实际	其他投资			
						待核销基建支出			
建设起止时间	设计	从　年　月　日开工至　年　月　日竣工				非经营项目转出投资			
	实际	从　年　月　日开工至　年　月　日竣工				合　计			
设计概算批准文号									
完成主要工程量	建设规模				设备(台、套、吨)				
	设计		实际		设计		实际		
收尾工程	工程项目、内容		已完成投资额		尚需投资额			完成时间	
	小　计								

（二）基本建设项目竣工财务决算表（建竣决 02 表）（表 8-2-2）

基本建设项目竣工财务决算表（单位：元）　　　　　　表 8-2-2

资　金　来　源	金　额	资　金　占　用	金　额
一、基建拨款		一、基本建设支出	
1. 预算拨款		1. 交付使用资产	
2. 基建基金拨款		2. 在建工程	
其中：国债专项资金拨款		3. 待核销基建支出	
3. 专项建设基金拨款		4. 非经营项目转出投资	
4. 进口设备转账拨款		二、应收生产单位投资借款	
5. 器材转账拨款		三、拨付所属投资借款	
6. 煤代油专用基金拨款		四、器材	
7. 自筹资金拨款		其中：待处理器材损失	
8. 其他拨款		五、货币资金	
二、项目资本		六、预付及应收款	
1. 国家资本		七、有价证券	
2. 法人资金		八、固定资产	
3. 个人资本		固定资产原价	
4. 外商资本		减：累计价	
三、项目资本公积		固定资产净值	
四、基建借款		固定资产清理	
其中：国债转贷		待处理固定资产损失	
五、上级拨入投资借款			
六、企业债券资金			
七、待冲基建支出			
八、应付款			
九、未交款			
1. 未交税金			
2. 其他未交款			
十、上级拨入资金			
十一、留成收入			
合　　计		合　　计	

（三）基本建设项目交付使用资产总表（建竣决 03 表）（表 8-2-3）

基本建设项目交付使用资产总表（单位：元）　　　　　　表 8-2-3

序号	单项工程项目名称	总　计	固定资产				流动资产	无形资产	递延资产
			合　计	建安工程	设备	其他			

交付单位：　　　　　　　　　　　负责人：　　　　　　　　　　接收单位：

负责人：盖章　年 月 日　　　　盖 章　年 月 日

（四）基本建设项目交付使用资产明细表（建竣决 04 表）（表 8-2-4）

基本建设项目交付使用资产明细表　　　　　　　　　表 8-2-4

单项工程名称	建筑工程			设备 工具 器具 家具						流动资产		无形资产		递延资产	
	结构	面积（m²）	价值（元）	名称	规格型号	单位	数量	价值（元）	设备安装费（元）	名称	价值（元）	名称	价值（元）	名称	价值（元）

交付单位：　　　　　　　　　　　　　　　　　接收单位：

盖 章 年 月 日　　　　　　　　　　　　盖 章 年 月 日

（五）基本建设工程决算审核情况汇总表（表 8-2-5）

基本建设工程决算审核情况汇总表　　　　　　　　表 8-2-5

工程项目名称：

序号	工程项目及费用名称	批准概算		送审投资		审定投资		备注
		数量	金额	数量	金额	数量	金额	
	按批准概算明细口径或单位工程、分部工程填列（以下为示例）							
	总计							
一	建筑安装工程投资							
	……							
二	设备、工器具							
	……							
三	工程建设其他费（待摊投资）							
	……							

（六）待摊投资明细表（表8-2-6）

待摊投资明细表　　　　　　　　　　　　　　表 8-2-6

工程项目名称：单位：元

项　目	金　额	项　目	金　额
1. 建设单位管理费		21. 土地使用税	
2. 代建管理费		22. 耕地占用税	
3. 土地征用及迁移补偿费		23. 车船使用税	
4. 土地复垦及补偿费		24. 汇兑损益	
5. 勘察设计费		25. 报废工程损失	
6. 研究实验费		26. 坏账损失	
7. 可行性研究费		27. 借款利息	
8. 临时设施费		28. 减：财政贴息资金	
9. 工程保险费		29. 减：存款利息收入	
10. 设备检验费		30. 固定资产损失	
11. 负荷联合试车费		31. 器材处理亏损	
12. 合同公证费		32. 设备盘亏及毁损	
13. 工程质量监理监督费		33. 调整器材调拨价格折价	
14. （贷款）项目评估费		34. 企业债券发行费用	
15. 国外借款手续费及承诺费		35. 航道维护费	
16. 社会中介机构审计（查）费		36. 航标设施费	
17. 招投标费		37. 航测费	
18. 经济合同仲裁费		38. 其他待摊投资	
19. 诉讼费		……	
20. 律师代理费		合计	

（七）转出投资明细表（表8-2-7）

转出投资明细表　　　　　　　　　　　　　　表 8-2-7

序号	单项工程名称	建筑工程			设备　工具　器具　家具						流动资产		无形资产		递延资产	
		结构	面积（m²）	价值（元）	名称	规格型号	单位	数量	价值（元）	设备安装费（元）	名称	价值（元）	名称	价值（元）	名称	价值（元）
1																
2																
	合计															

交付单位：　　　　　　　负责人：　　　　　　　接收单位：　　　　　　　负责人：

盖章：年　　月　　日　　　　　　　　　　　盖章：年　　月　　日

（八）待摊投资分配明细表（表8-2-8）

待摊投资分配明细表　　　　　　　　　　　　表8-2-8

序号	单项工程名称	建筑工程					设备　工具　器具　家具								流动资产		无形资产		递延资产	
		结构	面积(m²)	价值(元)	待摊投资	价值(元)	名称	规格型号	单位	数量	价值(元)	设备安装费(元)	待摊投资	价值(元)	名称	价值(元)	名称	价值(元)	名称	价值(元)
1																				
2																				
	合计																			

交付单位：　　　　　　负责人：　　　　　　接收单位：　　　　　　负责人：

盖章：年　月　日　　　　　　　　　　　　盖章：年　月　日

第三节　建设项目保修费用控制

一、建设项目保修

（一）建设项目保修

项目保修是项目竣工验收交付使用后，在一定期限内由施工单位到建设单位或用户进行回访，对于工程发生的确实是由于施工单位施工责任造成的建筑物使用功能不良或无法使用的问题，由施工单位负责修理，直到达到正常使用的标准。建设工程质量保修制度是国家所确定的重要法律制度，建设工程保修制度对于完善建设工程保修制度、促进承包方加强质量管理、保护用户及消费者的合法权益能够起到重要的作用。

（二）保修的范围和期限

建筑工程的保修范围应包括地基基础工程、主体结构工程、屋面防水工程和其他土建工程以及电气管线、上下水管线的安装工程，供热、供冷系统工程等项目。保修的期限：

（1）基础设施工程、房屋建筑的地基基础工程和主体结构工程，为设计文件规定的该工程的合理使用年限。

（2）屋面防水工程、有防水要求的卫生间、房间和外墙面的防渗漏为5年。

（3）供热与供冷系统为2个采暖期和供热期。

（4）电气管线、给水排水管道、设备安装和装修工程为2年。

（5）其他项目的保修期限由承发包双方在合同中规定。建设工程的保修期，自竣工验收合格之日算起。

（三）保修证书（房屋保修卡）

在工程竣工验收的同时（最迟不应超过3天到一周），由施工单位向建设单位发送《建筑安装工程保修证书》。

（四）检查和保修

在保修期间内，建设单位或用户发现房屋的使用功能出现问题，是由于施工质量而影响使用的，可以口头或书面通知施工单位的有关保修部门，说明情况，要求派人前往检查修理。施工单位必须尽快地派人检查，并会同建设单位共同作出鉴定，提出修理方案，尽快地组织人力、物力进行修理。房屋建筑工程在保修期间出现质量缺陷，建设单位或房屋建筑所有人应当向施工单位发出保修通知，施工单位接到保修通知后，应到现场检查情况，在保修书约定的时间内予以保修，发生涉及结构安全或者严重影响使用功能的紧急抢修事故，施工单位接到保修通知后，应当立即到达现场抢修。发生涉及结构安全的质量缺陷，建设单位或者房屋建筑产权人应当立即向当地建设主管部门报告，采取安全防范措施，由原设计单位或者具有相应资质等级的设计单位提出保修方案，施工单位实施保修，原工程质量监督机构负责监督。

（五）验收

在发生问题的部位或项目修理完毕后，要在保修证书的"保修记录"栏内做好记录，并经建设单位验收签认，此时修理工作完毕。

二、保修费用及其处理

（一）保修费用

保修期间和保修范围内所发生的维修、返工等各项费用支出。

（二）保修费用的处理

在保修费用的处理问题上，必须根据修理项目的性质、内容以及检查修理等多种因素的实际情况，区别保修责任的承担问题，对于保修的经济责任的确定，应当由有关责任方承担。由建设单位和施工单位共同商定经济处理办法。

（1）承包单位未按国家有关规范、标准和设计要求施工，造成的质量缺陷，由承包单位负责返修并承担经济责任。

（2）由于设计方面的原因造成的质量缺陷，由设计单位承担经济责任，可由施工单位负责维修，其费用按有关规定通过建设单位向设计单位索赔，不足部分由建设单位负责协同有关方解决。

（3）因建筑材料、建筑构配件和设备质量不合格引起的质量缺陷，属于承包单位采购的或经其验收同意的，由承包单位承担经济责任，属于建设单位采购的，由建设单位承担经济责任。

（4）因使用单位使用不当造成的损坏问题，由使用单位自行负责。

（5）因地震、洪水、台风等不可抗拒原因造成的损坏问题，施工单位、设计单位不承担经济责任，由建设单位负责处理。

（6）在保修期间出现屋顶、墙面渗漏、开裂等质量缺陷，有关责任企业应当依据实际损失给予实物或价值补偿。质量缺陷是因勘察设计、监理或者建筑材料、建筑构配件和设备等原因造成的，施工企业可以在保修和赔偿损失之后，向有关责任者追偿。因建设工程质量不合格而造成损害的，受损害人有权向责任者要求赔偿。因建设单位或者勘察设计的原因、施工的原因、监理的原因产生的建设质量问题，造成他人损失的，以上单位应当承担相应的赔偿责任。受损害人可以向任何一方要求赔偿，也可以向以上各方提出共同赔偿要求。有关各方之间在赔偿后，可以在查明原因后向真正责任人追偿。

第四节　建设项目绩效评价

预算绩效评价工作是预算管理的重要环节。开展中央政府投资项目预算绩效评价工作是促进各部门、各单位进一步调整投资结构、优化投资方向、加强资金管理、改进资金拨付方式，进一步提高投资效益的重要措施。

一、项目绩效评价原则

（1）要坚持公正、客观原则。保证绩效评价的结果真实性；保证项目决策的科学性；保证概算、预算的准确性及决算的真实性；保证项目资金使用的规范性、安全性和有效性，提高资金使用效率和项目投资效益。

（2）要坚持经济效益、社会效益和生态效益相结合原则。对于公共产品和公共服务，在讲求社会效益和经济效益统一的同时，要更加注重社会效益和生态效益，特别是经济社会发展和城乡协调发展的项目。

（3）要坚持严格依据相关法律法规进行绩效评价的原则。在项目立项、可研、概算、建设过程、竣工决算、环境保护、后续运营等诸方面，依照基本建设程序和建设管理制度、相关法律法规的有关规定进行评价。

（4）要坚持国家政策导向原则。绩效评价要充分考虑国家产业政策，具体实施中，对政府鼓励和限制的产业、产品，要在评价指标体系的设立上加以区分。

二、项目绩效评价内容

项目绩效评价的主要内容包括：回顾项目实施的全过程；分析项目的绩效和影响；评价项目的目标实现程度；总结经验教训并提出对策建议等。项目绩效评价工作要贯穿整个项目周期，具体内容包括项目前期、项目建设期、项目竣工运营期。

（1）项目前期绩效评价是在安排项目投资预算前，采用科学的方法对项目在社会、经济、财务、生态环境等方面的效益进行全面系统的分析、评估，判断项目是否值得投资，效益、效果如何，存在哪些风险等。

（2）项目建设期绩效评价是对建设期项目工程及财务管理等方面所进行的评估，主要包括：建设管理制度执行情况、工程进度及质量、各项合同执行情况、投资概算预算执行情况、财务管理及会计核算、建设资金到位和使用管理情况、建设工期及施工管理水平、洽商变更签证情况、管理制度、对环境的影响等。

（3）项目竣工运营期绩效评价是对建成投产（或交付使用）的建设项目实际取得的经济社会效益及环境影响进行综合评估、评价。主要从是否达到了预期目标或达到目标的程度、成本效益分析评价、对社会经济的实际影响、项目可持续性等方面对项目进行评价。

三、项目绩效评价指标

开展项目绩效评价工作要采用定量分析与定性分析相结合的方法进行，尽量采取定量分析方法，对于定性分析方法，宜聘请权威机构和相关专家进行指标选取和分析评价。评价指标分为定量指标和定性指标。定量指标包括一般性指标和个性指标。一般性指标包括社会效益指标、财务效益指标等被广泛应用于公共支出项目绩效评价的指标。个性指标是一般性指标未列入、结合投资项目不同特点和具体目标而设置的特定指标。定性指标是指无法通过数量计算分析评价内容，而采取对评价对象进行客观描述和分析的方式来反映评价结果的指标。

（一）社会效益指标

（1）就业效益指标：可按目前一般采用的单位投资就业人数计算。

（2）资源利用指标：投资项目社会评价设置的节约各项资源的指标。

（3）环境影响指标：项目实施对环境影响的后果，全面反映项目的社会效益与影响，促进投资建设项目对治理环境污染的重视。

此外，还有公众满意度、脱贫情况等指标，此类指标通过问卷调查、专家经验判断获得。

（二）财务效益指标

（1）财务净现值（现金净流量），是将项目寿命期内各年的财务净现金流量按照规定的折现率折现到项目实施初期的价值之和。它反映了项目在整个寿命期内的获利能力。

（2）财务净现值率（现值指数），是项目财务净现值与项目总投资现值之比，表示项目单位投资现值能够获得净收益现值的能力。

（3）财务内部收益率，又称财务内部报酬率或预期收益率，是指项目寿命内的逐年现金流入现值总额与现金流出现值总额相等而累计净现值等于零时的折现率。这个折现率表明了项目确切的获利率，是项目投资决策的重要依据。用内部收益率这一指标对项目获利能力进行分析，是以财务净现值为基础的，是财务净现值分析的继续。使用内部收益率指标判断项目是否可行的标准是，当项目的财务内部收益率大于或等于基准收益率时，说明该项目获利能力大于或接近于该行业现有生产企业的平均收益水平，项目是合格的。反之，低于这个水平，则项目不合格。

（4）实际财务内部收益率，是反映项目实际获利能力的常用的重要动态评价指标，指项目在整个计算期内各年实际净现金流量的累计数值等于零时的折现率（RFIRR）。评价时，当项目的实际内部收益率等于或高于前评估中的内部收益率 FIRR 时，表明项目的盈利能力强，其财务收益较好；反之亦然。

（三）工程质量指标

工程质量的检验应严格按照《建筑工程施工质量验收统一标准》的规定，划分为各个单项工程验收。工程质量合格（优良）频率就是合格（优良）单项工程占全部单项工程的比重，其评价标准参照同类工程。

（四）建设工期指标

工程提前或延期完成时间就是指工程计划完成时间与实际完成时间的差额，该指标反映了工程的实际完成情况。

（五）资金来源指标

如资金到位率、财政资金依存度，还可以按不同渠道的资金来源分别计算其资金到位率，以了解各项资金来源的实际情况和存在的问题。

（六）资金使用指标

1. 建安工程费用增减率（额）

建安工程实际费用真实地反映了施工过程中发生的实际情况，与建安工程合同规定费用相比较可以清晰地反映出实际情况与预期的偏离。

2. 设备购置费用增减率（额）

如设备购置费用增减率、设备购置费用增减额。

3. 建设投资增减率（额）

工程施工在实际运行中会存在各种不确定因素，导致工程实际投资额与计划投资额会产生一定的偏差。建设投资增减率（额）真实地反映了这一不确定性对工程的影响，可以为以后同类工程的投资预算额提供一个参考的范围。

（七）实际达到能力年限

项目从建成投产之日起至达到设计生产能力（或营运能力）为止所经历的全部时间。把这一指标值与前评估中（可研和概算文件中预测，下同）的"达到设计能力的年限"值相减的结果，正值表示实际达产年限长于设计达产年限，负值则表示其短于设计达产年限。

（八）实际单位生产（或营运）能力投资

项目实际投资完成额与投产后实际生产（或营运）能力之比值。把该比值与前评估中预期的相应指标值加以对比，若结果大于100％，说明实际单位生产能力投资高于设计单位生产（或营运）能力投资；反之，则低于设计单位生产（或营运）能力投资。

（九）实际投资利税率

项目达到设计能力以后一个正常生产年度的利润和税金与投资总额（包括固定资产投资和流动资产投资）的比率。该指标值越高，项目投资效果越好。把该指标值与前评估中的对应指标值相比较，可判定该项目实际与预期投资效果的偏离程度。

（十）实际投资回收期

集中反映建设项目实际综合投资效果的重要指标。它指用项目投产后所取得的年纯收益（含折旧）抵偿项目建设总投资所经历的时间。它有静态和动态投资回收期两种算法。基于资金时间价值和使用效果的考虑，考评时以计算动态投资回收期为宜。实际动态投资回收期是以项目各年净收益现值之总和来回收实际投资总额所需要的时间。评价时，与前期评审中的预期动态投资回收期相比较，即可衡量实际投资回收期与预期值的差距，进而分析原因，总结经验或教训，指导今后的项目管理工作。

四、项目绩效评价方式

根据管理需要、项目特点、介入时点，采取以下方式进行绩效评价：

（一）项目投资评审

既可以对项目全过程进行绩效评价，也可以对项目实施的某个阶段进行绩效评价，侧重于对单个项目建设成本、工程造价、投资控制和行业投资的分析。为部门预算编制、政府采购、国库集中支付等提供参考依据。

（二）项目执行绩效考评

包括对建设项目达产能力、实际运行能力、设计能力、差异分析、项目偿债能力、盈利能力进行评价。侧重对项目建设实施过程和结果的有效性进行评价，过程评价结论可作为监控资金拨付的依据，项目实施结果评价结论可以作为审批同类项目立项的参考依据。

（三）项目后评价制度

投资项目投产后或投入使用后一定时间，对项目运行进行的全面评价，侧重于对项目决策初期效果和项目实施后终期效果进行对比考核，对建设项目投资产生的财务、经济、社会和生态环境等方面效益与影响及可持续发展情况进行评估。

（四）项目效益分析制度

侧重于对项目财政性建设资金使用和效益情况及对经济社会影响进行分析。对定性指标，由于无法直接计量其效益，可通过专家评估、公众问卷、抽样调查及与其建设规模、建设内容、资金来源大致相同的类似项目相比较，以评判其效益的高低。

（五）专项检查

侧重于对项目资金进度、使用、管理和财务管理状况的监督考核。

五、关于绩效评价工作程序

（一）确定绩效评价项目

部门报送"一上"预算时，提出绩效评价项目建议。绩效评价项目应选择与部门履行职能密切相关的重大项目。绩效评价项目经财政部审核同意后，财政部在下达"一下"预算控制数时将确定的绩效评价项目通知中央部门。

（二）进行项目事前自评

项目承担单位根据财政部确认的绩效评价项目及其"一下"预算控制数额，提出项目绩效目标，组织进行项目的事前自评。项目事前自评由项目承担单位组织，也可以成立专家组或委托中介机构进行。在报送"二上"预算时，中央主管部门将经审核的项目自评结果报送财政部。财政部可选择部分重点项目，对部门项目事前自评结果组织评审。

（三）进行项目事后自评和绩效评价

预算年度结束后，项目承担单位组织对项目绩效实现情况进行事后自评，在此基础上，中央主管部门组织专家组或委托中介机构进行项目绩效评价。对评价中发现的问题，提出切实的整改措施。中央主管部门应将绩效评价情况报财政部，财政部可选择部分重点项目，对部门项目绩效评价结果组织评审。

（四）评价结果运用

中央主管部门和项目承担单位根据绩效评价结果，及时调整和优化预算支出结构，合理配置资源，加强项目支出财务管理，提高管理效率。积极推进绩效评价结果公开，接受监督。财政部在进行部门预算测算时，结合部门项目支出绩效评价情况，合理安排项目支出预算。

六、关于绩效评价内容体系

项目支出绩效评价内容体系，包括项目绩效目标和项目绩效问题框架两部分。项目绩效目标，是中央部门（项目承担单位）根据其履行职能、发展事业的需要，结合项目支出预算提出的项目完成后将要达到的目的或结果。包括年度目标、长期目标和效率目标。年度目标，是针对项目所期望达到的年度结果设定的目标；长期目标，是针对项目所期望达到的长期结果设定的目标；效率目标，是在实现项目结果方面体现成本节约或效率改进的目标。

项目绩效目标可通过定量或定性绩效指标的形式来体现，绩效指标应做到与项目绩效目标密切相关，突出重点，系统全面。

项目绩效问题框架，是开展项目支出绩效评价的工具，即围绕项目绩效目标，针对"项目定位、计划、管理和结果"设计的一系列问题。这些问题是项目承担单位进行事前自评、事后自评和主管部门组织进行绩效评价的依据。项目绩效问题框架包括以下四个部分，每个部分由若干问题组成：

（1）项目定位，包括评价项目的绩效目标是否具体明确，项目的设计是否避免了重大缺陷，项目是否避免了与其他项目的重复，项目是否有明确的服务对象或受益人等。

（2）项目计划，包括评价项目是否有明确的实施计划，项目是否有科学合理的绩效指标体系，项目的预算安排是否合理等。

（3）项目管理，包括评价项目的管理者和参与者是否有明确的责任，项目是否有效的财务管理办法，部门是否运用项目的绩效信息来加强项目管理等。

（4）项目结果，包括评价项目是否实现了年度绩效目标、长期绩效目标和效率绩效目标等。

项目绩效问题框架的每个部分、每个问题，均设定相应的权重值。通过采取评分和评级的方式，实施对项目支出的绩效评价。以上为部门通用的绩效问题框架设计，各部门在开展绩效评价工作时，可根据本部门行业特点和项目管理的具体要求，对绩效问题框架进行细化、补充或调整。

七、项目绩效评价报告运用

在审核项目单位绩效自评报告的基础上，按照财政部制定的范本出具绩效评价报告，并向财政部汇总报送。各部门应根据前述绩效评价内容和指标体系，如实反映绩效评价所得出的结果，认真编报绩效评价报告。对于一般项目，财政部要以绩效评价的结果作为今后年度预算安排和资金拨付的参考依据；对于重点项目，在财政投资评审复核的基础上，作为今后年度预算安排和资金拨付的重要依据。

项目绩效评价报告应以项目各阶段的正式文件和真实数据为依据，主要包括：项目建议书、可行性研究报告、初步设计、施工图设计及变更；审查意见、批复文件；概算调整报告；施工阶段重大问题的请示及批复；工程竣工报告；工程验收报告和审计后的工程竣工决算及主要图纸；项目自我评价报告等。

项目绩效评价分析存在的问题应当全面、准确，得出的结论应当客观、公正，提出的对策建议应当合理、可行。

建立项目绩效评价信息公开发布制度，在一定范围内通报项目绩效评价成果。建立投资决策失误责任追究制度，根据绩效评价结论追究相关责任人责任。项目主管部门应充分利用项目绩效评价成果，提高投资决策水平、改进项目管理、完善建设规划编制。

八、国际金融组织贷款项目绩效评价

（一）评价内容与评价方法

项目绩效评价主要包括相关性、效果、效率、影响和可持续性这5个方面的内容。

（1）相关性，是指项目目标与国家、行业和区域的发展战略、政策重点以及需求的相关程度。

（2）效果，是指项目目标的实现程度以及实际产生的效果和相关目标群体的获益。

（3）效率，是指项目投入和产出的对比关系，表示能否以更低的成本或者更快的速度取得预计产出。

（4）影响，是指项目产生的长期作用，包括其对社会、经济、环境等方面的作用。

（5）可持续性，是指项目实施完工后，其独立运行的能力和产生效益的持续性。

对于实施完工的项目，要对相关性、效率、效果、影响和可持续性这5个方面进行评价。对于正在实施的项目，主要对项目进展情况和阶段目标实现情况进行评价。

（二）进行项目绩效评价应当采用科学的指标体系

指标设计应当遵循以下原则：

（1）相关性原则，即选定的绩效指标与项目的绩效密切相关，能够满足改进管理需求。

（2）重要性原则，根据各项指标的特点进行筛选，即选择最具代表性、最能反映绩效

评价要求的指标。

（3）共性与特性相结合的原则，即各类项目的绩效指标在采用统一评价参考框架的基础上，根据不同领域的特点设置特性评价指标。

（4）国际经验与中国国情相结合的原则，即既要借鉴国际金融组织绩效指标设计的成功经验，又要与中国的国情相结合。

（5）科学、简便、经济的原则，即在保证科学性的基础上，充分考虑绩效评价指标的数据可获得性和可操作性，并以合理的经济成本开展项目的绩效评价。

（6）定性与定量相结合的原则，即对于能够量化的内容要尽量采用定量指标进行评价，对于无法量化的内容可采用定性指标进行评价。

项目绩效评价应当根据实际需要，并结合国际金融组织贷款项目监测与评价网络的资讯与成果，选择合适的绩效评价方式和评价方法，并参考和利用相关国际金融组织已有的绩效评价成果。

（三）绩效评价的实施

项目绩效评价工作一般分为评价准备、评价实施、撰写并提交评价报告及结论反馈四个阶段。

1. 项目绩效评价的准备阶段

（1）确定评价对象。财政部制定总体规划和年度计划，确定年度绩效评价重点领域或者项目，中央部门和省级财政部门据其制定本部门评价计划，确定评价的项目，并通知项目单位。

（2）搜集项目资料。相关项目单位根据绩效评价通知和方案，提供绩效评价所需的项目文件资料。

（3）成立评价小组。财政部、中央部门和省级财政部门成立评价小组直接开展项目绩效评价，或者根据需要聘请符合条件的中介机构及外部专家实施绩效评价。

2. 项目绩效评价的实施阶段

（1）案卷研究。绩效评价小组根据现有的项目文件和资料进行初步分析，并根据需要向项目单位提出补充资料、数据的清单或者进行现场评价时需要核查的问题清单，要求其提供相关资料。

（2）现场和非现场评价。绩效评价小组可视情况采取现场评价或者非现场评价的方式进行绩效评价。现场评价是指绩效评价小组到现场采取勘察、调查、座谈、访谈、复核等方式，对评价项目的有关情况进行了解与核实，并对所掌握的信息资料进行整理、分析、研究与评价。非现场评价是指绩效评价小组根据所收集的资料进行综合分析，提出评价意见。

（3）综合评价。绩效评价小组在现场和非现场评价的基础上，运用相关评价方法对项目实施结果绩效进行综合评价，形成项目评价结论和项目绩效等级。

（4）项目绩效评价分为四个等级，分别为非常成功、成功、部分成功、不成功四级。

3. 撰写和提交项目绩效评价报告阶段

（1）撰写报告。绩效评价小组按要求撰写项目绩效评价报告。报告内容应当依据充分，内容完整，数据准确，分析透彻，逻辑清晰；报告的正文应当包括被评项目的概述、评价指标、评价过程、评价结论与绩效评价等级、重要事项说明、有关管理建议和资料清单等内容。

（2）提交报告。绩效评价报告应当在规定时间内提交给省级财政部门、中央部门和财政部。

4. 项目绩效评价结果的反馈阶段

（1）财政部、中央部门和省级财政部门应当及时向被评价的项目单位或者其主管部门反馈绩效评价结论。

（2）如果项目单位或者其主管部门对评价结论有异议，可以书面形式向有关管理部门反映情况。

（3）相关受理部门应当根据项目单位的反馈意见，视情况组织专家对该项目的绩效评价结果进行复核，决定改变评价结果或者维持原评价结论，并书面通知项目单位。

（四）评价结果的应用

绩效评价结果是我国政府与相关国际金融组织沟通、对话、协商、谈判的重要依据，也是财政部制定、调整相关政策以及编制中长期规划与年度计划的重要依据。项目单位应当根据绩效评价报告中发现的问题及时提出相关整改措施。财政部、中央部门以及省级财政部门应当督促落实。应当根据绩效评价工作的开展情况、项目绩效评价报告、整改措施的落实情况进行综合分析，在此基础上形成相关结论，作为新项目审批的重要参考依据。应当建立国际金融组织贷款项目绩效评价信息发布制度，并在一定范围内公布绩效评价结果，以增加绩效评价工作的透明度。

九、关于绩效评价文本

绩效评价文本体系包括《中央部门预算项目支出自评报告》、《中央部门预算项目支出绩效报告》和《中央部门预算项目支出绩效评价报告》这三个报告。具体内容如下：

（1）《中央部门预算项目支出自评报告》，该报告由项目承担单位编写，主要内容包括项目的基本信息，项目的绩效目标（包括年度目标、长期目标、效率目标等），项目绩效问题自评打分结果（包括项目定位、项目计划、项目管理、项目预期结果等），项目支出预算及测算依据，主管部门的审核意见等。此报告的核心是在项目实施前，由项目承担单位提出绩效目标并依照项目绩效问题框架进行事前自评，并报送中央主管部门。

（2）《中央部门预算项目支出绩效报告》，该报告由项目承担单位在预算年度结束后填写，主要内容为报告项目绩效目标的完成情况，并依据项目绩效问题框架，对项目执行绩效进行评价打分。此报告的核心是在项目年度预算执行结束后，由项目承担单位依照项目绩效问题框架进行事后自评，报告项目执行绩效情况。

（3）《中央部门预算项目支出绩效评价报告》，该报告由项目单位的中央主管部门，在项目年度预算执行结束并组织对项目支出进行绩效评价后填写，主要内容为依据项目绩效问题框架，对项目执行绩效进行评价打分，并提出综合评价意见等。此报告的核心是对项目执行结果和项目的绩效实现情况提出评价意见。

中央部门在报送"二上"预算时，应将《中央部门预算项目支出自评报告》一并报送财政部；年度预算执行结束后四个月内，中央部门应将《中央部门预算项目支出绩效报告》和《中央部门预算项目支出绩效评价报告》报送财政部。

十、编写说明

（一）《中央部门预算项目支出自评报告》编写说明

《中央部门预算项目支出自评报告》由中央部门具体项目承担单位组织编写，主要内容包括项目的基本信息，项目的绩效目标（包括年度目标、长期目标、效率目标等），项目绩效问题自评结果（包括项目定位、项目计划、项目管理、项目预期结果等），项目自评结论，项目支出预算及测算依据等。它是项目单位提出项目绩效目标并依照项目绩效问题进行事前自评的说明文件。

1. 项目绩效目标

（1）年度目标：针对项目所期望达到的年度结果设定的目标。

对项目要达到的年度目标进行简要说明，并提出具体的绩效指标。

（2）长期目标：针对项目所期望达到的长期结果设定的目标。

对项目要达到的长期目标进行简要说明，并提出具体的绩效指标。

（3）效率目标：在实现项目结果方面体现成本节约或效率改进的目标。

对项目要达到效率目标进行简要说明，并提出具体的绩效指标。

2. 项目支出自评打分说明

项目支出自评打分说明表　　　　　　　　　　　　表 8-4-1

模块	一 级 问 题	二 级 问 题
项目定位（30%）	项目绩效目标是否具体明确（25%）	项目是否有结果导向简洁明确的绩效目标（34%）
		项目的绩效目标是否符合党中央、国务院的战略目标或部门的工作目标（33%）
		项目是否有明确的政策依据（33%）
	项目的设计是否避免了重大缺陷（25%）	项目在设计上是否避免了重大缺陷（50%）
		是否没有能够更好地实现项目目标的方法（50%）
	项目是否避免了与其他项目的重复（25%）	项目是否与已实施的项目不重复（34%）
		项目是否与本部门或其他部门的项目不重复（33%）
		项目是否与通过市场运行的项目不重复（33%）
	项目是否有明确的服务对象或受益人（25%）	项目服务对象或受益人是否定位正确（50%）
		项目支出是否有效用于项目服务对象或受益人（50%）
项目计划（30%）	项目是否有明确的实施计划（35%）	项目的责任主体是否明确（33%）
		项目绩效目标的实现是否有明确的时间要求（34%）
		项目设计是否有针对计划存在的缺陷进行改进的机制（33%）
	项目是否有科学合理的绩效指标体系（35%）	项目是否有结果导向、针对性强的绩效指标（34%）
		项目的绩效指标是否具体、量化（33%）
		项目的绩效指标是否有挑战性（33%）
	项目的预算安排是否合理（30%）	项目的预算安排是否与绩效目标相适应（34%）
		项目的预算安排是否全面、合理（33%）
		项目的测算是否有支出标准依据（33%）

续表

模　块	一　级　问　题	二　级　问　题
项目管理 （20%）	项目的管理者和参与者是否有明确的责任（30%）	部门是否明确了各级管理者的责任（50%）
		部门是否明确了参与者的责任（50%）
	项目是否有有效的财务管理办法（35%）	项目是否有健全的财务管理制度（50%）
		项目是否有规范、有效的财务信息形成与反馈机制（50%）
	部门是否运用项目的绩效信息来加强项目的管理的（35%）	部门是否有项目绩效信息的收集和反馈机制（50%）
		部门是否运用绩效信息改进项目的执行管理（50%）
项目预期结果 （20%）	项目能否实现年度绩效目标（35%）	项目能实现所有的年度绩效目标（100%）
	项目能否实现长期绩效目标（35%）	项目能实现长期绩效目标（100%）
	项目能否实现效率绩效目标（30%）	项目是否有节约成本、提高效率的机制（100%）

3. 项目评分定级说明

项目评分采取加权评分制，具体评分计算方法为：在每个模块下，对每个一级问题下各二级问题的得分，按二级问题权重加权汇总后，得出该一级问题加权得分；各一级问题加权得分，按一级问题权重加权汇总后，得出该模块加权得分；各模块加权得分，按模块权重加权汇总后，得出项目评价总加权得分，即项目评价总得分。

对项目支出事前自评，按照前述权重分配原则，项目总得分为：

项目总得分＝项目定位得分×30%＋项目计划得分×30%　＋　项目管理得分×20%　＋项目预期结果得分×20%

项目等级转换关系如表 8-4-2 所示。

项目等级转换关系　　　　　　　　　　　　　　　　　　　表 8-4-2

等　级	分值范围	等　级	分值范围
有效	85～100	一般	50～69
基本有效	70～84	无效	0～49

如果项目缺乏用来说明现有绩效的资料，或者主管部门与项目单位无法对部门的绩效目标等达成一致，则项目定级结果为无法显示成效。

（二）《中央部门预算项目支出绩效报告》编写说明

《中央部门预算项目支出绩效报告》由绩效评价项目承担单位在预算年度结束后编写，主要内容包括项目绩效目标完成情况，项目绩效自评情况及改进建议等。它是项目承担单位对绩效评价项目的绩效目标实现情况及依照项目绩效问题进行绩效自评的说明文件。

1. 项目绩效目标完成情况

对项目的各项绩效目标的完成情况进行说明，包括项目的年度目标、长期目标、效率目标等，并提供充分依据。

2. 项目支出绩效评价打分说明

项目支出绩效评价打分说明表   表 8-4-3

模 块	一 级 问 题	二 级 问 题
项目定位 （10%）	项目绩效目标是否具体明确（25%）	项目是否有结果导向、简洁明确的绩效目标（34%）
		项目的绩效目标是否符合党中央、国务院的战略目标或部门的工作目标（33%）
		项目是否有明确的政策依据（33%）
	项目的设计是否避免了重大缺陷（25%）	项目在设计上是否避免了重大缺陷（50%）
		是否没有能够更好地实现项目目标的方法（50%）
	项目是否避免了与其他项目的重复（25%）	项目是否与已实施的项目不重复（34%）
		项目是否与本部门或其他部门的项目不重复（33%）
		项目是否与通过市场运行的项目不重复（33%）
	项目是否有明确的服务对象或受益人（25%）	项目服务对象或受益人是否定位正确（50%）
		项目支出是否有效用于项目服务对象或受益人（50%）
项目计划 （20%）	项目是否有明确的实施计划（35%）	项目的责任主体是否明确（33%）
		项目绩效目标的实现是否有明确的时间要求（34%）
		项目执行中是否有效弥补了计划存在的缺陷（33%）
	项目是否有科学合理的绩效指标体系（35%）	项目的绩效指标是否能有效地衡量项目的绩效目标（34%）
		项目的绩效指标是否具体、量化（33%）
		项目的绩效指标是否有挑战性（33%）
	项目的预算安排是否合理（30%）	项目资金是否按计划及时支付并有效用于实现项目目标（34%）
		项目资金使用情况是否及时、准确地向主管部门和财政部门报告（33%）
		项目资金使用的调整是否符合有关预算管理规定（33%）
项目管理 （30%）	项目的管理者和参与者是否有明确的责任（30%）	部门是否明确了各级管理者的责任（50%）
		部门是否明确了参与者的责任（50%）
	项目是否有有效的财务管理办法（35%）	项目是否有健全的财务管理制度（50%）
		项目是否有规范、有效的财务信息形成与反馈机制（50%）
	部门是否运用项目的绩效信息来加强项目的管理的（35%）	部门是否有项目绩效信息的收集和反馈机制（50%）
		部门是否运用绩效信息改进项目的执行管理（50%）
项目结果 （40%）	项目是否实现了年度绩效目标（35%）	项目是否实现所有的年度绩效目标（50%）
		项目服务对象或受益人对项目结果是否满意（50%）
	项目是否实现了长期绩效目标（35%）	项目是否在长期绩效目标上实现了预期进展（50%）
		项目是否有助于政府战略目标和部门工作目标的实现（50%）
	项目是否实现了效率绩效目标（30%）	项目是否采取了节约成本、提高效率的有效措施（50%）
		项目是否实现了所有的效率绩效目标（50%）

3. 项目评分定级说明

项目评分采取加权评分制，具体评分计算方法为：在每个模块下，对每个一级问题下各二级问题的得分，按二级问题权重加权汇总后，得出该一级问题加权得分；各一级问题加权得分，按一级问题权重加权汇总后，得出该模块加权得分；各模块加权得分，按模块权重加权汇总后，得出项目评价总加权得分，即项目评价总得分。

对项目支出事后绩效自评，按照前述权重分配原则，项目总得分为：

项目总得分＝项目定位得分×10％＋项目计划得分×20％＋项目管理得分×30％＋项目预期结果得分×40％

项目等级转换关系如表 8-4-4 所示。

等级转换关系　　　　　　　　　　　　　　　表 8-4-4

等　级	分值范围	等　级	分值范围
有效	85～100	一般	50～69
基本有效	70～84	无效	0～49

如果项目缺乏用来说明现有绩效的资料，则项目定级结果为无法显示成效。

（三）《中央部门预算项目支出绩效评价报告》编写说明

《中央部门预算项目支出绩效评价报告》由项目承担单位所在的主管部门，在项目年度预算执行结束并组织对项目支出进行绩效评价后编写，主要内容包括项目绩效分项评价情况、评价意见和综合评价意见等。它是中央主管部门对项目绩效情况进行综合评价的结果报告。

1. 绩效评价内容及打分说明

见《中央部门预算项目支出绩效报告》编写说明相关内容。

2. 项目考评定级说明

项目评分采取加权评分制，具体评分计算方法为：在每个模块下，对每个一级问题下各二级问题的得分，按二级问题权重加权汇总后，得出该一级问题加权得分；各一级问题加权得分，按一级问题权重加权汇总后，得出该模块加权得分；各模块加权得分，按模块权重加权汇总后，得出项目评价总加权得分，即项目评价总得分。

对项目支出事后绩效评价，按照前述权重分配原则，项目总得分为：

项目总得分 ＝ 项目定位得分×10％ ＋ 项目计划得分×20％ ＋ 项目管理得分×30％ ＋项目预期结果得分×40％

项目得分与定级转换关系如表 8-4-5 所示。

项目得分与定级转换关系　　　　　　　　　　表 8-4-5

等　级	分值范围	等　级	分值范围
有效	85～100	一般	50～69
基本有效	70～84	无效	0～49

如果项目缺乏用来说明现有绩效的资料，或者主管部门与项目单位无法对部门的绩效目标完成情况等达成一致，则项目定级结果为无法显示成效。

第五节 建设项目竣工审计

竣工决算审计，是基本建设项目审计的重要环节，加强对竣工决算的审计监督，对提高竣工决算的质量，正确评价投资效益，总结建设经验，改善基本建设项目管理有着重要意义。其审计范围：新建、扩建的基本建设项目，按批准的设计文件所规定的内容建成，根据竣工验收办法，符合竣工验收条件的，其竣工决算应经过审计机关进行审计。对国家重点建设项目的竣工决算审计，由审计署根据国家发改委下达的建设项目竣工验收计划，制订年度竣工决算审计计划。地方建设项目的竣工决算审计由省、自治区、直辖市审计局制订年度竣工决算审计计划。在建设项目初验结束后，建设单位应及时通知审计机关，审计机关派出审计组，根据基本建设投资管理有关法规和现行财经制度，采取就地审计方式，按审计程序实施审计。审计机关原则上应在一个月内提出书面审计意见，发送被审计单位和组织竣工验收的计划、主管部门及有关地方政府。

建设单位应向审计组提供必要的文件、资料，如可行性研究报告，初步或扩大初步设计，修正总概算及其审批文件，项目总承包合同、工程承包合同、标书，工程结算资料，历年基建投资计划，财务决算及其批复文件，工程项目点交清单，财产、物资移交和盘点清单，银行往来及债权债务对账签证资料，根据竣工验收办法编制的全套竣工决算报表及文字报告等。

一、基本建设项目竣工结算

基本建设项目竣工结算送审资料应包括内容：招标文件、招标图纸、投标文件、中标通知书等；施工合同、材料设备采购等合同及与项目有关的协议、纪要等；设计变更、隐蔽工程单、施工现场签证；工程竣工验收证明；工程竣工图纸（含设计变更）；工程造价结算书、工程量计算书及相应的电子版文档；施工单位资质证书、取费证书（或计价手册）；其他影响工程造价的有关资料。

基本建设项目竣工结算审计应包括内容：施工合同、协议是否真实、合法、有效，是否与招标文件一致；隐蔽工程施工记录和验收签证等手续是否完整、真实；设计变更、施工方案变更是否符合程序、规定；结算是否按设计变更、施工方案变更作相应调整；施工企业的资质等级、业务范围、计价手册是否与结算工程相对应；竣工结算的结算方法、定额套用、费用计取、优惠让利是否与合同条款、招标文件一致，是否符合国家、省、市规定和要求；措施项目费是否与投标文件、施工组织设计一致；工程量的计算是否与竣工图纸、工程签证资料、实物一致，是否符合工程量计算规则，有无漏算、重算和错算；定额子目换算、工料分析是否合理、准确；材料（设备）、人工、机械台班价格是否合理准确；工程量清单报价项目的结算价是否与投标报价一致。

审计主要内容：竣工决算编制依据，审查决算编制工作有无专门组织，各项清理工作是否全面、彻底，编制依据是否符合国家有关规定，资料是否齐全，手续是否完备，对遗留问题处理是否合规。项目建设及概算执行情况：审查项目建设是否按批准的初步设计进行，各单位工程建设是否严格按批准的概算内容执行，有无概算外项目和提高建设标准、扩大建设规模的问题，有无重大质量事故和经济损失。交付使用财产和在建工程：审查交付使用财产是否真实、完整，是否符合交付条件，移交手续是否齐全、合规；成本核算是否正确，有无挤占成本，提高造价，转移投资的问题；核实在建工程投资完成额，查明未能全部建成，及时交付使用的原因。转出投资、应核销投资及应核销其他支出：审查其列支依据是否充分，手续是否完备，内容是否真实，核算是否合规，有无虚列投资的问题。尾工工程：根据修正总概算和工程形象进度，核实尾工工程的未完工程量，留足投资。防止将新增项目列作尾工项目、增加新的工程内容和自行消化投资包干结余。结余资金：核实结余资金，重点是库存物资，防止隐瞒、转移、挪用或压低库存物资单价，虚列往来欠款，隐匿结余资金的现象。查明器材积压，债权债务未能及时清理的原因，揭示建设管理中存在的问题。基建收入：基建收入的核算是否真实、完整，有无隐瞒、转移收入的问题。是否按国家规定计算分成，足额上交或归还贷款。留成是否按规定交纳"两金"及分配和使用。投资包干结余：根据项目总承包合同核实包干指标，落实包干结余，防止将未完工程的投资作为包干结余参与分配；审查包干结余分配是否合规。竣工决算报表：审查报表的真实性、完整性、合规性。投资效益评价：从物资使用，工期，工程质量，新增生产能力，预测投资回收期等方面全面评价投资效益。其他专项审计，可视项目特点确定。

二、建设项目竣工决算审计

加强对投资项目竣工决算的审计监督，对提高竣工决算的质量，正确评价投资效益，总结建设经验，改善投资项目管理有着重要意义。这项审计一般在初步验收之后，正式验收之前进行。其审计的主要内容包括：

（1）竣工决算编制依据的审计。主要审查决算编制工作有无专门组织，各项清理工作是否全面、彻底，编制依据是否符合国家有关规定，资料是否齐全，手续是否完备，对遗留问题的处理是否合规。

（2）项目建设及概算执行情况的审计（同1）。

（3）交付使用财产和在建工程的审计。主要审查交付使用财产是否真实、完整，是否符合交付条件，移交手续是否齐全、合规；成本核算是否正确，有无挤占成本，提高造价，转移投资的问题；核实在建工程投资完成额，查明未能全部建成、及时交付使用的原因。在审计中，要注意以下几点：

1）如发现建设单位对已竣工工程的验收交接手续不完整、不合规定的，应督促其按规定办齐各种手续。

2）如果发现工程已经竣工，并已具备投产条件，而尚未办理验收手续或工程已投入生产，而没有办理验收交接手续的，应查明具体原因，并督促建设单位采取有效措施，及时办理验收交接手续。

3）对已符合验收条件而未及时办理验收手续的，应取消企业和主管部门的基建试车收入分成，全部上缴财政，如在3个月内办理验收确有困难的，经验收主管部门批准，可以适当延长期限。

4）如果发现工程已经基本建成，但由于某些配套工程或扫尾工程尚未完成，而没有办理验收交接手续的，应深入了解影响配套工程或扫尾工程完成的原因，及时向有关部门反映，督促建设单位采取积极措施，抓紧配套工程建设，及时完成扫尾工作，争取早日建成办理验收交接手续。

（4）转出投资、应核销投资及应核销其他支出的审计。主要审查其列支依据是否充分，手续是否完备，内容是否真实，核销是否合规，有无虚列投资的问题。

（5）尾工工程的审计。审计中要根据批复的概算和工程形象进度，检查尾工工程的真实性，防止将新增项目列作尾工项目、增加新的工程内容和自行消化投资包干结余，核实尾工工程的未完工程量，留足投资。

（6）结余资金的审计。重点要核实库存物资，防止隐瞒、转移、挪用或压低库存物资单价，虚列往来欠款，隐匿结余资金的现象。查明器材积压、债权债务未能及时清理的原因，揭示建设管理中存在的问题。

（7）基建收入的审计（同6）。

（8）投资包干结余审计。审计的重点是根据项目总承包合同核实包干指标，落实包干结余，防止将未完工程的投资作为包干结余参与分配；审查包干结余分配是否合规。

（9）竣工决算报表的审计。主要根据竣工决算编制依据审计报表的真实性、完整性、合规性。

（10）投资效益评价。主要审计投资效益的实现情况是否与投资决策的目标相一致，重点审计项目微观目标与国民经济的宏观目标是否达到或是否能够达到。

除了上述三个层次的审计内容外，建设项目的审计监督还包括投资项目的后评价，其内容主要包括投资项目的过程评价、效益评价、影响评价和项目持续能力评价。

三、竣工验收审计

竣工验收审计是指对已完工建设项目的验收情况、试运行情况及合同履行情况进行的检查和评价活动。竣工验收审计依据主要资料：经批准的可行性研究报告；竣工图；施工图设计及变更洽谈记录；国家颁发的各种标准和现行的施工验收规范；有关管理部门审批、修改、调整的文件；施工合同；技术资料和技术设备说明书；竣工决算财务资料；现场签证；隐蔽工程记录；设计变更通知单；会议纪要；工程档案结算资料清单等。竣工验收审计主要包括以下内容：

（1）验收审计：检查竣工验收小组的人员组成、专业结构和分工；检查建设项目验收过程是否符合现行规范，包括环境验收规范、防火验收规范等；对于委托工程监理的建设项目，应检查监理机构对工程质量进行监理的有关资料；检查承包商是否按照规定提供齐全有效的施工技术资料；检查对隐蔽工程和特殊环节的验收是否按规定作了严格的检验；检查建设项目验收的手续和资料是否齐全有效；检查保修费用是否按合同和有关规定合理确定和控制；检查验收过程有无弄虚作假行为。

（2）试运行情况的审计：检查建设项目完工后所进行的试运行情况，对运行中暴露出的问题是否采取了补救措施；检查试生产产品收入是否冲减了建设成本。

（3）合同履行结果的审计：检查业主、承包商因对方未履行合同条款或建设期间发生意外而产生的索赔与反索赔问题，核查其是否合法、合理，是否存在串通作弊现象，赔偿的法律依据是否充分。

四、财务管理审计

财务管理审计是指对建设项目资金筹措、资金使用及其账务处理的真实性、合规性进行的监督和评价。其审计应依据主要资料：筹资论证材料及审批文件；财务预算；相关会计凭证、账簿、报表；设计概算；竣工决算资料；资产交付资料等。财务管理审计主要包括内容：

建设资金筹措的审计：检查筹资备选方案论证的充分性，决策方案选择的可靠性、合理性及审批程序的合法性、合规性；检查筹资方式的合法性、合理性、效益性；检查筹资数额的合理性，分析所筹资金的偿还能力；评价筹资环节的内部控制。

资金支付及账务处理的审计：检查、评价建设项目会计核算制度的健全性、有效性及其执行情况；检查建设项目税收优惠政策是否充分运用。检查"工程物资"科目，主要包括以下内容：

（1）检查"专用材料"、"专用设备"明细科目中的材料和设备是否与设计文件相符，有无盲目采购的情况。

（2）检查"预付大型设备款"明细科目所预付的款项是否按照合同支付，有无违规多付的情况。

（3）检查据以付款的原始凭证是否按规定进行了审批，是否合法、齐全。

（4）检查支付物资结算款时是否按合同规定扣除了质量保证期间的保证金。

（5）检查工程完工后剩余工程物资的盘盈、盘亏、报废、毁损等是否做出了正确的账务处理。

检查"在建工程"科目，主要包括以下内容：

（1）检查"在建工程——建筑安装工程"科目累计发生额的真实性，包括：是否存在设计概算外的其他工程项目的支出；是否将生产领域的备件、材料列入建设成本；据以付款的原始凭证是否按规定进行了审批，是否合法、齐全；是否按合同规定支付预付工程款、备料款、进度款；支付工程结算款时，是否按合同规定扣除了预付工程款、备料款和质量保证期间的保证金。

（2）检查"在建工程——在安装设备"科目累计发生额的真实性，主要包括以下内容：是否将设计概算外的其他工程或生产领用的仪器、仪表等列入本科目；是否在本科目中列入了不需要安装的设备、为生产准备的工具器具、购入的无形资产及其他不属于本科目工程支出的费用。

（3）检查"在建工程——其他支出"科目累计发生额的真实性、合法性、合理性，主要包括以下内容：工程管理费、征地费、可行性研究费、临时设施费、公证费、监理费等各项费用支出是否存在扩大开支范围、提高开支标准以及将建设资金用于集资或提供赞助而列入其他支出的问题；是否存在以试生产为由，有意拖延不办固定资产交付手续，从而增大负荷联合试车费用的问题；是否存在截留负荷联合试车期间发生的收入，不将其冲减试车费用的问题；试生产产品出售价格是否合理；是否存在将应由生产承担的递延费用列入本科目的问题；投资借款利息资本化计算的正确性，有无将应由生产承担的财务费用列入本科目的问题；本科目累计发生额摊销标准与摊销比例是否适当、正确；是否设置了"在建工程其他支出备查簿"，登记按照建设项目概算内容购置的不需要安装设备、现成房屋、无形资产以及发生的递延费用等，登记内容是否完整、准确，有无弄虚作假、随意扩大开支范围及舞弊迹象。

竣工决算的审计：检查所编制的竣工决算是否符合建设项目实施程序，有无将未经审批立项、可行性研究、初步设计等环节而自行建设的项目编制竣工工程决算的问题；检查竣工决算编制方法的可靠性。有无造成交付使用的固定资产价值不实的问题；检查有无将不具备竣工决算编制条件的建设项目提前或强行编制竣工决算的情况；检查"竣工工程概况表"中的各项投资支出，并分别与设计概算数相比较，分析节约或超支情况；检查"交付使用资产明细表"，将各项资产的实际支出与设计概算数进行比较，以确定各项资产的节约或超支数额；分析投资支出偏离设计概算的主要原因；检查建设项目结余资金及剩余设备材料等物资的真实性和处置情况，包括：检查建设项目"工程物资盘存表"，核实库存设备、专用材料账实是否相符，检查建设项目现金结余的真实性，检查应收、应付款项的真实性，关注是否按合同规定预留了承包商在工程质量保证期间的保证金。

五、后评价审计

后评价审计是指对建设项目交付使用经过试运行后有关经济指标和技术指标是否达到预期目标的审查和评价。其审计的目标：对后评价工作的全面性、可靠性和有效性进行审查。

后评价审计应依据主要资料：后评价人员的简历、学历、专业、职务、技术职称等基本情况表；建设项目概算、竣工资料；后评价所采用的经济技术指标；相关的统计、会计报表；后评价所采用的方法；后评价结论性资料。

后评价审计主要包括以下内容：检查后评价组成人员的专业结构、技术素质和业务水平的合理性；检查所评估的经济技术指标的全面性和适当性；检查产品主要指标完成情况的真实性、效益性；检查建设项目法人履行经济责任后评价的真实性；检查所使用后评价方法的适当性和先进性；检查后评价结果的全面性、可靠性和有效性。

对竣工投产项目的经济效益进行预测，评估建设工程项目的整体效果，是本阶段的主要工作。作为企业的内审部门，应侧重分析项目的实际盈利情况、市场情况、产品的竞争力等指标，并与立项时的预测相比较，以判断该项投资是否收到预期效果。

第九章　建设工程合同费用要旨

建设工程合同是承包人进行工程建设，发包人支付价款的合同，包括工程勘察、设计、施工合同等。建设工程合同应当采用书面形式，发包人可以与总承包人订立建设工程合同，也可以分别与勘察人、设计人、施工人订立勘察、设计、施工承包合同。总承包人或者勘察、设计、施工承包人经发包人同意，可以将自己承包的部分工作交由第三人完成。第三人就其完成的工作成果与总承包人或者勘察、设计、施工承包人向发包人承担连带责任。承包人不得将其承包的全部建设工程转包给第三人或者将其承包的全部建设工程肢解以后以分包的名义分别转包给第三人。禁止承包人将工程分包给不具备相应资质条件的单位。禁止分包单位将其承包的工程再分包。建设工程主体结构的施工必须由承包人自行完成。

国家重大建设工程合同，应当按照国家规定的程序和国家批准的投资计划、可行性研究报告等文件订立。勘察、设计合同的内容包括提交有关基础资料和文件（包括概预算）的期限、质量要求、费用以及其他协作条件等条款。因发包人变更计划，提供的资料不准确，或者未按照期限提供必需的勘察、设计工作条件而造成勘察、设计的返工、停工或者修改设计，发包人应当按照勘察人、设计人实际消耗的工作量增付费用。施工合同的内容包括工程范围、建设工期、中间交工工程的开工和竣工时间、工程质量、工程造价、技术资料交付时间、材料和设备供应责任、拨款和结算、竣工验收、质量保修范围和质量保证期、双方相互协作等条款。发包人未按照约定支付价款的，承包人可以催告发包人在合理期限内支付价款。建设工程的价款就该工程折价或者拍卖的价款优先受偿。

第一节　建设工程的合同价款

招标工程的合同价款应当在规定时间内，依据招标文件、中标人的投标文件，由发包人与承包人订立书面合同约定。非招标工程的合同价款依据审定的工程预（概）算书由发、承包人在合同中约定。合同价款在合同中约定后，任何一方不得擅自改变。

一、发包人、承包人应当在合同条款中对涉及工程价款结算的下列事项进行约定：

（1）预付工程款的数额、支付时限及抵扣方式；

（2）工程进度款的支付方式、数额及时限；

（3）工程施工中发生变更时，工程价款调整方法、索赔方式、时限要求及金额支付方式；

（4）发生工程价款纠纷的解决方法；

（5）约定承担风险的范围及幅度以及超出约定范围和幅度的调整办法；

（6）工程竣工价款的结算与支付方式、数额及时限；

（7）工程质量保证（保修）金的数额、预扣方式及时限；

（8）安全措施和意外伤害保险费用；

（9）工期及工期提前或延后的奖惩办法；

（10）与履行合同、支付价款相关的担保事项。

二、发、承包人在签订合同时对于工程价款的约定，可选用下列一种约定方式：

（1）固定总价。合同工期较短且工程合同总价较低的工程，可以采用固定总价合同方式。

（2）固定单价。双方在合同中约定综合单价包含的风险范围和风险费用的计算，在约定的风险范围内综合单价不再调整。风险范围以外的综合单价调整方法，应当在合同中约定。

（3）可调价格。可调价格包括可调综合单价和措施费等，双方应在合同中约定综合单价和措施费的调整方法，调整因素包括：法律、行政法规和国家有关政策变化影响合同价款；工程造价管理机构的价格调整；经批准的设计变更；发包人更改经审定批准的施工组织设计（修正错误除外）造成费用增加；双方约定的其他因素。

承包人应当在合同规定的调整情况发生后14天内，将调整原因、金额以书面形式通知发包人，发包人确认调整金额后将其作为追加合同价款，与工程进度款同期支付。发包人收到承包人通知后14天内不予确认也不提出意见，视为已经同意该项调整。当合同规定的调整合同价款的情况发生后，承包人未在规定时间内通知发包人，或者未在规定时间内提出调整报告，发包人可以根据有关资料，决定是否调整和调整的金额，并书面通知承包人。

三、工程设计变更价款调整

（1）施工中发生工程变更，承包人按照经发包人认可的变更设计文件，进行变更施工，其中，政府投资项目重大变更，需按基本建设程序报批后方可施工。

（2）在工程设计变更确定后14天内，设计变更涉及工程价款调整的，由承包人向发包人提出，经发包人审核同意后调整合同价款。变更合同价款按下列方法进行：合同中已有适用于变更工程的价格，按合同已有的价格变更合同价款；合同中只有类似于变更工程的价格，可以参照类似价格变更合同价款；合同中没有适用的或类似于变更工程的价格，由承包人或发包人提出适当的变更价格，经对方确认后执行。如双方不能达成一致的，双方可提请工程所在地工程造价管理机构进行咨询或按合同约定的争议或纠纷解决程序办理。

（3）工程设计变更确定后14天内，如承包人未提出变更工程价款报告，则发包人可根据所掌握的资料决定是否调整合同价款和调整的具体金额。重大工程变更涉及工程价款变更报告和确认的时限由发承包双方协商确定。

收到变更工程价款报告一方，应在收到之日起14天内予以确认或提出协商意见，自变更工程价款报告送达之日起14天内，对方未确认也未提出协商意见时，视为变更工程价款报告已被确认。确认增（减）的工程变更价款作为追加（减）合同价款与进度款同期支付。

四、工程价款协商处理

工程价款结算应按合同约定办理，合同未作约定或约定不明的，发、承包双方应依照下列规定与文件协商处理：

（1）国家有关法律、法规和规章制度；

（2）国务院建设行政主管部门、省、自治区、直辖市或有关部门发布的工程造价计价标准、计价办法等有关规定；

（3）建设项目的合同、补充协议、变更签证和现场签证以及经发、承包人认可的其他有效文件；

（4）其他可依据的材料。

五、工程预付款结算规定

（1）包工包料工程的预付款按合同约定拨付，原则上预付比例不低于合同金额的10%，不高于合同金额的30%，对重大项目，按年度工程计划逐年预付。计价执行《建设工程工程量清单计价规范》的，实体性消耗和非实体性消耗部分应在合同中分别约定预付款比例。

（2）在具备施工条件的前提下，发包人应在双方签订合同后的一个月内或不迟于约定的开工日期前的7天内预付工程款，发包人不按约定预付，承包人应在预付时间到期后10天内向发包人发出要求预付的通知，发包人收到通知后仍不按要求预付，承包人可在发出通知14天后停止施工，发包人应从约定应付之日起向承包人支付应付款的利息（利率按同期银行贷款利率计），并承担违约责任。

（3）预付的工程款必须在合同中约定抵扣方式，并在工程进度款中进行抵扣。

（4）凡是没有签订合同或不具备施工条件的工程，发包人不得预付工程款，不得以预付款为名转移资金。

六、工程进度款结算与支付规定

（一）工程进度款结算方式

（1）按月结算与支付，即实行按月支付进度款，竣工后清算的办法。合同工期在两个年度以上的工程，在年终进行工程盘点，办理年度结算。

（2）分段结算与支付，即当年开工，当年不能竣工的工程按照工程形象进度，划分不同阶段支付工程进度款。具体划分在合同中明确。

（二）工程量计算

（1）承包人应当按照合同约定的方法和时间，向发包人提交已完工程量的报告。发包人接到报告后14天内核实已完工程量，并在核实前1天通知承包人，承包人应提供条件并派人参加核实，承包人收到通知后不参加核实，以发包人核实的工程量作为工程价款支付的依据。发包人不按约定时间通知承包人，致使承包人未能参加核实，核实结果无效。

（2）发包人收到承包人报告后14天内未核实完工程量，从第15天起，承包人报告的工程量即视为被确认，作为工程价款支付的依据，双方合同另有约定的，按合同执行。

（3）对承包人超出设计图纸（含设计变更）范围和因承包人原因造成返工的工程量，发包人不予计量。

（三）工程进度款支付

（1）根据确定的工程计量结果，承包人向发包人提出支付工程进度款申请，14天内，发包人应按不低于工程价款的60%，不高于工程价款的90%向承包人支付工程进度款。按约定时间发包人应扣回的预付款，与工程进度款同期结算抵扣。

（2）发包人超过约定的支付时间不支付工程进度款，承包人应及时向发包人发出要求付款的通知，发包人收到承包人通知后仍不能按要求付款，可与承包人协商签订延期付款协议，经承包人同意后可延期支付，协议应明确延期支付的时间和从工程计量结果确认后第 15 天起计算应付款的利息（利率按同期银行贷款利率计）。

（3）发包人不按合同约定支付工程进度款，双方又未达成延期付款协议，导致施工无法进行，承包人可停止施工，由发包人承担违约责任。

工程完工后，双方应按照约定的合同价款及合同价款调整内容以及索赔事项，进行工程竣工结算。

七、工程竣工结算方式

工程竣工结算分为单位工程竣工结算、单项工程竣工结算和建设项目竣工总结算。其竣工结算编审：

（1）单位工程竣工结算由承包人编制，发包人审查；实行总承包的工程，由具体承包人编制，在总包人审查的基础上，发包人审查。

（2）单项工程竣工结算或建设项目竣工总结算由总（承）包人编制，发包人可直接进行审查，也可以委托具有相应资质的工程造价咨询机构进行审查。政府投资项目，由同级财政部门审查。单项工程竣工结算或建设项目竣工总结算经发、承包人签字盖章后有效。

（3）承包人应在合同约定期限内完成项目竣工结算编制工作，未在规定期限内完成并且提不出正当理由延期的，责任自负。

八、工程竣工结算审查期限（表 9-1-1）

单项工程竣工后，承包人应在提交竣工验收报告的同时，向发包人递交竣工结算报告及完整的结算资料，发包人应按以下规定时限进行核对（审查）并提出审查意见。

工程竣工结算审查期限 表 9-1-1

序号	工程竣工结算报告金额	审查时间
1	500 万元以下	从接到竣工结算报告和完整的竣工结算资料之日起 20 天
2	500 万～2000 万元	从接到竣工结算报告和完整的竣工结算资料之日起 30 天
3	2000 万～5000 万元	从接到竣工结算报告和完整的竣工结算资料之日起 45 天
4	5000 万元以上	从接到竣工结算报告和完整的竣工结算资料之日起 60 天

建设项目竣工总结算在最后一个单项工程竣工结算审查确认后 15 天内汇总，送发包人后 30 天内审查完成。

九、工程竣工价款结算

（1）质量保证（保修）金：

发包人收到承包人递交的竣工结算报告及完整的结算资料后，应按规定的期限（合同约定有期限的，从其约定）进行核实，给予确认或者提出修改意见。发包人根据确认的竣工结算报告向承包人支付工程竣工结算价款，保留 5％左右的质量保证（保修）金，待工程交付使用一年质保期到期后清算（合同另有约定的，从其约定），质保期内如有返修，发生费用应在质量保证（保修）金内扣除。

（2）索赔价款结算：

发承包人未能按合同约定履行自己的各项义务或发生错误，给另一方造成经济损失的，由受损方按合同约定提出索赔，索赔金额按合同约定支付。

（3）合同以外零星项目工程价款结算：

发包人要求承包人完成合同以外零星项目，承包人应在接受发包人要求的 7 天内就用工数量和单价、机械台班数量和单价、使用材料和金额等向发包人提出施工签证，发包人签证后施工，如发包人未签证，承包人施工后发生争议的，责任由承包人自负。

（4）发包人和承包人要加强施工现场的造价控制，及时对工程合同外的事项如实记录并履行书面手续。凡由发、承包双方授权的现场代表签字的现场签证以及发、承包双方协商确定的索赔等费用，应在工程竣工结算中如实办理，不得因发、承包双方现场代表的中途变更改变其有效性。

（5）发包人收到竣工结算报告及完整的结算资料后，在本办法规定或合同约定期限内，对结算报告及资料没有提出意见，则视同认可。

（6）承包人如未在规定时间内提供完整的工程竣工结算资料，经发包人催促后 14 天内仍未提供或没有明确答复，发包人有权根据已有资料进行审查，责任由承包人自负。

（7）根据确认的竣工结算报告，承包人向发包人申请支付工程竣工结算款。发包人应在收到申请后 15 天内支付结算款，到期没有支付的应承担违约责任。承包人可以催告发包人支付结算价款，如达成延期支付协议，承包人应按同期银行贷款利率支付拖欠工程价款的利息。如未达成延期支付协议，承包人可以与发包人协商将该工程折价，或申请人民法院将该工程依法拍卖，承包人就该工程折价或者拍卖的价款优先受偿。

（8）工程竣工结算以合同工期为准，实际施工工期比合同工期提前或延后，发、承包双方应按合同约定的奖惩办法执行。

十、工程价款结算争议处理

工程造价咨询机构接受发包人或承包人委托，编审工程竣工结算，应按合同约定和实际履约事项认真办理，出具的竣工结算报告经发、承包双方签字后生效。当事人一方对报告有异议的，可对工程结算中有异议部分，向有关部门申请咨询后协商处理，若不能达成一致的，双方可按合同约定的争议或纠纷解决程序办理。

发包人对工程质量有异议，已竣工验收或已竣工未验收但实际投入使用的工程，其质量争议按该工程保修合同执行；已竣工未验收且未实际投入使用的工程以及停工、停建工程的质量争议，应当对有争议部分的竣工结算暂缓办理，双方可就有争议的工程委托有资质的检测鉴定机构进行检测，根据检测结果确定解决方案，或按工程质量监督机构的处理决定执行，其余部分的竣工结算依照约定办理。当事人就工程造价发生合同纠纷时，可通过下列办法解决：双方协商确定；按合同条款约定的办法提请调解；向有关仲裁机构申请仲裁或向人民法院起诉。

十一、工程价款结算管理

建设工程价款结算，是指对建设工程的发、承包合同价款进行约定和依据合同约定进行工程预付款、工程进度款、工程竣工价款结算的活动。工程竣工后，发、承包双方应及时办清工程竣工结算，否则，工程不得交付使用，有关部门不予办理权属登记。

（1）发包人与中标的承包人不按照招标文件和中标的承包人的投标文件订立合同的，或者发包人、中标的承包人背离合同实质性内容另行订立协议，造成工程价款结算纠纷的，另行订立的协议无效，由建设行政主管部门责令改正，并按《招标投标法》第五十九条进行处罚。

（2）接受委托承接有关工程结算咨询业务的工程造价咨询机构应具有工程造价咨询单位资质，其出具的办理拨付工程价款和工程结算的文件，应当由造价工程师签字，并应加盖执业专用章和单位公章。

（3）建设工程施工专业分包或劳务分包，总（承）包人与分包人必须依法订立专业分包或劳务分包合同，按照规定在合同中约定工程价款及其结算办法。

（4）地方政府或地方政府财政部门对政府投资项目合同价款约定与调整、工程价款结算、工程价款结算争议处理等事项，也可从其规定。

（5）凡实行监理的工程项目，工程价款结算过程中涉及监理工程师签证事项，应按工程监理合同约定执行。

第二节　土地使用权出让合同费用

《国有土地使用权出让合同》（GF-2000-2601）费用要旨，现节录合同第二章"出让土地使用权的交付与出让金的缴纳"条款，以示参考：

第三条　出让人出让给受让人的宗地位于____，宗地编号____，宗地总面积大写____平方米（小写____平方米），其中出让土地面积为大写____平方米（小写____平方米）。宗地四至及界址点坐标见附件《出让宗地界址图》。

第四条　本合同项下出让宗地的用途为____。

第五条　出让人同意在____年____月____日前将出让宗地交付给受让人，出让方同意在交付土地时该宗地应达到本条第____款规定的土地条件：

（一）达到场地平整和周围基础设施____通，即通____。

（二）周围基础设施达到____通，即通____，但场地尚未拆迁和平整，建筑物和其他地址物状况如下：____。

（三）现状土地条件。

第六条　本合同项下的土地使用权出让年期为____，自出让方向受让方实际交付土地之日起算，原划拨土地使用权补办出让手续的，出让年期自合同签订之日起算。

第七条　该宗地的土地使用权出让金为每平方米人民币大写____元（小写____元）；总额为人民币大写____元（小写____元）。

第八条　本合同经双方签字后____日内，受让人需向出让人缴付人民币大写____元（小写____元）作为履行合同的定金。定金抵作土地使用权出让金。

第九条　受让人同意按照本条第____款的规定向出让人支付上述土地使用权出让金。

（一）本合同签订之日起____日内，一次性付清上述土地使用权出让金。

（二）按以下时间和金额分____期向出让人支付上述土地使用权出让金。

第一期　人民币大写____元（小写____元），付款时间：____年____月____日之前。

第二期　人民币大写____元（小写____元），付款时间：____年____月____日之前。

第____期　人民币大写____元（小写____元），付款时间：____年____月____日之前。

第____期　人民币大写____元（小写____元），付款时间：____年____月____日之前。

分期支付土地出让金的，受让人在支付第二期及以后各期土地出让金时，应按照银行同期贷款利率向出让人支付相应的利息。

第三节　建设工程咨询合同费用

《工程咨询服务协议书》费用要旨，现节录协议书"附录 C：报酬和支付"条款，以示参考：

一、报酬计取

1. 客户同意，根据有关部门颁布的工程咨询收费规定，按以下方法计算支付工程咨询单位的酬金。（根据委托咨询服务的内容不同，可分别选用下列条款）

（1）对委托的____（列出委托服务内容），按建设项目估算投资额分档收费标准或按工程咨询人员工日费用标准计算酬金（此类计费方法适用于完整的项目建议书、可行性研究报告的编制和评估咨询）。合计酬金总额为____元。

（2）对委托的____（列出委托服务内容），按照工程概算投资费率标准计算酬金（此类计费方法适用于工程设计、工程监理服务），合计酬金总额为____元。

（3）对委托的____（列出委托服务内容），按照勘察工作量费率计算酬金（此类计费方法适用于工程勘察服务），合计酬金总额为____元。

（4）对委托的____（列出委托服务内容），按照工程咨询人员工日收费标准计算酬金（适用于其他各类咨询服务），合计酬金总额____元。

（5）对委托的____（列出委托服务内容），按照双方协议酬金总额付费（适用于没有收费标准的各类咨询服务），合计总额为____元。

（6）客户与工程咨询单位双方同意，按照工程咨询人员工日收费标准计算附加服务酬金和额外服务酬金，分别为____元和____元。

2. 除上述酬金外，客户应补偿工程咨询单位发生的合理开支（指工程咨询单位为服务的目的，向第三方支付的直接净开支，如人员运送费、行李费、通信费、印刷、复印费等），双方协商按实际结算，预计为____元。

以上报酬总额（酬金加开支）合计为____元。

3. 双方同意，客户付给工程咨询单位的报酬中____％支付____（外币名称）____％支付当地货币（非涉外咨询项目可删除此条款）。

4. 按工日收费标准计费的报酬，每年 1 月 1 日按当时物价指数变动进行必要调整，外币按汇率变动进行调整。

二、支付方式

5. 本协议书生效之日起 15 天内，客户支付给工程咨询单位酬金总额的 20％预付款；（国际咨询项目分列外币：____，当地货币____。）在以后分期付款中逐步扣回，直至扣完为止。（涉外项目如客户要求，可增加下列备用条款：预付款拨付前，工程咨询单位应在客户认可的银行开具一定金额的偿还保函。）

6. 履约期间的报酬，按月（或按几个阶段）支付，由工程咨询单位提出上月（或阶段）支付通知单、费用说明及必要的证明材料复印件，酬金和应补偿开支应分列，报送客户审核并支付。

末次支付可按协议书规定，暂扣 10％以下尾款，在咨询成果验收合格后支付。

7. 不管哪个月（或阶段）发生的附加服务或额外服务，都要随着该月（或阶段）的服务酬金一并支付。

8. 在协议书暂停、终止或撤销的情况下，除协议书规定外，虽未到支付报酬的日期，工程咨询单位有权得到已完成的服务的付款。

9. 报酬支付方法。客户按规定，将应付报酬由银行划拨工程咨询单位（或开具保兑信用证，这时，如是国际贷款机构资助项目还应规定：但应取得国际贷款机构的支付承诺），工程咨询单位在收到后 3 日内将收据转给客户。

第四节　建设工程勘察合同费用

一、《建设工程勘察合同文本（一）》（GF—2000—0203）

《建设工程勘察合同文本（一）》（GF—2000—0203）（岩土工程勘察、水文地质勘察（含凿井）工程测量、工程物探）费用要旨，现节录如下，以示参考：

第四条　开工及提交勘察成果资料的时间和收费标准及付费方式

4.1　开工及提交勘察成果资料的时间

4.1.1　本工程的勘察工作定于____年____月____日开工，____年____月____日提交勘察成果资料，由于发包人或勘察人的原因未能按期开工或提交成果资料时，按本合同第六条规定办理。

4.1.2　勘察工作有效期限以发包人下达的开工通知书或合同规定的时间为准，如遇特殊情况（设计变更、工作量变化、不可抗力影响以及非勘察人原因造成的停、窝工等）时，工期顺延。

4.2　收费标准及付费方式

4.2.1　本工程勘察按国家规定的现行收费标准____计取费用；或以"预算包干"、"中标价加签证"、"实际完成工作量结算"等方式计取收费。国家规定的收费标准中没有规定的收费项目，由发包人、勘察人另行议定。

4.2.2　本工程勘察费预算为____元（大写____），合同生效后 3 天内，发包人应向勘察人支付预算勘察费的 20% 作为定金，计____元（本合同履行后，定金抵作勘察费）；勘察规模大、工期长的大型勘察工程，发包人还应按实际完成工程进度____%时，向勘察人支付预算勘察费的____%的工程进度款，计____元；勘察工作外业结束后____天内，发包人向勘察人支付预算勘察费的____%，计____元；提交勘察成果资料后勤 10 天内，发包人应一次付清全部工程费用。

二、《建设工程勘察合同文本（二）》（GF—2000—0204）

《建设工程勘察合同文本（二）》（GF—2000—0204）（岩土工程设计、治理、监测）合同费用要旨，现节录如下，以示参考：

第五条　收费标准及支付方式

5.1　本岩土工程收费按国家规定的现行收费标准____计取；或以"预算包干"、"中标价加签证"、"实际完成工作量结算"等方式计取收费。国家规定的收费标准中没有规定的收费项目，由发包人、承包人另行议定。

5.2　本岩土工程费总额为____元（大写____），合同生效后 3 天内，发包人应向承包人支付预算工程费总额的 20%，计元作为定金（本合同履行后，定金抵作工程费）。

5.3 本合同生效后，发包人按下表约定分____次向承包人预付（或支付）工程费，发包人不按时向承包人拨付工程费，从应拨付之日起承担应拨付工程费的滞纳金。

拨付工程费时间（工程进度）	占合同总额百分比	金额人民币（元）

第六条 变更及工程费的调整

6.1 本岩土工程进行中，发包人对工程内容与技术革新要求提出变更，发包人应在变更前____天向承包人发出书面变更通知，否则承包人有权拒绝变更；承包人接通知后于____天内，提出变更方案的文件资料，发包人收到该文件资料之日起____天内予以确认，如不确认或不提出修改意见的，变更文件资料自送达之日起第____天自行生效，由此延误的工期顺延外，因变更导致承包人经济支出和损失，由发包人承担。

6.2 变更后，工程费按如下方法（或标准）进行调整：____。

第五节 建设工程设计合同费用

一、《建设工程设计合同文本（一）》（GF—2000—0209）

《建设工程设计合同文本（一）》（GF—2000—0209）（民用建设工程设计合同）费用要旨，现节录如下，以示参考：

第二条 本合同设计项目的内容：名称、规模、阶段、投资及设计费等见下表。

序号	分项目名称	建设规模		设计阶段及内容			估算总投资（万元）	费率 %	估算设计费（元）
		层数	建筑面积（m²）	方案	初步设计	施工图			

第五条 本合同设计收费估算为____元人民币。设计费支付进度详见下表。

付费次序	占总设计费%	付费额（元）	付费时间（由交付设计文件所决定）
第一次付费	20%定金		本合同签订后三日内
第二次付费			
第三次付费			
第四次付费			
第五次付费			

说明：

1. 提交各阶段设计文件的同时支付各阶段设计费。

2. 在提交最后一部分施工图的同时结清全部设计费，不留尾款。

3. 实际设计费按初步设计概算（施工图设计概算）核定，多退少补。实际设计费与估算设计费出现差额时，双方另行签订补充协议。

4. 本合同履行后，定金抵作设计费。

二、《建设工程设计合同文本（二）》（GF—2000—0210）

《建设工程设计合同文本（二）》（GF—2000—0210）（专用建设工程设计合同）收费要旨，现节录如下，以示参考：

第七条 费用

7.1 双方商定，本合同的设计费为____万元。收费依据和计算方法按国家和地方有关规定执行，国家和地方没有规定的，由双方商定。

7.2 如果上述费用为估算设计费，则双方在初步设计审批后，按批准的初步设计概算核算设计费。工程建设期间如遇概算调整，则设计费也应作相应调整。

第八条 支付方式

8.1 本合同生效后三天内，发包人支付设计费总额的 20%，计____万元作为定金（合同结算时，定金抵作设计费）。

8.2 设计人提交____设计文件后三天内，发包人支付设计费总额的 30%，计____万元；之后，发包人应按设计人所完成的施工图工作量比例，分期分批向设计人支付总设计费的 50%，计____万元，施工图完成后，发包人结清设计费，不留尾款。

8.3 双方委托银行代付代收有关费用。

第六节 建设工程招标代理合同费用

《工程建设项目招标代理合同（示范文本）》（GF—2005—0215）费用要旨，现节录如下，以示参考：

三、委托代理报酬与收取

8. 委托代理报酬

8.1 双方按照本合同约定的招标代理业务范围，在本合同专用条款内约定委托代理报酬的计算方法、金额、币种、汇率和支付方式、支付时间。

8.2 受托人对所承接的招标代理业务需要出外考察的，其外出人员数量和费用，经委托人同意后，向委托人实报实销。

8.3 在招标代理业务范围内所发生的费用（如：评标会务费、评标专家的差旅费、劳务费、公证费等），由委托人与受托人在补充条款中约定。

9. 委托代理报酬的收取

9.1 由委托人支付代理报酬的，在本合同签订后 10 日内，委托人应向受托人支付不少于全部代理报酬 20% 的代理预付款，具体额度（或比例）双方在专用条款内约定。

由中标人支付代理报酬的，在中标人与委托人签订承包合同 5 日内，将本合同约定的全部委托代理报酬一次性支付给受托人。

9.2 受托人完成委托人委托的招标代理工作范围以外的工作，为附加服务项目，应收取的报酬由双方协商，签订补充协议。

9.3 委托人在本合同专用条款约定的支付时间内，未能如期支付代理预付费用，自应支付之日起，按同期银行贷款利率，计算支付代理预付费用的利息。

9.4　委托人在本合同专用条款约定的支付时间内，未能如期支付代理报酬，除应承担违约责任外，还应按同期银行贷款利率，计算支付应付代理报酬的利息。

9.5　委托代理报酬应由委托人按本合同专用条款约定的支付方法和时间，直接向受托人支付；或受托人按照约定直接向中标人收取。

第七节　建设工程造价咨询合同费用

《建设工程造价合同示范文本（示范文本）》（GJ—2002—0212）费用要旨，现节录如下，以示参考：

咨询业务的酬金

第二十四条　正常的建设工程造价咨询业务，附加工作和额外工作的酬金，按照建设工程造价咨询合同专用条件约定的方法计取，并按约定的时间和数额支付。

第二十五条　如果委托人在规定的支付期限内未支付建设工程造价咨询酬金，自规定支付之日起，应当向咨询人补偿应支付的酬金利息。利息额按规定支付期限最后一日银行活期贷款乘以拖欠酬金时间计算。

第二十六条　如果委托人对咨询人提交的支付通知书中酬金或部分酬金项目提出异议，应当在收到支付通知书两日内向咨询人发出异议的通知，但委托人不得拖延其无异议酬金项目的支付。

第二十七条　支付建设工程造价咨询酬金所采取的货币币种、汇率由合同专用条件约定。

第二十八条　因建设工程造价咨询业务的需要，咨询人在合同约定外的外出考察，经委托人同意，其所需费用由委托人负责。

第二十九条　咨询人如需外聘专家协助，在委托的建设工程造价咨询业务范围内其费用由咨询人承担；在委托的建设工程造价咨询业务范围以外经委托人认可其费用由委托人承担。

第三十条　未经对方的书面同意，各方均不得转让合同约定的权利和义务。

第三十一条　除委托人书面同意外，咨询人及咨询专业人员不应接受建设工程造价咨询合同约定以外的与工程造价咨询项目有关的任何报酬。

第八节　建设工程监理合同费用

《建设工程监理合同示范文本》（GJ—2012—0202）费用要旨，现节录如下，以示参考：

第一部分协议书

五、签约酬金

签约酬金（大写）：＿＿＿＿（￥　　）。包括：1.监理酬金：＿＿＿＿。2.相关服务酬金：＿＿＿＿。

其中：（1）勘察阶段服务酬金：＿＿＿＿。（2）设计阶段服务酬金：＿＿＿＿。（3）保修阶段服务酬金：＿＿＿＿。（4）其他相关服务酬金：＿＿＿＿。

六、期限

1. 监理期限：自＿＿＿ 年＿＿＿ 月＿＿＿ 日始，至＿＿＿ 年＿＿＿ 月＿＿＿ 日止。

2. 相关服务期限：

(1) 勘察阶段服务期限自＿＿＿年＿＿＿月＿＿＿日始，至＿＿＿年＿＿＿月＿＿＿日止。

(2) 设计阶段服务期限自＿＿＿年＿＿＿月＿＿＿日始，至＿＿＿年＿＿＿月＿＿＿日止。

(3) 保修阶段服务期限自＿＿＿年＿＿＿月＿＿＿日始，至＿＿＿年＿＿＿月＿＿＿日止。

(4) 其他相关服务期限自＿＿＿年＿＿＿月＿＿＿日始，至＿＿＿年＿＿＿月＿＿＿日止。

第二部分通用条件

8. 其他

8.1 外出考察费用：经委托人同意，监理人员外出考察发生的费用由委托人审核后支付。

8.2 检测费用：委托人要求监理人进行的材料和设备检测所发生的费用，由委托人支付，支付时间在专用条件中约定。

8.3 咨询费用：经委托人同意，根据工程需要由监理人组织的相关咨询论证会以及聘请相关专家等发生的费用由委托人支付，支付时间在专用条件中约定。

8.4 奖励：监理人在服务过程中提出的合理化建议，使委托人获得经济效益的，双方在专用条件中约定奖励金额的确定方法。奖励金额在合理化建议被采纳后，与最近一期的正常工作酬金同期支付。

第三部分专用条件

8.5 支付酬金

正常工作酬金的支付：

支付次数	支付时间	支付比例	支付金额（万元）
首付款	本合同签订后 7 天内		
第二次付款			
第三次付款			
……			
最后付款	监理与相关服务期届满 14 天内		

第九节　建设项目工程总承包合同费用

《建设项目工程总承包合同示范文本》（GF—2011—0216）费用要旨，现节录如下，以示参考：

第二部分通用条件

第 14 条　合同总价和付款

14.1 合同总价和付款

14.1.1 合同总价

本合同为总价合同，除根据第 13 条变更和合同价格的调整，以及合同中其他相关增减金额的约定进行调整外，合同价格不作调整。

14.1.2 付款

合同价款的货币币种为人民币，由发包人在中国境内支付给承包人。

发包人应依据合同约定的应付款类别和付款时间安排，向承包人支付合同价款。承包人指定的银行账户，在专用条款中约定。

14.2　担保

14.2.1　履约保函

合同约定由承包人向发包人提交履约保函时，履约保函的格式、金额和提交时间，在专用条款中约定。

14.2.2　支付保函

合同约定由承包人向发包人提交履约保函时，发包人应向承包人提交支付保函。支付保函的格式、内容和提交时间在专用条款中约定。

14.2.3　预付款保函

合同约定由承包人向发包人提交预付款保函时，预付款保函的格式、金额和提交时间在专用条款中约定。

14.3　预付款

14.3.1　预付款金额

发包人同意将按合同价格的一定比例作为预付款金额，具体金额在专用条款中约定。

14.3.2　预付款支付

合同约定了预付款保函时，发包人应在合同生效及收到承包人提交的预付款保函后10日内，根据14.3.1款约定的预付款金额，一次支付给承包人；未约定预付款保函时，发包人应在合同生效后10日内，根据14.3.1款约定的预付款金额，一次支付给承包人。

14.3.3　预付款抵扣

（1）预付款的抵扣方式、抵扣比例和抵扣时间安排，在专用条款中约定。

（2）在发包人签发工程接收证书或合同解除时，预付款尚未抵扣完的，发包人有权要求承包人支付尚未抵扣完的预付款。承包人未能支付的，发包人有权按如下程序扣回预付款的余额：

1）从应付给承包人的款项中或属于承包人的款项中一次或多次扣除；

2）应付给承包人的款项或属于承包人的款项不足以抵扣时，发包人有权从预付款保函（如约定提交）中扣除尚未抵扣完的预付款；

3）应付给承包人或属于承包人的款项不足以抵扣且合同未约定承包人提交预付款保函时，承包人应与发包人签订支付尚未抵扣完的预付款支付时间安排协议书；

4）承包人未能按上述协议书执行，发包人有权从履约保函（如有）中抵扣尚未扣完的预付款。

14.4　工程进度款

14.4.1　工程进度款。工程进度款支付方式、支付条件和支付时间，在专用条款中约定。

**14.4.2　**根据工程具体情况，应付的其他进度款，在专用条款约定。

14.5　缺陷责任保修金的暂扣与支付

14.5.1　缺陷责任保修金的暂时扣减。发包人可根据11.2.1款约定的缺陷责任保修金金额和11.2.2款缺陷责任保修金暂扣的约定，暂时扣减缺陷责任保修金。

14.5.2 缺陷责任保修金的支付

（1）发包人应在办理工程竣工验收和竣工结算时，将按 14.5.1 款暂时扣减的全部缺陷责任保修金金额的一半支付给承包人，专用条款另有约定时除外。此后，承包人未能按发包人通知修复缺陷责任期内出现的缺陷或委托发包人修复该缺陷的，修复缺陷的费用，从余下的缺陷责任保修金金额中扣除。发包人应在缺陷责任期届满后 15 日内，将暂扣的缺陷责任保修金余额支付给承包人。

（2）专用条款约定承包人可提交缺陷责任保修金保函的，在办理工程竣工验收和竣工结算时，如承包人请求提供用于替代剩余的缺陷责任保修金的保函，发包人应在接到承包人按合同约定提交的缺陷责任保修金保函后，向承包人支付保修金的剩余金额。此后，如承包人未能自费修复缺陷责任期内出现的缺陷或委托发包人修复该缺陷的，修复缺陷的费用从该保函中扣除。发包人应在缺陷责任期届满后 15 日内，退还该保函。保函的格式、金额和提交时间，在专用条款约定。

14.6 按月工程进度申请付款

14.6.1 按月申请付款。按月申请付款的，承包人应以合同协议书约定的合同价格为基础，按每月实际完成的工程量（含设计、采购、施工、竣工试验和竣工后试验等）的合同金额，向发包人或监理人提交付款申请。承包人提交付款申请报告的格式、内容、份数和时间，在专用条款约定。

按月付款申请报告中的款项包括：按 14.4 款工程进度款约定的款项类别；按 13.7 款合同价格调整约定的增减款项；按 14.3 款预付款约定的支付及扣减的款项；按 14.5 款缺陷责任保修金约定暂扣及支付的款项；根据 16.2 款索赔结果增减的款项；根据另行签订的本合同补充协议增减的款项。

14.6.2 如双方约定了 14.6.1 款按月工程进度申请付款的方式时，则不能再约定按 14.7 款按付款计划表申请付款的方式。

14.7 按付款计划表申请付款

14.7.1 按付款计划表申请付款

按付款计划表申请付款的，承包人应以合同协议书约定的合同价格为基础，按照专用条款约定的付款期数、计划每期达到的主要形象进度和（或）完成的主要计划工程量（含设计、采购、施工、竣工试验和竣工后试验等）等目标任务，以及每期付款金额，并依据专用条款约定的格式、内容、份数和提交时间，向发包人或监理人提交当期付款申请报告。

每期付款申请报告中的款项包括：按专用条款中约定的当期计划申请付款的金额；按 13.7 款合同价款调整约定的增减款项；按 14.3 款预付款约定的，支付及扣减的款项；按 14.5 款缺陷责任保修金约定暂扣及支付的款项；根据 16.2 款索赔结果增减的款项；根据另行签订的本合同的补充协议增减的款项。

14.7.2 发包人按付款计划表付款时，承包人的实际工作和（或）实际进度比付款计划表约定的关键路径的目标任务落后 30 日及以上时，发包人有权与承包人商定减少当期付款金额，并有权与承包人共同调整付款计划表。承包人以后各期的付款申请及发包人的付款，以调整后的付款计划表为依据。

14.7.3 如双方约定了按 14.7 款付款计划表的方式申请付款时，不能再约定按 14.6

款按月工程进度付款申请的方式。

14.8 付款条件与时间安排

14.8.1 付款条件

双方约定由承包人提交履约保函时，履约保函的提交应为发包人支付各项款项的前提条件；未约定履约保函时，发包人按约定支付各项款项。

14.8.2 预付款的支付

工程预付款的支付依据 14.3.2 款预付款支付的约定执行。预付款抵扣完后，发包人应及时向承包人退还预付款保函。

14.8.3 工程进度款

按月工程进度申请与付款。依据 14.6.1 款按月工程进度申请付款和付款时，发包人应在收到承包人按 14.6.1 款提交的每月付款申请报告之日起的 25 日内审查并支付。

按付款计划表申请与付款。依据 14.7.1 款按付款计划表申请付款和付款时，发包人应在收到承包人按 14.7.1 款提交的每期付款申请报告之日起的 25 日内审查并支付。

14.9 付款时间延误

14.9.1 因发包人的原因未能按 14.8.3 款约定的时间向承包人支付工程进度款的，应从发包人收到付款申请报告后的第 26 日开始，以中国人民银行颁布的同期同类贷款利率向承包人支付延期付款的利息，作为延期付款的违约金额。

14.9.2 发包人延误付款 15 日以上，承包人有权向发包人发出要求付款的通知，发包人收到通知后仍不能付款的，承包人可暂停部分工作，视为发包人导致的暂停，并遵照 4.6.1 款发包人的暂停的约定执行。

双方协商签订延期付款协议书的，发包人应按延期付款协议书中约定的期数、时间、金额和利息付款；如双方未能达成延期付款协议，导致工程无法实施，承包人可停止部分或全部工程，发包人应承担违约责任，导致工程关键路径延误时，竣工日期顺延。

14.9.3 发包人的延误付款达 60 日以上，并影响到整个工程实施的，承包人有权根据 18.2 款的约定向发包人发出解除合同的通知，并有权就因此增加的相关费用向发包人提出索赔。

14.10 税务与关税

14.10.1 发包人与承包人按国家有关纳税规定，各自履行各自的纳税义务，含与进口工程物资相关的各项纳税义务。

14.10.2 合同一方享有本合同进口工程设备、材料、设备配件等进口增值税和关税减免时，另一方有义务就办理减免税手续给予协助和配合。

14.11 索赔款项的支付

14.11.1 经协商或调解确定的、或经仲裁裁决的、或法院判决的发包人应得的索赔款项，发包人可从应支付给承包人的当月工程进度款或当期付款计划表的付款中扣减该索赔款项。当支付给承包人的各期工程进度款中不足以抵扣发包人的索赔款项时，承包人应当另行支付。承包人未能支付，可协商支付协议，仍未支付时，发包人可从履约保函（如有）中抵扣。如履约保函不足以抵扣时，承包人须另行支付该索赔款项，或以双方协商一致的支付协议的期限支付。

14.11.2 经协商或调解确定的、或经仲裁裁决的、或法院判决的承包人应得的索赔款项，承包人可在当月工程进度款或当期付款计划表的付款申请中单列该索赔款项，发包人应在当期付款中支付该索赔款项。发包人未能支付该索赔款项时，承包人有权从发包人提交的支付保函（如有）中抵扣。如未约定支付保函时，发包人须另行支付该索赔款项。

14.12 竣工结算

14.12.1 提交竣工结算资料

承包人应在根据12.1款的约定提交的竣工验收报告和完整的竣工资料被发包人确认后的30日内，向发包人递交竣工结算报告和完整的竣工结算资料。竣工结算资料的格式、内容和份数，在专用条款中约定。

14.12.2 最终竣工结算资料

发包人应在收到承包人提交的竣工结算报告和完整的竣工结算资料后的30日内，进行审查并提出修改意见，双方就竣工结算报告和完整的竣工结算资料的修改达成一致意见后，由承包人自费进行修正，并提交最终的竣工结算报告和最终的结算资料。

14.12.3 结清竣工结算的款项

发包人应在收到承包人按14.12.2款的约定提交的最终竣工结算资料的30日内，结清竣工结算的款项。竣工款结清后5日内，发包人应将承包人按14.2.1款约定提交的履约保函返还给承包人；承包人应将发包人按14.2.2款约定提交的支付保函返还给发包人。

14.12.4 未能答复竣工结算报告

发包人在接到承包人根据14.12.1款约定提交的竣工结算报告和完整的竣工结算资料的30日内，未能提出修改意见，也未予答复的，视为发包人认可了该竣工结算资料作为最终竣工结算资料。发包人应根据14.12.3款的约定，结清竣工结算的款项。

14.12.5 发包人未能结清竣工结算的款项

（1）发包人未能按14.12.3款的约定，结清应付给承包人的竣工结算的款项余额的，承包人有权从发包人根据14.2.2款约定提交的支付保函中扣减该款项的余额。

合同未约定发包人按14.2.2款提交支付保函或支付保函不足以抵偿应向承包人支付的竣工结算款项时，发包人从承包人提交最终结算资料后的第31日起，支付拖欠的竣工结算款项的余额，并按中国人民银行同期同类贷款利率支付相应利息。

（2）根据14.12.4款的约定，发包人未能在约定的30日内对竣工结算资料提出修改意见和答复，也未能向承包人支付竣工结算款项的余额的，应从承包人提交该报告后的第31日起，支付拖欠的竣工结算款项的余额，并按中国人民银行同期同类贷款利率支付相应利息。

发包人在承包人提交最终竣工结算资料的90日内，仍未结清竣工结算款项的，承包人可依据第16.3款争议和裁决的约定解决。

14.12.6 未能按时提交竣工结算报告及完整的结算资料

工程竣工验收报告经发包人认可后的30日内，承包人未能向发包人提交竣工结算报告及完整的结算资料，造成工程竣工结算不能正常进行、或工程竣工结算不能按时结清，发包人要求承包人交付工程时，承包人应进行交付；发包人未要求交付工程时，承包人须承担保管、维护和保养的费用和责任，不包括根据第9条工程接收的约定已被发包人使用、接收的单项工程和工程的任何部分。

14.12.7 承包人未能支付竣工结算的款项

（1）承包人未能按 14.12.3 款的约定，结清应付给发包人的竣工结算中的款项余额时，发包人有权从承包人根据 14.2.1 款约定提交的履约保函中扣减该款项的余额。

履约保函的金额不足以抵偿时，承包人应从最终竣工结算资料提交之后的 31 日起，支付拖欠的竣工结算款项的余额，并按中国人民银行同期同类贷款利率支付相应利息。承包人在最终竣工结算资料提交后的 90 日内仍未支付时，发包人有权根据第 16.3 款争议和裁决的约定解决。

（2）合同未约定履约保函时，承包人应从最终竣工结算资料提交后的第 31 日起，支付拖欠的竣工结算款项的余额，并按中国人民银行同期同类贷款利率支付相应利息。如承包人在最终竣工结算资料提交后的 90 日内仍未支付时，发包人有权根据第 16.3 款争议和裁决的约定解决。

14.12.8　竣工结算的争议

如在发包人收到承包人递交的竣工结算报告及完整的结算资料后的 30 日内，双方对工程竣工结算的价款发生争议时，应共同委托一家具有相应资质等级的工程造价咨询单位进行竣工结算审核，按审核结果，结清竣工结算的款项。审核周期由合同双方与工程造价审核单位约定。对审核结果仍有争议时，依据第 16.3 款争议和裁决的约定解决。

第 15 条　保险

15.1　承包人的投保

15.1.1　按适用法律和专用条款约定的投保类别，由承包人投保的保险种类，其投保费用包含在合同价格中。由承包人投保的保险种类、保险范围、投保金额、保险期限和持续有效的时间等在专用条款中约定。

（1）适用法律规定及专用条款约定的，由承包人负责投保的，承包人应依据工程实施阶段的需要按期投保；

（2）在合同执行过程中，新颁布的适用法律规定由承包人投保的强制性保险，根据 13 条变更和合同价格调整的约定调整合同价格。

15.1.2　保险单对联合被保险人提供保险时，保险赔偿对每个联合被保险人分别施用。承包人应代表自己的被保险人，保证其被保险人遵守保险单约定的条件及其赔偿金额。

15.1.3　承包人从保险人收到的理赔款项，应用于保单约定的损失、损害、伤害的修复、购置、重建和赔偿。

15.1.4　承包人应在投保项目及其投保期限内，向发包人提供保险单副本、保费支付单据复印件和保险单生效的证明。

承包人未提交上述证明文件的，视为未按合同约定投保，发包人可以自己名义投保相应保险，由此引起的费用及理赔损失，由承包人承担。

第十节　建设工程施工合同费用

一、建设工程施工合同示范文本

《建设工程施工合同示范文本》（GF—1999—0201）费用要旨，现节录如下，以示参考：

第二部分通用条款

六、合同价款与支付

23. 合同价款及调整

23.1 招标工程的合同价款由发包人承包人依据中标通知书中的中标价格在协议书内约定。非招标工程的合同价款由发包人承包人依据工程预算书在协议书内约定。

23.2 合同价款在协议书内约定后，任何一方不得擅自改变。下列三种确定合同价款的方式，双方可在专用条款内约定采用其中一种：

(1) 固定价格合同。双方在专用条款内约定合同价款包含的风险范围和风险费用的计算方法，在约定的风险范围内合同价款不再调整。风险范围以外的合同价款调整方法。应当在专用条款内约定。

(2) 可调价格合同。合同价款可根据双方的约定而调整，双方在专用条款内约定合同价款调整方法。

(3) 成本加酬金合同。合同价款包括成本和酬金两部分，双方在专用条款内约定成本构成和酬金的计算方法。

23.3 可调价格合同中合同价款的调整因素包括：

(1) 法律、行政法规和国家有关政策变化影响合同价款；

(2) 工程造价管理部门公布的价格调整；

(3) 一周内非承包人原因停水、停电、停气造成停工累计超过 8 小时；

(4) 双方约定的其他因素。

23.4 承包人应当在 23.3 款情况发生后 14 天内，将调整原因、金额以书面形式通知工程师，工程师确认调整金额后作为追加合同价款，与工程款同期支付。工程师收到承包人通知后 14 天内不予确认也不提出修改意见，视为已经同意该项调整。

24. 工程预付款

实行工程预付款的，双方应当在专用条款内约定发包人向承包人预付工程款的时间和数额，开工后按约定的时间和比例逐次扣回。预付时间应不迟于约定的开工日期前 7 天。发包人不按约定预付，承包人在约定预付时间 7 天后向发包人发出要求预付的通知，发包人收到通知后仍不能按要求预付，承包人可在发出通知后 7 天停止施工，发包人应从约定应付之日起向承包人支付应付款的贷款利息，并承担违约责任。

25. 工程量的确认

25.1 承包人应按专用条款约定的时间，向工程师提交已完工程量的报告。工程师接到报告后 7 天内按设计图纸核实已完工程量（以下称计量），并在计量前 24 小时通知承包人，承包人为计量提供便利条件并派人参加。承包人收到通知后不参加计量，计量结果有效，作为工程价款支付的依据。

25.2 工程师收到承包人报告后 7 天内未进行计量，从第 8 天起，承包人报告中开列的工程量即视为被确认，作为工程价款支付的依据。工程师不按约定时间通知承包人，致命承包人未能参加计量，计量结果无效。

25.3 对承包人超出设计图纸范围和因承包人原因造成返工的工程量，工程师不予计量。

26. 工程款（进度款）支付

26.1 在确认计量结果后 14 天内，发包人应向承包人支付工程款（进度款）。按约定时间发包人应扣回的预付款，与工程款（进度款）同期结算。

26.2 本通用条款第 23 条确定调整的合同价款，第 31 条工程变更调整的合同价款及其他条款中约定的追加合同价款，应与工程款（进度款）同期调整支付。

26.3 发包人超过约定的支付时间不支付工程款（进度款），承包人可向发包人发出要求付款的通知，发包人收到承包人通知后仍不能按要求付款，可与承包人协商签订延期付款协议，经承包人同意后可延期支付。协议应明确延期支付的时间和从计量结果确认后第 15 天起应付款的贷款利息。

26.4 发包人不按合同约定支付工程款（进度款），双方又未达成延期付款协议，导致施工无法进行，承包人可停止施工，由发包人承担违约责任。

八、工程变更

29. 工程设计变更

29.1 施工中发包人需对原工程设计变更，应提前 14 天以书面形式向承包人发出变更通知。变更超过原设计标准或批准的建设规模时，发包人应报规划管理部门和其他有关部门重新审查批准，并由原设计单位提供变更的相应图纸和说明。承包人按照工程师发出的变更通知及有关要求，进行下列需要的变更：

（1）更改工程有关部分的标高、基线、位置和尺寸；

（2）增减合同中约定的工程量；

（3）改变有关工程的施工时间和顺序；

（4）其他有关工程变更需要的附加工作。

因变更导致合同价款的增减及造成的承包人损失，由发包人承担，延误的工期相应顺延。

29.2 施工中承包人不得对原工程设计进行变更。因承包人擅自变更设计发生的费用和由此导致发包人的直接损失，由承包人承担，延误的工期不予顺延。

29.3 承包人在施工中提出的合理化建议涉及到对设计图纸或施工组织设计的更改及对材料、设备的换用，须经工程师同意。未经同意擅自更改或换用时，承包人承担由此发生的费用，并赔偿发包人的有关损失，延误的工期不予顺延。

工程师同意采用承包人合理化建议，所发生的费用和获得的收益，发包人承包人另行约定分担或分享。

30. 其他变更

合同履行中发包人要求变更工程质量标准及发生其他实质性变更，由双方协商解决。

31. 确定变更价款

31.1 承包人在工程变更确定后 14 天内，提出变更工程价款的报告，经工程师确认后调整合同价款。变更合同价款按下列方法进行：

（1）合同中已有适用于变更工程的价格，按合同已有的价格变更合同价款；

（2）合同中只有类似于变更工程的价格，可以参照类似价格变更合同价款；

（3）合同中没有适用或类似于变更工程的价格，由承包人提出适当的变更价格，经工程师确认后执行。

31.2 承包人在双方确定变更后 14 天内不向工程师提出变更工程价款报告时，视为该项变更不涉及合同价款的变更。

31.3 工程师应在收到变更工程价款报告之日起 14 天内予以确认，工程师无正当理由不确认时，自变更工程价款报告送达之日起 14 天后视为变更工程价款报告已被确认。

31.4 工程师不同意承包人提出的变更价款，按本通用条款第 37 条关于争议的约定处理。

31.5 工程师确认增加的工程变更价款作为追加合同价款，与工程款同期支付。

31.6 因承包人自身原因导致的工程变更，承包人无权要求追加合同价款。

九、竣工结算

33. 竣工结算

33.1 工程竣工验收报告经发包人认可后 28 天内，承包人向发包人递交竣工结算报告及完整的结算资料，双方按照协议书约定的合同价款及专用条款约定的合同价款调整内容，进行工程竣工结算。

33.2 发包人收到承包人递交的竣工结算报告及结算资料后 28 天内进行核实，给予确认或者提出修改意见。发包人确认竣工结算报告通知经办银行向承包人支付工程竣工结算价款。承包人收到竣工结算价款后 14 天内将竣工工程交付发包人。

33.3 发包人收到竣工结算报告及结算资料后 28 天内无正当理由不支付工程竣工结算价款，从第 29 天起按承包人同期向银行贷款利率支付拖欠工程价款的利息，并承担违约责任。

33.4 发包人收到竣工结算报告及结算资料后 28 天内不支付工程竣工结算价款，承包人可以催告发包人支付结算价款。发包人在收到竣工结算报告及结算资料后 56 天内仍不支付的，承包人可以与发包人协议将该工程折价，也可以由承包人申请人民法院将该工程依法拍卖，承包人就该工程折价或者拍卖的价款优先受偿。

33.5 工程竣工验收报告经发包人认可后 28 天内，承包人未能向发包人递交竣工结算报告及完整的结算资料，造成工程竣工结算不能正常进行或工程竣工结算价款不能及时支付，发包人要求交付工程的，承包人应当交付；发包人不要求交付工程的，承包人承担保管责任。

33.6 发包人承包人对工程竣工结算价款发生争议时，按通用条款关于争议的约定处理。

二、《建设工程施工专业分包合同（示范文本）》（GF—2003—0213）

《建设工程施工专业分包合同（示范文本）》（GF—2003—0213）费用要旨，现节录如下，以示参考：

第二部分通用条款

五、合同价款与支付

19. 合同价款及调整

19.1 招标工程的合同价款由承包人与分包人依据中标通知书中的中标价格在本合同协议书内约定；非招标工程的合同价款由承包人与分包人依据工程报价书在本合同协议书内约定。

19.2 分包工程合同价款在本合同协议书内约定后，任何一方不得擅自改变。下列三种确定合同价款的方式，双方可在本合同专用条款内约定采用其中一种（应与总包合同约定的方式一致）：

（1）固定价格。双方在本合同专用条款内约定合同价款包含的风险范围和风险费用的计算方法，在约定的风险范围内合同价款不再调整。风险范围以外的合同价款调整方法，应当在专用条款内约定。

（2）可调价格。合同价款可根据双方的约定而调整，双方在本合同专用条款内约定合同价款调整方法。

（3）成本加酬金。合同价款包括成本和酬金两部分，双方在本合同专用条款内约定成本构成和酬金的计算方法。

19.3 可调价格计价方式中合同价款的调整因素包括：

（1）法律、行政法规和国家有关政策变化影响合同价款；

（2）工程造价管理部门公布的价格调整；

（3）一周内非分包人原因停水、停电、停气造成停工累计超过 8 小时；

（4）双方约定的其他因素。

19.4 分包人应当在 19.3 款情况发生后 10 天内，将调整原因、金额以书面形式通知承包人，承包人确认调整金额后作为追加合同价款，与工程价款同期支付。承包人收到通知后 10 天内不予确认也不提出修改意见，视为已经同意该项调整。

19.5 分包合同价款与总包合同相应部分价款无任何连带关系。

20. 工程量的确认

20.1 分包人应按本合同专用条款约定的时间向承包人提交已完工程量报告，承包人接到报告后 7 天内自行按设计图纸计量或报经工程师计量。承包人在自行计量或由工程师计量前 24 小时应通知分包人，分包人为计量提供便利条件并派人参加。分包人收到通知后不参加计量，计量结果有效，作为工程价款支付的依据；承包人不按约定时间通知分包人，致使分包人未能参加计量，计量结果无效。

20.2 承包人在收到分包人报告后 7 天内未进行计量或因工程师的原因未计量的，从第 8 天起，分包人报告中开列的工程量即视为被确认，作为工程价款支付的依据。

20.3 分包人未按本合同专用条款约定的时间向承包人提交已完工程量报告，或其所提交的报告不符合承包人要求且未做整改的，承包人不予计量。

20.4 对分包人自行超出设计图纸范围和因分包人原因造成返工的工程量，承包人不予计量。

21. 合同价款的支付

21.1 实行工程预付款的，双方应在本合同专用条款内约定承包人向分包人预付工程款的时间和数额，开工后按约定的时间和比例逐次扣回。

21.2 在确认计量结果后 10 天内，承包人应按专用条款约定的时间和方式，向分包人支付工程款（进度款）。按约定时间承包人应扣回的预付款，与工程款（进度款）同期结算。

21.3 分包合同约定的工程变更调整的合同价款、合同价款的调整、索赔的价款或费用以及其他约定的追加合同价款，应与工程进度款同期调整支付。

21.4 承包人超过约定的支付时间不支付工程款（预付款、进度款），分包人可向承包人发出要求付款的通知。

21.5 承包人不按分包合同约定支付工程款（预付款、进度款），导致施工无法进行，分包人可停止施工，由承包人承担违约责任。

六、工程变更

22. 工程变更

22.1 分包人应根据以下指令，以更改、增补或省略的方式对分包工程进行变更：

（1）工程师根据总包合同作出的变更指令。该变更指令由工程师作出并经承包人确认后通知分包人。

（2）除上述（1）项以外的承包人作出的变更指令。

22.2 分包人不执行从发包人或工程师处直接收到的未经承包人确认的有关分包工程变更的指令。如分包人直接收到此类变更指令，应立即通知项目经理并向项目经理提供一份该直接指令的复印件。项目经理应在 24 小时内提出关于对该指令的处理意见。

22.3 分包工程变更价款的确定应按照总包合同的相应条款履行。分包人应在工程变更确定后 11 天内向承包人提出变更分包工程价款的报告，经承包人确认后调整合同价款。

22.4 分包人在双方确定变更后 11 天内不向承包人提出变更分包工程价款的报告，视为该项变更不涉及合同价款的变更。

22.5 承包人在收到变更分包工程价款报告之日起 17 天内予以确认，无正当理由逾期未予确认时，视为该报告已被确认。

七、竣工结算

24. 竣工结算及移交

24.1 分包工程竣工验收报告经承包人认可后 14 天内，分包人向承包人递交分包工程竣工结算报告及完整的结算资料，双方按照本合同协议书约定的合同价款及本合同专用条款约定的合同价款调整内容，进行工程竣工结算。

24.2 承包人收到分包人递交的分包工程竣工结算报告及结算资料后 28 天内进行核实，给予确认或者提出明确的修改意见。承包人确认竣工结算报告后 7 天内向分包人支付分包工程竣工结算价款。分包人收到竣工结算价款之日起 7 天内，将竣工工程交付承包人。

24.3 承包人收到分包人分包工程竣工结算报告及结算资料后 28 天内无正当理由不支付工程竣工结算价款，从第 29 天起按分包人同期向银行贷款利率支付拖欠工程价款的利息，并承担违约责任。

三、《建设工程施工劳务分包合同（示范文本）》（GF—2003—0214）

《建设工程施工劳务分包合同（示范文本）》（GF—2003—0214）费用要旨，现节录如下，以示参考：

17. 劳务报酬

17.1 本工程的劳务报酬采用下列任何一种方式计算：

（1）固定劳务报酬（含管理费）；

（2）约定不同工种劳务的计时单价（含管理费），按确认的工时计算；

（3）约定不同工作成果的计件单价（含管理费），按确认的工程量计算。

17.2 本工程的劳务报酬，除合同规定的情况外，均为一次包死，不再调整。

17.3 采用第（1）种方式计价的，劳务报酬共计____元。

17.4 采用第（2）种方式计价的，不同工种劳务的计时单价分别为：____，单价为

____元。

17.5　采用第（3）种方式计价的，不同工作成果的计件单价分别为：____，单价为____元。

17.6　在下列情况下，固定劳务报酬或单价可以调整：

（1）以本合同约定价格为基准，市场人工价格的变化幅度超过____％，按变化前后价格的差额予以调整；

（2）后续法律及政策变化，导致劳务价格变化的，按变化前后价格的差额予以调整；

（3）双方约定的其他情形：

18. 工时及工程量的确认

18.1　采用固定劳务报酬方式的，施工过程中不计算工时和工程量。

18.2　采用按确定的工时计算劳务报酬的，由劳务分包人每日将提供劳务人数报工程承包人，由工程承包人确认。

18.3　采用按确认的工程量计算劳务报酬的，由劳务分包人按月（或旬、日）将完成的工程量报工程承包人，由工程承包人确认。对劳务分包人未经工程承包人认可，超出设计图纸范围和因劳务分包人原因造成返工的工程量，工程承包人不予计量。

19. 劳务报酬的中间支付

19.1　采用固定劳务报酬方式支付劳务报酬的，劳务分包人与工程承包人约定按下列方法支付：（1）合同生效即支付预付款____元；（2）中间支付：

第一次支付时间为 ____年 ____月 ____日，支付____元；第二次支付时间为____年____月____日，支付____元；

19.2　采用计时单价或计件单价方式支付劳务报酬的，劳务分包人与工程承包人双方约定支付方法为____。

19.3　本合同确定调整的劳务报酬、工程变更调整的劳务报酬及其他条款中约定的追加劳务报酬，应与上述劳务报酬同期调整支付。

四、《建筑装饰工程施工合同（甲种本）》（GF—96—0205）

《建筑装饰工程施工合同（甲种本）》（GF—96—0205）费用要旨，现节录如下，以示参考：

第一部分合同条件

五、合同价款及支付方式

第二十条　合同价款与调整。合同价款及支付方式在协议条款内约定后，任何一方不得擅自改变。

发生下列情况之一的可作调整：

1. 甲方代表确认的工程量增减；

2. 甲方代表确认的设计变更或工程洽商；

3. 工程造价管理部门公布的价格调整；

4. 一周内非乙方原因造成停水、停电、停气累计超过 8 小时；

5. 协议条款约定的其他增减或调整。

双方在协议条款内约定调整合同价款的方法及范围。乙方在需要调整合同价款时，在协议条款约定的天数内，将调整的原因、金额以书面形式通知甲方代表，甲方代表批准后通知经办银行和乙方。甲方代表收到乙方通知后 7 天内不作答复，视为已经批准。

对固定价格合同，双方应在协议条款内约定甲方给予乙方的风险金额或按合同价款一定比例约定风险系数，同时双方约定乙方在固定价格内承担的风险范围。

第二十一条 工程款预付。甲方按协议条款约定的时间和数额，向乙方预付工程款，开工后按协议条款约定的时间和比例逐次扣回。甲方不按协议条款约定预付工程款，乙方在约定预付时间 7 天后向甲方发出要求预付工程款的通知，甲方在收到通知后仍不能按要求预付工程款，乙方可在发出通知 7 天后停止施工，甲方从应付之日起向乙方支付应付款的利息并承担违约责任。

第二十二条 工程量的核实确认。乙方按协议条款约定的时间，向甲方代表提交已完工程量的报告。

甲方代表接到报告后 7 天内按设计图纸核实已完工程数量（以下简称计量），并提前24 小时通知乙方。

乙方为计量提供便利条件并派人参加。

乙方无正当理由不参加计量，甲方代表自行进行，计量结果视为有效，作为工程价款支付的依据。

甲方代表收到乙方报告后 7 天内未进行计量，从第 8 天起，乙方报告中开列的工程量视为已被确认，作为工程款支付的依据。甲方代表不按约定时间通知乙方，使乙方不能参加计量，计量结果无效。

甲方代表对乙方超出设计图纸要求增加的工程量和自身原因造成的返工的工程量，不予计量。

第二十三条 工程款支付。甲方按协议条款约定的时间和方式，根据甲方代表确认的工程量，以构成合同价款相应项目的单价和取费标准计算出工程价款，经甲方代表签字后支付。甲方在计量结果签字后超过 7 天不予支付，乙方可向甲方发出要求付款通知，甲方在收到乙方通知后仍不能按要求支付，乙方可在发出通知 7 天后停止施工，甲方承担违约责任。

经乙方同意并签订协议，甲方可延期付款。协议需明确约定付款日期，并由甲方支付给乙方从计量结果签字后第 8 天起计算的应付工程价款利息。

七、设计变更

第二十八条 甲方变更设计。甲方变更设计，应在该项工程施工前 7 天通知乙方。乙方已经施工的工程，甲方变更设计应及时通知乙方，乙方在接到通知后立即停止施工。

由于设计变更造成乙方材料积压，应由甲方负责处理，并承担全部处理费用。

由于设计变更，造成乙方返工需要的全部追回合同价款和相应损失均由甲承担，相应顺延工期。

第二十九条 乙方变更设计。乙方提出合理化建议涉及到变更设计和对原定材料的换用，必须经甲方代表及有关部门批准。合理化建议节约的金额，甲乙双方协商分享。

第三十条 设计变更对工程影响。所有设计变更，双方均应办理变更洽商签证。发生设计变更后，乙方按甲方代表的要求，进行下列对工程影响的变更：

1. 增减合同中约定的工程数量；
2. 更改有关工程的性质、质量、规格；

3. 更改有关部分的标高、基线、位置和尺寸；

4. 增加工程需要的附加工作；

5. 改变有关工程施工时间和顺序。

第三十一条　确定变更合同价款及工期。

发生设计变更后，在双方协商时间内，乙方按下列方法提出变更价格，送甲方代表批准后调整合同价款：

1. 合同中已有适用于变更工程的价格，按合同已有的价格变更合同价款；

2. 合同中只有类似于变更情况的价格，可以此作为基础确定变更价格，变更合同价款；

3. 合同中没有适用和类似的价格，由乙方提出适当变更价格，送甲方代表批准后执行。

设计变更影响到工期，由乙方提出变更工期，送甲方代表批准后调整竣工日期。

甲方代表不同意乙方提出的变更价格及工期，在乙方提出后 7 天内通知乙方提请工程造价管理部门或有关工期管理部门裁定，对裁定有异议，按第三十五条约定的方法解决。

八、竣工结算

第三十三条　竣工结算。竣工报告批准后，乙方应按国家有关规定或协议条款约定的时间、方式向甲方代表提出结算报告，办理竣工结算。甲方代表收到结算报告后应在 7 天内给予批准或提出修改意见，在协议条款约定时间内将拨款通知送经办银行支付工程款，并将副本送乙方。乙方收到工程款 14 天内将竣工工程交付甲方。

甲方无正当理由收到竣工报告后 14 天内不办理结算，从第 15 天起按施工企业向银行同期贷款的最高利率支付工程款的利息，并承担违约责任。

五、《建筑装饰工程施工合同（乙种本）》（GF—96—0206）

《建筑装饰工程施工合同（乙种本）》（GF—96—0206）合同要旨，现节录如下，以示参考：

第六条　关于工程价款及结算的约定

6.1　双方商定本合同价款采用第＿＿＿种：

（1）固定价格。

（2）固定价格加＿＿＿％包干风险系数计算。包干风险包括＿＿＿内容。

（3）可调价格：按照国家有关工程计价规定计算造价，并按有关规定进行调整和竣工结算。

6.2　本合同生效后，甲方分＿＿＿次，按下表约定支付工程款，尾款竣工结算时一次结清。

拨款分　　次进行	拨款　　％	金　额

6.3　工程竣工验收后，乙方提出工程结算并将有关资料送交甲方。甲方自接到上述资料＿＿＿天内审查完毕，到期未提出异议，视为同意，并在＿＿＿天内，结清尾款。

六、最高人民法院关于审理建设工程施工合同纠纷案件适用法律问题的解释

最高人民法院关于审理建设工程施工合同纠纷案件适用法律问题的解释

法释〔2004〕14号

根据《民法通则》、《合同法》、《招标投标法》、《民事诉讼法》等法律规定，结合民事审判实际，就审理建设工程施工合同纠纷案件适用法律的问题，制定本解释。

第一条 建设工程施工合同具有下列情形之一的，应当根据合同法第五十二条第（五）项的规定，认定无效：

（一）承包人未取得建筑施工企业资质或者超越资质等级的；

（二）没有资质的实际施工人借用有资质的建筑施工企业名义的；

（三）建设工程必须进行招标而未招标或者中标无效的。

第二条 建设工程施工合同无效，但建设工程经竣工验收合格，承包人请求参照合同约定支付工程价款的，应予支持。

第三条 建设工程施工合同无效，且建设工程经竣工验收不合格的，按照以下情形分别处理：

（一）修复后的建设工程经竣工验收合格，发包人请求承包人承担修复费用的，应予支持；

（二）修复后的建设工程经竣工验收不合格，承包人请求支付工程价款的，不予支持。

因建设工程不合格造成的损失，发包人有过错的，也应承担相应的民事责任。

第四条 承包人非法转包、违法分包建设工程或者没有资质的实际施工人借用有资质的建筑施工企业名义与他人签订建设工程施工合同的行为无效。人民法院可以根据民法通则第一百三十四条规定，收缴当事人已经取得的非法所得。

第五条 承包人超越资质等级许可的业务范围签订建设工程施工合同，在建设工程竣工前取得相应资质等级，当事人请求按照无效合同处理的，不予支持。

第六条 当事人对垫资和垫资利息有约定，承包人请求按照约定返还垫资及其利息的，应予支持，但是约定的利息计算标准高于中国人民银行发布的同期同类贷款利率的部分除外。

当事人对垫资没有约定的，按照工程欠款处理。

当事人对垫资利息没有约定，承包人请求支付利息的，不予支持。

第七条 具有劳务作业法定资质的承包人与总承包人、分包人签订的劳务分包合同，当事人以转包建设工程违反法律规定为由请求确认无效的，不予支持。

第八条 承包人具有下列情形之一，发包人请求解除建设工程施工合同的，应予支持：

（一）明确表示或者以行为表明不履行合同主要义务的；

（二）合同约定的期限内没有完工，且在发包人催告的合理期限内仍未完工的；

（三）已经完成的建设工程质量不合格，并拒绝修复的；

（四）将承包的建设工程非法转包、违法分包的。

第九条 发包人具有下列情形之一，致使承包人无法施工，且在催告的合理期限内仍未履行相应义务，承包人请求解除建设工程施工合同的，应予支持：

（一）未按约定支付工程价款的；

（二）提供的主要建筑材料、建筑构配件和设备不符合强制性标准的；

（三）不履行合同约定的协助义务的。

第十条　建设工程施工合同解除后，已经完成的建设工程质量合格的，发包人应当按照约定支付相应的工程价款；已经完成的建设工程质量不合格的，参照本解释第三条规定处理。

因一方违约导致合同解除的，违约方应当赔偿因此而给对方造成的损失。

第十一条　因承包人的过错造成建设工程质量不符合约定，承包人拒绝修理、返工或者改建，发包人请求减少支付工程价款的，应予支持。

第十二条　发包人具有下列情形之一，造成建设工程质量缺陷，应当承担过错责任：

（一）提供的设计有缺陷；

（二）提供或者指定购买的建筑材料、建筑构配件、设备不符合强制性标准；

（三）直接指定分包人分包专业工程。

承包人有过错的，也应当承担相应的过错责任。

第十三条　建设工程未经竣工验收，发包人擅自使用后，又以使用部分质量不符合约定为由主张权利的，不予支持；但是承包人应当在建设工程的合理使用寿命内对地基基础工程和主体结构质量承担民事责任。

第十四条　当事人对建设工程实际竣工日期有争议的，按照以下情形分别处理：

（一）建设工程经竣工验收合格的，以竣工验收合格之日为竣工日期；

（二）承包人已经提交竣工验收报告，发包人拖延验收的，以承包人提交验收报告之日为竣工日期；

（三）建设工程未经竣工验收，发包人擅自使用的，以转移占有建设工程之日为竣工日期。

第十五条　建设工程竣工前，当事人对工程质量发生争议，工程质量经鉴定合格的，鉴定期间为顺延工期期间。

第十六条　当事人对建设工程的计价标准或者计价方法有约定的，按照约定结算工程价款。

因设计变更导致建设工程的工程量或者质量标准发生变化，当事人对该部分工程价款不能协商一致的，可以参照签订建设工程施工合同时当地建设行政主管部门发布的计价方法或者计价标准结算工程价款。

建设工程施工合同有效，但建设工程经竣工验收不合格的，工程价款结算参照本解释第三条规定处理。

第十七条　当事人对欠付工程价款利息计付标准有约定的，按照约定处理；没有约定的，按照中国人民银行发布的同期同类贷款利率计息。

第十八条　利息从应付工程价款之日计付。当事人对付款时间没有约定或者约定不明的，下列时间视为应付款时间：

（一）建设工程已实际交付的，为交付之日；

（二）建设工程没有交付的，为提交竣工结算文件之日；

（三）建设工程未交付，工程价款也未结算的，为当事人起诉之日。

第十九条　当事人对工程量有争议的，按照施工过程中形成的签证等书面文件确认。

承包人能够证明发包人同意其施工，但未能提供签证文件证明工程量发生的，可以按照当事人提供的其他证据确认实际发生的工程量。

第二十条 当事人约定，发包人收到竣工结算文件后，在约定期限内不予答复，视为认可竣工结算文件，按照约定处理。承包人请求按照竣工结算文件结算工程价款的，应予支持。

第二十一条 当事人就同一建设工程另行订立的建设工程施工合同与经过备案的中标合同实质性内容不一致的，应当以备案的中标合同作为结算工程价款的根据。

第二十二条 当事人约定按照固定价结算工程价款，一方当事人请求对建设工程造价进行鉴定的，不予支持。

第二十三条 当事人对部分案件事实有争议的，仅对有争议的事实进行鉴定，但争议事实范围不能确定，或者双方当事人请求对全部事实鉴定的除外。

第二十四条 建设工程施工合同纠纷以施工行为地为合同履行地。

第二十五条 因建设工程质量发生争议的，发包人可以以总承包人、分包人和实际施工人为共同被告提起诉讼。

第二十六条 实际施工人以转包人、违法分包人为被告起诉的，人民法院应当依法受理。

实际施工人以发包人为被告主张权利的，人民法院可以追加转包人或者违法分包人为本案当事人。发包人只在欠付工程价款范围内对实际施工人承担责任。

第二十七条 因保修人未及时履行保修义务，导致建筑物毁损或者造成人身、财产损害的，保修人应当承担赔偿责任。

保修人与建筑物所有人或者发包人对建筑物毁损均有过错的，各自承担相应的责任。

第二十八条 本解释自二〇〇五年一月一日起施行。

施行后受理的第一审案件适用本解释。

施行前最高人民法院发布的司法解释与本解释相抵触的，以本解释为准。

第十一节　建设工程造价鉴定

根据《建筑法》、《合同法》、《招标投标法》、《民事诉讼法》、《最高人民法院关于民事诉讼证据的若干规定》等有关法律、法规、规章和标准规范，对建设工程造价鉴定活动应当遵循：合法性原则；独立性原则；公正性原则；客观性原则。严格执行建设工程造价鉴定程序，提高工程造价鉴定成果质量。

一、工程造价经济鉴定

工程造价经济纠纷：建设项目在建设阶段有关利益方之间的工程造价纷争以及由此延伸而引起的经济纷争。

工程造价鉴定：工程造价咨询企业接受国家、政府等有权机关或机构的委托，对纠纷项目的工程造价以及由此延伸而引起的经济问题，依据其建设工程造价方面的专门知识和技能进行鉴别和判断并提供鉴定意见的活动。

举证资料：当事人按鉴定机构的要求提交或主动提交与本项目鉴定有关、尚未经当事人质证的资料，称为当事人提交的举证资料。鉴定委托人向鉴定机构转交，但要求鉴定机构对资料有效性进一步认定的资料称为鉴定委托人转交的举证资料。

鉴定资料：鉴定委托人向鉴定机构交付、能直接用作鉴定依据的资料称为鉴定资料；当事人向鉴定机构提交的举证资料，经过当事人之间交换、确认、质证后才可用作鉴定依据，也称为鉴定资料。

鉴定意见：工程造价咨询企业对受托鉴定纠纷项目作出的鉴定意见书及补充鉴定意见书、说明等统称为鉴定意见。

鉴定结论意见：鉴定意见中应含有结论性意见，鉴定结论意见可包括：可确定的部分意见，无法确定的部分意见。

二、鉴定准备工作与取证

（一）鉴定准备工作

鉴定机构应在确定受理鉴定委托之日起，根据纠纷项目工程造价金额，在鉴定期限表（表9-11-1）规定的时限内完成鉴定工作。鉴定机构与鉴定委托人对完成鉴定的时限另有约定的，从其约定。但等待当事人提交举证资料、补交资料、交换资料、质证、对征询意见稿反馈意见等所需的时间不应计入鉴定期限。遇到项目情况复杂、疑难、当事人不配合等情况，鉴定受托人不能在规定期限内完成鉴定工作时，应按照相关法规提前向鉴定委托人申请延长鉴定期限，并在其允许的延长期限内完成鉴定工作。

鉴定机构应在确定受理鉴定委托之日起，按照当地规定的收费标准与鉴定委托人或当事人确定收费金额，约定交费人和交费时间。鉴定委托人确定由当事人交纳鉴定费的，鉴定机构应督促当事人在接到交款通知后的十天内到款。对当事人在通知期限内拒不交款的，鉴定机构可中止鉴定工作，中止期不计入鉴定期限。

鉴 定 期 限 表　　　　　　　　　表 9-11-1

序　　号	项目工程造价金额（万元）	期限（自然天）
1	＜500	60
2	500～2000	90
3	2000～5000	120
4	5000～10000	150
5	＞10000	180

（二）鉴定取证

对鉴定委托人向鉴定机构直接移交鉴定资料的项目，鉴定机构接受委托及鉴定资料后除了开具接收清单，还应根据收到的鉴定资料及时熟悉、分析项目情况，必要时可开具提请鉴定委托人向当事人转达补交鉴定资料的函件及资料清单；对鉴定委托人要求鉴定机构直接向当事人收取举证资料或由当事人直接向鉴定机构提交举证资料的项目，鉴定机构应及时向当事人开具要求其提交举证资料的函件及资料清单。

按鉴定委托人要求，由鉴定机构直接向当事人收取举证资料或当事人直接向鉴定机构提交举证资料的，鉴定机构均应对当事人提交举证资料指定期限。举证期限应执行鉴定委托人直接指定的举证期限；如果鉴定委托人未指定举证期限，鉴定机构可依法规向当事人指定举证期限，并报鉴定委托人备案。鉴定举证期限应从当事人收到鉴定机构要求其提交举证资料清单的次日起算，不少于五个工作日，最长不超过十个工作日。

无论是诉讼纠纷项目还是非讼纠纷项目，对当事人增加变更鉴定请求或者提出反要求而改变鉴定范围或内容的，鉴定机构均不得直接受理，应告知其向鉴定委托人提出申请。鉴定机构必须收到鉴定委托人新的鉴定委托文书或补充鉴定委托文书，才能按照新的鉴定委托文书或补充鉴定委托文书规定的范围或内容，按相关规定重新组织举证。

对鉴定委托人直接向鉴定机构提交补充鉴定委托并转交了补充鉴定资料的，鉴定机构应将补充鉴定资料一并纳入鉴定；对鉴定委托人要求鉴定机构直接向当事人收取补充举证资料或由当事人直接向鉴定机构提交补充举证资料的，鉴定机构应依鉴定委托人的补充鉴定委托书，按相关规定重新组织举证。

三、举证资料的交换、质证和现场勘验

（一）举证资料的交换和质证

（1）鉴定委托人直接交由鉴定机构作为鉴定依据的鉴定资料，经鉴定委托人同意，鉴定机构可不再与当事人交换证据或质证，直接作为鉴定依据，否则应组织当事人交换证据并质证。

（2）对鉴定机构从当事人收取举证资料的项目，在收齐资料后应及时提请鉴定委托人主持、组织交换资料并进行质证。鉴定委托人委托鉴定机构自行组织交换资料并质证的，鉴定机构应在委托人规定期限内及时组织交换资料和质证活动。对项目纠纷中的一方当事人不同意参加双方举证资料交换、确认、签字的、质证程序，或参加了双方资料交换、确认、签字、质证程序，但不认可对方举证资料又不提供相应资料或不愿意对举证资料、程序进行确认、签字的，应提请鉴定委托人决定处理办法。

（3）经过当事人证据交换、确认、签字、质证的举证资料，应作为鉴定资料列为鉴定依据，用以计算并纳入造价鉴定结论意见；经过当事人双方证据交换、质证后，纠纷一方当事人不认可的资料，鉴定机构应提请鉴定委托人决定处理办法；对鉴定委托人授权鉴定机构鉴别和判断的，受托人应依据法律法规，工程造价专业技术、知识和有关政策对鉴定资料经过甄别后予以区别对待，用以计算并纳入可以确定的鉴定结论造价意见，用以计算或估算并区别原因，纳入无法确定的部分项目造价意见可不采用。

（4）鉴定过程中，鉴定机构可根据鉴定需要提请鉴定委托人提交补充鉴定资料或经鉴定委托人同意，要求当事人直接提交补充举证资料。对鉴定委托人已经质证再转交的补充资料，鉴定机构可以直接作为鉴定资料使用；对鉴定委托人转交，但未经质证的资料或当事人直接补充提交的举证资料，鉴定机构应按规定对补充资料执行取证和质证等程序。

（5）鉴定过程中，纠纷当事人主动向鉴定委托人补充举证资料，已经质证再转交鉴定机构的补充资料，鉴定机构可以直接作为鉴定资料使用；但对于未经质证的资料，鉴定机构应按规定对补充资料执行取证和质证的程序

（6）对超过举证期限，或鉴定过程中当事人向鉴定机构主动要求补充举证资料，鉴定机构应要求当事人首先向鉴定委托人提出申请，鉴定委托人同意当事人补充举证资料的，鉴定机构应要求当事人填写补交举证资料申请表，并按规定对补充资料执行取证和质证等程序。

（二）现场勘验

（1）根据项目鉴定工作需要，鉴定机构可组织当事人对被鉴定的标的物进行现场勘验。

（2）鉴定机构组织当事人对被鉴定的标的物进行现场勘验的，应先行填写现场勘验通知书，书面通知纠纷双方当事人参加，同时应请鉴定委托人派员参加。当事人拒绝参加勘验的，应请鉴定委托人决定处理办法。

（3）勘验现场应制作勘验记录、笔录或勘验图表，记录勘验的时间、地点、勘验人、在场人、勘验经过、结果，由勘验人、在场人签名或者盖章。对于绘制的现场图，应注明绘制的时间、方位、测绘人姓名、身份等内容。必要时鉴定机构应采取拍照或摄像取证，留下影像资料。

（4）当事人对现场勘验图表或勘验笔录等不予签字确认的，鉴定机构应提请鉴定委托人决定处理办法，并在鉴定意见中作出表述。

四、鉴定

（一）鉴定程序

（1）鉴定机构对项目鉴定工作应按委托书规定的鉴定范围、内容、要求、期限和工程造价咨询业务常规管理规定，建立相应的质量管理体系，通过书面管理计划、流程控制程序等保证鉴定工作质量。

（2）进入鉴定工作程序后，鉴定机构宜采取与当事人核对工程量、套取定额（或计取单价）取费等过程逐步完成鉴定；对鉴定委托人认为鉴定机构不必要与当事人做核对工作，或鉴定机构认为不必要与当事人核对的纠纷项目，鉴定机构可直接出具鉴定意见或鉴定意见征询意见稿。

（3）鉴定项目具有核对程序的，鉴定机构开展每一步核对工作前，均应事先给当事人出具造价核对工作通知函，对当事人不愿意参加核对工作的，应请鉴定委托人决定处理办法。

（4）鉴定项目具有核对程序的，在鉴定核对过程中，鉴定人员宜请当事人对每天核对后的结果作签字确认，对当事人不予及时签字确认的，鉴定机构可分步出具工程量计算书征询意见稿或其他鉴定内容征询意见稿等阶段性成果文件，但每一次征询意见稿均应报经鉴定委托人同意后再交当事人征询意见。鉴定机构在每一次出具征询意见稿时，均应同时向所有当事人出具征询意见函。鉴定机构对每一个鉴定工作程序的阶段性成果均应要求所有当事人签字确认，当事人不予发表书面意见或签字确认的，鉴定机构应请鉴定委托人决定处理办法。

（5）鉴定机构在出具正式鉴定意见书之前，应先征询鉴定委托人意见，确定是否要出具鉴定意见征询意见稿；对鉴定委托人要求先出具鉴定意见征询意见稿的，应征询鉴定委托人意见，确定是否要先报经鉴定委托人审阅同意后再交纠纷双方当事人征询意见。鉴定机构在向当事人出具鉴定意见征询意见稿时，还应同时向当事人出具征询意见函，向当事人指定准确的答复期限及其相应的法律责任。

（6）鉴定机构收到鉴定意见征询意见稿的各方复函后，应对各方的复函意见进行认真复核、斟酌，作出完善、充分的修订，再报经鉴定委托人同意后出具正式鉴定意见书。

（7）鉴定机构及其鉴定人员对鉴定意见书应当依法履行出庭或出场接受质询的义务，确因特殊原因无法出庭或出场的，经鉴定委托人准许，可以书面形式答复质询。

（8）鉴定结论意见有缺陷，能够通过补充鉴定、重新质证或补充质证等方法解决的下列情形，鉴定机构和鉴定人员应作出补充鉴定意见：委托人增加新的鉴定要求的；委托人发现委托的鉴定事项有遗漏的；委托人在纠纷解决过程中又提供或者补充了新的鉴定资料的；在纠纷解决过程中，鉴定人员因深入了解分歧因素，发现问题需要作出补充鉴定的；其他需要补充鉴定的情况。

补充鉴定意见是原鉴定意见的组成部分。对因本列举的上述情况而改变了计价条件、计价方法作出补充鉴定意见，导致其与原鉴定意见不一致的，不属于原鉴定机构或原鉴定人员的错误，不应追究原鉴定机构或原鉴定人员的责任。

（9）当事人对鉴定结论意见有异议而申请重新鉴定，提出证据证明鉴定结论意见确实存在下列情形之一的，鉴定机构可以接受鉴定委托人重新鉴定委托：鉴定机构或者鉴定人员不具备相关的鉴定资格的；鉴定程序严重违法的；鉴定结论意见明显依据不足的；鉴定人员按规定应当回避而没有回避的；经过质证认定不能作为证据使用的其他情形。

对有缺陷的鉴定结论意见，能够通过补充鉴定、重新质证或者补充质证等方法解决的，不应接受重新鉴定。

（二）鉴定方法

项目鉴定范围和内容必须符合鉴定委托文书，鉴定成果文件表述的鉴定范围和内容必须符合鉴定委托文书要求，不得作出不符合委托的鉴定表述。

在鉴定项目合同约定有效的情况下，鉴定应采用当事人合同约定的计价方法。除非合同纠纷各方另行达成一致约定，否则不得采用不符合原合同约定的计价方法作出鉴定意见，也不得修改原合同计价条件而作出鉴定意见。

如果当事人纠纷项目的合同出现如下情况，鉴定受托人可以事实为依据，根据国家法律、法规、规章和规范性文件、有权机关发布的标准和本规程有关规定，独立选择适用的计价依据和方法形成鉴定意见，选择计价依据和方法的理由应在成果文件中表述：合同无效；合同对计价依据和方法约定不明；合同约定的计价依据和方法无法对纠纷部分进行鉴定。

鉴定项目可分为单项工程、单位工程、分部分项工程的，应按单项工程、单位工程、分部分项工程的划分规定，分别计算后汇总，不应混编混算。

鉴定机构在开展鉴定工作之前应首先确定合同性文件的解释顺序。

在遵守国家法律、法规及规范，纠纷项目各个合同性文件合法、有效及具有优先解释顺序约定的前提下，对合同约定了优先解释顺序的项目，按照其约定的优先解释顺序开展鉴定。对合同没有约定优先解释顺序的项目，鉴定机构宜提请鉴定委托人指定优先解释顺序，鉴定委托人要求受托人确定合同优先解释顺序的，宜选择如下优先解释顺序：
①合同协议书；②中标通知书；③投标书及其附件；④合同专用条款；⑤合同通用条款；⑥标准、规范及有关技术文件；⑦图纸；⑧工程量清单；⑨工程报价单或预算书。当上述文件不全时，其顺序依然有效。

在合同履行中，当事人有关工程洽商、变更、索赔等的书面协议或文件的解释顺序按时间排序，后立的文件优先于先立的文件。

如果当事人对纠纷项目合同、工程量清单、洽商、变更、索赔、工程报价单或结算书等相关文件有效性的约定有分歧，其有效性应请鉴定委托人决定；如果是因对国家计价规定性文件有不同理解而产生的分歧，分歧各方应共同提请相应有权机关解释。鉴定委托人要求鉴定受托人作出鉴别和判断的，鉴定受托人可依据建设科学技术和工程造价、经济专门知识进行鉴别和判断并提供鉴定意见。

当事人要求因物价问题调整合同价款时，对建设工程施工发承包合同履行期间，因人工、材料、工程设备、机械台班价格波动影响合同价款的，应根据合同约定的种类、内容、范围（幅度）方法调整合同价款。

合同中未明确计价中的风险因素，或采用无限风险、所有风险或类似语句约定计价中的风险因素，但随后为此发生纠纷的，按以下规定分担风险责任：

（1）下列影响合同价款的因素出现，应由发包人承担：国家法律、法规、规章和政策发生变化；省级或行业建设主管部门发布的人工费调整，但承包人对人工费或人工单价的报价高于发布的除外；由政府定价或政府指导价管理的原材料等价格进行了调整的。

（2）当事人在合同中未约定调价因素的，鉴定受托人应首先要求当事人协商确定鉴定中需要调价的因素；当事人不能协调达成一致意见的，鉴定受托人应提请鉴定委托人确定调价因素；鉴定委托人要求鉴定受托人确定调价因素的，鉴定受托人可依据建设科学技术和工程造价、经济专门知识进行鉴别和判断并提供鉴定意见。

（3）当事人未约定调价计算方法的，鉴定受托人应首先要求当事人协商确定鉴定中需要采用的计算方法；当事人不能协调达成一致意见的，鉴定受托人应提请鉴定受托人确定计算方法；鉴定受托人要求鉴定受托人确定计算方法，鉴定受托人可依据建设科学技术和工程造价、经济专门知识进行鉴别和判断并提供鉴定意见。

（4）合同约定由承包人采购材料和工程设备的，物价风险应由发承包双方合理分摊：如主要材料、工程设备单价变化小于或等于5％的，不予调整；如主要材料、工程设备单价变化大于5％的，如合同工期得到履行，发承包方各承担50％；如因发包人原因导致工期延误的，则计划进度日期后续工程的价格，采用计划进度日期与实际进度日期两者的较高者，并由发包人承担；如因承包人原因导致工期延误的，则计划进度日期后续工程的价格，采用计划进度日期与实际进度日期两者的较低者，并由承包人承担。

（5）由于承包人使用机械设备、施工技术以及组织管理水平等自身原因造成施工费用增加的，应由承包人全部承担。

（6）管理费和利润的风险由承包人全部承担。

因不可抗力事件导致的费用纠纷，发承包双方应按以下原则分别承担并调整合同价款和工期：

1）因工程损害导致第三方人员伤亡和财产损失以及运至施工场地用于施工的材料和待安装的设备的损害，由发包人承担；

2）发包人、承包人人员伤亡由其所在单位负责，并承担相应费用；

3）承包人的施工机械设备损坏及停工损失，由承包人承担；

4）停工期间，承包人应发包人要求留在施工场地的必要的管理人员及保卫人员的费用由发包人承担；

5）工程所需清理、修复费用，由发包人承担；

6）不可抗力解除后复工的，若不能按期竣工，应合理延长工期，发包人要求赶工的，赶工费用由发包人承担。

由于不可抗力解除合同的，发包人应向承包人支付合同解除之日前已完成工程但尚未支付的合同价款。此外，发包人还应支付下列金额：

（1）本规定中应由发包人承担的费用；

（2）已实施或部分实施的措施项目应付价款；

（3）承包人为合同工程合理订购且已交付的材料和工程设备货款，发包人一经支付此项货款，该材料和工程设备即成为发包人的财产；

（4）承包人撤离现场所需的合理费用，包括雇员遣送费和临时工程拆除、施工设备运离现场的费用；

（5）承包人为完成合同工程而预期开支的任何合理费用，且该项费用未包括在本款其他各项支付之内。

发承包双方办理结算工程款时，应扣除合同解除之日前发包人向承包人收回的价款。

（三）鉴定成果文件及鉴定结论意见

鉴定成果文件包括鉴定意见书、补充鉴定意见书、补充说明等。鉴定意见书应包括鉴定意见书封面、签署页、目录、鉴定人员声明、鉴定意见书正文、有关附件等。

鉴定意见书正文应包括如下内容：

（1）项目名称：主标题应为"××工程造价鉴定意见书"。

（2）文号：由各鉴定机构自定。

（3）基本情况含鉴定委托人，即出具委托书的工程造价鉴定项目委托人。委托日期：即委托书的出具日期。委托内容，即委托书上文字载明的委托鉴定事项或对象、鉴定目的、鉴定要求等。鉴定机构的鉴定意见书上对鉴定委托人提出委托的鉴定内容不得在文字上作出任何增删、修改、解释。

（4）鉴定依据：鉴定意见书中应分别表述如下鉴定依据含行为依据：主要指鉴定委托书。政策依据：主要指开展鉴定工作依据的法律、法规、规章等。分析（或计算）依据：主要指相关技术标准、规范、规程、定额、图纸、合同、招标投标文件、签证、变更单、纪要、勘察及测量资料、价格信息来源等。

（5）鉴定过程及分析：鉴定意见书中应按照鉴定工作的时间顺序，简述鉴定的工作过程和各项工作期间发现项目纠纷当事人争议的焦点及解决矛盾的方法。

（6）鉴定结论意见。

（7）特殊说明。凡对鉴定结论意见有必要加以提示、说明的内容，均在特殊说明中加以详细表述。

（8）鉴定机构出具鉴定意见书的签章（字）。鉴定机构及其鉴定人员应按照工程造价咨询行业的管理规定，在鉴定意见书上签章（字）。

（9）附件。

鉴定结论意见可同时包括以下形式：

（1）可确定的造价结论意见。当整个鉴定项目事实清楚、依据有力、证据充足时，鉴定机构应出具造价明确的造价鉴定结论意见。当鉴定项目中仅部分事实清楚、依据有力、证据充足时，鉴定机构应出具项目中该部分造价明确的鉴定结论意见，称为"可以确定的部分造价结论意见"。对当事人在鉴定过程中达成一致的书面妥协性意见而形成的鉴定结果也可以纳入造价鉴定结论意见或"可确定的部分造价结论意见"。

（2）无法确定部分项目的造价结论意见。当鉴定项目中有一部分事实不清、证据不力或依据不足，且当事人争议较大无法达成妥协，鉴定机构依据现有条件无法作出准确判断时，鉴定机构可以提交无法确定部分项目的造价结论意见，称为"无法确定部分项目的造价结论意见"。对鉴定中无法确定的项目、部分项目及其造价，凡依据鉴定条件可以计算造价的，鉴定意见书中均宜逐项提交明确的计算结果，并提出不能作出可确定结论意见的原因或当事人双方的分歧理由；凡依据鉴定条件无法计算造价的，鉴定意见书中宜提交估算结果或估价范围；提交估算结果或估价范围的条件也不具备时，鉴定机构可不提交估算结果或估价范围并说明理由；对鉴定委托人要求提交鉴别和判断性结论，鉴定机构可提交鉴别和判断性结论。

鉴定意见书的附件应包括：鉴定计算书；鉴定委托书；鉴定机构的营业执照、资质证书、项目备案书以及鉴定人员的注册证书等；鉴定过程中使用过并需要在鉴定意见书中作为附件装订入册的项目特有资料等。

鉴定意见书的语言表述应符合下列规范和要求：

（1）使用符合国家通用语言文字规范、专业术语规范和法律规范的用语；

（2）使用国家标准计量单位和符号；

（3）使用少数民族语言文字的，应当符合少数民族语言文字规范；

（4）文字精练，用词准确，语句通顺，描述客观、清晰。

第十二节　建设项目合同审计

建设项目经济合同审计主要审计合同签订的主体是否合格、内容是否完整，合同条款是否清晰、明确，审计时要特别注意合同条款与补充协议之间的关系，发生矛盾时以补充协议为准；审计合同的签订过程是否完整、手续是否齐全；审计合同中的质量标准、工期标准、报价标准是否符合有关标准的要求；审计合同的签订方式是否符合项目建设性质的要求；审计合同的履行与索赔情况。

一、合同管理审计

合同管理审计是指对项目建设过程中各专项合同内容及各项管理工作质量及绩效进行的审查和评价。合同管理审计目标主要包括：审查和评价合同管理环节的内部控制及风险管理的适当性、合法性和有效性；合同管理资料依据的充分性和可靠性；合同的签订、履行、变更、终止的真实性、合法性以及合同对整个项目投资的效益性。

（一）合同管理审计应依据主要资料

合同当事人的法人资质资料；合同管理的内部控制；专项合同书；专项合同的各项支撑材料等。

（二）合同管理审计主要内容

（1）合同管理制度的审计：检查组织是否设置专门的合同管理机构以及专职或兼职合同管理人员是否具备合同管理资格；检查组织是否建立了适当的合同管理制度；检查合同管理机构是否建立健全防范重大设计变更、不可抗力、政策变动等的风险管理体系。

（2）专项合同通用内容的审计：检查合同当事人的法人资质、合同内容是否符合相关法律和法规的要求；检查合同双方是否具有资金、技术及管理等方面履行合同的能力；检查合同的内容是否与招标文件的要求相符合；检查合同条款是否全面、合理，有无遗漏关键性内容，有无不合理的限制性条件，法律手续是否完备；检查合同是否明确规定甲乙双方的权利和义务；检查合同是否存在损害国家、集体或第三者利益等导致合同无效的风险；检查合同是否有过错方承担缔约过失责任的规定；检查合同是否有按优先解释顺序执行合同的规定。

（三）各类专项合同的审计

（1）勘察设计合同审计应检查合同是否明确规定建设项目的名称、规模、投资额、建设地点，具体包括以下内容：检查合同是否明确规定勘察设计的基础资料、设计文件及其提供期限；检查合同是否明确规定勘察设计的工作范围、进度、质量和勘察设计文件份数；检查勘察设计费的计费依据、收费标准及支付方式是否符合有关规定；检查合同是否明确规定双方的权利和义务；检查合同是否明确规定协作条款和违约责任条款。

（2）施工合同的审计：检查合同是否明确规定工程范围，工程范围是否包括工程地址、建筑物数量、结构、建筑面积、工程批准文号等；检查合同是否明确规定工期，以及总工期及各单项工程的工期能否保证项目工期目标的实现；检查合同的工程质量标准是否符合有关规定；检查合同工程造价计算原则、计费标准及其确定办法是否合理；检查合同是否明确规定设备和材料供应的责任及其质量标准、检验方法；检查所规定的付款和结算方式是否合适；检查隐蔽工程的工程量的确认程序及有关内部控制是否健全，有无防范价格风险的措施；检查中间验收的内部控制是否健全，交工验收是否以有关规定、施工图纸、施工说明和施工技术文件为依据；检查质量保证期是否符合有关建设工程质量管理的规定，是否有履约保函；检查合同所规定的双方权利和义务是否对等，有无明确的协作条款和违约责任；检查采用工程量清单计价的合同，是否符合《建设工程工程量清单计价规范》的有关规定。

（3）委托监理合同的审计：检查监理公司的监理资质与建设项目的建设规模是否相符；检查合同是否明确所监理的建设项目的名称、规模、投资额、建设地点；检查监理的业务范围和责任是否明确；检查所提供的工程资料及时间要求是否明确；检查监理报酬的计算方法和支付方式是否符合有关规定；检查合同有无规定对违约责任的追究条款。

（4）合同变更的审计：检查合同变更的原因以及是否存在合同变更的相关内部控制；检查合同变更程序执行的有效性及索赔处理的真实性、合理性；检查合同变更的原因以及变更对成本、工期及其他合同条款的影响的处理是否合理；检查合同变更后的文件处理工作，有无影响合同继续生效的漏洞。

（5）合同履行的审计：检查是否全面、真实地履行合同；检查合同履行中的差异及产生差异的原因；检查有无违约行为及其处理结果是否符合有关规定。

（6）终止合同的审计：检查终止合同的报收和验收情况；检查最终合同费用及其支付情况；检查索赔与反索赔的合规性和合理性；严格检查合同资料的归档和保管，包括合同签订、履行分析、跟踪监督以及合同变更、索赔等一系列资料的收集和保管是否完整。

二、项目建设合同订立阶段的审计重点

建设合同是承包方进行工程建设，发包方支付工程价款，明确双方当事人权利义务的有效依据，也是确保工程质量、进度、造价的关键文件。因此，审计应体现重点：

（1）严格审查工程建设是否遵守"先订合同，后施工"原则，是否有无合同施工现象。

（2）审查合同的订立是否以企业的立项报告及招标为依据，有无超计划、超标准擅自订立建设合同的现象。

（3）审查合同条款是否齐全严谨，对于定额套用、费用计取、材料供应、质量标准、工期进度、安全施工、结算方式、质保期限、违约责任等主要条款是否明确。

（4）审查合同是否对工程分包作出相应的资质、能力、范围等规定，对承包方擅自转包、或将主体工程肢解后分包等行为，是否明确了严厉的处罚措施及相应的责任追究办法等。

三、合同拟订条款应重点审查内容

（1）工程价款支付方面。审查拟订条款是否明确提出，承包人（下称：乙方）申请支付工程款应正规编制结算书；是否明确提出，结算书须经工程师审核并双方签章后，才能作为发包人（下称：甲方）的付款依据；提出的付款阶段与工程进度是否相匹配，提出的付款比例是否符合政策规定等。

（2）合同价款调整方面。审查拟订条款是否对合同价的调整范围、内容、方法提出了明细要求并具有可操作性；是否明确提出支撑合同价的投标预算，经审计（审核）出现错误后允许调整合同价；是否明确提出甲方实际认可的材料设备单价，与投标预算不一致时允许调整合同价；是否明确提出工程项目发生变更，合同价增加或减少时已约定的优惠比例不变等。

（3）执行计价规定方面。审查拟订条款是否明确提出，工程结算编制应符合当地政府的现行计价规定；是否已经结合工程项目实际，针对现行计价规定中需要予以细化和明确的事项进行了确认；是否明确提出高于现行计价规定或形成市场惯例的经济事项发生时，须由甲方表示意见后施行等。

（4）经济责任追偿方面。审查拟订条款是否对乙方失职、失误或不履行合同提出了切实可行的问责条款；是否明确提出发生追偿事项后，须当即划分责任，确定追偿数额并签章后，再按责任追偿；是否明确提出现场签证须随证计价，其正确与否须由工程师、甲方、乙方确认，超过一定数额时须经甲方主管领导签认等。

四、审查施工合同条款与招标文件是否一致

施工合同的签订应当以招标文件为依据。为了保障施工合同签订与招标文件相一致，建设单位应制定相应的管理制度，制定合同正式签订前的审查程序、审查部门等。合同正式签订前应重点审查以下内容：

（1）合同签订的内容是否依据招标文件，是否改变或削弱了招标文件提出的执行条件和执行效力。

（2）招标文件以外新增补的合同内容，是否维护和保障了双方经济利益，是否属于失衡或无效条款。

（3）格式文本合同不明确或显失公平的条款或内容，是否进行针对性删改或修订。

（4）合同审查部门提出审查意见和修改建议，是否在正式签订合同时进行更正和采纳。

第十章　建设项目工程造价指标

根据《建筑法》、《合同法》、《招标投标法》、《招标投标法实施条例》等法规要求，国家、行业和地方有关部门制定建设项目工程造价计价规定，例如：《建设工程工程量清单计价规范》、《建设项目投资估算编审规程》、《建设项目设计概算编审规程》、《建设工程招标控制价编审规程》、《建设项目工程结算编审规程》、《建设项目全过程造价咨询规程》、《建设工程造价鉴定规程》、《建设工程造价咨询成果文件质量标准》等。现提供建设项目工程造价指标分析案例，供相关建设业主、设计单位、工程造价咨询机构、工程招标代理机构以及造价师、评估师参考使用。

第一节　各地住宅建安造价指标

2009 年上半年省会城市住宅建安工程造价指标　单位：元/m² **表 10-1-1**

工程类别地区	多层	小高层	高层
北京	1066	1735	1679
天津	1175	1775	1848
石家庄	750	1150	1260
太原	918	1494	
呼和浩特	960	1550	1800
沈阳	800	1100	1400
长春	1280	1480	1620
哈尔滨	1084	1317	
上海	1040	1250	1525
南京	1140	1375	1670
合肥	940	1250	1900
南昌	832	1022	1242
济南	947	1118	1307
郑州	785	1170	1348
武汉	758	930	1066
南宁	835	1130	1250
海口	1100	1250	1500
重庆	960	1010	1150
贵阳	863	1184	0
昆明	1150	1325	1400
兰州	1201	1538	1810
西宁	1050	1250	1650
乌鲁木齐	872	1304	1464

2009 年下半年省会城市住宅建安工程造价指标

单位：元/m² **表 10-1-2**

工程类别地区	多层	小高层	高层
北京	1081	1730	1687
天津	1180	1787	1859
石家庄	780	1180	1280
太原	933	1519	0
呼和浩特	960	1550	1800
沈阳	820	1000	1400
长春	967	1265	1522
哈尔滨	1131	1320	0
上海	1242	1553	1580
南京	1100	1380	1730
杭州	900	1300	1700
合肥	800	1100	1650
福州	0	0	0
南昌	801	1105	1186
济南	1152	1552	1833
郑州	800	1210	1383
武汉	824	1087	1218
长沙	984	1176	1464
广州	1486	0	1711
南宁	805	1290	1395
海口	1100	1300	1550
重庆	965	1025	1160
成都	1250	1600	1800
贵阳	861	1181	0
昆明	1120	1300	1370
拉萨	0	0	0
西安	0	1392	1533
兰州	1275	1555	1631
西宁	1050	1365	1694
银川	1150	1275	0
乌鲁木齐	899	1366	1291

2010 年上半年省会城市住宅建安工程造价指标

单位：元/m² **表 10-1-3**

工程类别地区	多层	小高层	高层
北京	1101	1768	1706
天津	1381	1920	1985
石家庄	800	1150	1280
太原	972	1582	0
呼和浩特	1080	1650	1830
沈阳	850	1200	1350
长春	970	1210	1320
哈尔滨	1150	1390	0
上海	1365	1730	1835

工程类别地区	多层	小高层	高层
南京	1061	1293	1702
杭州	1000	1250	1500
合肥	870	1100	1300
福州	0	0	0
南昌	892	961	1226
济南	1116	1408	1643
郑州	790	1191	1366
武汉	859	1130	1266
长沙	975	1216	1441
广州	1486	0	1711
南宁	880	1280	1450
海口	0	0	0
重庆	970	1040	1160
成都	1300	1600	1850
贵阳	867	1191	0
昆明	0	0	0
拉萨	0	0	0
西安	1171	1575	1638
兰州	1285	1564	1638
西宁	1112	1402	1653
银川	1200	1450	0
乌鲁木齐	929	1551	1731

2010 年下半年省会城市住宅建安工程造价指标

单位：元/m² 表 10-1-4

工程类别地区	多层	小高层	高层
北京	1281.00	1663.00	1698.00
上海	1502.00	1835.00	1988.00
天津	1461.00	1973.00	2095.00
重庆	980.00	1100.00	1220.00
石家庄	820.00	1180.00	1260.00
太原	975.00	1587.00	
呼和浩特	1100.00	1600.00	1750.00
沈阳	880.00	1200.00	1550.00
长春	995.00	1350.00	1550.00
哈尔滨	1334.00	1615.00	
南京	1100.00	1365.00	1746.00
杭州	1050.00	1250.00	1700.00
合肥		1250.00	1500.00
南昌	909.00	1044.00	1244.00
济南	1232.00	1588.00	1747.00
郑州	796.00	1209.00	1382.00
武汉	879.00	1157.00	1295.00
长沙	1100.00	1350.00	1550.00
广州	1486.00		1711.00

续表

工程类别地区	多层	小高层	高层
南宁	980.00	1330.00	1490.00
成都	1050.00	1300.00	1360.00
贵阳	960.00	1164.00	1451.00
西安	1098.00	1561.00	1821.00
兰州	1314.00	1594.00	1713.00
西宁	1131.00	1512.00	1709.00
银川	1150.00	1350.00	
乌鲁木齐	934.00	1560.00	1740.00

2011 年上半年省会城市住宅建安工程造价指标

单位：元/m² **表 10-1-5**

工程类别地区	多层	小高层	高层
北京	1472.00	1853.00	1918.00
上海	1649.00	2016.00	2157.00
天津	1520.00	2039.00	2176.00
重庆	1050.00	1160.00	1300.00
石家庄	900.00	1260.00	1300.00
太原	996.00	1622.00	0.00
呼和浩特	1200.00	1600.00	1800.00
沈阳	900.00	1300.00	1600.00
长春	1160.00	1320.00	1450.00
哈尔滨	1377.00	1672.00	0.00
南京	1295.00	1465.00	1795.00
杭州	1070.00	1400.00	1750.00
合肥	960.00	1220.00	1450.00
南昌	951.00	1093.00	1327.00
济南	1214.00	1357.00	1757.00
郑州	831.00	1280.00	1445.00
武汉	908.00	1205.00	1349.00
长沙	1200.00	1259.00	1371.00
广州	1486.00	0.00	1711.00
南宁	1240.00	1350.00	1510.00
成都	1150.00	1300.00	1650.00
贵阳	989.00	1210.00	1504.00
昆明	1200.00	1400.00	1470.00
西安	1139.00	1889.00	1668.00
兰州	1382.00	1657.00	1847.00
西宁	1400.00	1700.00	1950.00
银川	1341.00	1420.00	1532.00
乌鲁木齐	969.00	1391.00	1665.00

2011 年下半年省会城市住宅建安工程造价指标

单位：元/m² **表 10-1-6**

工程类别地区	多层	小高层	高层
北京	1470.00	1845.00	1916.00
上海	1678.00	2064.00	2206.00
天津	1717.00	2258.00	2420.00
重庆	1050.00	1170.00	1310.00
石家庄	960.00	1280.00	1350.00
太原	987.00	1606.00	0.00
呼和浩特	1200.00	1600.00	1800.00
沈阳	1100.00	1350.00	1500.00
长春	1180.00	1420.00	1650.00
哈尔滨	1259.00	1653.00	0.00
南京	1200.00	1470.00	1750.00
杭州	1100.00	1400.00	1750.00
合肥	1081.00	1446.00	1506.00
南昌	1122.00	1169.00	1413.00
济南	1298.00	1440.00	1750.00
郑州	863.00	1326.00	1496.00
武汉	904.00	1194.00	1349.00
长沙	1494.00	1594.00	1734.00
广州	1486.00	0.00	1711.00
南宁	1227.00	1342.00	1509.00
成都	1080.00	1250.00	1570.00
贵阳	1033.00	1244.00	1548.00
昆明	1270.00	1480.00	1650.00
西安	1208.00	1693.00	1930.00
兰州	1561.00	1828.00	1980.00
西宁	1400.00	1700.00	1950.00
银川	1626.00	1700.00	1820.00
乌鲁木齐	1007.00	1411.00	1643.00

2012 年上半年省会城市住宅建安工程造价指标

单位：元/m² **表 10-1-7**

工程类别地区	多层	小高层	高层
北京	1533	1896	1985
上海	1711	2098	2245
天津	1732	2268	2428
重庆	1130	1300	1410
石家庄	1020	1260	1380
太原	964	1569	
呼和浩特	1200	2000	1800
沈阳	1000	1300	1450
长春	1250	1450	1700
哈尔滨	1259	1653	
南京	1226	1450	1785
杭州	1100	1400	1750

续表

工程类别地区	多层	小高层	高层
合肥	1080	1505	1445
南昌	1079	1104	1354
济南	1087	1569	1816
郑州		1561	1793
武汉	901	1192	1334
长沙	1235	1445	1471
广州	1486		1711
南宁	1356	1443	1525
海口	1054	1880	2068
成都	1050	1400	1600
贵阳	1055	1264	1565
昆明	1325	1540	1720
西安	1138	1729	1912
兰州	1577	1834	1996
西宁	1538	1845	2011
银川	1626	1766	1829
乌鲁木齐	1003	1412	1639

2012 年下半年省会城市住宅建安工程造价指标

单位：元/m² **表 10-1-8**

工程类别地区	多层	小高层	高层
北京	1477	1845	1923
上海	1815	2207	2408
天津	1714	2242	2395
重庆	1130	1300	1480
石家庄	1030	1260	1370
太原	891	1417	
呼和浩特	1100	1600	2000
沈阳	1100	1300	1500
长春	1230	1420	1700
哈尔滨	1215	1617	
南京	1254	1524	1731
杭州	1120	1410	1800
合肥	1198	1201	2008
南昌	1112	1287	1598
济南	1236	1590	1894
郑州		1535	1765
武汉	954	1263	1412
长沙	1219	1423	1463
广州	1486		1711
南宁	1339	1416	1121
海口	1625	1964	2265
成都	1300	1650	1650
贵阳	1039	1285	1539
昆明	1340	1560	1740

工程类别地区	多层	小高层	高层
西安	1174	1783	1969
兰州	1549	1797	1960
西宁	1482	1798	1957
银川	1781	1811	1831
乌鲁木齐	1041	1467	1706

全国省会城市住宅平均建安工程造价指标　　单位：元/m² **表 10-1-9**

工程类别年度	多层	小高层	高层
2008 年下半年	979	1319	1513
2009 年上半年	979	1292	1494
2009 年下半年	1015	1338	1537
2010 年上半年	1053	1377	1547
2010 年下半年	1096	1411	1595
2011 年上半年	1177	1461	1633
2011 年下半年	1233	1520	1700
2012 年上半年	1256	1576	1730
2012 年下半年	1284	1570	1774

第二节　建设项目工程造价指标

一、多层厂房造价指标分析

工　程　概　况　　　　　　　　　　**表 10-2-1**

项目名称	内　容
工程名称	某扩建生产及辅助用房
工程分类	建筑工程－工业建筑－厂房－标准厂房－多层厂房
工程地点	外环线外－闵行区
建筑物功能及规模	带地下车库的生产及办公的多层厂房
开工日期	2010 年 4 月 20 日
竣工日期	2011 年 3 月 30 日
建筑面积（m²）	13459.1　　其中：地上　9744　　地下　3715.1
建筑和安装工程造价（万元）	5092.92
平方米造价（元/m²）	3784
结构类型	框架
层数（层）	地上　7　　　地下　1
建筑高度（檐口）（m）	29.45
层高（m）	其中：首层　4.2　　标准层　3.9
建筑节能	外墙门窗采用隔热断桥铝合金双层中空玻璃，泡沫玻璃保温板外墙外保温系统，挤塑聚苯板屋面保温
抗震设防烈度（度）	7

项目名称		内 容
基础	类型	PHC混凝土管桩，满堂基础，桩承台
	埋置深度（m）	4.8
计价方式		清单计价
造价类别		结算价
编制依据		建设工程工程量清单计价规范（GB 50500—2003）及相关文件
价格取定期		中标价价格取定期为2009年11月，结算价中，人工、材料补差按2010年8月至2010年11月施工期间建筑材料市场信息价计取，其他价格均按中标期取定

工程造价指标汇总　　　　　　　　　　　表 10-2-2

序号	项目名称	造价（万元）	平方米造价（元/m²）	造价比例（%）
1	分部分项工程	4280.65	3180.49	84.05
1.1	建筑工程	2132.03	1584.08	41.86
1.2	装饰装修工程	1129.33	839.08	22.17
1.3	安装工程	1019.30	757.33	20.01
2	措施项目	745.11	553.61	14.63
3	其他项目	67.15	49.89	1.32
合　计		5092.92	3784.00	100.00

措施项目造价指标　　　　　　　　　　　表 10-2-3

序号	项目名称	造价（万元）	平方米造价（元/m²）	占总造价比例（%）
1	安全防护文明施工措施费	110.00	81.73	0.0216
1.1	环境保护	9.00	6.69	0.18
1.2	文明施工	13.00	9.66	0.26
1.3	临时设施	79.00	58.70	1.55
1.4	安全施工	9.00	6.69	0.18
2	大型机械进出场及安拆	12.00	8.92	0.24
3	施工措施费用	22.10	16.42	0.43
4	施工排水、降水	1.00	0.74	0.02
5	桩基所需发生的各项检测费用	8.00	5.94	0.16
6	工程保险费及施工所需一切险	19.50	14.49	0.38
7	其他措施费	11.00	8.17	0.22
8	现浇混凝土与钢筋混凝土构件模板	168.44	125.15	3.31
9	脚手架	65.08	48.35	1.28
10	垂直运输机械	30.00	22.29	0.59
11	基坑围护（深层搅拌桩）	298.00	221.41	5.85
合　计		745.11	635.34	14.63

注：1～7项及10项为中标价，闭口包干，11项为包干合同价。

其他项目造价指标   表 10-2-4

序号	项目名称	造价（万元）	平方米造价（元/m²）	占总造价比例（%）	备注
1	总承包服务费	67.15	49.89	1.32	玻璃幕墙、石材幕墙、空调工程、消防工程及电梯等专业分包工程配合费（按5%计取）
合　计		67.15	49.89	1.32	

二、变电站造价指标分析

工　程　概　况   表 10-2-5

项目名称	内容
工程名称	××Ⅲ型变电站
工程分类	建筑工程－民用建筑－其他－变电站
工程地点	外环线外－宝山区
建筑物功能及规模	含半地下室的Ⅲ型变电站
开工日期	2011 年 5 月
竣工日期	2011 年 8 月
建筑面积（m²）	204.70，其中：地上　115.60　地下　89.10
建筑和安装工程造价（万元）	50.64
平方米造价（元/m²）	2473.64
结构类型	框架
层数（层）	地上　1　层　地下　半　层
建筑高度（檐口）（m）	5.5
层高（m）	其中：首层　4.5　标准层＿＿＿＿
建筑节能	—
抗震设防烈度（度）	7
基础　类型	筏型基础，半地下室
埋置深度（m）	－2.15
计价方式	清单计价
合同类型	单价合同
造价类别	结算价
编制依据	《建设工程工程量清单计价规范》（GB 50500—2003）及现行有关文件
价格取定期	2001 年 5 月至 2011 年 8 月施工期间市场信息价

工程造价指标汇总   表 10-2-6

序号	项目名称	造价（万元）	平方米造价（元/m²）	造价比例（%）
1	分部分项工程	46.00	2247.21	90.85
1.1	建筑工程	31.78	1552.47	62.76
1.2	装饰装修工程	5.90	288.08	11.65
1.3	安装工程	8.32	406.66	16.44
2	措施项目	4.64	226.43	9.15
3	其他项目	—	—	—
合　计		50.64	2473.64	100.00

措施项目造价指标　　　　　　　　　　　　　　　表 10-2-7

序号	项目名称	造价 （万元）	平方米造价 （元/m²）	占总造价比例 （%）
1	安全防护文明施工措施费	1.70	83.05	3.36
1.1	环境保护	0.16	7.82	0.32
1.2	文明施工	0.33	16.12	0.65
1.3	临时设施	0.81	39.57	1.60
1.4	安全施工	0.40	19.54	0.79
2	现浇混凝土与钢混凝土构件模板	0.935	45.68	1.85
3	脚手架	2	97.70	3.95
合　计		4.64	226.43	9.15

注：其他措施费是指夜间施工、二次搬运、冬雨季施工、临时保护措施等。

三、污水处理厂工程造价指标分析

工程概况　　　　　　　　　　　　　　　　　　　表 10-2-8

工程类别	市政工程	工程项目	污水处理厂扩建工程
施工地点	浦东新区	施工情况	正常
扩建规模	旱季平均流量：80 万 m³/d	占地面积（m²）	335000
抗震设防烈度	7 度	工程造价（万元）	40758.80
建设工期	2007 年 8 月 20 日至 2008 年 6 月 18 日	单位流量造价 （万元/万 m³/d）	509.49
工程说明	本污水处理厂是在原有旱流污水处理能力的基础上，对其进行扩建 80 万 m³/d 污水处理能力和相应的污泥处理设施，使其出水达到《城镇污水处理厂污染物排放标准》中规定的一级 B 标准，本指标为扩建工程中的土建和安装部分，不含桩基和设备工程		
工程内容	改造的构筑物：交汇井		
	新建的构筑物：生物反应沉淀池 2 座（303.10m×247.90m）、紫外消毒池 1 座（25.31m×22.50m）、出水泵房 1 座（41.90m×37.10m）、2 号连通阀门井 1 座（9.40m×4.30m）、雨水泵房 1 座（25.40m×14.20m）、污水泵房 1 座（29.00m×15.30m）		
	新建的建筑物：出水泵房上部结构（839.1m²）、鼓风机 1 座（1477.49m²）、11 号～14 号变电所 4 座（228.01m²）、15 号变电所 1 座（290.58m²）、运行技术研究用房（649.56 m²）		
	新建的厂区总体工程：箱涵、各种管线、检查井、电缆沟、流量计井、电缆井、道路、围墙、大门、挡土墙、厂区照明等		
	生物反应沉淀池是由初沉池、AAO 池及之间连接管渠组成的合建体，地基处理采用桩基，基坑围护采用井点降水、自然放坡二级		
	共有 9 个箱涵，单孔净尺寸 3.5m×2.5m，均采用钢板桩加水平支撑围护，井点降水，开挖施工，现浇钢筋混凝土结构，天然地基，每隔 25m 设一道伸缩缝		
计价方式	清单计价		
合同类型	单价合同		
造价类别	结算价		
编制依据	承包合同、招投标文件、清单计价规范（2003）、市政定额（2000）及相关文件		
价格取定期	2007 年 4 月市场信息价（招标期）		

工程造价指标   表 10-2-9

序号	项目名称	土建（万元）	单位流量造价（万元/万 m³/d）	安装（万元）	单位流量造价（万元/万 m³/d）	土建安装合计（万元）	单位流量造价（万元/万 m³/d）	造价比例 %
1	生物反应沉淀池	20321.76	254.02	2729.59	34.12	23051.35	288.14	56.56
2	紫外线消毒池	131.91	1.65	0.77	0.01	132.68	1.66	0.33
3	出水泵房	1921.83	24.02	141.45	1.77	2063.28	25.79	5.06
4	鼓风机房	249.22	3.12	9.28	0.12	258.50	3.23	0.63
5	2 号通阀门井	71.83	0.90	503.34	6.29	575.16	7.19	1.41
6	厂区雨水泵房	197.38	2.47	8.89	0.11	206.28	2.58	0.51
7	厂区污水泵房	—	—	96.72	1.21	96.72	1.21	0.24
8	交汇井改造	8.06	0.10	—	—	8.06	0.10	0.02
9	1 号～14 号变电所	146.92	1.84	6.39	0.08	153.31	1.92	0.38
10	15 号变电所	51.96	0.65	2.52	0.03	54.48	0.68	0.13
11	运行技术研究房	2.44	0.03	0.42	0.01	2.86	0.04	0.01
12	平面箱涵工程	4547.50	56.84	—	—	4547.50	56.84	11.16
13	道路、围墙及其他工程	2228.98	27.86	1933.72	24.17	4162.70	52.03	10.21
14	土石方平整工程	3837.90	47.97	—	—	3837.90	47.97	9.42
15	措施项目清单	1608.01	20.10	—	—	1608.01	20.10	3.95
	合计					40758.80	509.49	100.00

注：此工程造价为含税造价。

四、单层仓库工程造价指标分析

工程概况   表 10-2-10

项目名称	内容
工程名称	××厂××仓库
工程分类	建筑工程—工业建筑—仓库—普通商业仓库—单层仓库
工程地点	外环线外—嘉定区
建筑物功能及规模	物流仓库用房
开工日期	2010 年 1 月 20 日
竣工日期	2011 年 1 月 25 日
建筑面积（m²）	13296 其中：地上 13296 地下 ——
建筑和安装工程造价（万元）	3603.01
平方米造价（元/m²）	2709.84
结构类型	钢结构
层数（层）	地上 1 地下 ——
建筑高度（檐口）（m）	14.65（室外地面至屋面面层的高度）

续表

项目名称		内　　容
层高（m）		其中：首层 __14.5__ 标准层 __14.5__
建筑节能		岩棉板屋面保温
抗震设防烈度（度）		7
基础	类型	PHC 混凝土管桩、方桩，钻孔灌注桩，桩承台基础
	埋置深度（m）	2.7～3.4
计价方式		清单计价
造价类别		结算价
编制依据		《建设工程工程量清单计价规范》（GB 50500—2003）及相关文件
价格取定期		合同约定按 2009 年 10 月（中标价）确定

工程造价指标汇总　　　　　　　　　　　　表 10-2-11

序号	项目名称	造价（万元）	平方米造价（元/m²）	造价比例（%）
1	分部分项工程	3495.60	2629.06	97.02
1.1	建筑工程	2902.51	2183.00	80.56
1.2	装饰装修工程	220.63	165.94	6.12
1.3	安装工程	372.45	280.12	10.34
2	措施项目	90.59	68.13	2.51
3	其他项目	16.83	12.65	0.47
合　计		3603.01	2709.84	100.00

措施项目造价指标　　　　　　　　　　　　表 10-2-12

序号	项目名称	造价（万元）	平方米造价（元/m²）	占总造价比例（%）
1	安全防护文明施工措施费	36.71	27.61	0.010
1.1	环境保护	0.30	0.22	0.000
1.2	文明施工	3.55	2.67	0.001
1.3	临时设施	23.56	17.72	0.007
1.4	安全施工	9.31	7.00	0.003
2	大型机械进出场及安拆	0.24	0.18	0.000
3	现浇混凝土与钢筋混凝土构件模板	23.24	17.48	0.006
4	脚手架	20.95	15.76	0.006
5	垂直运输机械	0.59	0.44	0.000
6	其他措施费	8.86	6.66	0.002
合计		90.59	68.13	0.025

注：其他措施费是指夜间施工、二次搬运、冬雨季施工、临时保护措施等。

其他项目造价指标

表 10-2-13

序号	项目名称	造价（万元）	平方米造价（元/m²）	占总造价比例（%）	备注
1	总承包服务费	16.83	12.65	0.47	桩基、消防、钢网架、虹吸雨水系统等专业分包配合费
合计		16.83	12.65	0.47	

五、高层办公楼造价指标分析

工 程 概 况

表 10-2-14

项目名称	内容
工程名称	某办公楼
工程分类	建筑工程—民用建筑—公共建筑—办公建筑—办公楼—高层办公楼
工程地点	内环线内—虹口区
建筑物功能及规模	一幢地下 4 层、地上 22 层的办公楼及一个 3 层商业裙楼
开工日期	2008 年 10 月
竣工日期	2012 年 7 月
建筑面积（m²）	82897.6 其中：地上 53258.6　地下 29639
建筑和安装工程造价（万元）	51140.00
平方米造价（元/m²）	6169.06
结构类型	办公塔楼、商业裙楼采用现浇钢筋混凝土框架＋剪力墙结构体系，地下室部分区域采用无梁楼盖体系
层数（层）	地上 22　地下 4
建筑高度（檐口）（m）	100
层高（m）	其中：首层 5.6　二、三层 5　标准层 4.1
建筑节能	裙房外墙面采用 50mm 岩棉保温；塔楼外墙面采用 100mm 岩棉保温；裙房及塔楼屋面采用 35mmXPS 挤塑保温板，玻璃幕墙为断热铝合金中空双银 Low-E，地下室墙面采用 XPS 挤塑保温板
抗震设防烈度（度）	7
基础　类型	钻孔灌注桩，满堂基础
基础　埋置深度（m）	17.6
计价方式	清单计价
造价类别	预算价
编制依据	清单计价及相关文件
价格取定期	总包：2010 年 6 月；精装修：2011 年 5 月

工程造价指标汇总　　　　　　　　　表 10-2-15

序　号	项目名称	造价（万元）	平方米造价（元/m²）	造价比例（%）
1	分部分项工程	48640.21	5867.51	95.11
1.1	建筑工程	23375.37	2819.79	45.71
1.2	装饰装修工程	7666.47	924.81	14.99
1.3	安装工程	17598.37	2122.90	34.41
2	措施项目	2031.97	245.12	3.97
3	其他项目	467.82	56.43	0.91
合　计		51140.00	6169.06	100.00

措施项目造价指标　　　　　　　　　表 10-2-16

序号	项目名称	造价（万元）	平方米造价（元/m²）	占总造价比例（%）
1	安全防护文明施工措施费	523.16	63.11	1.02
1.1	环境保护	30.00	3.62	0.06
1.2	文明施工	67.16	8.10	0.13
1.3	临时设施	381.00	45.96	0.75
1.4	安全施工	45.00	5.43	0.09
2	其他措施费（含财产保护、工程一切险及外来人员保险、分包工程施工措施费等）	1508.81	182.01	2.95
合　计		2031.97	245.12	3.97

其他项目造价指标　　　　　　　　　表 10-2-17

序号	项目名称	造价（万元）	平方米造价（元/m²）	占总造价比例（%）	备注
1	总承包服务费	467.82	56.43	0.91	指总包对幕墙、精装修、机电、消防等分包工程提供协调服务费用
合　计		467.82	56.43	0.91	

六、多层教学楼造价指标分析

工　程　概　况　　　　　　　　　表 10-2-18

项目名称	内　容
工程名称	××完全中学教学楼
工程分类	建设工程—建筑工程—民用建筑—公共建筑—教学楼—多层教学楼
工程地点	外环线外—嘉定区
建筑物功能及规模	中学教学用房
开工日期	2009 年 7 月
竣工日期	2010 年 7 月
建筑面积（m²）	2685 其中：地上__2685__ 地下__—__

项 目 名 称	内 容
建筑和安装工程造价（万元）	770.89
平方米造价（元/m²）	2871.09
结构类型	框架
层数（层）	地上： 5　　　地下 ——
建筑高度（檐口）（m）	20.85
层高（m）	其中：首层 4.2　　标准层 3.9
建筑节能	挤塑聚苯板屋面保温、铝合金低辐射中空玻璃门窗
抗震设防烈度（度）	7
基础 类型	钢筋混凝土管桩，桩承台基础
基础 埋置深度（m）	2.4
计价方式	清单计价
造价类别	结算价
编制依据	《建设工程工程量清单计价规范》（GB 505000—2003）及相关文件
价格取定期	2009 年 7 月至 2010 年 1 月主要建筑材料价格

工程造价指标汇总　　　　　　　　　　表 10-2-19

序号	项目名称	造价（万元）	平方米造价（元/m²）	造价比例（%）
1	分部分项工程	711.14	2648.57	92.25
1.1	建筑工程	357.51	1331.52	46.38
1.2	装饰装修工程	218.08	812.21	28.29
1.3	安装工程	135.55	504.84	17.58
2	措施项目	52.96	197.25	6.87
3	其他项目	6.79	25.27	0.88
	合　　计	770.89	2871.09	100.00

措施项目造价指标　　　　　　　　　　表 10-2-20

序号	项 目 名 称	造价（万元）	平方米造价（元/m²）	占总造价比例（%）
1	安全防护文明施工措施费	7.79	29.03	1.01
1.1	环境保护	0.45	1.69	0.06
1.2	文明施工	0.61	2.25	0.08
1.3	临时设施	5.98	22.27	0.78
1.4	安全施工	0.76	2.82	0.10
2	大型机械进出场及安拆	0.76	2.82	0.10
3	现浇混凝土与钢筋混凝土构件模板	31.80	118.43	4.12
4	脚手架	8.00	29.79	1.04
5	垂直运输机械	3.03	11.27	0.39
6	基坑支撑	0.15	0.56	0.02
7	打拔钢板桩	—	—	—

序号	项目名称	造价（万元）	平方米造价（元/m²）	占总造价比例（%）
8	打桩场地处理	—	—	—
9	施工排水、降水	0.15	0.56	0.02
10	其他措施费	1.29	4.79	0.17
合　计		52.96	197.25	6.87

注：其他措施费是指夜间施工、二次搬运、冬雨季施工、临时保护措施等。

其他项目造价指标 表 10-2-21

序号	项目名称	造价（万元）	平方米造价（元/m²）	占总造价比例（%）	备注
1	总承包服务费	6.79	25.27	0.88	铝合金门窗、消防工程等专业分包配合费
合　计		6.79	25.27	0.88	

七、科研楼造价指标分析

工　程　概　况 表 10-2-22

项目名称	内　容
工程名称	××科技大楼
工程分类	建筑工程—民用建筑—公共建筑—科学实验建筑—科研楼
工程地点	外环线外—闵行区
建筑物功能及规模	科技生产办公用房
开工日期	2011 年 1 月 1 日
竣工日期	2013 年 12 月 1 日
建筑面积（m²）	38557 其中：地上　32647　　地下　5910
建筑和安装工程造价（万元）	9481.83
平方米造价（元/m²）	2459.17
结构类型	框架
层数（层）	地上　12 层（局部 9 层）　　地下　1 层
建筑高度（檐口）（m）	48.9
层高（m）	其中：首层　5　　标准层　3.9　　地下室　4.6
建筑节能	聚苯挤塑板外墙外保温系统、聚苯挤塑板屋面隔热保温
抗震设防烈度（度）	7
基础　类型	预制钢筋混凝土方桩，桩承台基础，地下室
基础　埋置深度（m）	6.2
计价方式	清单计价
合同类型	单价合同
造价类别	投标价
编制依据	《建设工程清单计价规范》（GB 50500—2008）、上海市建筑安装工程系列定额（2000）及相关文件
价格取定期	2010 年 9 月 20 日至 10 月 19 日主要建筑材料市场信息价

工程造价指标汇总

表 10-2-23

序号	项目名称	造价（万元）	平方米造价（元/m²）	造价比例（%）
1	分部分项工程	8736.67	2265.91	92.14
1.1	建筑工程	3046.20	790.05	32.13
1.2	装饰装修工程	2426.19	629.25	25.59
1.3	安装工程	3227.50	837.07	34.04
1.4	室外景观及绿化	36.78	9.54	0.39
2	措施项目	628.47	163.00	6.63
3	其他项目	116.68	30.26	1.23
	合　计	9481.83	2459.17	100.00

措施项目造价指标

表 10-2-24

序号	项 目 名 称	造价（万元）	平方米造价（元/m²）	占总造价比例（%）	备注
1	安全防护文明施工措施费	125.73	32.61	1.33	按投标价4170万元的3%取定
1.1	环境保护	6.34	1.64	0.07	
1.2	文明施工	13.74	3.56	0.14	
1.3	临时设施	87.69	22.74	0.92	
1.4	安全施工	17.96	4.66	0.19	
2	大型机械进出场及安拆	1.58	0.41	0.0167	
3	现浇混凝土与钢筋混凝土构件模板	315.06	81.71	3.32	
4	脚手架	77.11	20.00	0.81	
5	垂直运输机械	33.70	8.74	0.36	
6	基坑支撑	0.11	0.03	0.0011	
7	打拔钢板桩	0.11	0.03	0.0011	
8	打桩场地处理	0.53	0.14	0.0056	
9	基础排水、降水	0.11	0.03	0.0011	
10	其他措施费	74.44	19.31	0.79	
	合　计	628.47	163.00	6.63	

注：其他措施费是指夜间施工、二次搬运、冬雨季施工、临时保护措施等。

其他项目造价指标

表 10-2-25

序号	项目名称	造价（万元）	平方米造价（元/m²）	占总造价比例（%）	备注（万元）
1	总承包服务费	116.68	30.26	1.23	幕墙、基坑围护、公用部位装修、智能化、消防、室外景观及绿化工程等专业分包配合费
	合　计	116.68	30.26	1.23	

八、医院造价指标分析

工 程 概 况　　　　　　　　　表 10-2-26

项 目 名 称	内　　容
工程名称	××地段医院迁建项目工程
工程分类	建筑工程—民用建筑—公共建筑—医疗建筑—医疗综合楼
工程地点	中环—浦东新区
建筑物功能及规模	按一级地段医院配置常规全科室，康复床位 50 张的医疗综合楼
开工日期	2010 年 7 月 24 日
竣工日期	2011 年 8 月 30 日
建筑面积（m²）	5090.98 其中：地上 3979.38　地下 1111.6
建筑和安装工程造价（万元）	1511.80
平方米造价（元/m²）	2969.57
结构类型	框架
层数（层）	地上 5　地下 1
建筑高度（檐口）（m）	20.2
层高（m）	其中：首层 4.2　标准层 2 层 3.9；2 层 3.6
建筑节能	外墙外保温系统，聚氨酯泡沫屋面保温，门窗采用断桥隔热中空玻璃
抗震设防烈度（度）	7
基础　类型	钢筋混凝土管桩，地下室基础
基础　埋置深度（m）	4.5
计价方式	清单计价
造价类别	结算价
编制依据	《建设工程工程量清单计价规范》（GB 50500—2003）及相关文件
价格取定期	2010 年 5 月（中标价取定期）

工程造价指标汇总　　　　　　　　　表 10-2-27

序号	项目名称	造价（万元）	平方米造价（元/m²）	造价比例（%）
1	分部分项工程	1267.74	2490.18	83.86
1.1	建筑工程	492.31	967.03	32.56
1.2	装饰装修工程	325.65	639.67	21.54
1.3	安装工程	449.78	883.48	29.75
2	措施项目	244.06	479.39	16.14
3	其他项目	—	—	—
合　计		1511.80	2969.57	100.00

措施项目造价指标 表 10-2-28

序号	项目名称	造价（万元）	平方米造价（元/m²）	占总造价比例（%）
1	安全防护文明施工措施费	30.20	59.32	2.00
1.1	环境保护	3.00	5.89	0.20
1.2	文明施工	4.95	9.72	0.33
1.3	临时设施	16.80	33.00	1.11
1.4	安全施工	5.45	10.71	0.36
2	大型机械进出场及安拆	2.00	3.93	0.13
3	现浇混凝土与钢筋混凝土构件模板	55.85	109.70	3.69
4	脚手架	8.60	16.88	0.57
5	垂直运输机械	6.17	12.12	0.41
6	基坑支撑	138.24	271.54	9.14
7	施工排水、降水	0.50	0.98	0.03
8	其他措施费	2.50	4.91	0.17
	合　计	244.06	206.87	16.14

注：其他措施费是指夜间施工、二次搬运、冬雨季施工、临时保护措施等。

九、高层商办楼造价指标分析

工程概况 表 10-2-29

项目名称	内容
工程名称	××街道××商办楼项目
工程分类	建筑工程—民用建筑—公共建筑—办公建筑—商办楼—高层商办楼
工程地点	内环线内—徐汇区
建筑物功能及规模	商业及办公用房，地上以以两栋高层写字楼，三层有机相连的商业休闲购物街为基座的一组多功能综合体，地下室为三层
开工日期（计划）	2010 年 9 月
竣工日期（计划）	2012 年 12 月
建筑面积（m²）	195347 其中：地上 102925　地下 92422
建筑和安装工程造价（万元）	14167.21
平方米造价（元/m²）	7252.29
结构类型	核心筒框架
层数（层）	地上 19　地下 3
建筑高度（檐口）(m)	88.4
层高（m）	其中：首层 5　标准层 4.2
建筑节能	外墙采用岩棉保温隔热，屋面保温采用挤塑聚苯板保温层，断热铝合金低辐射中空玻璃
抗震设防烈度（度）	7
基础　类型	钻孔灌注桩、满堂基础
基础　埋置深度（m）	15.6
计价方式	定额计价
合同类型	固定单价合同
造价类别	预算价
编制依据	上海市建筑安装工程系列定额及相关文件
价格取定期	2010 年 12 月主要建筑材料市场信息价

工程造价指标汇总　　　　　　表 10-2-30

序号	项目名称	造价（万元）	平方米造价（元/m²）	造价比例（%）
1	分部分项工程	108602.16	5559.45	76.66
1.1	建筑工程	58631.75	3001.42	41.39
1.2	装饰装修工程	22758.41	1165.02	16.06
1.3	安装工程	27212.00	1393.01	19.21
2	措施项目	3890.05	199.14	2.75
3	其他项目	29179.00	1493.70	20.60
合　　计		141671.21	7252.29	100

措施项目造价指标　　　　　　表 10-2-31

序号	项目名称	造价（万元）	平方米造价（元/m²）	占总造价比例（%）
1	安全防护文明施工措施费	3225.48	165.12	2.28
1.1	环境保护	79.99	4.09	0.06
1.2	文明施工	970.55	49.68	0.69
1.3	临时设施	1744.99	89.33	1.23
1.4	安全施工	429.96	22.01	0.30
2	大型机械进出场及安拆	—	—	—
3	现浇混凝土与钢筋混凝土构件模板	已计入分部分项造价内		
4	脚手架	582.72	29.83	0.41
5	垂直运输机械	已计入分部分项造价内		
6	基础排水、降水	81.85	4.19	0.06
7	其他措施费	—	—	—
合　　计		4297.63	3890.05	2.75

注：其他措施费是指夜间施工、二次搬运、冬雨季施工、临时保护措施等。

暂列金额、专业工程暂估价项目请在备注栏给予说明。

其他项目造价指标　　　　　　表 10-2-32

序号	项目名称	造价（万元）	平方米造价（元/m²）	占总造价比例（%）	备　注
1	专业工程暂估价项目	28209.00	1444.05	19.91	幕墙、LED 屏、冷水机组、空调箱及风机盘管、冷却塔、室外景观绿化等专业工程
2	总承包服务费	970.00	49.66	0.68	幕墙、LED 屏、冷水机组、空调箱及风机盘管、冷却塔、室外景观绿化等专业工程配合费
合　　计		29179.00	1493.70	20.60	

十、大卖场造价指标分析

工 程 概 况　　　　　　　　　　　　　　表 10-2-33

项目名称	内　　容
工程名称	××新建市场工程
工程分类	建筑工程—民用建筑—公共建筑—商业及服务建筑—大卖场
工程地点	内环—中环之间—普陀区
建筑物功能及规模	项目总建筑面积 8817m²，本项目指标仅为单体工程——单幢综合市场
开工日期（计划）	2012 年 2 月 28 日
竣工日期（计划）	总工期 270 日历天
建筑面积（m²）	其中：地上　550　　地下　——
建筑和安装工程造价（万元）	90.69
平方米造价（元/m²）	1642.54
结构类型	混合
层数（层）	地上　——
建筑高度（檐口）（m）	3.5
层高（m）	其中：首层　3.5　　标准层　——
建筑节能	屋面采用 150mm 珍珠岩保温层
抗震设防烈度（度）	7
基础　类型	条形基础
埋置深度（m）	1.4
计价方式	清单计价
造价类别	中标价
编制依据	《建设工程工程量清单计价规范》（GB 50500—2008）、《上海市建筑和装饰工程预算定额（2000）》、《上海市安装工程预算定额（2000）》及配套相关文件规定
价格取定期	2011 年 12 月

工程造价指标汇总　　　　　　　　　　表 10-2-34

序号	项目名称	造价（万元）	平方米造价（元/m²）	造价比例（%）
1	分部分项工程	73.17	1330.36	80.68
1.1	建筑工程	44.37	806.72	48.92
1.2	装饰装修工程	16.88	306.91	18.61
1.3	安装工程	11.92	216.73	13.14
2	措施项目	10.94	198.91	12.06
3	其他项目	1.5	27.27	1.65
4	规费	2.04	30.73	2.25
5	税金	3.04	55.27	3.35
	合　计	90.69	1642.54	100.00

注：第 4、5 项按《建设工程工程量清单计价规范》（GB 50500—2008）规定计价。

措施项目造价指标　　　　　　　　　　　　　　表 10-2-35

序号	项 目 名 称	造价 （万元）	平方米造价 （元/m²）	占总造价比例 （%）
1	安全防护文明施工措施费	2.40	43.64	2.65
1.1	环境保护	0.27	4.85	0.30
1.2	文明施工	0.34	6.24	0.37
1.3	临时设施	1.09	19.83	1.20
1.4	安全施工	0.70	12.71	0.77
2	大型机械进出场及安拆	0.10	1.82	0.11
3	现浇混凝土与钢筋混凝土构件模板	5.12	93.13	5.65
4	脚手架	1.67	30.26	1.84
5	垂直运输机械	0.25	4.60	0.28
6	基坑支撑	—	—	—
7	打拔钢板桩			
8	打桩场地处理	—	—	—
9	施工排水、降水			
10	其他措施费	1.40	25.46	1.54
	合　　计	10.94	198.91	12.06

注：其他措施费是指夜间施工、二次搬运、冬雨季施工、临时保护措施等。

其他项目造价指标　　　　　　　　　　　　　　表 10-2-36

序号	项 目 名 称	造价 （万元）	平方米造价 （元/m²）	占总造价比例 （%）	备　　注
1	专业工程暂估价项目	1.5	27.27	1.65	室外亚克力板顶棚
	合　　计	1.5	27.27	1.65	

注：暂列金额、专业工程暂估价项目请在备注栏给予说明。若为结算价，专业工程分包价、要素价格调整及现场
　　签证均归入相应的分部分项工程内。

十一、餐饮建筑造价指标分析

工 程 概 况　　　　　　　　　　　　　　　表 10-2-37

项目名称	内　　　容
工程名称	××商业餐饮建设工程
工程分类	建筑工程—民用建筑—公共建筑—商业及服务建筑—饮食建筑
工程地点	外环线外—浦东新区
建筑物功能及规模	商业餐饮用房
开工日期	2010 年 12 月
竣工日期	—
建筑面积（m²）	17214.9　　其中：地上 10366.1　　地下 6848.8
建筑和安装工程造价（万元）	7841.55

项目名称	内容
平方米造价（元/m²）	4555.09
结构类型	结构
层数（层）	地上 3 地下 1
建筑高度（檐口）（m）	18.1
层高（m）	其中：首层 5.4 标准层 4.5
建筑节能	挤塑聚苯乙烯屋面保温隔热板
抗震设防烈度（度）	7
基础 类型	混凝土管桩，满堂基础
基础 埋置深度（m）	5
计价方式	清单计价
合同类型	固定单价合同
造价类别	中标价
编制依据	《建设工程工程量清单计价规范》（GB 50500—2008）及相关文件
价格取定期	2010 年 11 月 1 日，主要材料价格

工程造价指标汇总　　　　　　　　　　　　　　　　　　表 10-2-38

序号	项目名称	造价（万元）	平方米造价（元/m²）	造价比例（%）
1	分部分项工程	4950.57	2875.75	63.13
1.1	建筑工程	3768.46	2189.07	48.06
1.2	装饰装修工程	575.32	334.20	7.34
1.3	安装工程	606.79	352.48	7.74
2	措施项目	543.75	315.86	6.93
3	其他项目	1976.02	1147.86	25.20
4	规费	112.70	65.47	1.44
5	税金	258.50	150.16	3.30
	合　计	7841.55	4555.09	100.00

措施项目造价指标　　　　　　　　　　　　　　　　　　表 10-2-39

序号	项目名称	造价（万元）	平方米造价（元/m²）	占总造价比例（%）
1	安全防护文明施工措施费	116.86	67.88	1.49
1.1	环境保护	22.72	13.20	0.29
1.2	文明施工	23.66	13.75	0.30
1.3	临时设施	50.61	29.40	0.65
1.4	安全施工	19.88	11.55	0.25
2	大型机械进出场及安拆	6.63	3.85	0.08

序号	项目名称	造价 （万元）	平方米造价 （元/m²）	占总造价比例 （%）
3	现浇混凝土与钢筋混凝土构件模板	206.29	119.83	2.63
4	脚手架			
5	垂直运输机械			
6	基坑支撑	208.76	121.27	2.66
7	打拔钢板桩			
8	基础排水、降水			
9	打桩场地处理	5.21	3.03	0.07
10	其他措施费	—	—	—

注：其他措施费是指夜间施工、二次搬运、冬雨季施工、临时保护措施等。

其他项目造价指标　　　　　　　　　　　　　　　　表 10-2-40

序号	项目名称	造价 （万元）	平方米造价 （元/m²）	占总造价比例 （%）	备注
1	暂列金额项目	538.48	312.80	6.87	总体绿化
2	专业工程暂估价项目	1044.08	606.50	13.31	幕墙
3	专业工程暂估价项目	168.21	97.71	2.15	弱电
4	专业工程暂估价项目	145.98	84.80	1.86	消防
5	总承包服务费	79.27	46.05	1.01	
	合　计	1976.02	1147.86	25.20	

注：暂列金额、专业工程暂估价项目请在备注栏给予说明。

十二、高层综合楼造价指标分析

工　程　概　况　　　　　　　　　　　　　　　　表 10-2-41

项目名称	内　容
工程名称	××税务综合业务大楼
工程分类	民用建筑—公共建筑—办公建筑—综合楼—高层综合楼
工程地点	外环线外—金山区
建筑物功能及规模	对外服务窗口及业务办公用房
开工日期	2007 年 7 月
竣工日期	2009 年 3 月
建筑面积（m²）	15909 其中：地上 13799　　地下 2110
建筑和安装工程造价（万元）	7748.64
平方米造价（元/m²）	4870.60
结构类型	框剪
层数（层）	10　地上 10　地下 1
建筑高度（檐口）(m)	54.09

项 目 名 称		内　　　容
层高（m）		其中：首层　6　（二、三）层　5.4　　标准层　4.4
建筑节能		外墙外保温系统，Low-E6＋9A＋6 中空玻璃门窗
抗震设防烈度（度）		6
基础	类型	PHC 预制钢筋混凝土管桩，桩承台筏板基础
	埋置深度（m）	6.2
计价方式		清单计价
合同类型		单价合同
造价类别		结算价
编制依据		《建设工程工程量清单计价规范》（GB 50500—2003）及相关文件
价格取定期		2007 年 7 月至 2009 年 3 月建筑材料市场信息价

工程造价指标汇总　　　　　　　　　　　表 10-2-42

序号	项目名称	造价（万元）	平方米造价（元/m²）	造价比例（%）
1	分部分项工程	7351.28	4620.83	94.87
1.1	建筑工程	2292.49	1441.00	29.59
1.2	装饰装修工程	2325.93	1807.93	37.12
1.3	安装工程	2506.35	1575.43	32.35
1.3.1	消防工程	349.06	219.41	4.50
1.3.2	变配电工程	216.97	136.38	2.80
1.3.3	弱电工程	527.17	331.37	6.80
1.3.4	空调工程	502.91	316.11	6.49
1.3.5	电梯工程	118.65	74.58	1.53
1.4	室外总体工程	226.51	142.38	2.92
2	措施项目	383.69	241.18	4.95
3	其他项目	13.67	8.59	0.18
3.1	外幕墙工程	550.32	345.91	7.10
	合计	7748.64	4870.60	100.00

措施项目造价指标　　　　　　　　　　　表 10-2-43

序号	项 目 名 称	造价（万元）	平方米造价（元/m²）	占总造价比例（%）
1	安全防护文明施工措施费	87.42	54.95	1.13
1.1	环境保护	5.80	3.65	0.07
1.2	文明施工	20.92	13.15	0.27
1.3	临时设施	41.90	26.34	0.54
1.4	安全施工	18.80	11.82	0.24

序号	项目名称	造价 （万元）	平方米造价 （元/m²）	占总造价比例 （%）
2	大型机械进出场及安拆	4.90	3.08	0.06
3	现浇混凝土与钢筋混凝土构件模板	97.84	61.50	1.26
4	脚手架	28.05	17.63	0.36
5	垂直运输机械	18.80	11.82	0.24
6	基坑支撑	32.02	20.12	0.41
7	打拔钢板桩	—	—	—
8	打桩场地处理	—	—	—
9	基础排水、降水	—	—	—
10	其他措施费	114.67	72.08	1.48
	合　　计	383.69	241.18	4.95

注：其他措施费是指夜间施工、二次搬运、冬雨季施工、临时保护措施等。

其他项目造价指标　　　　　　　　　　　　　　　　　　　表 10-2-44

序号	项目名称	造价 （万元）	平方米造价 （元/m²）	占总造价比例 （%）	备注
1	总承包服务费	13.67	8.59	0.18	空调、智能化系统、电梯、变配电等专业工程配合费
	合　　计	13.67	8.59	0.18	

注：智能化系统、变配电、电梯程、空调等专业分包造价已列入安装工程相关子项中。

十三、集散中心造价指标分析

工　程　概　况　　　　　　　　　　　　　　　　　　表 10-2-45

项目名称	内　　容
工程名称	××旅游集散中心
工程分类	建筑工程—民用建筑—公共建筑—办公建筑—综合楼—多层综合楼
工程地点	内中环线间—浦东新区
建筑物功能及规模	一层为旅游服务咨询中心、二层为候车大厅、三至五层办公楼
开工日期	2009 年 5 月 27 日
竣工日期	2010 年 6 月 2 日
建筑面积（m²）	14931 其中：地上　9916　　地下　5015
建筑和安装工程造价（万元）	7529.92
平方米造价（元/m²）	5043.14
结构类型	框架—剪力墙
层数（层）	地上　5　　地下　1
建筑高度（檐口）（m）	22.55
层高（m）	其中：首层　4.4　　标准层　5.5 和 3.6

项目名称		内 容
建筑节能		建筑外墙采用 3.5cm 厚聚苯板保温系统，屋面采用 4cm 聚苯板保温板
抗震设防烈度（度）		7
基础	类型	钻孔灌注桩、PHC 混凝土管桩、地下室底板带承台基础
	埋置深度（m）	5.02
计价方式		清单计价
造价类别		结算价
编制依据		《建设工程工程量清单计价规范》（GB 50500—2003）及相关文件
价格取定期		2009 年 5 月至 2010 年 5 月施工期间主要材料价格

工程造价指标汇总　　　　　　　表 10-2-46

序号	项目名称	造价（万元）	平方米造价（元/m²）	造价比例（%）
1	分部分项工程	5623.57	3766.37	74.68
1.1	建筑工程	2415.40	1617.71	32.08
1.2	装饰装修工程	638.67	427.75	8.48
1.3	安装工程	2569.49	1720.91	34.12
2	措施项目	820.62	549.61	10.90
3	其他项目	1085.73	727.16	14.42
	合　计	7529.92	5043.14	100.00

措施项目造价指标　　　　　　　表 10-2-47

序号	项目名称	造价（万元）	平方米造价（元/m²）	占总造价比例（%）
1	安全防护文明施工措施费	148.40	99.39	1.97
1.1	环境保护	11.00	7.37	0.15
1.2	文明施工	47.40	31.75	0.63
1.3	临时设施	68.00	45.54	0.90
1.4	安全施工	22.00	14.73	0.29
2	大型机械进出场及安拆	15.00	10.05	0.20
3	现浇混凝土与钢筋混凝土构件模板	242.38	162.33	3.22
4	脚手架	56.81	38.05	0.75
5	垂直运输机械	82.05	54.95	1.09
6	基坑支撑	194.48	130.25	2.58
7	施工排水、降水	22.50	15.07	0.30
8	其他措施费	59.00	39.52	0.78
	合　计	820.62	549.61	10.90

注：其他措施费是指夜间施工、二次搬运、冬雨季施工、临时保护措施等。

其他项目造价指标

表 10-2-48

序号	项目名称	造价 （万元）	平方米造价 （元/m²）	占总造价比例 （%）	备注
1	专业工程暂估价项目	1037.00	694.53	13.77	幕墙工程
2	总承包服务费	48.73	32.64	0.65	
合计		1085.73	727.16	14.42	

十四、地下汽车库造价指标分析

工　程　概　况

表 10-2-49

项目名称	内容
工程名称	××地下车库
工程分类	建筑工程—民用建筑—其他—汽车库—地下汽车库
工程地点	外环线外—松江区
建筑物功能及规模	地下车库，车位数 295
开工日期	390 天
竣工日期	
建筑面积（m²）	10576　其中：地上___—___　地下___10576___
建筑和安装工程造价（万元）	4058.37
平方米造价（元/m²）	3837.34
结构类型	框架
层数（层）	地上___—___　地下___1___
建筑高度（檐口）（m）	1.40
层高（m）	其中：首层___3.6___　标准层_____
建筑节能	30 厚沥青保护板、30 厚挤塑板保护层
抗震设防烈度（度）	7
基础　类型	钢筋混凝土方桩、筏板基础
埋置深度（m）	5.65
计价方式	清单计价
造价类别	中标价
编制依据	《建设工程工程量清单计价规范》（GB 50500—2008）及相关文件
价格取定期	2011 年 11 月

工程造价指标汇总

表 10-2-50

序号	项目名称	造价（万元）	平方米造价 （元/m²）	造价比例 （%）
1	分部分项工程	3563.39	3369.32	87.80
1.1	建筑工程	2839.79	2685.12	69.97
1.2	装饰装修工程	236.41	223.53	5.83
1.3	安装工程	487.19	460.66	12.00

365

序号	项目名称	造价（万元）	平方米造价（元/m²）	造价比例（%）
2	措施项目	271.30	256.52	6.68
3	其他项目	—	—	—
4	规费	87.24	82.49	2.15
5	税金	136.44	129.01	3.36
	合　计	4058.37	3837.34	100.00

注：第4、5项按《建设工程工程量清单计价规范》（GB 50500—2008）规定计价。

措施项目造价指标　　　　　　　　　　　　　**表 10-2-51**

序号	项目名称	造价（万元）	平方米造价（元/m²）	占总造价比例（%）
1	安全防护文明施工措施费	142.54	134.78	3.51
1.1	环境保护	12.82	12.12	0.32
1.2	文明施工	27.67	26.16	0.68
1.3	临时设施	67.92	64.22	1.67
1.4	安全施工	34.13	32.28	0.84
2	大型机械进出场及安拆	0.36	0.34	0.01
3	现浇混凝土与钢筋混凝土构件模板	125.88	119.02	3.10
4	施工排水、降水	2.52	2.38	0.06
	合　计	271.30	256.52	6.68

十五、停车场造价指标分析

工　程　概　况　　　　　　　　　　　　　**表 10-2-52**

项　目　名　称	内　　容
工程名称	××综合客运交通停车场
工程分类	建筑工程—民用建筑—交通建筑—其他
工程地点	外环线外—浦东新区
建筑物功能及规模	敞开式停车场，主体四层，局部五层
开工日期	2009 年 9 月
竣工日期	2010 年 5 月
建筑面积（m²）	15060 其中：地上　15060　　地下　—
建筑和安装工程造价（万元）	3043.50
平方米造价（元/m²）	2020.92
结构类型	框架
层数（层）	地上　4　　地下　0
建筑高度（檐口）（m）	20.25
层高（m）	其中：首层　4.5　　标准层　3.6

项 目 名 称		内 容
建筑节能		加气混凝土屋面保温层
设计荷载		办公区：4kg/m²；办公：2kg/m²；楼梯走廊：2.5kg/m²；屋面：0.7kg/m²
抗震设防烈度（度）		7
基础	类型	钢筋混凝土方桩，桩承台基础
	埋置深度（m）	2.35
计价方式		清单计价
合同类型		单价合同
造价类别		结算价
编制依据		《建设工程工程量清单计价规范》（GB 50500—2003）、上海建筑和装饰、安装工程系列预算定额（2000）及现行相关文件
价格取定期		2009 年 9 月投标期市场材料价格

工程造价指标汇总　　　　　　　　　　表 10-2-53

序号	项目名称	造价（万元）	平方米造价（元/m²）	造价比例（%）
1	分部分项工程	2531.22	1680.76	83.17
1.1	建筑工程	1263.68	839.10	41.52
1.2	装饰装修工程	526.27	349.45	17.29
1.3	安装工程	741.27	492.21	24.36
2	措施项目	512.28	340.16	16.83
3	其他项目	—	—	—
合　计		3043.50	2020.92	100.00

措施项目造价指标　　　　　　　　　　表 10-2-54

序号	项 目 名 称	造价（万元）	平方米造价（元/m²）	占总造价比例（%）
1	安全防护文明施工措施费	74.35	49.37	2.44
1.1	环境保护	5.90	3.92	0.19
1.2	文明施工	11.35	7.54	0.37
1.3	临时设施	43.00	28.55	1.41
1.4	安全施工	14.10	9.36	0.46
2	夜间施工	4.30	2.86	0.14
3	二次搬运	5.00	3.32	0.16
4	大型机械进出场及安拆	8.10	5.38	0.27
5	已完工程及设备保护	47.90	31.81	1.57
6	现浇混凝土与钢筋混凝土构件模板	250.38	166.25	8.23
7	脚手架	18.00	11.95	0.59

序号	项目名称	造价（万元）	平方米造价（元/m²）	占总造价比例（%）
8	垂直运输机械	14.80	9.83	0.49
9	基坑支撑	—	—	—
10	打拔钢板桩	—	—	—
11	打桩场地处理	0.50	0.33	0.02
12	基础排水、降水	0.20	0.13	0.01
13	外来人员综合保险费	20.75	13.78	0.68
14	其他措施费	68.00	45.15	2.23
	合　计	512.28	340.16	16.83

注：其他措施费是指夜间施工、二次搬运、冬雨季施工、临时保护措施等。

十六、高层住宅造价指标分析

工　程　概　况　　　　　　　　　　　　　表 10-2-55

项目名称	内　容
工程名称	×××地块高层住宅
工程分类	建筑工程—民用建筑—居住建筑—住宅—高层住宅—高层（10层及10层以上）
工程地点	外环线内—杨浦区
建筑物功能及规模	经济适用房
开工日期	2009 年 7 月
竣工日期	2010 年 12 月
建筑面积（m²）	其中：地上　6606.13　　地下　——
建筑和安装工程造价（万元）	1515.91
平方米造价（元/m²）	2294.70
结构类型	剪力墙
层数（层）	地上　14　　地下
建筑高度（檐口）（m）	45.2
层高（m）	其中：首层　2.8　　标准层　2.8
建筑节能	外墙外保温系统、挤塑板屋面保温、普通粉喷铝合金型材中空玻璃门窗
抗震设防烈度（度）	7
基础　类型	PHC 预制钢筋混凝土桩，桩承台筏板基础
基础　埋置深度（m）	3.1
计价方式	清单计价
造价类别	结算价
编制依据	《建设工程工程量清单计价规范》（GB 50500—2003）及相关文件
价格取定期	中标价取定期 2009 年 3 月，结算价取定期 2009 年 7 月至 2010 年 12 月

工程造价指标汇总 表 10-2-56

序号	项目名称	造价（万元）	平方米造价（元/m²）	造价比例（%）
1	分部分项工程	1460.85	2211.35	96.37
1.1	建筑工程	859.61	1301.23	56.71
1.2	装饰装修工程	390.75	591.50	25.78
1.3	安装工程	210.49	318.63	13.89
2	措施项目	51.73	78.30	3.41
3	其他项目	3.33	5.04	0.22
	合 计	1515.91	2294.70	100.00

措施项目造价指标 表 10-2-57

序号	项 目 名 称	造价（万元）	平方米造价（元/m²）	占总造价比例（%）
1	安全防护文明施工措施费	28.29	42.83	1.87
1.1	环境保护	1.39	2.11	0.09
1.2	文明施工	5.30	8.02	0.35
1.3	临时设施	16.03	24.26	1.06
1.4	安全施工	5.58	8.44	0.37
2	大型机械进出场及安拆	1.63	2.47	0.11
3	现浇混凝土与钢筋混凝土构件模板	在相关分部分项工程造价项目中计取		
4	脚手架	在相关分部分项工程造价项目中计取		
5	垂直运输机械	11.80	17.86	0.78
6	基坑支撑	—	—	—
7	打拔钢板桩	—	—	—
8	打桩场地处理	—	—	—
9	施工排水、降水	0.98	1.48	0.06
10	其他措施费	9.03	13.67	0.60
	合 计	51.73	78.30	3.41

注：其他措施费是指夜间施工、二次搬运、冬雨季施工、临时保护措施等。

其他项目造价指标 表 10-2-58

序号	项 目 名 称	造价（万元）	平方米造价（元/m²）	占总造价比例（%）	备注
1	总承包服务费	3.33	5.04	0.22	专业分包配合费
	合 计	3.33	5.04	0.22	

注：暂列金额、专业工程暂估价项目请在备注栏给予说明。若为结算价，专业工程分包价、要素价格调整及现场签证均归入相应的分部分项工程内。

十七、多层住宅造价指标分析

工 程 概 况　　　　　　　　　表 10-2-59

项目名称		内　容
工程名称		××住宅
工程分类		建筑工程—民用建筑—居住建筑—住宅—多层住宅—中层（4～6 层）
工程地点		外环线外—松江区
建筑物功能及规模		跃层住宅
开工日期（计划）		2011 年 11 月
竣工日期（计划）		2012 年 11 月
建筑面积（m²）		3204.12　其中：地上__2466.13__，地下__737.99__
建筑和安装工程造价（万元）		767.47
平方米造价（元/m²）		2395.25
结构类型		地下室框架—地上混合结构
层数（层）		地上__5__　地下__1__
建筑高度（檐口）（m）		15.6
层高（m）		其中：首层__3__　标准层__3__
建筑节能		挤塑聚苯屋面保温，外墙外保温系统，断热铝合金普通中空玻璃窗
抗震设防烈度（度）		7
基础	类型	PHC 混凝土管桩 ϕ300，混凝土方桩，筏板基础
	埋置深度（m）	3.97
计价方式		清单计价
造价类别		中标价
编制依据		《建设工程工程量清单计价规范》（GB 50500—2008）、《上海市建筑和装饰工程预算定额（2000）》、《上海市安装工程预算定额（2000）》及配套相关文件
价格取定期		2011 年 11 月

工程造价指标汇总　　　　　　　表 10-2-60

序号	项目名称	造价（万元）	平方米造价（元/m²）	造价比例（%）
1	分部分项工程	632.19	1973.06	82.37
1.1	建筑工程	376.87	1176.19	49.11
1.2	装饰装修工程	204.82	639.24	26.69
1.3	安装工程	50.51	157.63	6.58
2	措施项目	82.34	256.97	10.73
3	其他项目	—	—	—
4	规费	27.63	86.23	3.60
5	税金	25.31	78.99	3.30
	合　计	767.47	2395.25	100.00

注：第 4、5 项按《建设工程工程量清单计价规范》（GB 50500—2008）规定计价。

措施项目造价指标 表 10-2-61

序号	项目名称	造价（万元）	平方米造价（元/m²）	占总造价比例（%）
1	安全防护文明施工措施费	25.89	80.80	3.37
1.1	环境保护	2.44	7.60	0.32
1.2	文明施工	5.03	15.69	0.65
1.3	临时设施	12.34	38.50	1.61
1.4	安全施工	6.09	19.01	0.79
2	大型机械进出场及安拆	0.04	0.12	0.01
3	现浇混凝土与钢筋混凝土构件模板	50.14	156.47	6.53
4	脚手架	6.01	18.75	0.78
5	垂直运输机械	—	—	—
6	基坑支撑	—	—	—
7	打拔钢板桩	—	—	—
8	打桩场地处理	—	—	—
9	施工排水、降水	0.26	0.81	0.03
10	其他措施费	—	—	—
	合　计	82.34	337.77	10.73

注：其他措施费是指夜间施工、二次搬运、冬雨季施工、临时保护措施等。

十八、联体别墅造价指标分析

工程概况 表 10-2-62

项目名称	内容
工程名称	××花园
工程分类	建筑工程—民用建筑—居住建筑—住宅—多层住宅
工程地点	外环线外—浦东新区
建筑物功能及规模	商品房（四单元联体别墅）
开工日期	2007 年 3 月
竣工日期	2008 年 6 月
建筑面积（m²）	1280
建筑和安装工程造价（万元）	264.06 万元（毛坯房）
平方米造价（元/m²）	2063.00
结构类型	框架
层数（层）	3
建筑高度（檐口）（m）	8.7
层高（m）	2.9
建筑节能	聚苯板外墙外保温系统，挤塑板屋面保温，中空玻璃铝合金门窗
抗震设防烈度（度）	7

项 目 名 称		内　　容
基础	类型	预制两节方桩，桩承台基础
	埋置深度（m）	1.5
计价方式		定额计价
合同类型		单价合同
造价类别		结算价
编制依据		上海市建筑安装系列定额及相关文件
价格取定期		2007 年 3 月至 2008 年 6 月施工期间建筑材料市场信息价

工程造价指标汇总　　　　　　　　　　表 10-2-63

序号	项目名称	造价（万元）	平方米造价（元/m²）	造价比例（%）
1	分部分项工程	263.42	2057.97	99.76
1.1	建筑工程	179.31	1400.84	67.91
1.2	装饰装修工程	58.96	460.64	22.33
1.3	安装工程	25.15	196.49	9.52
2	措施项目	0.64	5.03	0.24
3	其他项目	—	—	—
合　　计		264.06	2063.00	100.00

措施项目造价指标　　　　　　　　　　表 10-2-64

序号	项 目 名 称	造价（万元）	平方米造价（元/m²）	占总造价比例（%）
1	安全防护文明施工措施费	0.07	0.54	0.03
1.1	环境保护	0.01	0.078	0.00
1.2	文明施工	0.013	0.10	0.00
1.3	临时设施	0.029	0.23	0.01
1.4	安全施工	0.016	0.13	0.01
2	大型机械进出场及安拆	0.052	0.41	0.02
3	现浇混凝土与钢筋混凝土构件模板	0.18	1.41	0.07
4	脚手架	0.24	1.88	0.09
5	垂直运输机械	0.08	0.63	0.03
6	打桩场地处理	0.02	0.16	0.01
合　　计		0.64	5.03	0.24

十九、桩基及基坑围护工程造价指标分析

项 目 名 称		内　　容
工程名称		某办公楼及商业发展项目——桩基及基坑围护工程
工程分类		建筑工程—民用建筑—公共建筑—其他—基坑围护工程
工程地点		内环线内—浦东新区
建筑物功能及规模		为地下 4 层，地上 1 栋 55 层、1 栋 52 层的 A 级办公楼及 5 层商业裙房
开工日期		预计 2012 年 6 月
竣工日期		预计 2017 年 6 月
建筑面积（m²）		地下建筑面积　119988
建筑和安装工程造价（万元）		36316
平方米造价（元/m²）		3027（仅为地下建筑面积之平方米造价）
结构类型		劲性结构框架＋钢筋混凝土核心筒
层数（层）		地下 4 层
建筑高度（檐口）（m）		—
层高（m）		其中：地下一层　6.2　　地下二层　5.5　　地下三层 3.6　地下四层 3.7
建筑节能		—
抗震设防烈度（度）		7
基础	类型	桩筏基础
	埋置深度（m）	约 20m
计价方式		
造价类别		概算
编制依据		计价相关文件
价格取定期		2011 年 12 月主要建筑材料价格

序号	项目名称	造价（万元）	平方米造价（元/m²）	造价比例（%）
1	分部分项工程	34686.00	2890.79	95.51
1.1	建筑工程	34686.00	2890.79	95.51
2	措施项目	1630.00	135.85	4.49
3	其他项目	—	—	—
	合　　计	36316.00	3026.64	100.00

注：平方米造价按地下建筑面积 119988m² 计算。

序号	项目名称	造价（万元）	平方米造价（元/m²）	占总造价比例（%）
1	安全防护文明施工措施费	371.00	30.92	1.02
1.1	环境保护	28.00	2.33	0.08

序号	项 目 名 称	造价 （万元）	平方米造价 （元/m²）	占总造价比例 （%）
1.2	文明施工	24.00	2.00	0.07
1.3	临时设施	315.50	26.29	0.87
1.4	安全施工	3.50	0.29	-0.01
2	大型机械进出场及安拆	3.50	0.29	0.01
3	现浇混凝土与钢筋混凝土构件模板	—	—	—
4	脚手架	263.50	21.96	0.73
5	垂直运输机械	267.00	22.25	0.74
6	基础排水、降水	31.00	2.58	0.09
7	其他措施费	694.00	57.84	1.91
合　计		1630.00	135.85	4.49

注：1. 模板费用已包括在实体工程费用内综合考虑。

    2. 其他措施费是指夜间施工、二次搬运、冬雨季施工、临时保护措施、协调配合费、雇员赔偿保险等。

二十、宾馆造价指标分析（精装修部分）

工 程 概 况 　　　　　　　　表 10-2-68

项 目 名 称	内　　　　容
工程名称	××广场四星级酒店室内装饰工程
工程分类	建筑工程—民用建筑—公共建筑—商业及服务建筑—旅馆—四星级宾馆（精装修部分）
工程地点	外环线外—嘉定区
建筑物功能及规模	四星级酒店（仅精装修）
开工日期	2010 年 3 月 1 日
竣工日期	2010 年 10 月 1 日
建筑面积（m²）（装修）	14500.15 其中：地上　14500.15　，地下　—
建筑和安装工程造价（万元）	5064.92
平方米造价（元/m²）	3493.01
结构类型	框架
层数（层）（装修）	地上　1—2F 及 17—26F 共计 12 层　，地下　—
建筑高度（檐口）（m）	102.85
层高（m）	1～2 层 4.55，17—26 层 3.5
建筑节能	聚苯板外墙外保温系统；外窗门窗采用 Low-E 玻璃中空玻璃；干挂石材外墙面
抗震设防烈度（度）	7
基础 类型	筏板基础
基础 埋置深度（m）	5.8
计价方式	清单计价

工程造价指标汇总 表 10-2-69

序号	项目名称	造价（万元）	平方米造价（元/m²）	造价比例（%）
1	分部分项工程	4968.07	3426.22	98.09
1.1	建筑工程	—	—	—
1.2	装饰装修工程	3675.05	2534.49	72.56
1.3	安装工程	1293.02	891.73	25.53
2	措施项目	62.79	43.30	1.24
3	其他项目	34.06	23.49	0.67
合　计		5064.92	3493.01	100.00

分部分项工程造价指标 表 10-2-70

序号	项目名称	造价（万元）	平方米造价（元/m²）	占总造价比例（%）
2	装饰装修工程	3675.05	2534.49	72.56
2.1	楼地面工程	478.63	330.09	9.45
2.2	墙柱面工程	741.87	511.63	14.65
2.3	顶棚工程	333.91	230.28	6.59
2.4	门窗工程	441.44	304.44	8.72
2.5	油漆、涂料、裱糊工程	1.43	0.99	0.03
2.6	其他工程	1677.77	1157.07	33.13
2.6.1	软装	40.00	27.59	0.79
2.6.2	家具	1541.71	1063.24	30.44
2.6.3	其他	96.06	66.25	1.90
3	安装工程	1293.02	891.73	25.53
3.1	电气工程（灯具）	304.03	209.67	6.00
3.2	给水排水工程（洁具）	319.08	220.05	6.30
3.3	燃气工程	—	—	—
3.4	消防工程	—	—	—
3.5	通风空调工程	—	—	—
3.6	智能化系统工程	669.92	163.40	13.23
3.7	电梯工程	—	—	—
3.8	其他工程	—	—	—
合　计		4968.07	3426.22	98.09

注：1. 上述造价为仅精装修部分（不含粉刷）。

2. 业主专业分包：分户门、弱电、家具、布艺、艺术品、防护栏杆、灯具。

措施项目造价指标 表 10-2-71

序号	项 目 名 称	造价 （万元）	平方米造价 （元/m²）	占总造价比例 （%）
1	安全防护文明施工措施费	16.04	11.06	0.32
1.1	环境保护	3.90	2.69	0.08
1.2	文明施工	3.90	2.69	0.08
1.3	临时设施	4.01	2.77	0.08
1.4	安全施工	4.23	2.92	0.08
2	脚手架	7.53	5.19	0.15
3	其他措施费	39.22	27.05	0.77
合　计		62.79	43.30	1.24

注：其他措施费是指夜间施工、二次搬运、冬雨季施工、临时保护措施、材料检测费、垃圾清运费、赶工措施费、现场水电费、保洁费、竣工图纸及资料、现场安保、预埋工程费、封堵、工人住宿费等。

其他项目造价指标 表 10-2-72

序号	项 目 名 称	造价 （万元）	平方米造价 （元/m²）	占总造价比例 （%）	备　注
1	总承包服务费	34.06	23.49	0.67	分户门、防护栏杆、智能化系统、灯具等专业分包工程配合费，部分甲供材料配合费
合　计		34.06	23.49	0.67	

二十一、幼儿园大修工程造价指标分析

工 程 概 况 表 10-2-73

房屋类型	幼儿园	结构形式	混合结构	建筑面积（m²）	1560
层　数	2～3层	修缮标准	大修工程	工程总价（万元）	90.1
基本情况	执行《上海市房屋修缮工程预算定额（2000）》，人工单价取定：65 元/工日～76 元/工日，综合间接费取定12%，给水排水工程、卫生洁具、电气设备执行《上海市安装工程预算定额（2000）》				
主要工作内容	拆除工程	局部铲除屋面卷材防水层，局部拆除一砖墙、素混凝土基础、素混凝土地坪，拆除铝合金窗、门、木门，拆除木地板、踢脚板、隔墙、护墙板、橱柜等，铲除墙面瓷砖，拆除砖砌水盘、池、槽，包括垃圾清运费			
	砌筑工程	局部新砌一砖墙、半砖墙、砌粉大便槽、砌粉水盘（连脚）			
	混凝土工程	钢筋混凝土独立基础、零星钢筋混凝土平板、现浇现拌混凝土台阶			
	金属工程	不锈钢管扶手栏杆、靠墙不锈钢管扶手、钢构架夹胶钢化玻璃采光顶棚、不锈钢旗杆、不锈钢衣架、不锈钢装饰架			
	屋面工程	平屋面裂缝凿嵌环氧树脂外粉水泥、局部新做三元乙丙橡胶卷材屋面、彩钢夹芯板屋面			
	粉刷工程	新砌外墙混合砂浆粉刷、新粉、修补墙柱面水泥黄沙粉刷、走道水泥砂浆台度、厨房间、卫生间墙面、大便槽铺贴彩瓷砖			

主要工作内容	楼地面工程	部分新做混凝土地坪、水泥砂浆面层找平层，修粉地面水泥砂浆面层，新铺地坪地砖，修铺楼梯地砖，教室铺复合地板金属压条，卫生间、厨房铺缸砖面层
	木装修工程	新做木隔断、护墙、装饰夹板面和防火板面、台度木装饰线条，新做轻钢龙骨吊平顶基层、纸面石膏板面和PPR条板面，新做细木工板壁橱，包括百叶门、大理石洗漱台、浴厕间壁、衣钩
	门窗工程	新做木夹板门，包括门框和门套，安装铝合金门、推拉窗、平开窗、铝合金纱窗、不锈钢防盗窗，安装钢板防盗门，安装无框玻璃门，包括不锈钢门洞框
	沟路工程	新做混凝土路面、现浇混凝土台阶、新铺广场砖面层
	油漆工程	木板壁聚氨酯清漆、踢脚板酚醛清漆、木门聚氨酯色漆、壁橱硝基清漆、新旧墙面平顶抹灰面乳胶漆、外墙刷苯丙乳胶漆
	水卫工程	室内聚丙烯给水管，新装硬质聚氯乙烯排水管，安装台上洗脸盆、立式小便器、大便器、室内消火栓，安装毛巾架、肥皂架
	电气工程	PZ照明配电箱、暗配钢管电线管，硬塑料电线管，安装86型开关插座，开凿电管墙槽、地槽，安装吸顶式双管荧光灯具，防水防尘灯、标志、诱导装饰灯具，安装吊风扇
	脚手架工程	搭建5排竹建脚手架

工程造价指标　　　　　　　　　　　　　　表 10-2-74

序号	分项名称	造价（万元）	造价（元/m²）	占造价比率（%）
1	拆除工程	2.93	18.77	3.25
2	砌筑工程	0.78	5.02	0.87
3	混凝土工程	0.23	1.50	0.26
4	金属工程	5.46	35.02	6.06
5	木装修工程	9.97	63.90	11.06
6	屋面工程	0.78	4.99	0.86
7	粉刷工程	10.71	68.67	11.89
8	楼地面工程	12.82	82.21	14.23
9	门窗工程	17.40	111.57	19.32
10	沟路工程	0.48	3.10	0.54
11	油漆工程	13.93	89.30	15.46
12	电气工程	9.25	59.28	10.26
13	水卫工程	3.38	21.64	3.75
14	脚手架工程	1.97	12.61	2.18
	总造价	90.10	577.58	100.00

二十二、市政道路工程造价指标分析

工 程 概 况   表 10-2-75

工程类别	城市道路	工程项目	城市次干道（Ⅰ）标准
工程地点	浦东新区	开竣工日期	2009 年 4 月 2009 年 12 月
造价类别	结算造价	价格取定期	2009 年 2 月信息价
计价方式	清单计价	编制依据	《建设工程工程量清单计价规范》（GB 50500—2003）及相关文件
总面积（含人行道）（m²）	24256	路长（m）	785
工程造价（万元）	1411.00	平方米造价（元/m²）	581.71
主要工程	道路工程（双向四车道）		
	桥梁工程（10＋13＋10）简支空心板桥		
	雨污水排管工程		
	标志、标线与信号灯工程		
主要结构	道路工程	土路基、混凝土挡墙	
		粉煤灰三渣（25～40cm）	
		砾石砂（15cm）	
		沥青混凝土面层、人行道板面层、侧平石	
	桥梁工程	φ800 钻孔灌注桩	
		现浇钢混凝土台身、立柱、墩盖梁、桥面铺装、混凝土栏杆	
		预制混凝土空心板梁、预制人行道板	
	雨污水工程	φ600～φ1200 承插式钢筋混凝土管、φ1350 企口式丹麦管雨水管道	
		DN300～DN600HDPE 污水管道	
		砖砌窨井	
	标志、标线、信号灯工程	高强级反光膜标志牌、3F 标杆、反光柱	
		热熔材料横道线、停车线、行车指示线	
		信号灯、信号机箱、接线工作井及电源线	

工程造价指标汇总   表 10-2-76

序号	项目名称	造价（万元）	平方米造价（元/m²）	造价比例（%）
1	分部分项工程	1328.39	547.65	94.15
1.1	道路工程	662.27	273.03	46.94
1.2	桥梁工程	212.18	87.48	15.04
1.3	排水工程	395.97	163.25	28.06
1.4	标志、标线与信号灯	57.97	23.90	4.11
2	措施项目	82.61	34.06	5.85
3	其他项目	—	—	—
合　计		1411.00	581.71	100.00

措施项目造价指标　　　　　　　　　　　　　　　　　　表 10-2-77

序号	项目名称	造价（万元）	平方米造价（元/m²）	占总造价比例（%）
1	安全防护文明施工措施费	37.8400	0.16	2.68
1.1	环境保护	6.6000	0.03	0.47
1.2	文明施工	5.7200	0.02	0.41
1.3	临时设施	21.2300	0.09	1.50
1.4	安全施工	4.2900	0.02	0.30
2	大型机械进出场及安拆	1.6500	0.01	0.12
3	围堰	1.6500	0.01	0.12
4	施工便道、堆料场地	7.1500	0.03	0.51
5	施工排水、降水	0.5500	0.00	0.04
6	外来人员综合保险费用	9.3500	0.04	0.66
7	其他措施费	24.4200	0.10	1.73
	合　计	82.6100	0.34	5.85

注：其他措施费是指夜间施工、二次搬运、冬雨季施工、临时保护措施、干扰费等。

二十三、市政道路管道综合配套工程造价指标分析

工　程　概　况　　　　　　　　　　　　　　　　　　表 10-2-78

工程类别	市政道路综合配套	工程项目	新建道路并铺设雨污水管
工程地点	宝山区	施工情况	正常
总面积	8088m²	施工工期	120 天
		道路总长度	337m
开竣工日期	2008 年 6 月至 2008 年 10 月	造价类型	结算价
主要工程	道路	城市支路 1 级标准，（车行道）16＋（人行道）4×2＝24m 宽	
		车行道结构：细沥青混凝土 4cm、粗沥青混凝土 6cm、粉煤灰三渣 40cm、砾石砂垫层 15cm	
		人行道结构：块料面层 6cm、干拌水泥黄砂垫层 3cm、素混凝土垫层 10cm、碎石垫层 15cm	
	污水干管	铺设 φ300～φ400 UPVC 加筋管共 343m	
	雨水干管	铺设 φ600～φ1000 FRPP 管 287m，φ1500～φ1650 丹麦管 144m，φ300－φ400 UPVC 加筋管 246m	
	顶管	φ1650F 型钢筋混凝土顶管（雨水）108m	
	施工措施	雨污水管埋深小于 3m 时，采用双面横列板支护	
		雨污水管大于 3m 时，采用槽型钢板桩支护和井点降水	
		顶管工作井采用 SMW 工法搅拌桩	

工程造价指标 表 10-2-79

序号	项目	造价（万元）	造价（元/百米）	造价比例（%）
1	土方工程	69.95	207565	16.52
2	道路基层	59.61	176874	14.08
3	道路面层	59.11	175405	13.96
4	雨水管铺设	85.76	254478	20.25
5	污水管管铺设	6.87	20382	1.62
6	顶管铺设	111.71	331492	26.38
7	措施费	30.47	90403	7.19
8	合计	423.47	1256599	100.00

注：本指标造价参照《建设工程工程量清单计价规范》（GB 50500—2003）及施工期信息价编制，其中工程综合管理费为7%。

二十四、市政排水管道工程造价指标分析

工程概况 表 10-2-80

工程类别	雨污水管道工程	工程项目	开槽埋管排水工程
工程地点	外环线外—青浦区	开竣工日期	2010 年 11 月至 2011 年 5 月
造价类别	结算造价	价格取定期	2010 年 11 月
计价方式	清单计价	编制依据	《建设工程工程量清单计价规范》（GB 50500—2003）及招投标相关文件
所在道路长度（双延米）	1828.93	管道总长度（m）	3908.10
工程造价（万元）	334.8249	百米造价（元/百米）	85675
管径	$\phi300\sim\phi600$ HDPE 管		
压力等级	1.0 MPa		
主要工程	管道铺设（m）	HDPE 管 $\Phi300\sim\Phi600$ 3908.10m	
	窨井砌筑（座）	104 座	
主要管道铺设	D600 HDPE 管 埋深≤2.5m		
	D400 HDPE 管 埋深＝4.5～5.0m		
	D300 HDPE 管 埋深＝1.5～4.5m		
沟槽开挖	埋深小于3m时，采用双面横列板支护，埋深不小于 3m 时，双面采用 6～10m 槽钢板桩支护		
沟槽排水	埋深小于3m时，采用湿土排水，埋深不小于 3m 时，采用轻型井点抽水		

工程造价指标汇总　　　　　　　　　　　　　　　　表 10-2-81

序号	项目名称	造价（万元）	百米造价（元/百米）	造价比例（%）
1	分部分项工程	321.3249	82220	95.97
1.1	管道铺设工程	260.2209	66585	77.72
1.2	窨井	48.4933	12408	14.48
1.3	其他工程	12.6107	3227	3.77
2	措施项目	13.5000	3454	4.03
3	其他项目	—	—	—
	合　计	334.8249	85675	100.00

注：其他措施费是指安全施工、二次搬运、临时保护措施、施工排水等。

措施项目造价指标　　　　　　　　　　　　　　　　表 10-2-82

序号	项目名称	造价（万元）	百米造价（元/100m）	占总造价比例（%）
1	安全防护文明施工措施费	12.20	3121.72	3.64
1.1	环境保护	0.50	127.94	0.15
1.2	文明施工	1.20	307.05	0.36
1.3	临时设施	8.00	2047.03	2.39
1.4	安全施工	2.50	639.70	0.75
2	施工排水、降水	0.50	127.94	0.15
3	其他措施费	0.80	204.70	0.24
	合　计	13.50	3454.36	4.03

二十五、市政桥梁工程造价指标分析

工程概况　　　　　　　　　　　　　　　　　　　　表 10-2-83

工程类别	桥梁工程	工程项目	××钢筋混凝土桥梁
工程地点	外环线外—松江区	开竣工日期	2008 年 9 月至 2010 年 6 月
造价类别	结算价	施工情况	正常
计价方式	清单计价	编制依据/价格取定期	《建设工程工程量清单计价规范》（GB 50500—2003）及招投标相关文件/2008 年 8 月主要材料价格信息价
桥面面积（含人行道）（m²）	24460	桥长（m）	923
工程造价（万元）	11841.0680	平方米造价（元/m²）	4841
结构形式	主桥梁用预应力混凝土连续箱梁，引桥预应力混凝土空心板梁		
通航净空	航道Ⅲ级，梁底标高不小于 5.0m		
桥面横坡	2%		
设计荷载	公路—Ⅰ级，地震基本烈度 7 度		
桥　长	主桥 440m，南引桥 252m，北引桥 231m		
桥　宽	26.5m		
主要工程	双向四车机动车道		
	桥面铺装，防撞护栏，中央分隔带，浆砌护坡		
桥梁主要结构	上部结构	后张法预应力箱梁	
		先张法预应力空心板梁	
	下部结构	混凝土承台，桥台混凝土系梁	
		混凝土立柱，混凝土墩身	
		混凝土盖梁	
		土方挖填	
	桩基	φ1100 钻孔灌注桩，Φ900 钢管桩	

工程造价指标汇总　　　　　　　　　　　　　　　　表 10-2-84

序号	项目名称	造价（万元）	平方米造价（元/m²）	造价比例（%）
1	分部分项工程	11088.57	4533.35	93.64
1.1	土石方工程	46.63	19.06	0.39
1.2	桩基工程	2668.01	1090.77	22.53
1.3	混凝土工程	3056.65	1249.65	25.81
1.4	钢筋工程	4115.81	1682.67	34.76
1.5	护坡排水工程	162.89	66.59	1.38
1.6	照明电气工程	253.05	103.46	2.14
1.7	其他工程	785.53	321.15	6.63
2	措施项目	752.50	307.65	6.36
3	其他项目	—	—	—
	合　计	11841.07	4840.99	100.00

措施项目造价指标　　　　　　　　　　　　　　　　表 10-2-85

序号	项目名称	造价（万元）	平方米造价（元/m²）	占总造价比例（%）
1	安全防护文明施工措施费	235.00	96.08	1.98
1.1	环境保护	10.00	4.09	0.08
1.2	文明施工	10.00	4.09	0.08
1.3	临时设施	195.00	79.72	1.65
1.4	安全施工	20.00	8.18	0.17
2	工程检测费	20.00	8.18	0.17
3	竣工档案编制费	10.00	4.09	0.08
4	施工便道	20.00	8.18	0.17
5	外来从业人员综合保险	12.50	5.11	0.11
6	地上、地下管线搬迁及清障	70.00	28.62	0.59
7	交通（含航道）协调配合费	160.00	65.41	1.35
8	电力外线引入	110.00	44.97	0.93
9	设计费、科研费	100.00	40.88	0.84
10	其他措施费	15.00	6.13	0.13
	合　计	752.50	307.65	6.36

注：其他措施费是指夜间施工、二次搬运、冬雨季施工、临时保护措施、干扰费等。

二十六、轨道交通车站造价指标分析

工　程　概　况　　　　　　　　　　　表 10-2-86

项 目 名 称	内　　　　容
工程名称	轨道交通×线（××路站）建安工程
工程分类	市政工程—轨道交通—车站建筑—地下车站
工程地点	中环内—宝山区
建筑物功能及规模	轨道交通车站，地下二层
开工日期	2006 年 10 月 8 日
竣工日期	2009 年 10 月 31 日
建筑面积（m²）	8650.12 其中：地上_____ 地下__8650.12__
建筑和安装工程造价（万元）	10773.67
平方米造价（元/m²）	12454.94
结构类型	框架
层数（层）	地上__—__ 地下__2__
建筑高度（檐口）（m）	11.03（地下）
层高（m）	其中：首层__6.13__ 标准层__4.9__
建筑节能	—
抗震设防烈度（度）	7
基础　类型	地下室基础（大底板）
埋置深度（m）	13.6
计价方式	清单计价
造价类别	结算价
编制依据	《建设工程工程量清单计价规范》（GB 50500—2003）及相关文件
价格取定期	按 2005 年 9 月份市政造价信息及同期市场价格；人工、钢筋、商品混凝土、预埋件按施工同期信息价与投标当月信息价差价计取材差

工程造价指标汇总　　　　　　　　　　表 10-2-87

序号	项目名称	造价（万元）	平方米造价（元/m²）	造价比例（%）
1	分部分项工程	10366.25	11983.94	96.22
1.1	建筑工程	7894.85	9126.87	73.28
1.2	装饰装修工程	1048.90	1212.58	9.74
1.3	安装工程	1422.50	1644.49	13.20
2	措施项目	407.42	471.00	3.78
3	其他项目	—	—	—
合　　计		10773.67	12454.94	100.00

措施项目造价指标 表 10-2-88

序号	项目名称	造价（万元）	平方米造价（元/m²）	占总造价比例（%）
1	安全防护文明施工措施费	87.99	101.72	0.82
1.1	环境保护	9.45	10.92	0.09
1.2	文明施工	28.04	32.42	0.26
1.3	临时设施	31.50	36.42	0.29
1.4	安全施工	19.00	21.97	0.18
2	大型机械进出场及安拆	24.05	27.80	0.22
3	现浇混凝土与钢筋混凝土构件模板	89.48	103.45	0.83
4	脚手架	1.50	1.73	0.01
5	垂直运输机械	1.50	1.73	0.01
6	施工排水、降水	1.00	1.16	0.01
7	其他措施费	201.90	233.41	1.87
	合　计	407.42	471.00	3.78

注：其他措施费包括市政接驳、消防封堵、混凝土打洞等其他措施费。

二十七、轨道交通高架车站结构工程造价指标分析

工　程　概　况 表 10-2-89

工程类别	轨道交通工程	工程项目	高架二层双岛式车站结构工程	
工程地点	浦东新区	施工情况	正常	
建筑面积（m²）	12088	施工工期	395 天（2010.7.30—2011.8.30）	
		车站 长×宽（m）	145×33.4	
结　构	框　架	高度（m）	20.08	
层数（层）	2	埋置深度（m）	3.16	
主要工程	地基处理	清淤填土，车站征地范围内的地基处理		
	基础工程	⌀600 钻孔灌注桩，C35 混凝土，长 40~43m，承台基础，满堂基础		
	下部结构	C30 混凝土基础梁，C30 混凝土底板		
	上部结构	C30 混凝土外墙，C35 混凝土柱，C35 混凝土梁，C35 混凝土中层板，C35 混凝土顶板		
		C35 混凝土楼梯，混凝土空心砌块内墙，圈梁，构造柱		
	防水	地面：1.5mm 聚氨酯防水涂料		
		外墙：沥青防水涂料		
		屋面：膨胀珍珠岩、混凝土找坡、防水砂浆找平、聚酯防水涂膜、SBS 改性沥青聚酯胎防水卷材、C20 石混凝土刚性防水层		
	综合接地	预埋铁件和钢管		
	施工措施	安全文明措施、临时设施、管线保护、脚手架等		
造价类别	中标价			
编制依据	《建设工程工程量清单计价规范》（GB 50500—2003）及上海市相关规定			

工程造价指标　　　　　　　　　　　　　　表 10-2-90

序号	轨交车站结构工程	造价 （万元）	平方米造价 （元/m²）	造价比例 （%）
1	地基处理	50.00	41.36	4.48
2	打桩工程	181.21	149.91	16.24
3	基础工程	212.65	175.92	19.06
4	机构工程	375.53	310.66	33.65
5	防水工程	52.91	43.77	4.74
6	综合接地工程	40.78	33.74	3.65
7	措施费	202.84	167.80	18.18
7.1	安全、文明费用	36.00	29.78	3.23
7.2	临时设施及道路	76.12	62.97	6.82
7.3	其他措施费	90.72	75.05	8.13
	合计	1115.92	923.16	100.00

注：1. 本指标参照《建设工程工程量清单计价规范》（GB 50500－2003）及 2010 年 7 月施工期信息价编制。

　　2. 工程综合管理费按 8％计。

二十八、城市综合绿地工程造价指标分析

工程概况　　　　　　　　　　　　　　　表 10-2-91

工程类别	城市绿地	工程项目	综合绿地园区	
工程地点	浦东新区	开竣工日期	2009 年 3 月至 2009 年 7 月	
造价类别	结算造价	价格取定期	2009 年 2 月信息价	
计价方式	清单计价	编制依据	《建设工程工程量清单计价规范》 （GB 50500—2003）及相关文件	
总面积 （m²）	50570m²，其中含道路与广场 13198m²、篮球场 1135m²、儿童乐园 1429m²、公共卫生间 288m²			
工程造价 （万元）	2438.9781	平方米造价 （元/m²）	482.30	
园区主要结构	场地平整与土方	场地平整		
		挖、填土方，土方外运		
		营养土		
	绿化种植	雪松、香樟等乔木类		
		红叶石楠、杜鹃等灌木类		
		醉鱼草、黄菖蒲等地被类		
		百慕大和黑麦草等草皮类		
	景观小品与设施	道路（混凝土垫层沥青面层）与广场（混凝土垫层花岗石面层）		
		篮球场（水稳碎石基层、粗细沥青 6cm×2 两层、2.0 厚进口丙烯酸地面）		
		儿童乐园（混凝土垫层、卵石面和彩色透水混凝土面层 8～13cm 厚）		
		景观小品（仿木栏杆、花架、景石、座椅、树穴、采光顶棚等设施）		
		公共卫生间的土建、装饰、安装工程		
	总体排管与水电安装	⌀225～⌀400PVC 加筋雨污水排管与窨井		
		供电照明与灯具		
		给水管道		

工程造价指标汇总 **表 10-2-92**

序号	项目名称	造价（万元）	平方米造价（元/m²）	造价比例（%）
1	分部分项工程	2407.86	476.14	98.72
1.1	场地平整与土方	302.50	59.82	12.40
1.2	绿化种植	600.63	118.77	24.63
1.3	景观小品与设施	1207.13	238.70	49.49
1.4	总体排管与水电安装	297.60	58.85	12.20
2	措施项目	31.12	6.15	1.28
3	其他项目	—	—	—
	合　计	2438.98	482.30	100.00

分部分项工程造价指标 **表 10-2-93**

序号	项目名称	造价（万元）	平方米造价（元/m²）	占总造价比例（%）
1	场地平整与土方工程	302.50	59.82	12.40
1.1	场地平整	22.71	4.49	0.93
1.2	挖土方	23.47	4.64	0.96
1.3	填土方	105.62	20.89	4.33
1.4	土方外运	62.84	12.43	2.58
1.5	营养土	87.87	17.38	3.60
2	绿化种植工程	600.63	118.77	24.63
2.1	乔木类种植	188.58	37.29	7.73
2.2	灌木类种植	247.33	48.91	10.14
2.3	地被类种植	68.20	13.49	2.80
2.4	草皮类种植	96.52	19.09	3.96
3	景观小品与设施	1207.13	238.70	49.49
3.1	道路与广场	547.37	108.24	22.44
3.2	篮球场	77.67	15.36	3.18
3.3	儿童乐园	128.05	25.32	5.25
3.4	景观小品	407.81	80.64	16.72
3.5	公共卫生间	46.23	9.14	1.90
4	总体排管与水电安装	297.60	58.85	12.20
4.1	雨污水排管与窨井	137.43	27.18	5.63
4.2	供电照明与灯具	130.10	25.73	5.33
4.3	给水管道	30.07	5.95	1.23
	合　计	2407.86	476.14	476.14

措施项目造价指标　　　　　　　　　　表 10-2-94

序号	项 目 名 称	造价（万元）	平方米造价（元/m²）	占总造价比例（%）
1	安全防护文明施工措施费	15.67	3.10	0.64
1.1	环境保护	3.90	0.77	0.16
1.2	文明施工	4.15	0.82	0.17
1.3	临时设施	5.62	1.11	0.23
1.4	安全施工	2.00	0.40	0.08
2	大型机械进出场及安拆	1.20	0.24	0.05
3	防寒、防暑、防台设施	1.00	0.20	0.04
4	土壤改良措施	5.35	1.06	0.22
5	成活率养护期的养护	1.50	0.30	0.06
6	扶树桩	2.50	0.49	0.10
7	其他措施费	3.90	0.77	0.16
	合　　计	31.12	6.15	1.28

注：其他措施费是指夜间施工、二次搬运、冬雨季施工、临时保护措施、干扰费等。

第三节　轨道交通工程概算指标

部分城市轨道交通工程概算指标

地区	工程名称	批准总概算（万元）	线路长度（正线公里）	站数（座）	工程进度		备注	建安工程概算（万元）	建安工程单位概算（万元/正线公里）	建安工程概算占总概算比例%
					开工日期	竣工日期				
北京	北京××轨道交通工程	1276000.00	27.60	23.00	2002.12	2007.9	已完	817982.58	29637.05	64.11
上海	上海××轨道交通工程（一）	1780700.00（报批中）	58.96	11.00	2009		在建	1005269.77	17050.03	56.45
	上海××轨道交通工程（二）	1241661.83	16.44	14.00	2008.12		在建	624155.45	37965.66	50.27
	上海××轨道交通工程（三）	996574.00	14.47	10.00	2006.8	2009.12	已完	364406.55	25183.59	36.57
重庆	重庆××轨道交通工程（一）	811500.00（报批中）	16.50	14.00	2007.6		在建	589860.81	35749.14	72.69
	重庆××轨道交通工程（二）	702400.00（报批中）	20.20	18.00	2007.4		在建	441125.98	21837.92	62.80
辽宁	沈阳××轨道交通工程	1564155.00	27.92	22.00	2005.11	2010.9	已完	751397.56	26912.52	48.04
黑龙江	哈尔滨××轨道交通工程	871000.00	17.48	18.00	2008.10		在建	405608.02	23204.12	46.57
江苏	南京××轨道交通工程	1061871.73	21.60	13.00	2006.12	2010.5	已完	724707.43	33551.27	68.25
浙江	杭州××轨道交通工程	2207578.00	47.97	30.00	2007.3		在建	1271616.10	26508.57	57.60
山东	青岛××轨道交通工程	1591855.00	24.78	22.00	2010.6		在建	980892.76	39584.05	61.62
广东	广州××轨道交通工程	1111120.00	32.00	24.00	2003.12	2008.12	已完	933296.96	29165.53	84.00
四川	成都××轨道交通工程	698700.00	18.52	16.00	2005.10	2010.9	已完	520556.64	28107.81	74.50
云南	昆明××轨道交通工程	2313692.00	42.00	31.00	2009.8		在建	1324799.70	31542.85	57.26

注：正线公里是指载客列车运营的贯通线路的长度。

部分城市轨道交通工程各专业建安概算指标

项目 线路名称	车站 万元/正线公里	%	区间 万元/正线公里	%	轨道工程 万元/正线公里	%	通信系统 万元/正线公里	%	信号系统 万元/正线公里	%	供电系统 万元/正线公里	%	综合监控系统 万元/正线公里	%	防灾报警及环境与设备监控系统 万元/正线公里	%	办公自动化、乘客信息及门禁系统 万元/正线公里	%	通风空调系统 万元/正线公里	%	结构人与消防系统 万元/正线公里	%	自动售检票系统 万元/正线公里	%	车辆辅助设备 万元/正线公里	%	车辆基地 万元/正线公里	%	人防 万元/正线公里	%	建安工程概算 万元/正线公里	%
北京XX轨道交通工程	7988.25	26.95	6179.79	20.85	927.98	3.13	753.00	2.54	1159.12	3.91	2957.56	9.98	371.41	1.25	569.00	1.92	613.80	2.07	929.00	3.13	295.63	1	949.00	3.2	2340.00	7.9	3023.00	10.2	580.00	1.96	29637.05	100
上海XX轨道交通工程(一)	1627.00	9.54	7738.34	45.39	1117.04	6.55	475.60	2.79	1178.75	6.91	2534.17	14.86	46.08	0.27	80.61	0.47	81.30	0.48	110.17	0.65	196.27	1.15	170.50	1	267.48	1.57	1425.01	8.36	1.71	0.01	17050.03	100
上海XX轨道交通工程(二)	16165.11	42.58	7382.23	19.44	1674.56	4.41	1000.67	2.64	1257.59	3.31	3354.23	8.83	308.67	0.81	212.21	0.56	205.16	0.54	807.77	2.13	519.69	1.37	602.11	1.59	1098.14	2.89	3227.35	8.5	150.26	0.4	37965.66	100
上海XX轨道交通工程(三)	9249.35	36.73	6383.72	26.14	907.04	3.6	741.72	2.95	1364.77	5.42	3187.72	12.66			328.15	1.3	51.22	0.2	732.98	2.91	411.96	1.63	490.31	1.94	1093.07	4.34			40.44	0.16	25183.59	100
重庆XX轨道交通工程(一)	15082.59	42.19	6425.64	17.97	715.21	2	1300.23	3.64	1795.40	4.99	3901.65	10.91	863.00	2.41	328.78	0.92	392.30	1.1	799.48	2.24	425.00	1.19	1204.66	3.37	811.38	2.27	1538.23	4.3	175.59	0.49	35749.14	100
重庆XX轨道交通工程(二)	3913.86	17.92	5964.46	27.31	1424.78	6.52	777.50	3.56	1442.21	6.6	3279.29	15.02			746.18	3.42					251.95	1.15	740.09	3.39	979.11	4.48	2224.94	10.19	93.55	0.43	21837.92	100
沈阳XX轨道交通工程	7633.18	28.36	8023.94	29.81	1014.47	3.77	1103.43	4.1	1320.26	4.91	2957.35	10.99			434.80	1.62	78.70	0.29	496.70	1.85	312.65	1.16	630.83	2.34	921.28	3.42	1825.45	6.78	159.48	0.59	26912.52	100
哈尔滨XX轨道交通工程	9542.72	41.13	6224.58	26.83	1004.55	4.33	271.54	1.17	439.70	1.89	3084.09	13.29			155.89	0.67			289.38	1.25	187.62	0.81	161.35	0.7	74.81	0.32	1486.75	6.41	281.14	1.21	23204.12	100
南通XX轨道交通工程	7415.90	22.1	14701.00	43.82	1728.00	5.15	900.17	2.68	1368.40	4.08	3292.82	9.81	60.40	0.18	290.31	0.86	135.34	0.4	480.83	1.43	300.23	0.89	594.22	1.77	560.87	1.67	1546.85	4.61	175.93	0.52	33551.27	100
杭州XX轨道交通工程	7038.73	26.55	7025.81	26.51	720.85	2.72	1080.03	4.07	1337.25	5.04	3257.93	12.29	272.77	1.03	242.74	0.92	129.46	0.49	469.69	1.77	346.38	1.31	711.80	2.69	1004.71	3.79	2690.60	10.15	178.82	0.67	26508.57	100
青岛XX轨道交通工程	11485.72	29.02	9549.53	24.12	1968.75	4.97	1625.01	4.11	1381.81	3.49	4540.66	11.47	298.60	0.75	383.91	1.48	298.60	0.75	1141.42	2.88	577.54	1.46	702.43	1.77	1648.81	4.17	3383.65	8.55	397.02	1	39884.05	100
广州XX轨道交通工程	8087.94	27.73	7753.16	26.38	1220.31	4.18	968.10	3.32	1468.92	5.03	3333.79	11.43	369.15	1.27	280.79	0.96	175.63	0.6	680.11	2.33	405.67	1.39	848.20	2.91	1539.37	5.28	1821.76	6.25	213.53	0.73	29165.53	100
成都XX轨道交通工程	6612.25	25.11	6688.53	29.23	694.89	3.37	634.34	2.25	1254.19	4.46	3548.76	12.98	285.76	1.02	285.32	1.02	128.40	0.46	740.57	2.63	330.63	1.18	777.66	2.77	1109.06	3.95	2749.20	9.78	388.28	1.38	28107.81	100
昆明XX轨道交通工程	10156.34	32.2	7392.95	23.44	1425.38	4.52	1214.82	3.85	1313.69	4.16	3904.55	12.38	318.31	1.01	383.66	1.22	69.56	0.22	393.13	1.25	402.82	1.28	596.16	1.89	994.38	3.15	2764.84	8.77	212.06	0.67	31542.85	100

注：%是指专业工程占建安工程概算的比例。

万元／正线公里

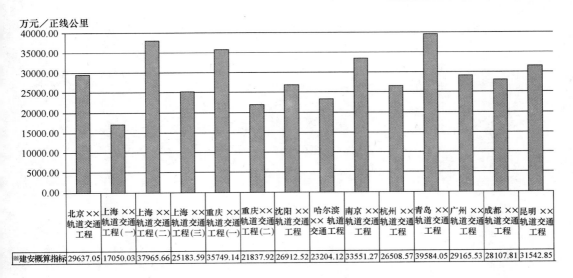

	北京××轨道交通工程	上海××轨道交通工程(一)	上海××轨道交通工程(二)	上海××轨道交通工程(三)	重庆××轨道交通工程(一)	重庆××轨道交通工程(二)	沈阳××轨道交通工程	哈尔滨××轨道交通工程	南京××轨道交通工程	杭州××轨道交通工程	青岛××轨道交通工程	广州××轨道交通工程	成都××轨道交通工程	昆明××轨道交通工程
建安概算指标	29637.05	17050.03	37965.66	25183.59	35749.14	21837.92	26912.52	23204.12	33551.27	26508.57	39584.05	29165.53	28107.81	31542.85

部分城市轨道交通工程建安概算指标柱状图